世界编织5　目录

CONTENTS

野口光的编织通讯5

1 浆果花阿兰开衫和多用短裙

设计/野口光

制作/矢野康子

这一套开衫与短裙的设计是由可爱的浆果花与具浮雕感的麻花花样的组合。短裙有多种多样的穿法，可以当作斗篷或围脖等。

*使用线/芭贝

*编织方法/73页

站在阿兰群岛的海岸眺望大西洋时想到的

text & photograph/Hikaru Noguchi

1 在这里可以眺望大西洋的海岸。之前来探访的时候，因强风与暴雨，没能到达海岸。据说阿兰群岛的大自然给爱尔兰的许多知名诗人和作家带来了很大的影响。
2 在岛上随处可见的凯尔特花样。有一种说法是，阿兰编织中的麻花花样就是由凯尔特花样演变而成的。我望着刻在石头上的这个花样，不禁开始在脑海中设计新的花样了。看来凯尔特花样的确有激发创造欲望的力量。
3 阿兰群岛是由石灰岩组成的，由于这里的风很猛烈，因此树木是无法生长的。据说这里的农民把经过很长很长的时间逐渐覆盖在岩石上的海草当作土壤，来种植土豆。这里的住户们为了保护家畜和农作物，修葺了许多石墙，布满了整个岛屿。虽然这是人工建造的，但看起来却浑然天成，石墙所组成的网格状花样，俨然成了一幅美丽的风景。

阿兰花样——它仿佛就是传统花样的代名词。时隔6年，在2013年6月，我再一次探访了被誉为阿兰花样发源地的阿兰群岛。查阅一下有关阿兰群岛的资料，你就一定会看到“恶劣的天气”“荒凉的风景”等类似的形容。也许这一次是特例吧，我的这次访问，让我改变了对于阿兰群岛的灰暗印象，这里天空晴朗、万里无云，是稍稍运动就会微微出汗的温暖夏日。

来自世界各国的年轻游客在岛上骑着租来的自行车或是乘着马车，在这里观光客的身影十分引人注目。虽然这里有名气很大的阿兰编织博物馆，但是向导兼司机却告诉我说，像我一样以编织为目的来探访这个岛的游客非常罕见，大部分游客都是带着对于爱尔兰西端孤岛的好奇心而来的。在连接着爱尔兰本土与阿兰群岛中最大的岛屿伊尼什莫尔岛的定期轮船停靠的基尔罗南港，有一家大型的毛衣专营店，那里推出的全部是阿兰花样的毛衣，也为游客们带来了许多选购的乐趣。

阿兰群岛的手工编织产业，虽然由于编织者的老龄化，接近全军覆没的状态，但在阿兰群岛的伊尼什曼岛上，却有着可以代表现代阿兰编织的品牌。创立于1978年的伊尼什曼公司，它的创始人布拉干，曾在著名的都柏林大学圣三一学院学习盖尔语，他为了研究伊尼什曼岛残留的古老的盖尔语，而来到了这里。之后，他在大学遇到了出生于伊尼什曼岛的妻子，那个时候这个岛上还未通电，也没有能够停靠大型船只的港口，只能将大船停在海面上，再通过小型船只运送人员与物资。他们决定在这个岛上开办编织工厂，于是就不得不过上了远离人群的生活。到20世纪80年代，作为爱尔兰的旅游胜地，阿兰群岛接待了许多来自美国的游客，无论是手工编织的还是机器编织的阿兰花样毛衣，作为宝贵的特产，都十分畅销。然而随着美国的经济低迷、美元贬值、海湾战争等因素的影响，从美国来的游客量骤然减少，作为当地特产的毛衣的销量也不断下降，伊尼什曼公司改变了销售策略，从之前的面向游客销售转型为制作高端时装。他们引进了最新的编织机，线材则选用带有微妙的颜色变化或是以柔软为特点的羊绒、羊驼毛、美丽诺羊毛等意大利高级线材。在花样方面，也从凹凸感明显的麻花花样，改变为爱尔兰渔夫们工作时穿着的——以简单的上针或是下针组成的基础花样或是细致的麻花花样。在设计毛衣时，充分发挥了设计师的灵感，从而保证其不被潮流所左右，怎么看都美丽的设计。最终转型成功，伊尼什曼公司的商品，现在都是在世界各地的高级时装店或是有品位的店铺中销售。

伊尼什曼岛现在已经通电了，但由于是孤岛，比起爱尔兰本岛，商品流通还是比较不便的。如今，物流与信息都非常发达，如果使用同样的线材、同样的编织机、找同样的编织者的话，无论在世界的哪里，制作出大致相同的东西，都不是一件困难的事情。但布拉干认为，在伊尼什曼岛上的工厂中生产制作，是具有特殊的意义的。

编织风格

6 月份的阿兰群岛，在像网格一样的石墙中生长着各种各样的带有浆果、鲜花的野生植物，十分美丽。这件开衫上的设计，就是以这样的浆果为原型的。

为更加方便穿着，并且在穿的时候感觉不到麻花花样的硬度和重量，阿兰编织轮廓的调整，比想象中要困难得多。这次设计了宽大的圆领、可以向上卷成轻便的八分袖的罗纹针的袖口，使得它适于套穿在外面，并且也很好搭配项链和围巾。下摆的罗纹针可以起到收腰的效果。带着平静的心情编织，最终织成了这件柔软、漂亮的开衫。同款的筒状的编织，可以作为现在最流行的直筒裙，还可当作围脖、斗篷穿戴。大大的蝴蝶结，让传统、朴素印象的阿兰编织带来一分俏丽的感觉。

作品使用了阿兰传统编织的基础款和 100% 纯羊毛毛线编织。若使用马海毛、安哥拉山羊毛线等略微起毛的毛线编织的话，效果也会非常棒。但是，不宜选用起毛度高的毛线，那样编织出来的作品穿起来会稍显臃肿。

作品使用具有阿兰编织代表性的乳白色线，若使用“米色底色＋红色浆果”的民族风配色也会非常可爱，使用“黑色底色＋灰色浆果”的配色会给人以成熟的感觉，使用“海军蓝底色＋多彩浆果”的配色则会给人以潮流的感觉，就像这样，只是配色不同，就能带来完全不一样的感觉。

4~6 就是给这次的作品的设计带来灵感的阿兰群岛上的野生花草。它们为了能够吸附在岩石上并避开风，偷偷地开放着的样子，十分惹人疼爱。

伊尼什曼岛制造、爱尔兰制造，究竟有什么价值呢？那是经历过很长的历史变迁、自然变化、祖先们花费了很长的时间，才制作出来的，由此而生的多姿多彩的文化，包括以上这些全部的内涵的商品或是设计，才有了能够打动人的力量。正因如此，我们可以通过制作带有传统花样的作品，来获取灵感，它也能成为新的创作的润滑剂。那片土地上沉淀着的独特文化，也是隐藏着的附加价值，拥有着高效率与强大的机械制造能力而不能比拟的魅力，当你理解到这一点之后，才能够明白若想要我们的本土制造在全世界更有竞争力，我们就必须继承前人留下的文化，并为其发展而不断努力，这就是我站在阿兰群岛的海岸眺望大西洋时想到的。

photograph/Noriaki Moriya

配色变化

使用线 / 芭贝

Yearn after the Alan pattern

在爱尔兰、阿兰群岛流传的

理想中的阿兰花样

photograph / Noriaki Moriya(p8、10、12、14、16、18、20、22) Hironori Handa(p9、11、13、15、17、19、21、23)
styling / Tomomi Enai(p8、10、12、14、16、18、20、22) Junko Ishida(p 9、11、13、15、17、19、21、23) hair&make-up / Fumio Ohta model / MARTA GILMAJSTER、VAL
地图 / 松本由美子

阿兰群岛位于爱尔兰的西岸，由漂浮在戈尔韦湾上的 3 个小岛组成。从西侧开始，最大的岛屿是伊尼什莫尔岛，接着是伊尼什曼岛、伊尼希尔岛，这些岛屿都是由石灰岩组成的。主要的产业是种植土豆等农业以及渔业。为了不让土壤被风刮跑，土地都用石墙围了起来。

为什么在这片土地上诞生了传说中的阿兰毛衣呢？阿兰毛衣的别名是渔夫毛衣。主要是由交叉花样变化而成的美丽的浮雕花样，据说它还具有家族花样的特征，可以用于辨认到底是谁编织的。渔夫们穿着阿兰毛衣出海打鱼时，若是遭遇了暴风雨等不幸遇难失踪之后，当找到时看一下他穿的毛衣花样，就能够判断出是谁了。各种花样所包含的意义，可以参照 24~33 页“经典阿兰花样介绍”中的介绍。

想象着一个个花样中所蕴含的神秘的故事，来编织阿兰毛衣的话，就一定能够更深刻地体会到阿兰花样的魅力。

在中间加入了桂花针的菱形花样、生命之树、简单的麻花花样的组合

2 多种花样组合的套头衫与围巾

设计/风工房

这件插肩袖套头衫中间部分的菱形花样很自然地呈现出了立体感。插肩线使用了麻花花样，显得非常自然。同款的围巾设计了与套头衫同样的生命之树和麻花花样。

*使用线/内藤商事

*编织方法/80页

具美丽浮雕感的麻花花样交响曲

3 具浮雕感的麻花花样套头衫和贝雷帽

设计/冈麻里子

制作/内海理惠

这是圆领的套头衫和贝雷帽的组合，通过交叉而产生的麻花花样，给人以柔和的感觉。贝雷帽上的麻花花样更加密集，立体感也就凸显。使用常用的平直毛线，手感很好。

＊使用线/芭贝

＊编织方法/84页

以勺子状的麻花花样为主角，加入了桂花针、锯齿状的阿尼班麻花花样，组成了大型花样

4 海蓝色开衫和贝雷帽

设计/河合真弓

制作/堀口美雪

使用了能够让大家联想到阿兰群岛周围的深海的海军蓝色的线，编织成了带有领子的开衫和贝雷帽的组合。由于上针编织，使得大型的花样更加突出。贝雷帽中则仅使用了中心的勺子状的麻花花样。

*使用线/芭贝

*编织方法/77页

★登录河南科学技术出版社门户网站（www.hnstp.cn），读者服务频道，可观看贝雷帽的教学视频。

集中展示了阿兰蜂巢花样、麻花花样、锯齿花样、人生之梯等人气花样

5 花样集萃的马甲与帽子

设计/冈本真希子
制作/铃木裕子

马甲与帽子的组合使用了阿兰编织最常用的略粗的白色平直毛线。将人气超高的花样图案进行搭配、设计，是一件十分有趣的事情。帽子设计了带有泡泡针的锯齿花样、人生之梯和麻花花样，别具一格。

＊使用线/SKI WORLD SELECTION
＊编织方法/92页

**阿兰花样的代表之一，
在菱形花样中加入了爆米花针、
麻花花样、桂花针的组合**

6 菱形花样组合的开衫和围巾

设计/横山纯子

自然的茶色系段染线编织的别有风味的阿兰花样开衫，以及同样图案的长围巾，足以抵挡冬季的寒冷。在菱形花样中间加入的爆米花针立体感十足，带来成熟又可爱的感觉。

*使用线/ SKI WORLD SELECTION

*编织方法/89页

爱尔兰风景——格子与双重麻花花样
仿佛是石墙环绕着的田野

7 爱尔兰田原风斗篷和手提袋

设计/冈本启子
制作/野吕顺子

非常适合在寒冷的冬季外出时穿着的斗篷和同花型的手提包。格子与双重麻花花样的比例非常完美，偏左一些的斗篷开口，是设计的亮点。手提包开口处的细绳蝴蝶结装饰十分可爱。

＊使用线/芭贝
＊编织方法/94页

在格子中加入了
泡泡针和桂花针
以及变化的 1/2 的生命之树

8 生命之树花样组合的马甲和连指手套

设计/岸睦子

使用大海颜色的毛线编织的马甲和略长的连指手套，与阿兰群岛的景致非常融合。在寒冷的日子里，可以一下子将马甲套上，搭配出时尚的感觉。在有棱的格子中加入了桂花针和泡泡针，给人以厚厚的暖暖的感觉。

＊使用线/内藤商事

＊编织方法/98页

★登录河南科学技术出版社门户网站（www.hnstp.cn），读者服务频道，可观看这两件作品的教学视频。

在宛如无限延伸的生命之树
的两侧加入了麻花花样

9 生命之树斗篷和手套

设计/武田敦子
制作/松野香织

这是由生命之树和麻花花样组成的斗篷和手套。斗篷是从下摆开始向着领窝编织的。在下针编织的部分进行分散减针编织。下摆的饰边是使用钩针钩织的，在饰边上的泡泡针仿佛是树莓的果实，十分可爱。

*使用线/内藤商事

*编织方法/100页

经典阿兰花样介绍

参考文献《阿兰花样全收录》（日本宝库社）

photograph／Noriaki Moriya

各种阿兰花样中，都包含着生活在阿兰群岛的人们的浪漫情怀、美好的愿望以及向神灵的祈祷等。下面我们就一边向大家介绍各种花样中所蕴藏的意义，一边介绍在这本书的作品中使用过的阿兰花样。

缆绳编（麻花花样）

缆绳有象征渔夫的安全绳和农夫捆绑农作物的绳子的意思。缆绳编具有最多的花样，并从传统的花样中衍生出了很多的变化。是通过交叉创造出的非常美丽的浮雕感觉的花样。

❶简约麻花花样

这是最经常使用的麻花花样。在这个麻花花样中使用的是1根线的右上或是左上交叉。

❷双层麻花花样

这是2根简约麻花花样并排排列在一起的样子，并且这2根是对称地编织而成的。

❸密集麻花花样

这是增加了双层麻花花样的交叉针数编织而成的。由于这个花样更加蓬松，立体感也就更强。

❸ ❶ ❹ ❷ ❶

❹多股麻花花样

不局限于两股绳拧在一起的样式，这个花样是3股拧在一起的样子。

❺阿尼班麻花花样

这是从祖先那里继承来的麻花花样，以前的麻花花样都是阿尼班针法（奇数针）编织而成的，是将少数的针目在下、多数的针目在上进行交叉的方法。

❻勺子形麻花花样

中心是一个圆形的凹陷，很像勺子的麻花花样。这个花样寓意着家人都能够获取充分的营养、能够健康地生活、不受日晒和饥饿之苦、能够渔业丰收。

网编

这展示的是渔网铺开的情景。另外，由于织片很像蜂巢的样子，就像是工蜂酿珍贵的蜂蜜一样，也象征着勤劳的工作。

❼阿兰蜂巢花样

连续地排列着对称的交叉，并且下一个交叉与先前的交叉的方向相反，就可以编织出来立体的蜂巢花样了。

❻ ❺

❽ ❶

❽ ❶

❽ ⓰ ❽

生命之树

这象征的是树木茁壮的生命，可以保佑穿着它的人长寿并能生育出能够帮助捕鱼的健壮的孩子。

❽生命之树

图案代表的是树干与主要的枝叶，是经常使用的古老花样。

在菱形花样中加入了爆米花针

在菱形花样中加入了桂花针

菱形花样

菱形花样的锯齿线象征着婚姻、财富、人生的起起伏伏。

❾菱形花样

菱形花样是阿兰花样中具有代表性的一个，在中间加入爆米花针或是桂花针等，可以有多种变化。

在有棱的格子中加入了泡泡针和桂花针

小球球

小球球的原意是疙瘩、打结等。不同的编织方法代表不同的意思，其中具有代表性的是象征着爱尔兰特有的树莓的果实。也有象征繁衍后代之意。

❿爆米花针

看起来就像是蓬松的小球球，是在1个针目上加针，再在下一行减回至1针。本书中介绍的作品使用的是在后2行处减为1针的方法。

⓫泡泡针

比爆米花针更加蓬松，是将1个针目上加出的针目处进行往返编织，在同一行中减回至1针。另外一种方法是，使用钩针钩织枣形针。

⓬在有棱的格子中加入了泡泡针

本书介绍的作品中，是将泡泡针加入在了交叉花样有棱的格子的中心处。

人生之梯

⓭这里的横线和竖线代表的是梯子，象征着人们向着永远的幸福，一步一步地攀登。

锯齿线

⓮这象征的是婚姻生活，或是代表着沿海的山崖边上的弯弯曲曲的小路。

格子

⓯这是爱尔兰西部风光之一，代表着被石墙围绕着的狭长的土地。

桂花针

⓰这象征的是蕴含着财富、生长着苔藓的土地。其中包括1针桂花针、2针桂花针等多种变化。可以在中央图案的两侧编织桂花针，来达到调整针数的作用。

1 菱形花样与生命之树、简约麻花花样

9页的作品　设计/风工房

▲
中心

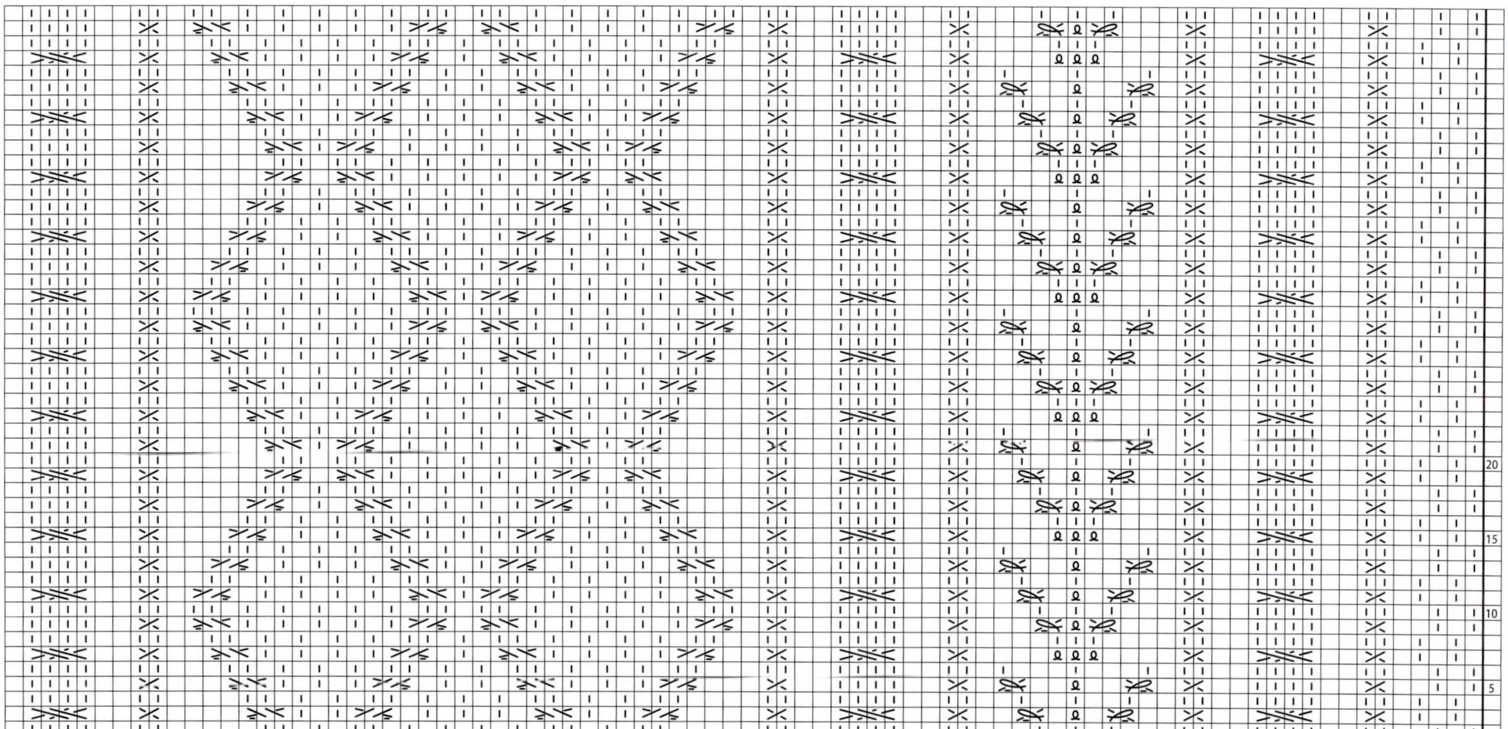

▲
中心

※从中心向左右对称排列

□ = ⊟ 上针　= 左上扭针1针的交叉（下侧为上针）　= 右上扭针1针的交叉（下侧为上针）　= 左上2针与1针的交叉（下侧为上针）　= 右上2针与1针的交叉（下侧为上针）

中心

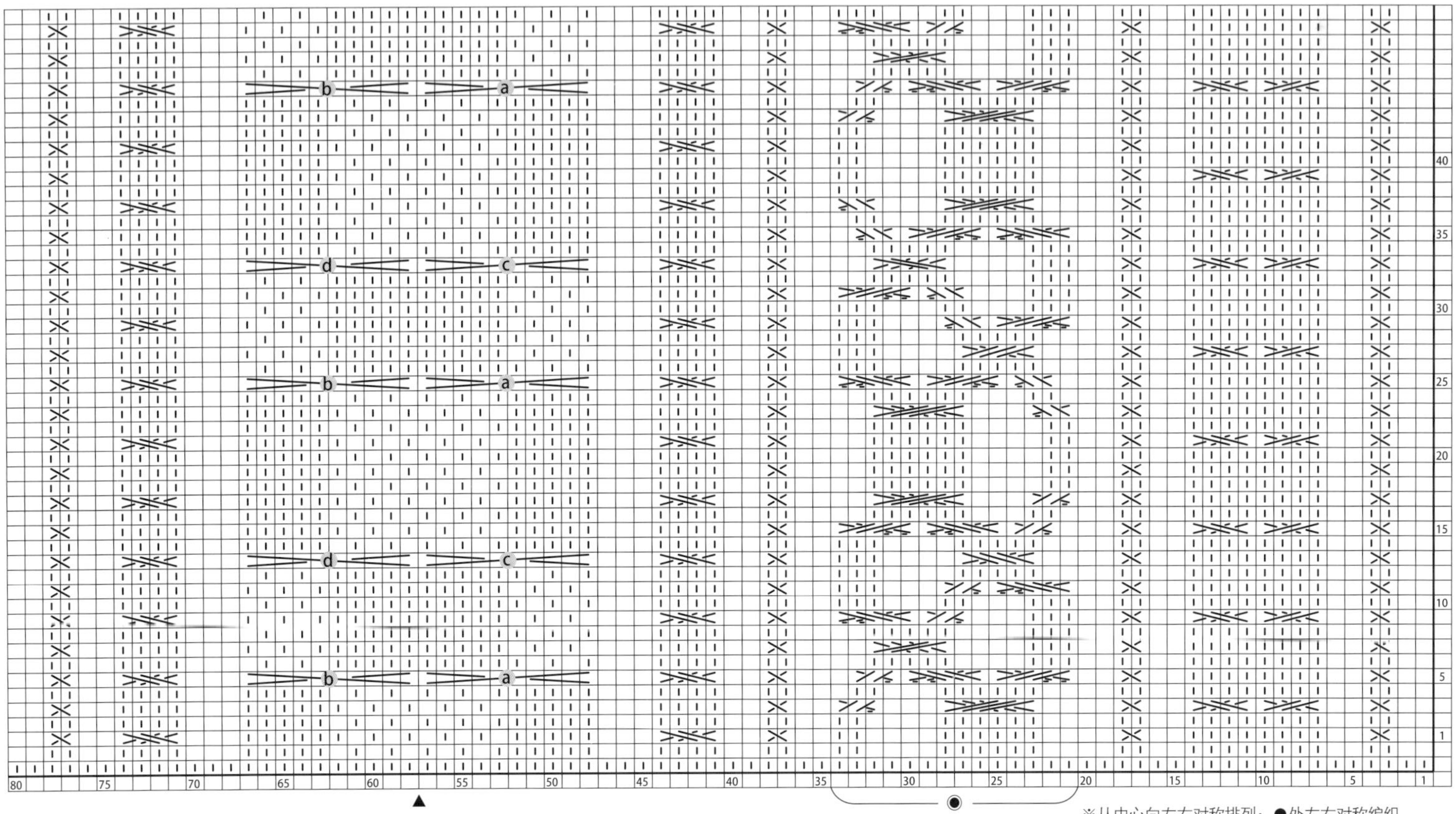

中心

※从中心向左右对称排列；●处左右对称编织

※本图之外的符号图的解说参见85页

□ = ⊟ 上针　　= 右上1针交叉　　= 左上2针交叉　　= 右上2针交叉　　= 左上3针交叉

3 中间是勺子形，两侧是桂花针、锯齿线状的阿尼班麻花花样

13页的作品 设计/河合真弓

▲
中心

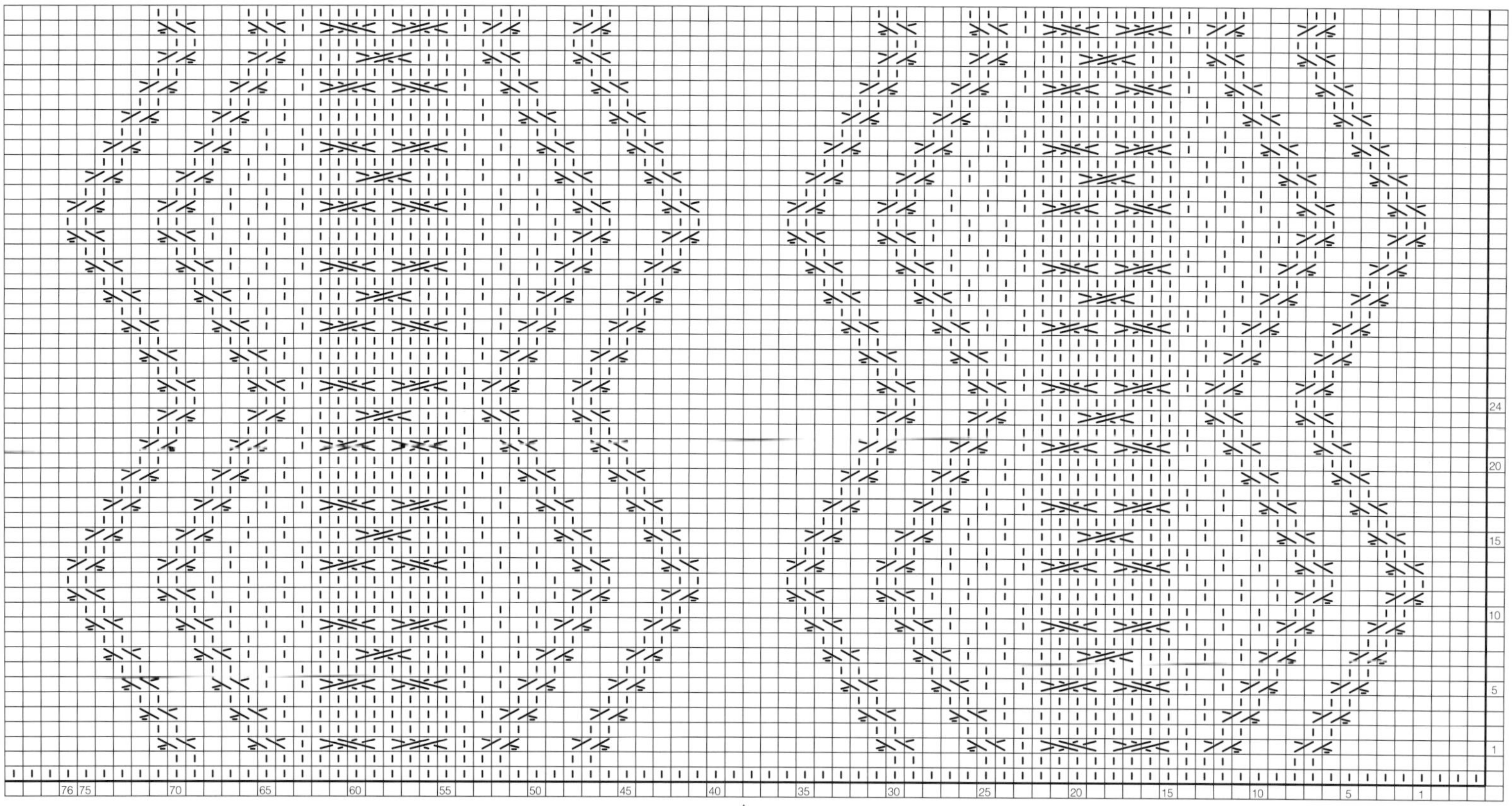

▲
中心

※从中心向左右对称排列

□ = ⊟ 上针　= 左上2针与1针的交叉（下侧为上针）　= 右上2针与1针的交叉（下侧为上针）　= 左上2针交叉　= 右上2针交叉

4 以阿兰蜂巢花样为主角，搭配了麻花花样、锯齿线、人生之梯

15页的作品 设计/冈本真希子

▲
中心

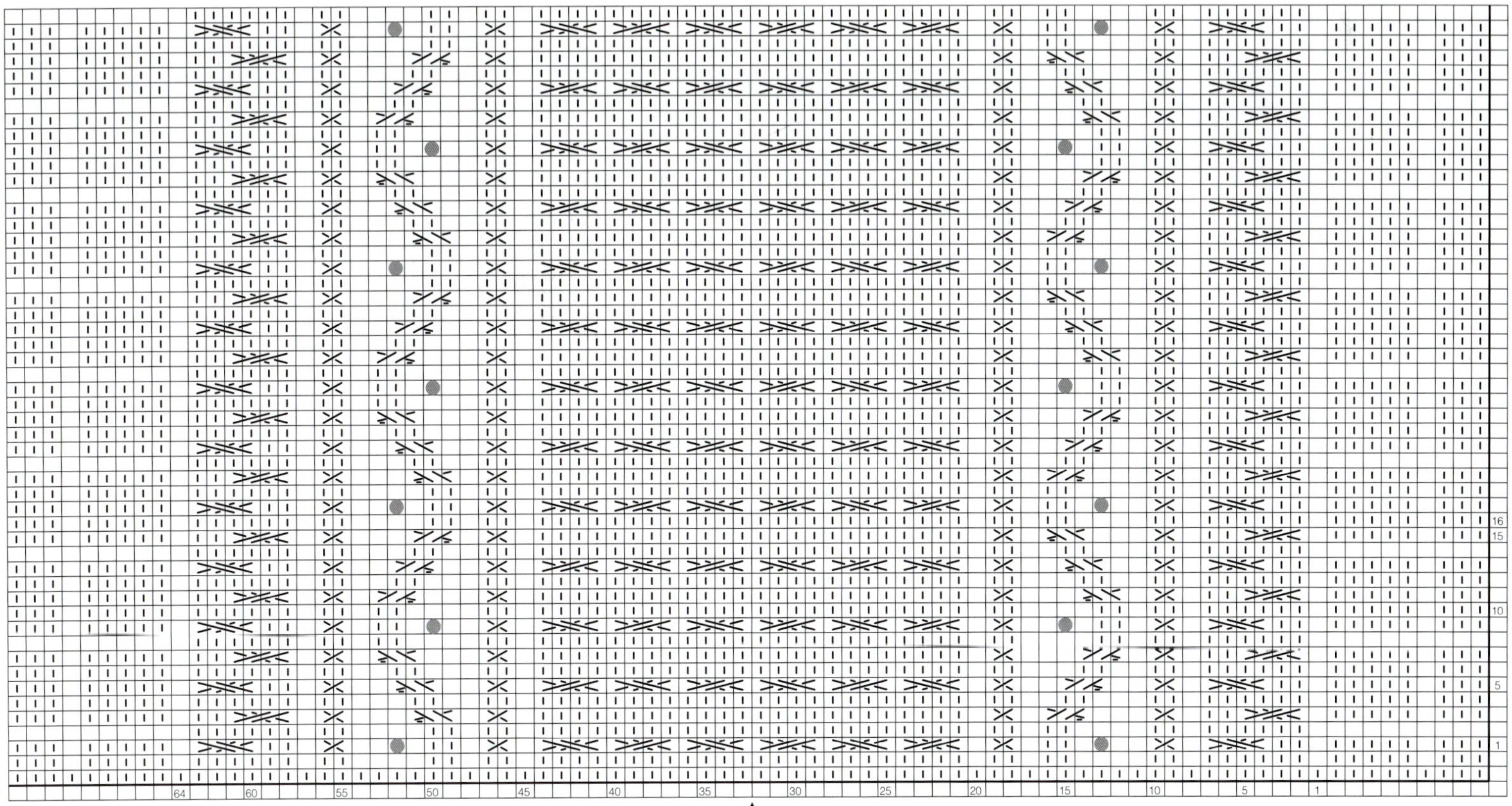

▲
中心

※从中心向左右对称排列

□ = ⊟ 上针　　= 右上2针交叉　　= 左上2针交叉　　= 左上2针与1针的交叉（下侧为上针）　　= 右上2针与1针的交叉（下侧为上针）　　● =

5 加入了爆米花针的菱形花样、麻花花样和桂花针的组合

17页的作品　设计/横山纯子

▲
中心

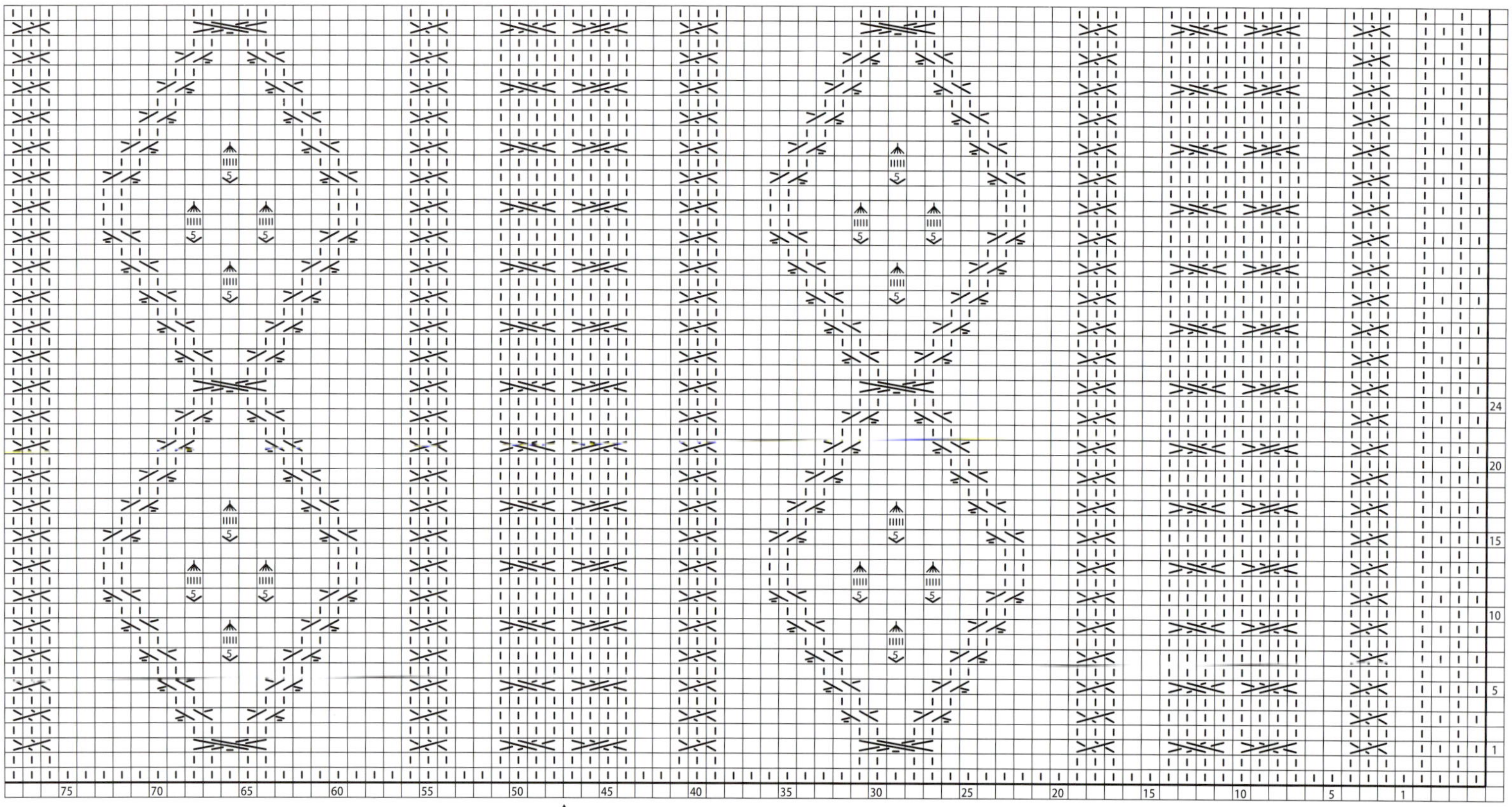

▲
中心

□ = ⊟ 上针　※从中心向左右对称排列

= 左上1针与2针的交叉

= 右上2针跨越交叉（中间隔1针上针）

= 左上2针与1针的交叉（下侧为上针）

= 右上2针与1针的交叉（下侧为上针）

6 格子和双层麻花花样

19页的作品　设计/冈本启子

▲
中心

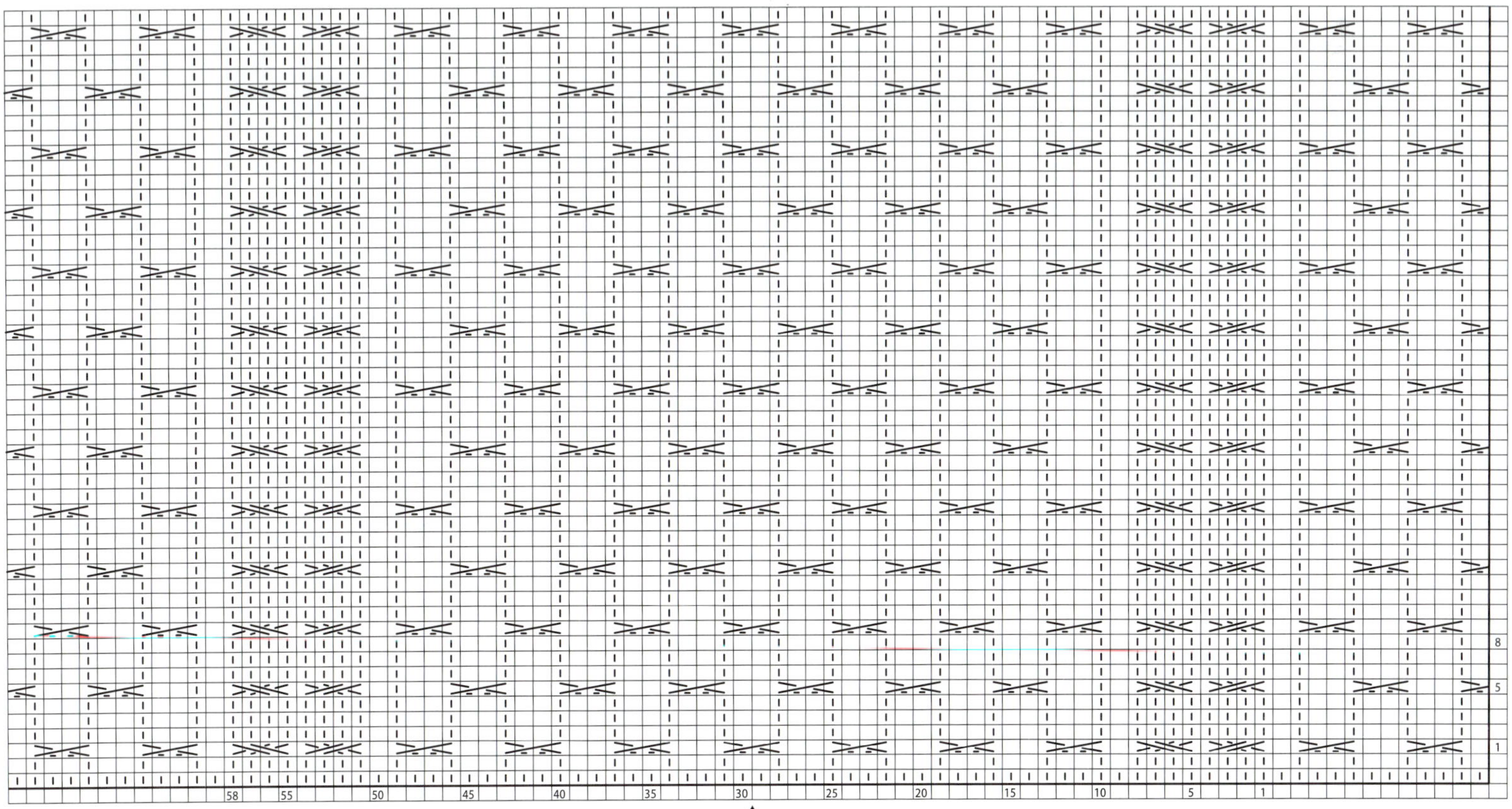

▲
中心

※从中心向左右对称排列

□ = ─ 上针　　= 左上1针跨越交叉（中间隔2针上针）　　= 左上2针交叉　　= 右上2针交叉

7 在格子中加入了泡泡针和桂花针以及生命之树的一半

21页的作品　设计/岸睦子

▲
中心

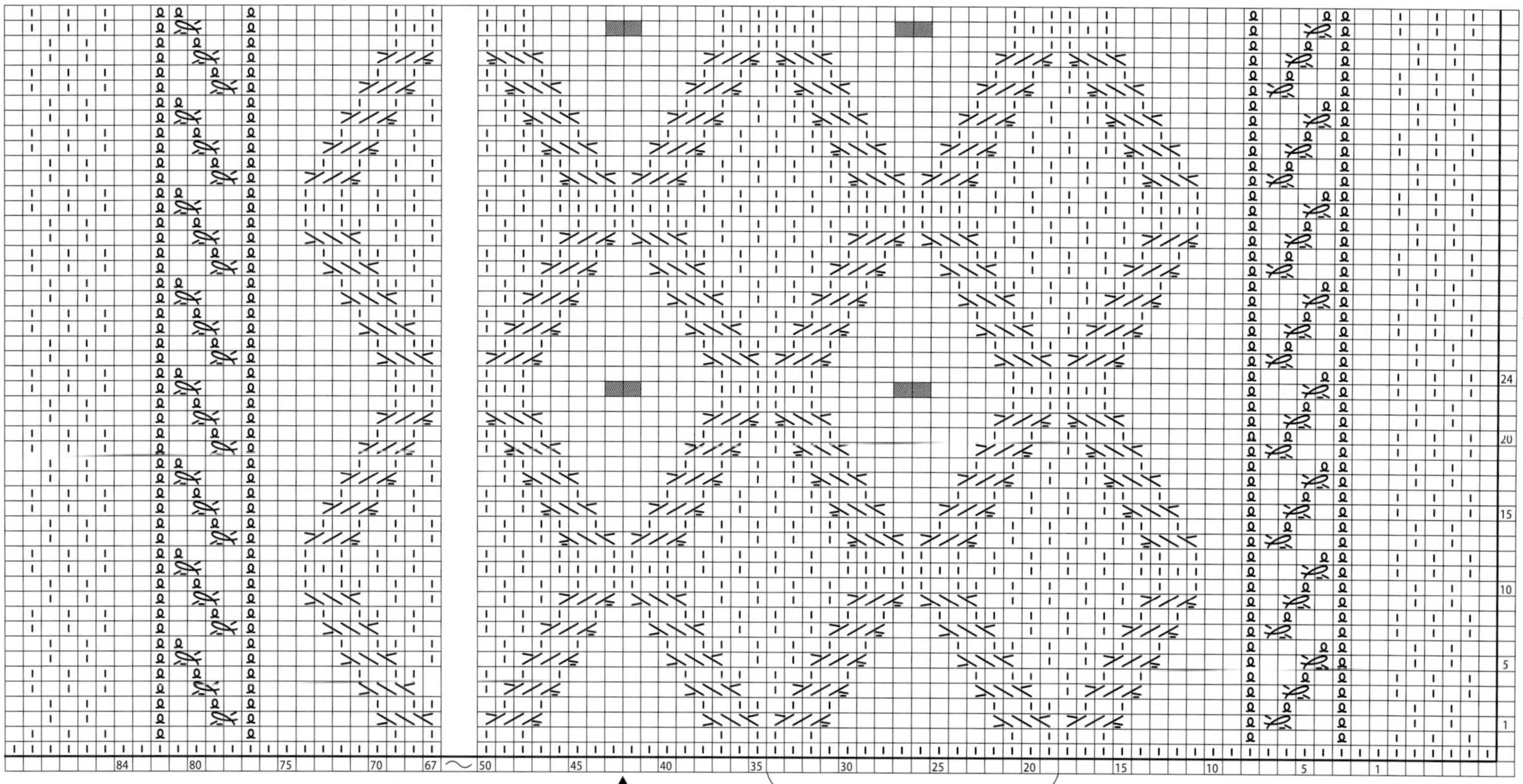

▲
中心

16针1个花样

※从中心向左右对称排列

□ = ⊟ 上针　[符号] = 左上扭针1针的交叉（下侧为上针）

[符号] = 右上扭针1针的交叉（下侧为上针）　[符号] = 左上3针与1针的交叉（下侧为上针）　[符号] = 右上3针与1针的交叉（下侧为上针）　[符号] = 右上3针与1针的交叉

[符号] = [符号]

8 生命之树和简约麻花花样

23页的作品　设计/武田敦子

▲
中心

左上扭针1针的交叉(下侧为上针)

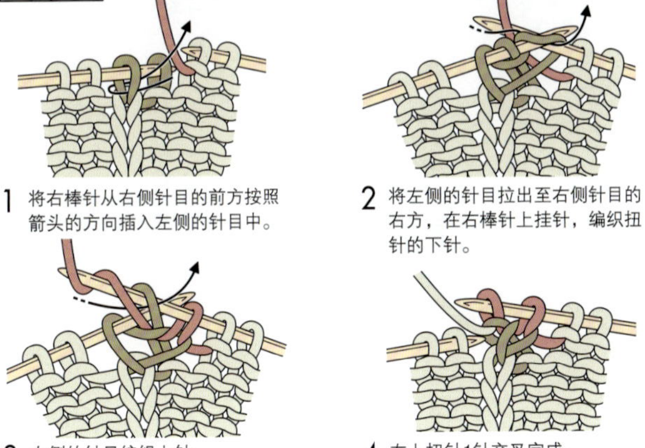

1 将右棒针从右侧针目的前方按照箭头的方向插入左侧的针目中。

2 将左侧的针目拉出至右侧针目的右方，在右棒针上挂针，编织扭针的下针。

3 右侧的针目编织上针。

4 左上扭针1针交叉完成。

右上扭针1针的交叉(下侧为上针)

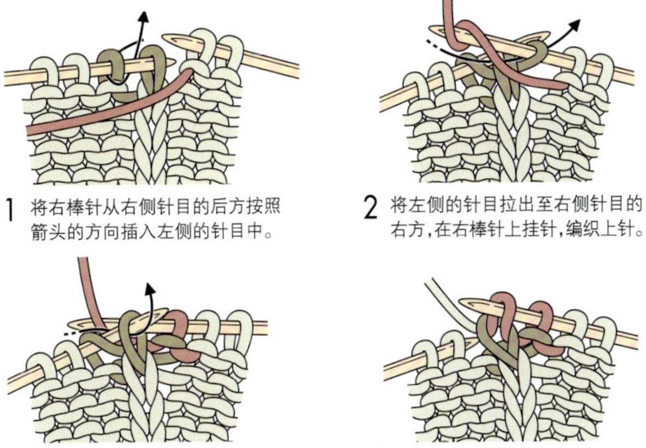

1 将右棒针从右侧针目的后方按照箭头的方向插入左侧的针目中。

2 将左侧的针目拉出至右侧针目的右方,在右棒针上挂针,编织上针。

3 右侧的针目编织扭针的下针。

4 右上扭针1针交叉完成。

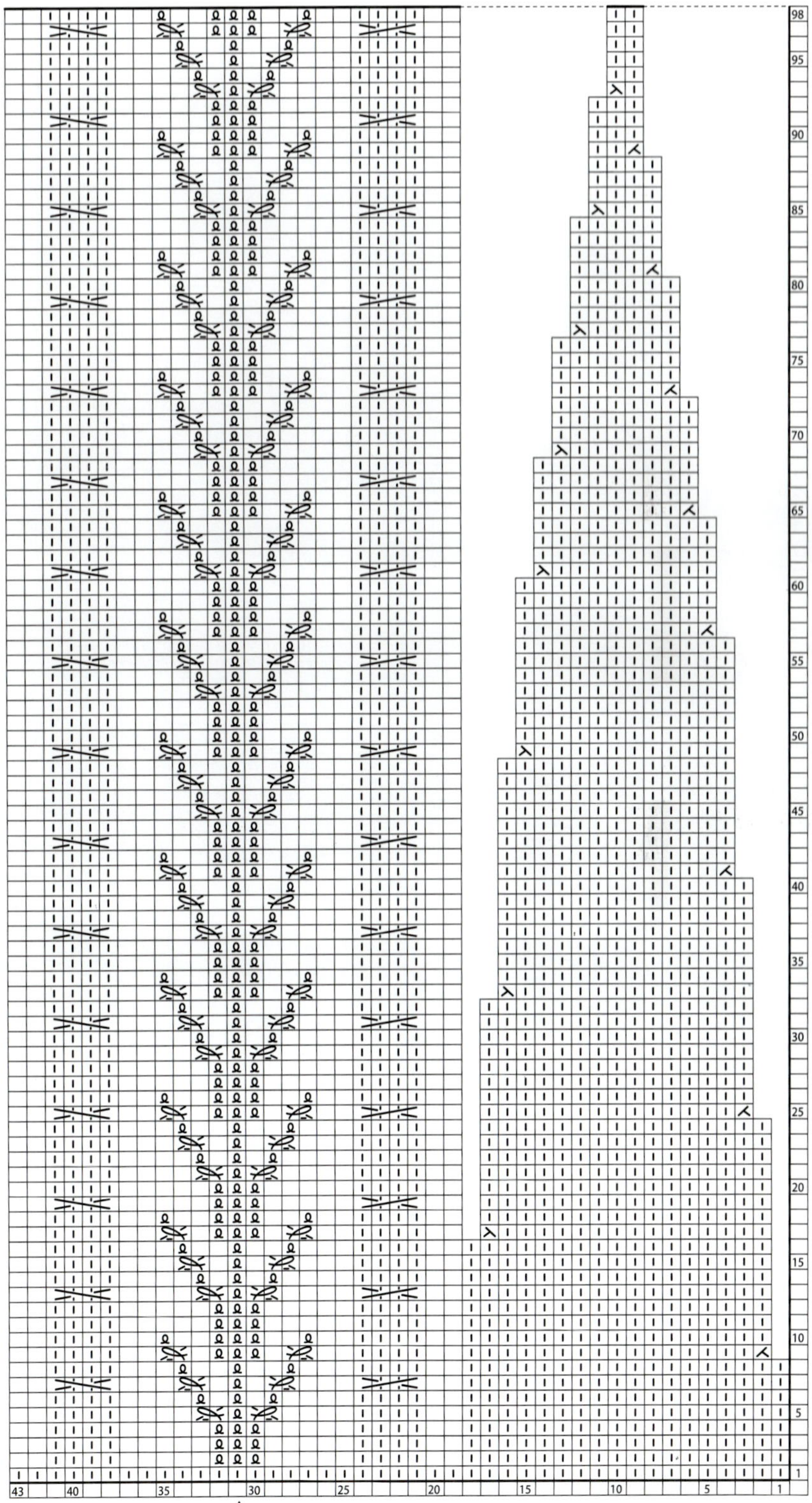

▲
中心

□ = ⊟ 上针

=左上扭针1针的交叉(下侧为上针)

=右上扭针1针的交叉(下侧为上针)

=左上1针跨越交叉(中间隔2针下针)

=右上1针跨越交叉(中间隔2针下针)

Autumn&Winter Color

秋冬的色彩变奏曲

在秋冬季节，最引人注目的颜色有三种——可以展现出温柔的女人味的白色或原色、适合成熟女性的红色或酒红色以及潇洒干练的海军蓝色。穿衣颜色的不同，也会给人留下不同的印象。那么，今天秋冬你想编织什么颜色的呢？线材/芭贝

photograph/Hironori Handa styling/Junko Ishida
hair&make-up/Fumio Ohta model/CHARLIE、DIANA Z

这是使用两片正方形织片组合而成的原色无纽短上衣。加入长长的罗纹针的袖子，有泡泡袖一样的轮廓。
设计/阿部真理
*使用线/芭贝
*编织方法/112页

10 泡泡袖无纽短上衣

使用同种线材钩织成的细绳将这件圆育克套头衫的领口收成了立体的形状，十分可爱。作品使用的是加入了棉线的蓬松的木纹感觉的线材。

设计 / 阿部真理

＊使用线 / 芭贝

＊编织方法 /134页

11 立褶式领口圆育克套头衫

整齐排列的花样，给人以干练而又富有魅力的美感。这一款白色长款修身上衣，使用不同的颜色编织领口的边缘编织，是让整件衣服显得更加秀美的秘诀。

设计 / 立石明美

*使用线 / 芭贝

*编织方法 /114页

12 干练的长款修身上衣

13 白色的花海开衫

铺满了整面的镂空花样，仿佛是纯白色的花海。
在这件开衫的装饰蝴蝶结的顶端编织的枣形针，
仿佛是树木的果实，一摇一摇的十分可爱。

设计 / 立石明美
*使用线 / 芭贝
*编织方法 /115页

14 多色的条纹花样套头衫

这件钩针编织的套头衫，是将用长长针钩织的花样，用4种不同的线，编织出了条纹花样。由于加入了段染线，就使得颜色的变化变得更加丰富起来。

设计 / 矢口加寿子

＊使用线 / 芭贝

＊编织方法 /118页

Red & Wine 红色和酒红色

15 四色花样套头衫

单色部分与四色编织花样对比，是一件能够给人留下美好印象的套头衫。与金银丝线合在一起编织而成的褶皱状饰边十分华丽。

设计 / 矢口加寿子

＊使用线 / 芭贝

＊编织方法 /121页

16 厚厚的条纹外套

以起伏针为底，加入了滑针，编织出了厚厚的编织花样，这样的花样非常适合编织外套。使用段染线与单色线组成的条纹，非常棒。

设计 / 芭贝事业部

＊使用线 / 芭贝

＊编织方法 /120页

17 轻柔百搭的简约开衫

这是使用轻柔的线材与闪耀的金银丝线合在一起编织而成的。简单的设计、蓬松的手感、单穿也很时尚，让它成为秋冬季节必不可少的一件。

设计/芭贝事业部

*使用线/芭贝

*编织方法/124页

18 带亮片的V领毛衣

3色渐变色毛线编织的锯齿状花样的时尚毛衣。羊毛中混入一定量的真丝以及带亮片的毛线，不落俗套。

＊设计 / 芭贝事业部

＊使用线 / 芭贝

＊编织方法 /125页

海军蓝色

Navy Blue

19 阿兰花样套头毛衣

这款雅致的阿兰花样套头毛衣，前身片中心的麻花花样和相邻花样的交界处编织减针，罗纹针斜向编织。

*设计 / 芭贝事业部

*使用线 / 芭贝

*编织方法 /129页

20 条纹花样的开衫

款式经典的开衫，使用新颖别致的4色段染毛线编织宽窄不同的条纹花样。这件时尚的毛衣别有一番风味。

＊设计 / 芭贝事业部
＊使用线 / 芭贝
＊编织方法 /128页

海军蓝色

Navy Blue

21 青果领马甲

永不过时的青果领马甲。只需一种毛线便可带来无尽的变化。这是一场充分展现混合色调段染毛线质感的盛宴。

＊设计 / 芭贝事业部

＊使用线 / 芭贝

＊编织方法 /135页

+One

锦上添花的温暖的毛线小物

给你喜爱的毛衣编织一件配套的小物，打造专属于自己的手工编织时尚元素。

毛线经销商／株式会社元广

photograph/Hironori Handa styling/Junko Ishida hair&make-up/Fumio Ohta model/MARTA GILMAJSTER、VAL

22 方格花样毛衣和配套围脖

给方格花样的毛衣配上一条用起伏针编织的大围脖。编织一件喜爱的小物用来搭配毛衣，这是手工编织特有的乐趣。

＊设计 / 河合真弓

＊制作 / 堀口美雪

＊使用线 / SKI WORLD SELECTION Fano

＊编织方法 /102页

23 时尚背心和两用围脖

换一种颜色，给时尚的背心编织一件配套的两用围脖。背心的衣领是自然褶设计。

＊设计 / 冈本启子

＊制作 / 清野加奈惠

＊使用线 / SKI WORLD SELECTION Como

＊编织方法 /104页

24 扇形花上衣和配套围巾

长长针钩织的扇形花长上衣和六角形花片的长围巾。
就像蕾丝编织的服饰配件一样，点亮宁静的冬天。

* 设计 / 冈真理子
* 制作 / 水野顺
* 使用线 / SKI WORLD SELECTION Grace Alpaca 段染
* 编织方法 /106页

25 温暖的披肩和贝雷帽

松软的圈圈毛线和平直毛线编织的披肩和贝雷帽。同色的花朵胸饰也非常招人喜爱。

*设计 / 冈真理子

*使用线 / SKI WORLD SELECTION

*编织方法 /110页

Winter is coming!

冬季的花样与毛线色彩游戏

通过加入花样、改变编织方向等，充分发挥每种毛线的特色，享受毛线的色彩游戏。

毛线经销商／内藤商事株式会社

photograph/Hironori Handa　styling/Junko Ishida　hair&make-up/Fumio Ohta　model/MARTA GILMAJSTER、VAL

26 富有立体感的蓝色渐变马甲

身片下半部分横向编织，织物的变化非常有趣而且很有立体感。蓝色渐变毛线和闪亮的金银丝线相映成趣。

* 设计 /NSK 企划 武藤比富
* 制作 / 长谷川千代子
* 使用线 / 内藤商事
* 编织方法 /136页

宽松的轮廓，大圆圈图案组合的花样，这是一件充满艺术与美感的波莱罗短毛衣。

*设计 /NSK 企划 武藤比富

*制作 / 长谷川千代子

*使用线 / 内藤商事

*编织方法 /139页

27 宽松的波莱罗短毛衣

传统的英式罗纹针编织的羊毛开衫。长长的披肩式衣领是非常时尚别致的设计。

＊设计 /NSK 企划 武藤比富
＊制作 / 下坂今子
＊使用线 / 内藤商事
＊编织方法 /138页

28 围巾式衣领长开衫

这是一种新颖的折纸式编织。此作品是使用3种颜色的段染毛线编织桂花针，组合时像折纸一样将织片折向中心，挑针接缝缝合

＊设计 / NSK 企划 武藤比富

＊制作 / 木下由贵子

＊使用线 / 内藤商事

＊编织方法 /142页

29 三色段染毛线编织的华丽外搭

这是一件非常有创意的作品。给罗纹针编织的披肩织上衣袖，华丽转身为一款短上衣。罩在衣服外面极为时尚，让人开始热切期盼秋冬季节的到来。

＊设计 / 风工房

＊使用线 / 内藤商事

＊编织方法 /150页

30 带袖式罗纹针披肩

宽松的轮廓，大圆圈图案组合的花样，这是一件充满艺术与美感的波莱罗短毛衣。

＊设计 /NSK 企划 武藤比富
＊制作 / 长谷川千代子
＊使用线 / 内藤商事
＊编织方法 /139页

27 宽松的波莱罗短毛衣

传统的英式罗纹针编织的羊毛开衫。长长的披肩式衣领是非常时尚别致的设计。

*设计 /NSK 企划 武藤比富

*制作 / 下坂今子

*使用线 / 内藤商事

*编织方法 /138页

28 围巾式衣领长开衫

31 等针直编的大围领短袖衫

等针直编的背心加上时尚的大围领，瞬间提升了衣服的品位。凸凹有致的花样也非常惹人注目。

*设计 / 菊地正

*使用线 / 内藤商事

*编织方法 /146页

钩针编织的花样使着色方法时尚的段染毛线变得更加耐人寻味。左肩肩缝处的纽扣给这件套头毛衫更增几分时尚气息。

＊设计 / 原田睦美

＊使用线 / 内藤商事

＊编织方法 /143页

32 钩针编织的段染线套头毛衫

33 华丽的孔斯特花片套头衫

宛如绽放在夜空中的烟花，这件渐变色套头衫的花片颇具特色，非常美丽。长间距的段染毛线，使用孔斯特编织方法。

＊设计 / 冈真理子

＊制作 / 指田容子

＊使用线 / 内藤商事

＊编织方法 /148页

微风吹拂的南欧——印象派编织

Impressive knit

手工编织独有的纤细品格汇集在抽象的编织中。精心编织的衣物，穿起来非常漂亮。

毛线经销商／内藤商事株式会社

photograph/Hironori Handa styling/Junko Ishida hair&make-up/Fumio Ohta model/CHARLIE、DIANA Z

34 藤蔓花样的奢华毛衣

使用加入银色丝线的毛线编织一件奢华的毛衣。给优美的藤蔓花样加入流苏，情趣倍增。

＊设计 / 村山美沙子

＊使用线 / 内藤商事

＊编织方法 /151页

35 优雅的开衫和装饰围巾

这是一套宛如雪花仙子般美丽的麻花花样的羊毛开衫和配套围巾。蓬松柔软的白色马海毛中加入的粒结，就像纷纷扬扬的雪花在太阳的照耀下熠熠生辉。

*设计 / NSK 企划 武藤比富　*制作 / 中村睦子
*使用线 / 内藤商事
*编织方法 /156页

36 超人气前短后长套头衫

前短后长的身片，U形的衣领，充满时尚元素的套头衫。
优雅中透着随意，它一定是冬季的人气编织。
＊设计 / NSK 企划 相马佳苗　＊制作 / 山口顺子
＊使用线 / 内藤商事
＊编织方法 /158页

37 优雅的紫色深 V 领开衫

两种桂花针再辅以下针线条，这种布局真是绝妙极了。
前身片上编织的下针线条从肩部一直向下延伸，和口袋连成一体。
* 设计 / NSK 企划 武藤比富
* 制作 / 中村睦子
* 使用线 / 内藤商事
* 编织方法 /160页

38 温暖的圆育克开衫和帽子

这套配色的美丽传统花样的圆育克开衫和帽子，是使用加入羊驼毛的轻柔的毛线编织的。

＊设计 / 兵头良之子

＊制作 / 土桥满英

＊使用线 / 内藤商事

＊编织方法 /162页

39 富有魅力的阿兰毛衣

内种不同的麻花花样交替排列在一起，再现阿兰花样的美感。
在这里，传统编织的魅力得到了无尽的展现。

*设计 / 冈本启子
*制作 / 小出映子
*使用线 / 内藤商事
*编织方法 / 165页

40 民族风方领毛衣

这款羊驼毛和羊毛混纺的毛线编织的民族风方领毛衣，穿着它，内心在柔和色调的包围中变得柔软起来。

＊设计 / 河合真弓
＊制作 / 堀口美雪
＊使用线 / 内藤商事
＊编织方法 /169页

41 浮雕花样的圆领毛衣

桂花针和阿兰花样拼接在一起，突出了浮雕花样的美感。身片编织完成后再连上等针直编的袖子，非常简单。

*设计/NSK企划 武藤比富 *制作/长谷川千代子

*使用线/内藤商事

*编织方法/172页

最新登场的

线和工具

新材料和新工具信息

当感觉到寒冷的北风刮起来的时候，就到了需要温暖的毛线编织的季节了。我们从各个厂家中选出了今年秋冬备受瞩目的新材料和最应景的毛线，以及能够让编织变得更加方便的工具，特别是便于编织在本书前面介绍的阿兰花样的工具。

photograph / Noriaki Moriya、Hironori Handa

PUPPY

芭贝
http://www.puppyarn.com/

美丽的色彩组合、优雅的编织

这里集中了混入了多种颜色的线、蓬松而又柔软的线、带有闪光的金银丝线等，都是可以展现出不同感觉的新线材。

1 露茨

这是由一种颜色的底色与5种颜色的段染组合在一起，然后又加入了碎丝，是十分讲究的一款线材。在蓬松的羊毛中加入了柔软的羊驼毛，让编织的心情与穿着的感觉都变得非常舒适。虽然是朴素的中粗苏格兰毛呢线，但多彩的颜色变化，又带来了新的乐趣。

*44页 作品20

2 阿尔帕卡法达

在锦纶的人造丝线中，吹入了柔软的羊驼毛，这样的原料所带来的手感非常好。中细的线，即便是使用钩针编织，也能钩织出薄厚适中的作品。另外，虽说线材是属于细线，但由于其本身带有蓬松度，使用钩针钩织枣形针，也能得到蓬松的效果。质轻而又柔软，是它的魅力所在。

*41页 作品17

3 阿鲁贝罗

这是将5~6种颜色捻合在一起的多色木纹线。捻合程度的不同，产生了粗细的变化，仿佛是带有了竹节花式纱线。加入了腈纶，柔软性得到了提升，线的质量也减轻了。就像它的名字一样，给人一种像是“树木”的自然的感觉，并且它与真实的自然界的颜色构成也是一致的。极粗的线，编织帽子等小物件也是非常合适的。

*45页 作品21

4 爱莱港顿

这款线材是在纺织时加入了细金银丝线的碎段，然后又与羊毛的梳毛线捻合而成。带有金银丝线雅致而又细微光泽的细线，适合编织成熟而又优雅的服装，无论是棒针编织还是钩针编织都适用。由于毛线成分中大部分是羊毛，所以也适用于编织复杂图案，并且能够展现出很好的效果。

*43页 作品19

5 莱卡多

这是使用优质的羊毛原料与具有光泽的真丝混合纺织而成的中粗线，两种原料不会过于融合也不会过于区别，混合的比例恰到好处。在染色的时候，特意让羊毛与真丝产生了深浅的区别，这使得真丝的光泽度更加明显。是适合编织图案的平直毛线。

*42页 作品18

SKI WORLD SELECTION

SKI WORLD SELECTION
http://www.skiyarn.com

和秋季的美景融为一体，穿着时尚的编织物

更加丰富多样的秋冬SKI WORLD SELECTION系列素材闪亮登场。
在这里，色彩搭配自然的粗毛线和人造丝线也和大家见面了。

1 SKI WORLD SELECTION
Fano

这是欧洲风情的时尚粗毛线，编织出来的衣物非常轻便，粒结花式的配色也非常可爱，不管是编织小物还是编织大件毛衣都非常合适。尤其推荐编织成人穿的休闲式毛衣。

＊46页 作品22

2 SKI WORLD SELECTION
Como

像星星点点的果实般的圆点花样随意地点缀在毛衣上，看起来非常可爱，这是超级粗人造丝线的杰作。这款毛线柔软亲肤，推荐编织可以展现毛线自身可爱之处的简单作品。编织新手也可以尝试。

＊47页 作品23

3 SKI WORLD SELECTION
Mermaid

编织出来的衣物上面像是点缀着圆点花样，这是意大利生产的大圈圈毛线的成果。彩色粉笔画般梦幻的色彩非常可爱，不甚分明的织物像羊毛一样轻柔，最适合给毛衣编织小物。

＊49页 作品25

4 SKI WORLD SELECTION
Bluno

线面犹如羊驼毛，这是一款轻柔的意大利平直毛线。绝妙色泽使人情不自禁地想要编织。适合编织任何年龄段的作品。

作品25

5 SKI WORLD SELECTION
Grace Alpaca 段染

使用100％上等羊驼毛的秘鲁生产的段染平直毛线。具有羊驼毛特有的张力和密度，棒针、钩针皆宜。最适合编织温暖时尚的毛衣。

＊48页 作品24

体验毛线带来的乐趣

这里聚集的是色彩组合非常美丽的长间距和短间距的段染毛线以及时尚的带粒结的Fancy Yarn等毛线，它们的线面效果非常好，可以尽情体验编织的乐趣。

1 Siena

超级粗多色毛线最适合棒针编织。粗毛线中捻入颜色深浅不等的毛线，编织时横生不少乐趣。再加入细绒毛的金银丝线，更是别有一番味道。

*54页 作品30

2 Gemini

带粒结的中粗马海毛毛线。以富有光泽的毛线为芯线缠入马海毛，Fancy Yarn编织的作品非常柔软。棒针、钩针皆宜，毛衣、小物皆宜。

*59页 作品35

3 Poems Wool

鲜艳的色彩搭配是它最显著的特征。给中粗的毛线中捻入颜色深浅不等的毛线，增加了编织的乐趣。因为是长间距的段染毛线，编织时可以尽情享受色彩的变化乐趣。棒针、钩针皆宜。

*57页 作品33

4 Inca Spun Roving

由50%羊驼毛和50%羊毛组成的轻柔的中粗毛线。安静的色彩搭配，坚韧的毛线，棒针、钩针皆宜，毛衣、小物皆宜，可以尝试编织各种作品。

*51页 作品27

5 Hamburg

独特的色彩搭配非常有趣，这是多色短间距段染的中细毛线。因为含有锦纶，所以也非常适合用来编织袜子、各种小物以及儿童衣物。棒针、钩针皆宜。

*56页 作品32

CLOVER

CLOVER
http://clover.co.jp/

阿兰花样实用便利小工具

本书第7~33页介绍的阿兰花样是最受编织爱好者们欢迎的花样。将不同的阿兰花样组合在一起，构成了浮雕式的优美花样。为便于编织，下面给大家介绍一些便利实用的小工具。试着用它们挑战今年秋冬的阿兰花样吧！

作品设计制作 / 冈本真希子

U形针

常用于加入多种阿兰花样的作品。

密度尺

便于准确读取阿兰花样的编织方法符号图。

放大镜

便于看清细细密密的编织方法符号图。最适合与密度尺搭配使用。

竹针

天然的竹针即使连续编织很长时间，也不会让人觉得疲劳。

行数记号圈

每10行用一个记号圈，行数一目了然。

针数记号圈

每编织一个花样，便用一个记号圈，这样就不会弄错花样。

带柄钩针

用钩针整理的蓬蓬的球球是木莓果实。

编织人生
Knit life
零度果坊
100% FRESHLY SQUEEZED JUICE
让编织
温暖人生
挽起裤脚踏遍山路的泥泞，握紧电筒照亮求学的初心，
有一群孩子，正在远山里，等待我们温暖他们的人生。
100%鲜果榨取
NFC ORANGE JUICE
零度果坊
小帽尺寸
帽深 4.5cm
帽围 14cm
【编织人生】携手【零度果坊】
走进四川省广安市岳池县山区，发现最需要帮助的孩子们。
每收到一顶 爱心编织小帽子，我们即向这些孩子们捐助1.68元。
帽子捐赠地址：江苏张家港南二环路如意通大厦203室 编织人生收 0512-58978781
活动详情 请关注 编织人生网：www.bianzhirensheng.com
织小帽 献爱心

作品的编织方法

■本书使用针法一览

※ 制作图中未标明单位的尺寸均以厘米（cm）为单位。

●**材料**　芭贝 库音阿妮（104）米色（812）**开衫**　710g/15团　**短裙**　360g/8团，直径2.5cm的纽扣6颗，3.6cm宽的缎带170cm

●**工具**　棒针6号、4号、3号，钩针6/0号、7/0号

●**成品尺寸**　**开衫**　胸围99cm，肩宽37cm，衣长54.5cm，袖长54cm；**短裙**　腰围93cm，裙长37cm

●**编织密度**　10cm×10cm面积内：编织花样A 29针，27行；编织花样B、桂花针均为20针，27行

●**编织要点**　身片、袖、短裙均用手指挂线起针后开始编织。单罗纹针的编织终点处，做下针织下针、上针织上针的伏针收针。**开衫**　身片、袖均在编织花样的第1行加针，后身片的领窝处，在减针的同时使用伏针收针。在前身片口袋处另线编织。肩部在减针、交叉的同时做盖针钉缝，胁部、袖下挑针接缝。将袖和身片引拔接缝。将叶子缝到指定位置处。

1

3页的作品

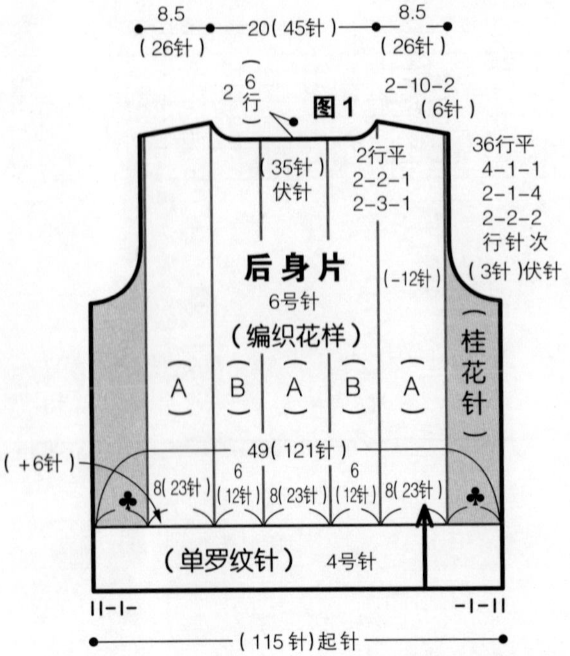

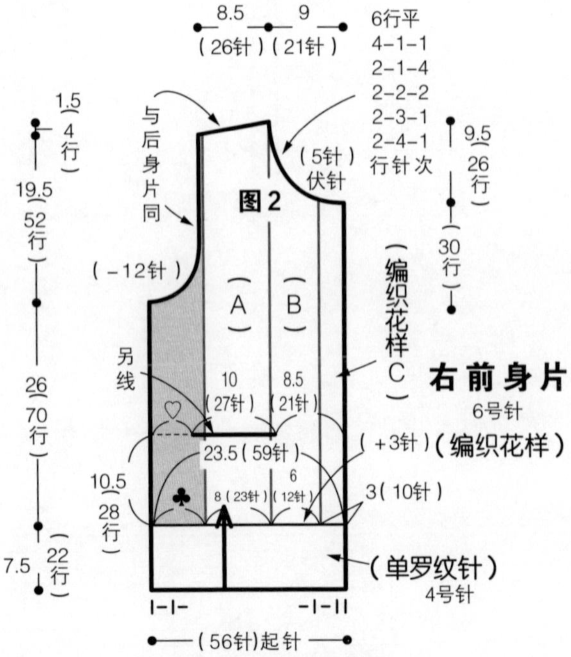

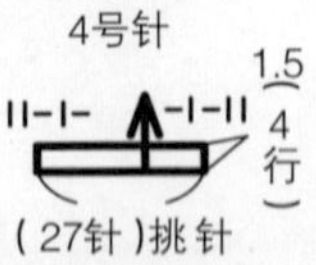

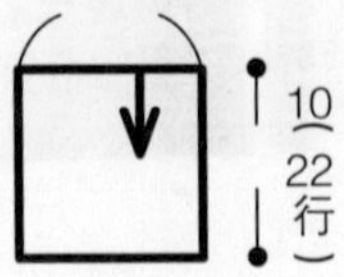

※挑针的减针，在编织花样的部分进行

▭ =（桂花针）

♣=6.5（14针）
♡=5（11针）

※左前身片将编织花样C变化为C'，与右前身片左右对称编织

编织花样A、B、C、桂花针

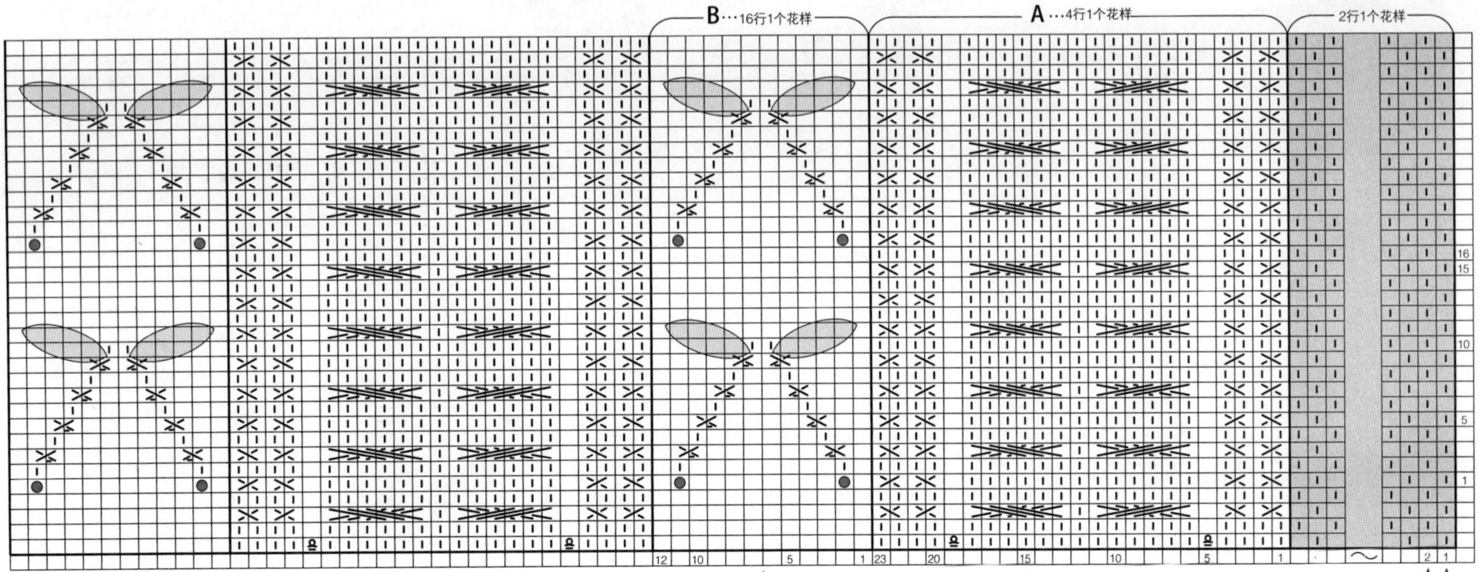

※从中心开始左右对称编织
※第1行的扭针为加针（身片）

□ = ⊟ 上针

= 左上1针交叉（下侧为上针）

= 右上1针交叉（下侧为上针）

● = 7/0号针（参照90页）

叶子 = 6/0号针、116片（之后将其中心部分卷针缝至织片上，缝时外边要浮起，不要固定到织片上）

★接下一页

衣领

（单罗纹针）调整编织密度

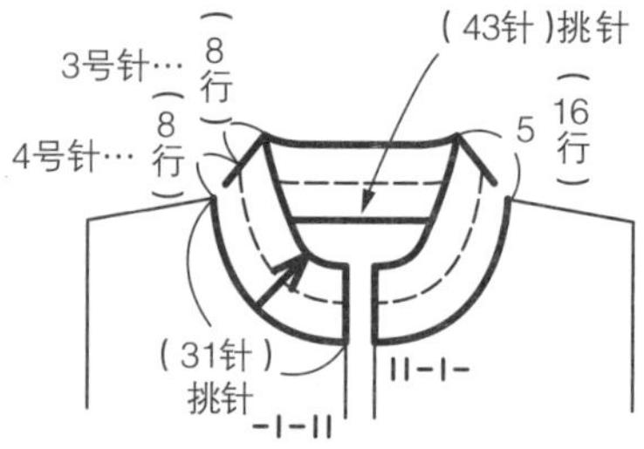

※将衣领向内折后卷针缝，变为双层

前门襟

（单罗纹针）4号针

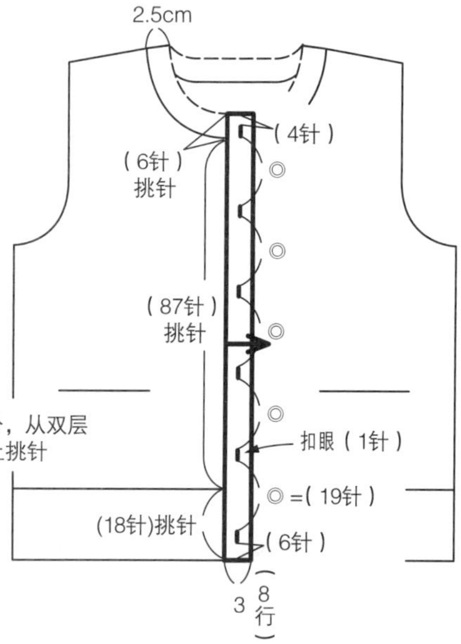

衣领边缘的装饰

扣眼

（右前门襟）

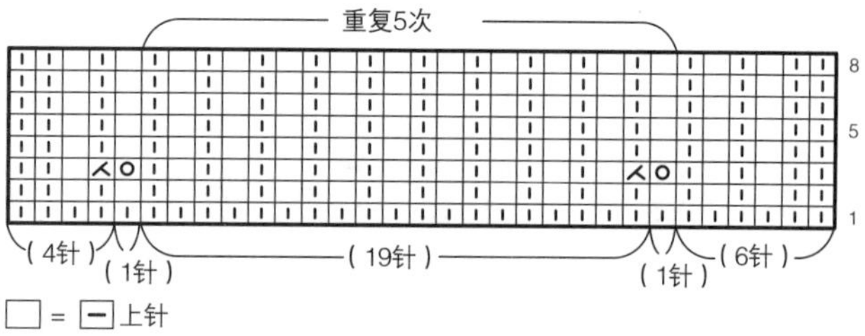

⋏・⋏ = 在编织左上2针并1针或右上2针并1针的同时伏针收针

图1 后领窝

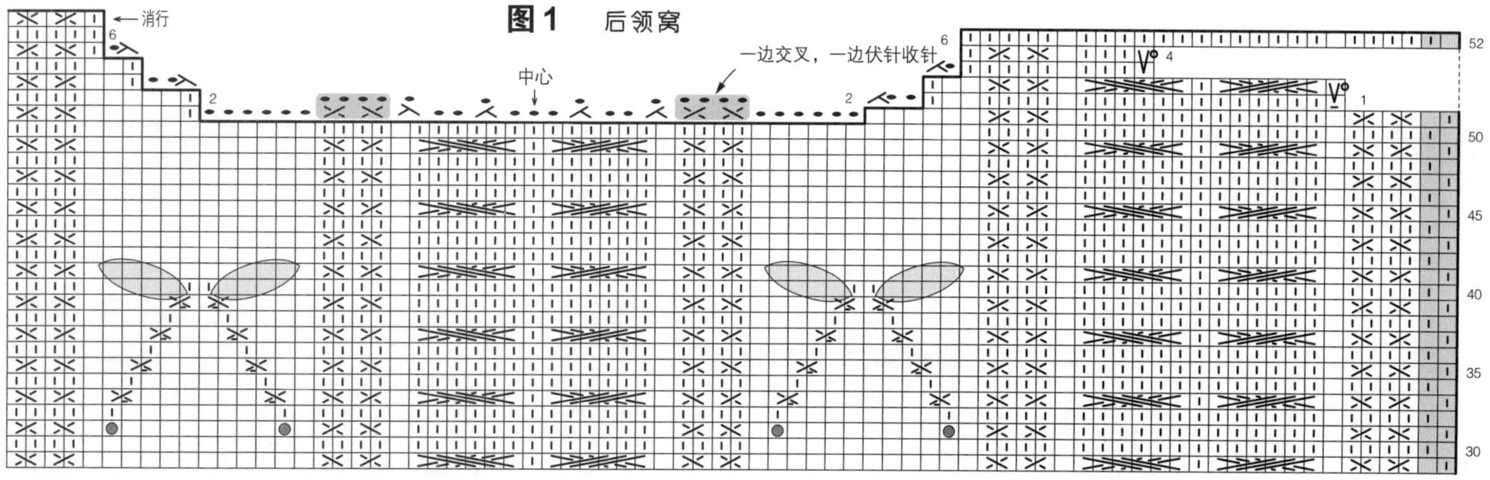

图2 前领窝

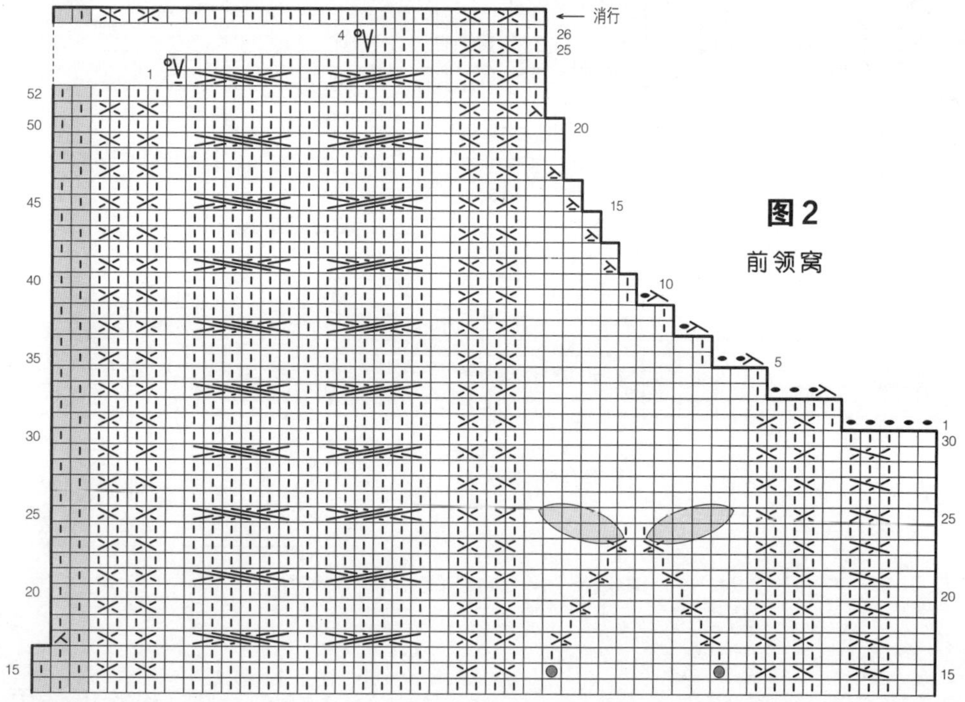

编织花样C

（右前身片）

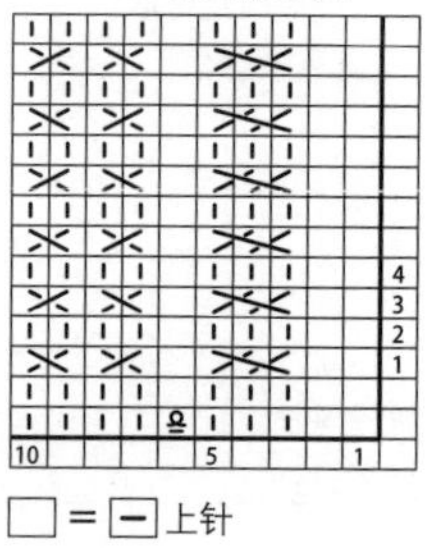

编织花样C'

（左前身片）

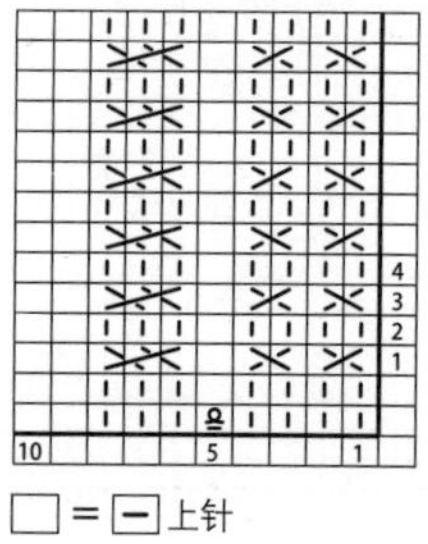

※图1~4中的叶子都是后缝上去的，在此仅表示位置

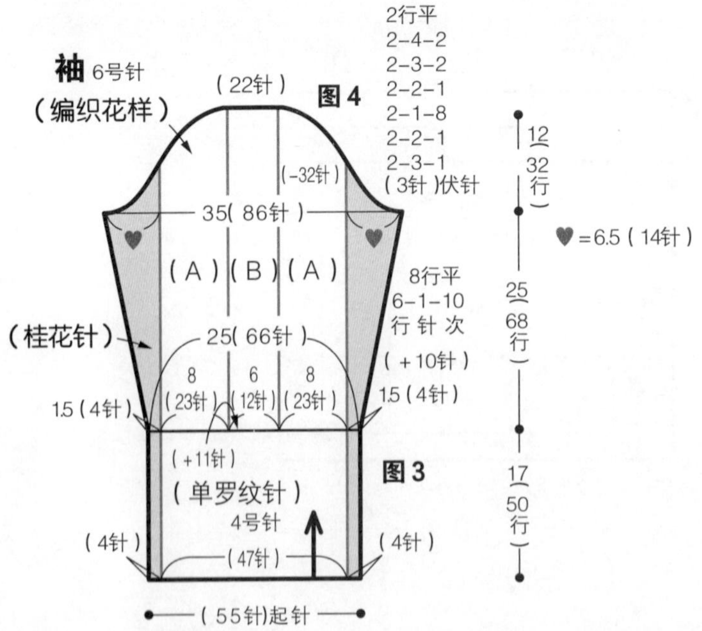

袋口的单罗纹针

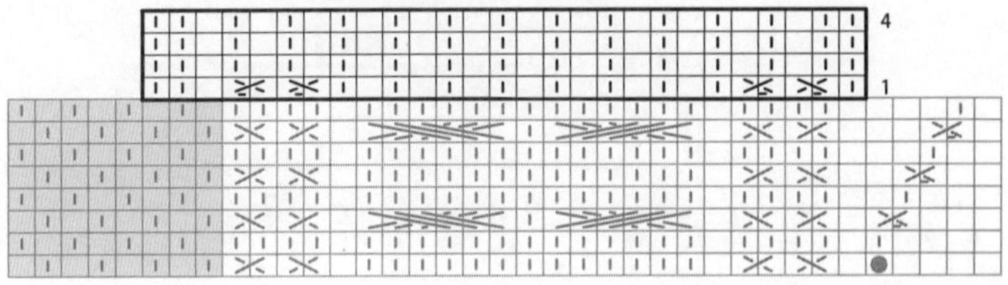

※在第1行交叉

肩部盖针钉缝减针的方法

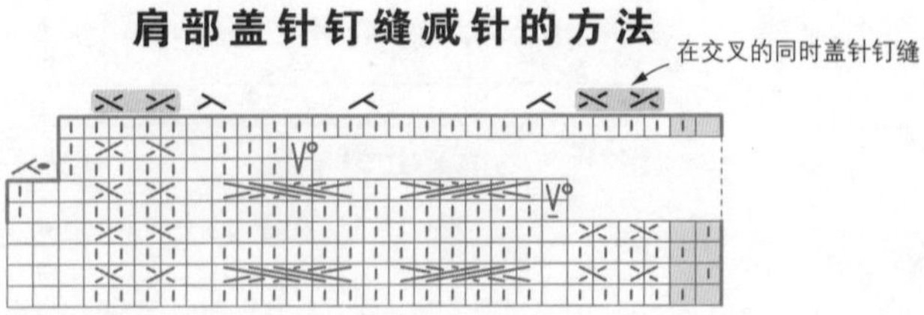

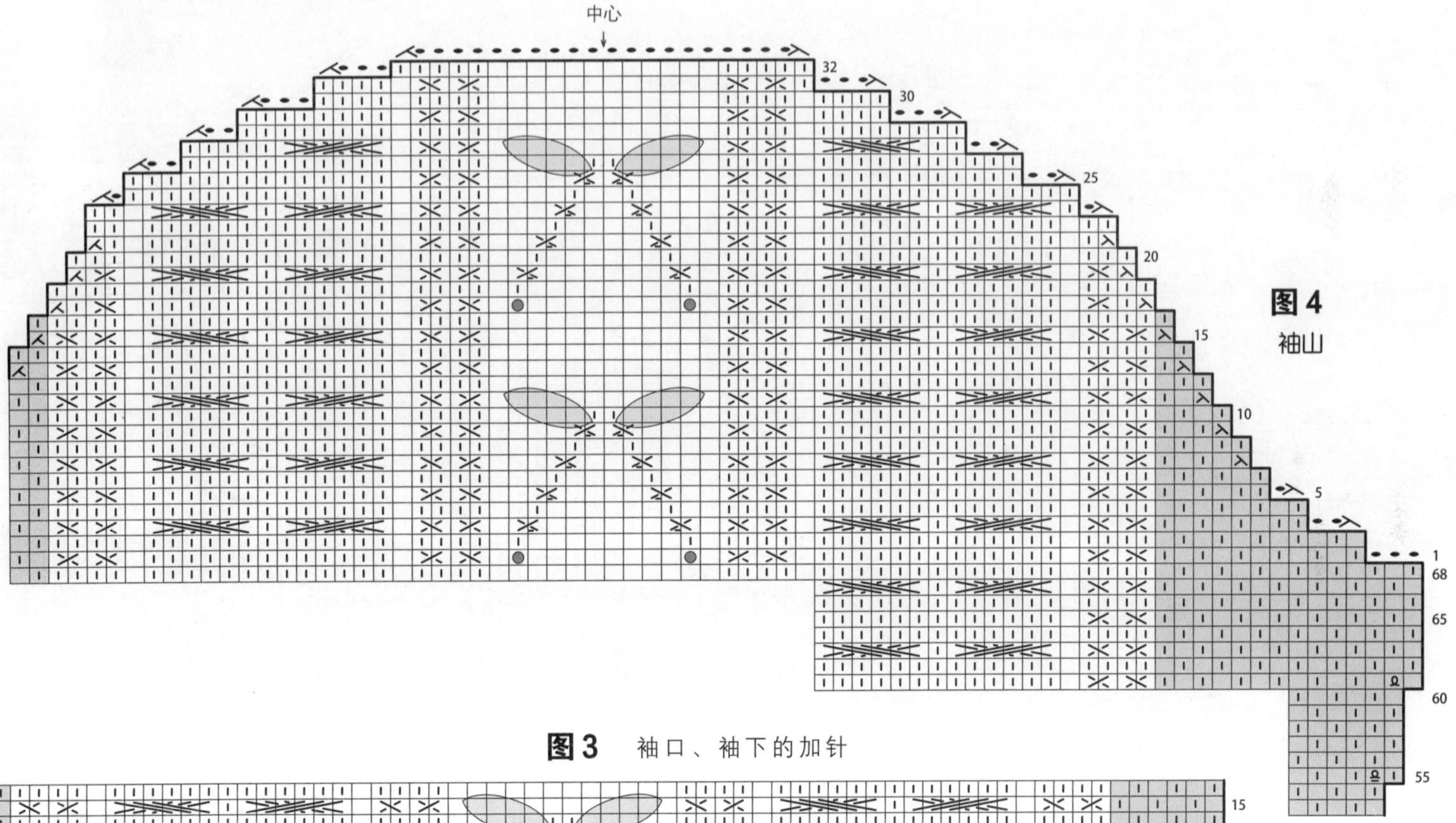

图4
袖山

图3 袖口、袖下的加针

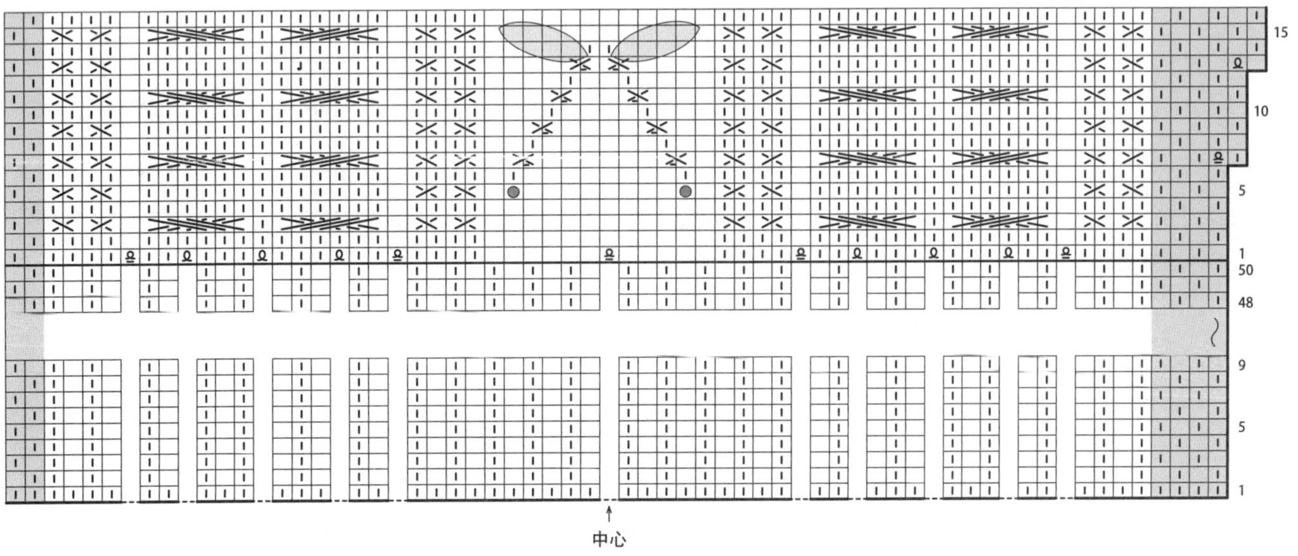

★接下一页

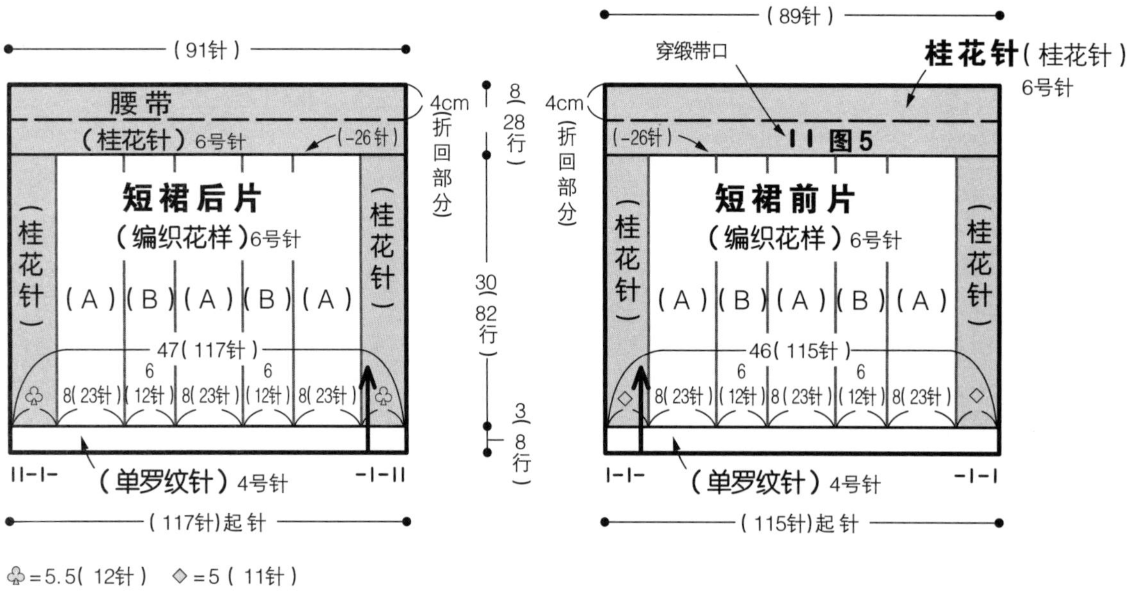

图5 腰部的减针、穿缎带口

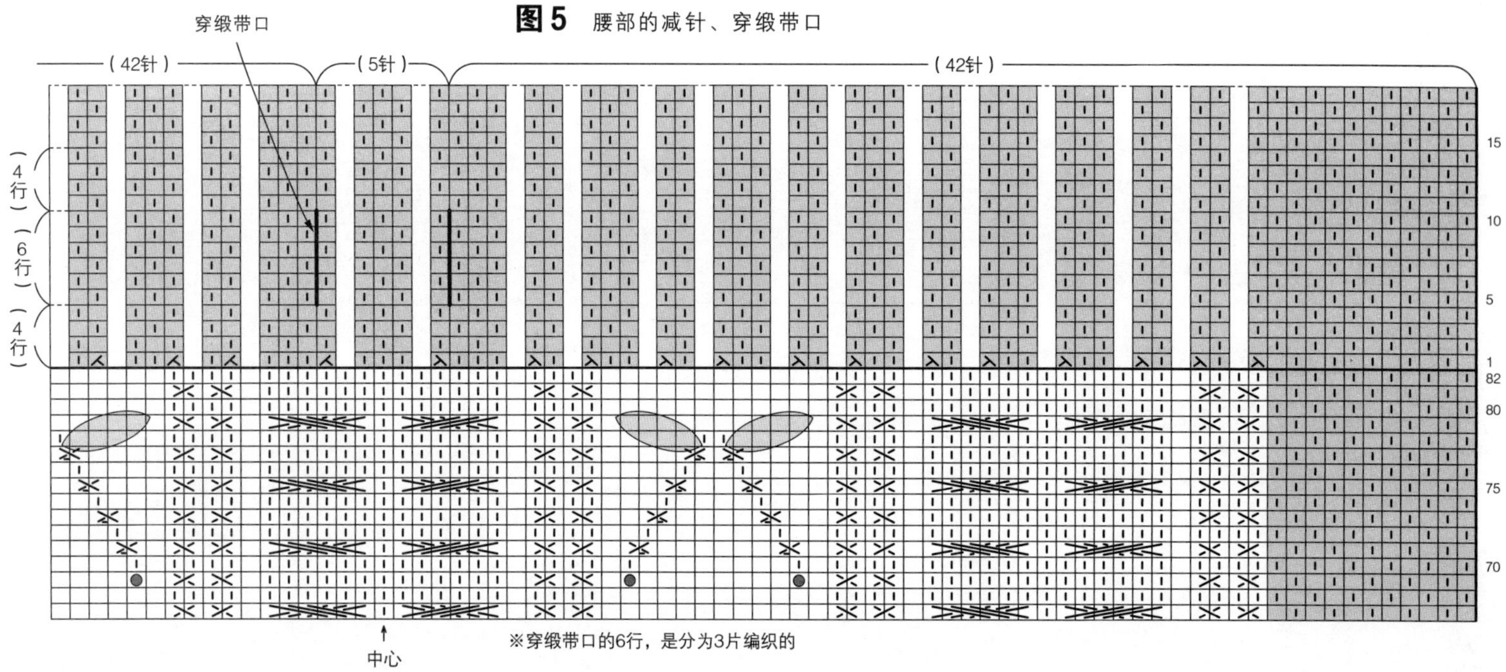

※穿缎带口的6行，是分为3片编织的

作品 4 上接77页的作品

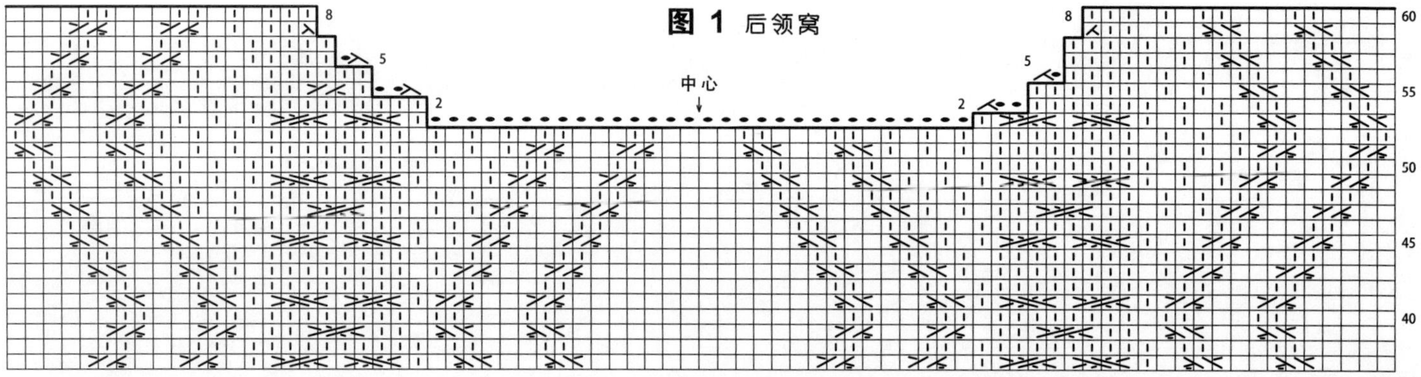

●**材料** 芭贝 库音阿妮（104）藏青色（828）**开衫** 660g/14团 **贝雷帽** 100g/2团，直径2cm的纽扣6颗
●**工具** 棒针6号、7号、8号
●**成品尺寸** **开衫** 胸围97.5cm，肩宽35cm，衣长58cm，袖长54cm；**贝雷帽** 头围56cm，帽深22.5cm
●**编织密度** 10cm×10cm面积内：上针编织20针，27行；编织花样A 25.5针，27行
●**编织要点** 身片、袖用手指挂线起针后开始编织。前门襟、衣领、贝雷帽双罗纹针的编织终点处，做下针织下针、上针织上针的伏针收针。**开衫** 在身片上编织花样的第1行加针，肩部休针。袖、身片使用同样的方法编织。肩部用盖针钉缝，胁部、袖下挑针接缝。编织前门襟，衣领是将身片的正面放在前面，在前门襟的第5行加线后开始挑针编织。**贝雷帽** 使用另线锁针起针后，先编织帽口处的双罗纹针，然后再挑取针目编织帽顶。

4

13页的作品

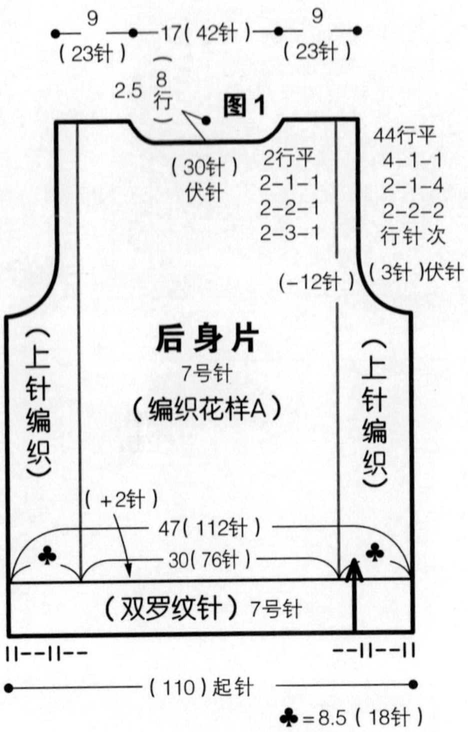

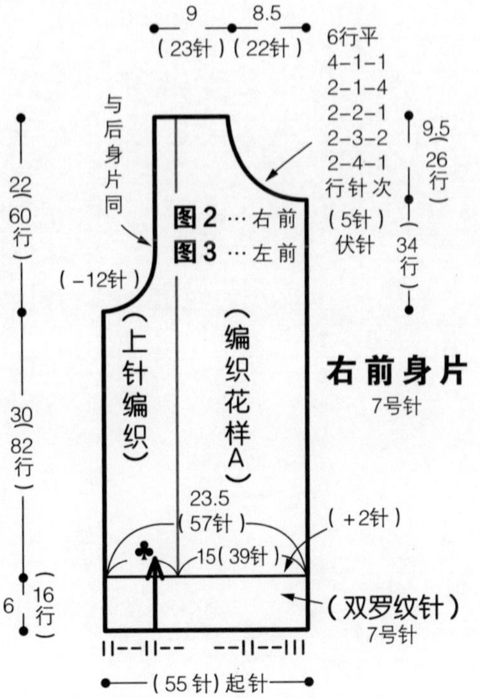

※左前身片与右前身片左右对称编织

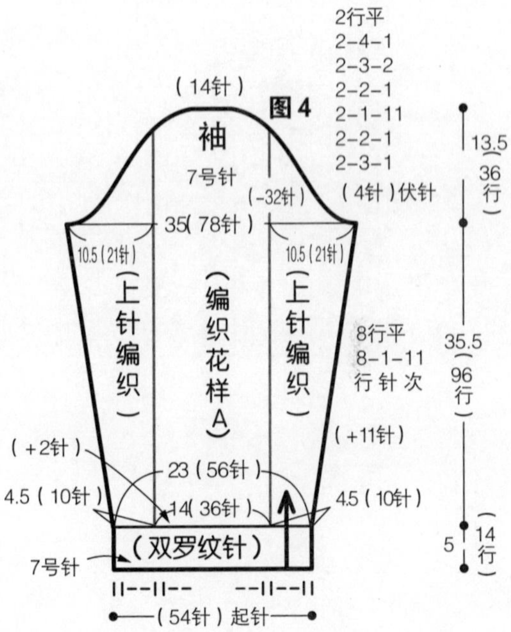

衣领

（双罗纹针）调整编织密度

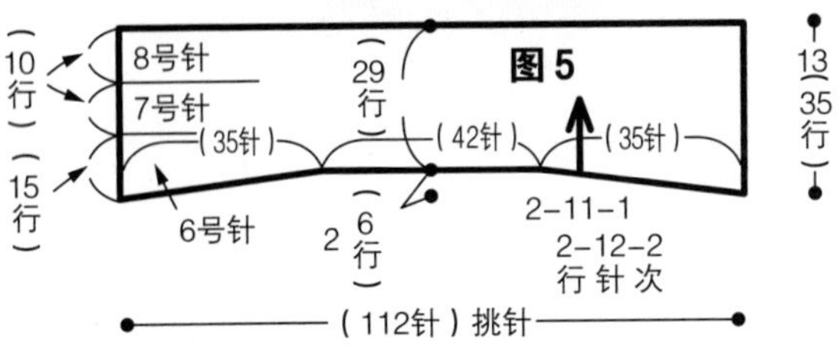

衣领的挑针

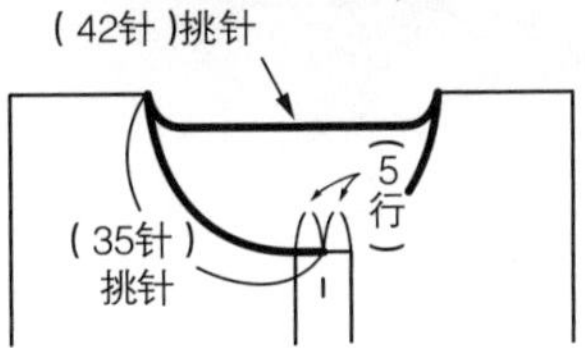

前门襟

（双罗纹针）

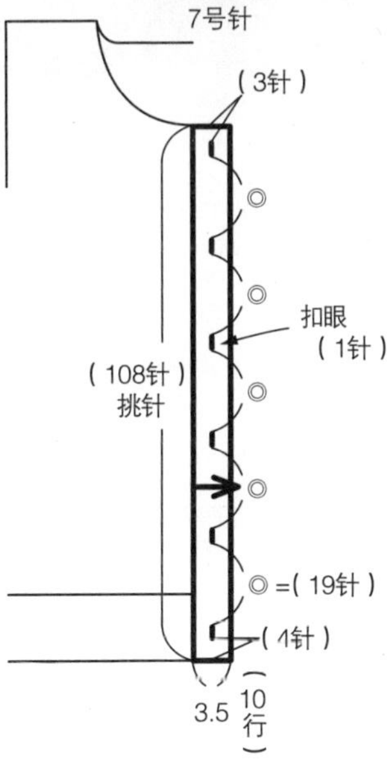

★图1在上一页

扣眼（右前门襟）

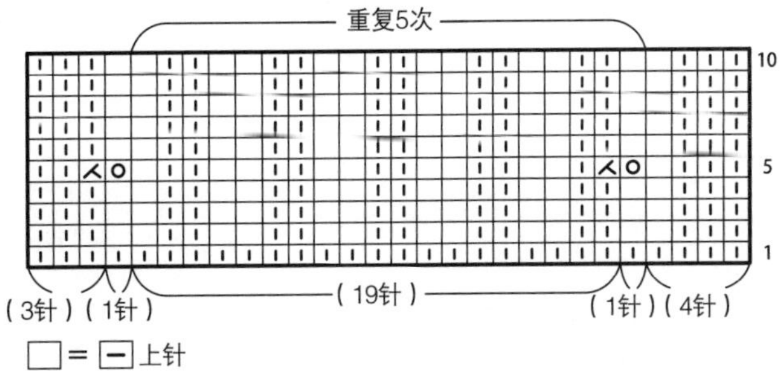

★接下一页

编织花样A

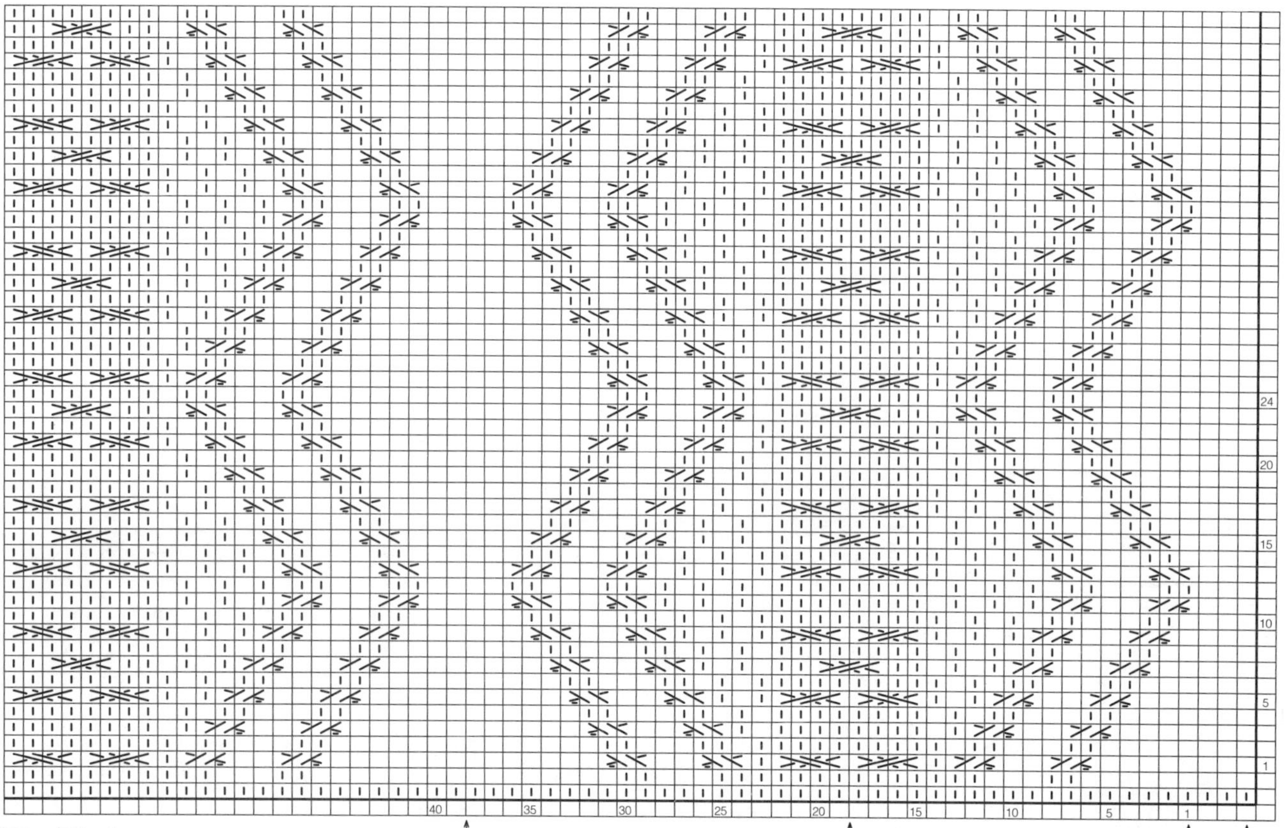

□ = ⊟ 上针

= 左上2针与1针的交叉（下侧为上针）

= 右上2针与1针的交叉（下侧为上针）

贝雷帽

（编织花样B）

7号针

（双罗纹针）

7号针

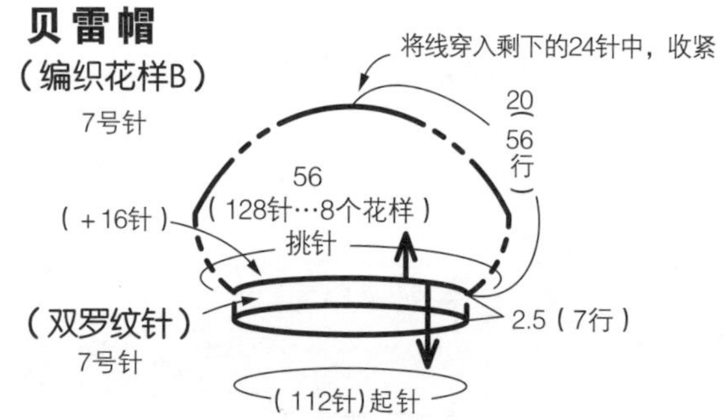

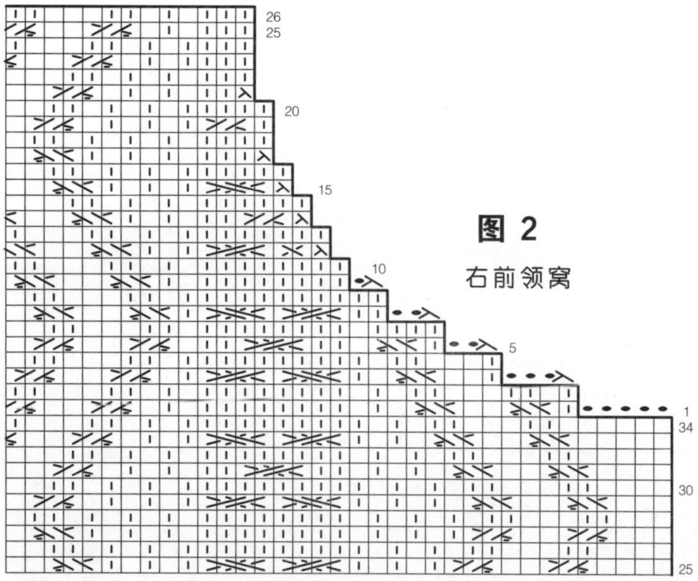

图 2

右前领窝

图 3

左前领窝

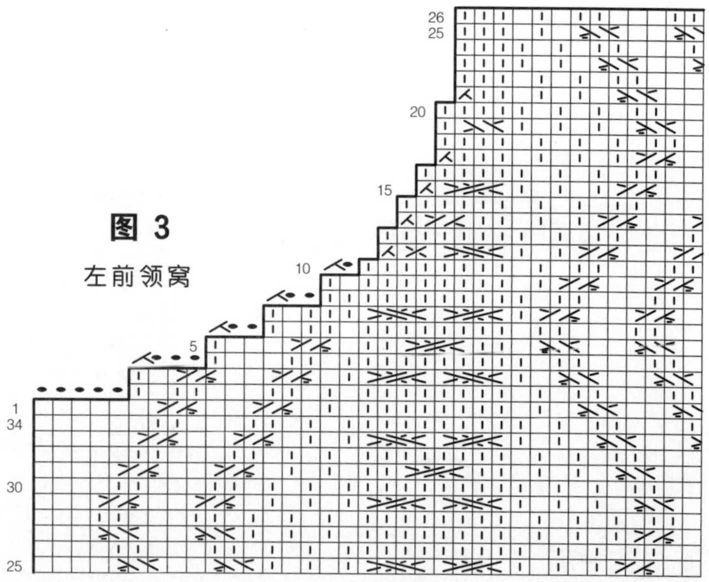

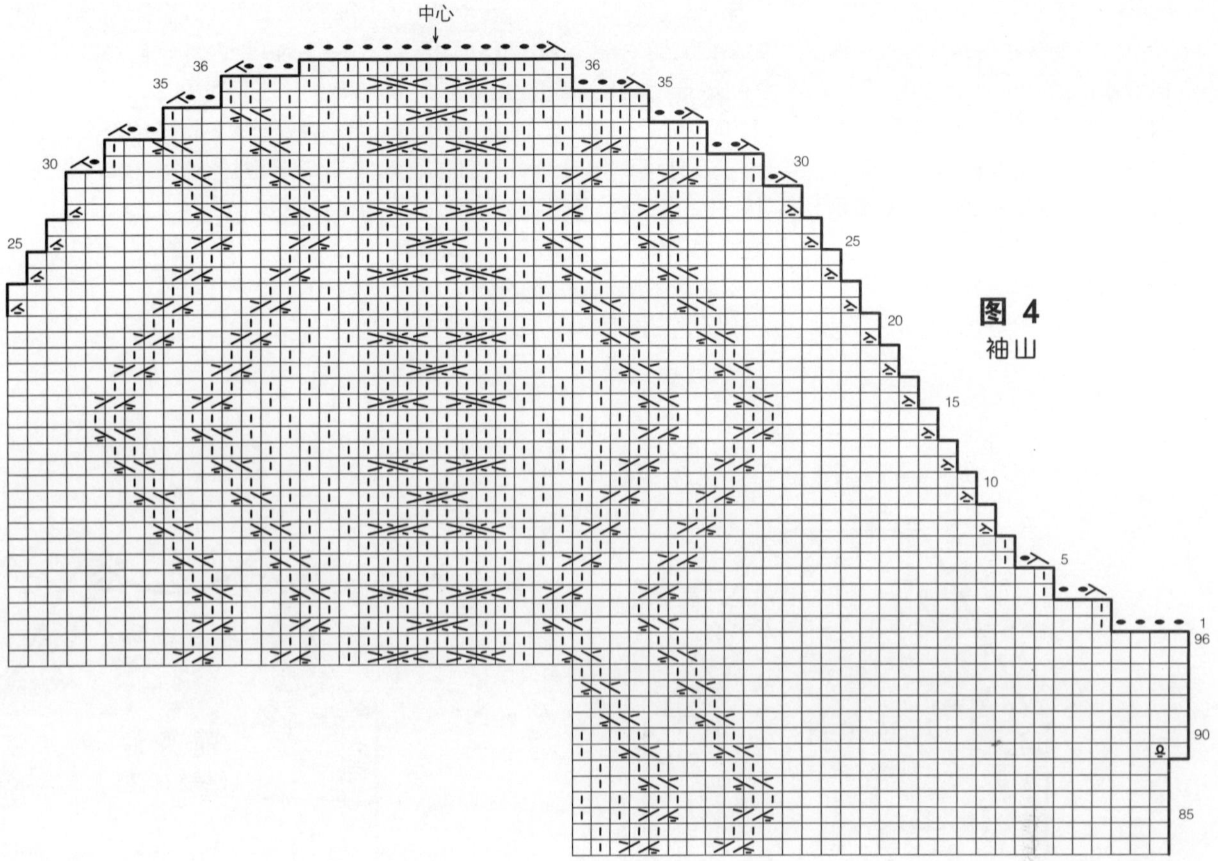

图 4
袖山

图 5 衣领往返编织

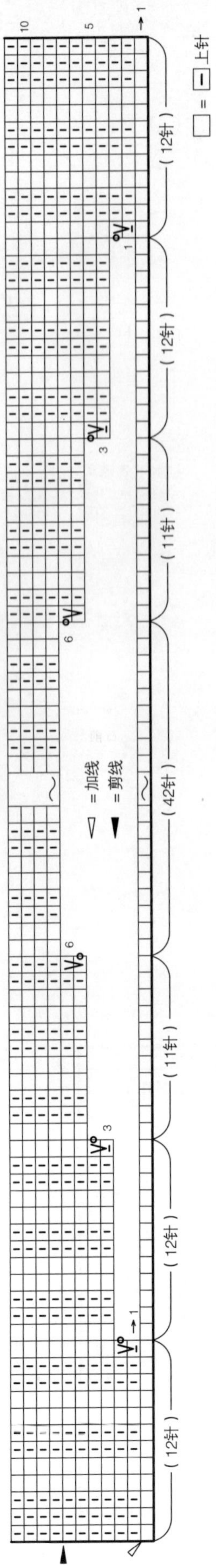

编织花样B（贝雷帽）

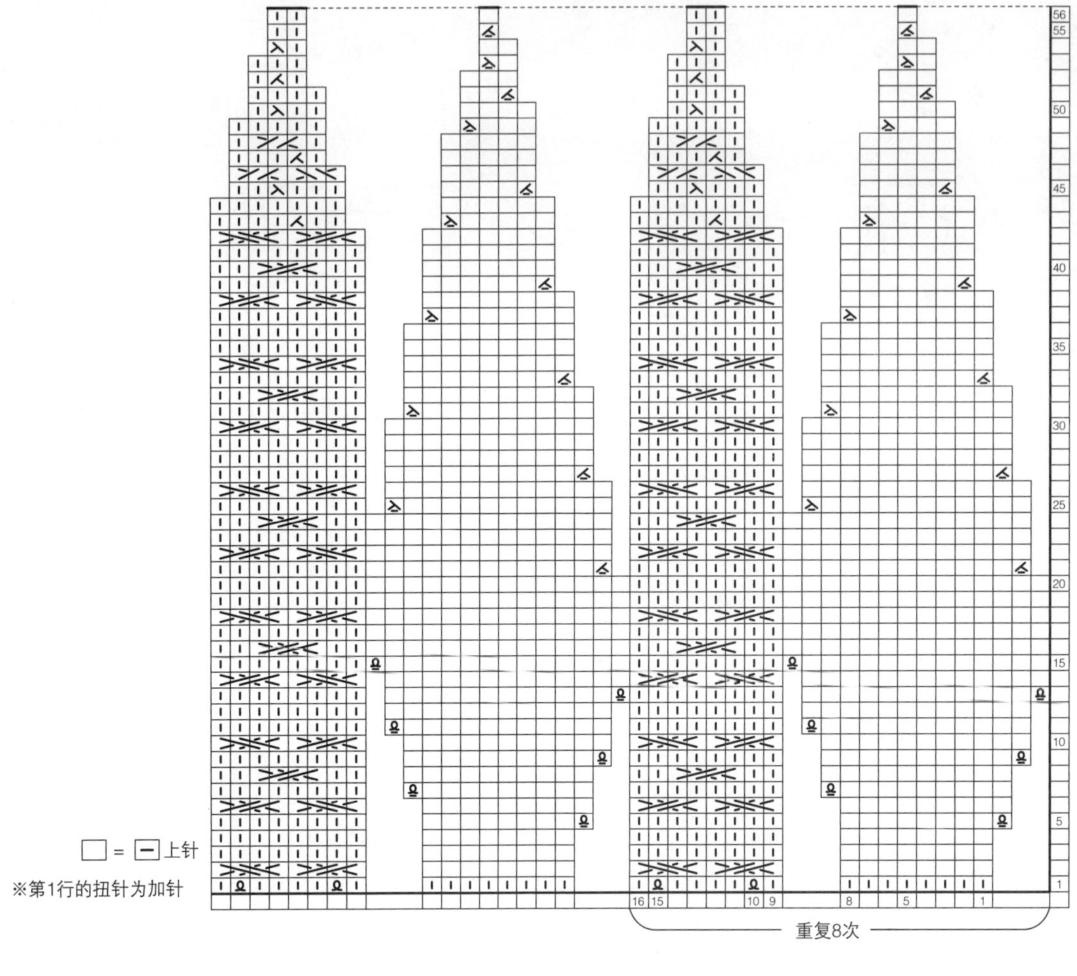

●材料 内藤商事 ALPACA NASKA 原色（10）**套头衫** 510g/11 团，**围巾** 250g/5 团

●工具 棒针 6 号、5 号、4 号

●成品尺寸 **套头衫** 胸围 96cm，衣长 54cm，连肩袖长 74cm；**围巾** 宽 22cm，长 150cm

●编织密度 10cm×10cm 面积内：编织花样 26 针，28 行；桂花针 24 针，28 行（套头衫）

●编织要点 身片、袖、围巾均用手指挂线起针后开始编织。另外，衣领、围巾扭针的双罗纹针的编织终点处，做下针织下针、上针织上针的伏针收针。**套头衫** 身片上插肩袖的减针、桂花针部分减针完毕后，在编织花样 13 针的内侧再进行减针，编织终点处使用伏针收针。前身片的编织终点 2 针并 1 针后将线剪断。袖，在袖下的 1 针内侧加针。在插肩袖的 2 或 3 针处做侧边 1 针立针减针。插肩袖窿处，腋下做下针编织钉缝，其他的部分用挑针接缝。胁部、袖下也用挑针接缝。

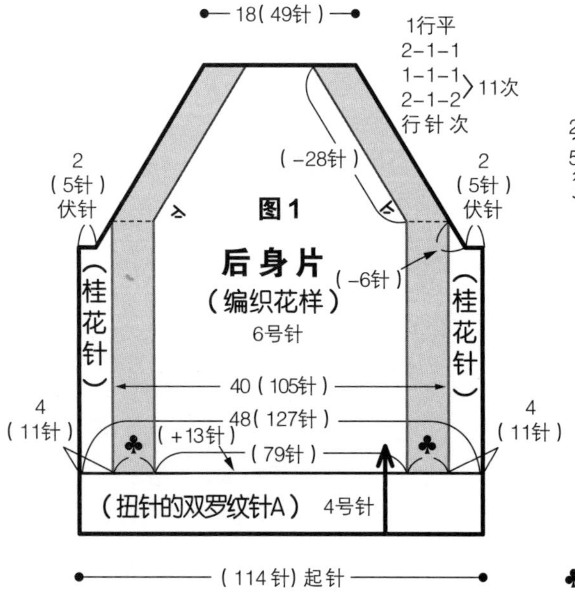

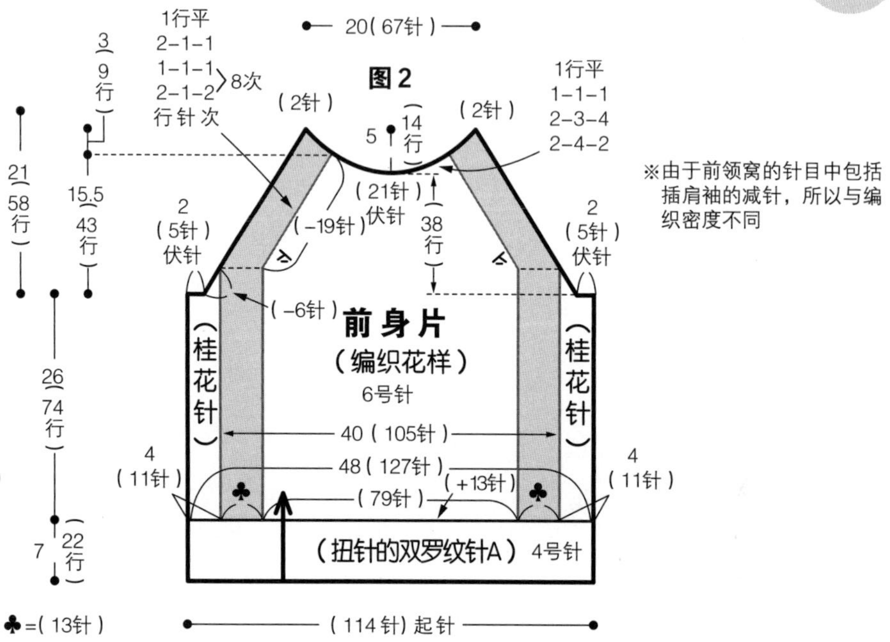

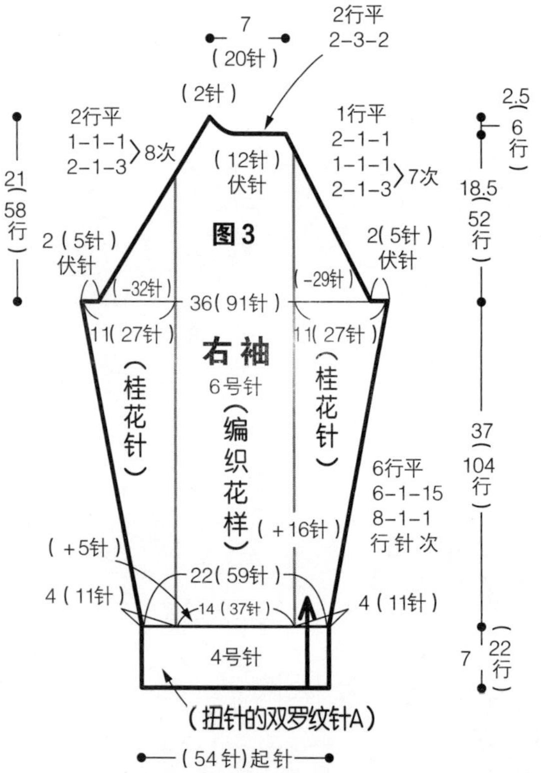

※左袖与右袖左右对称编织

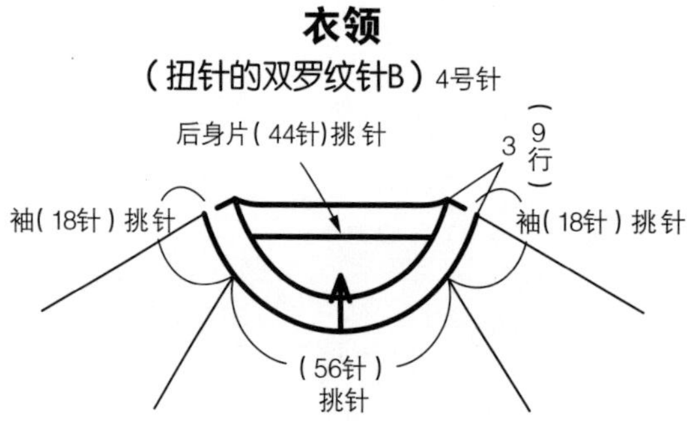

扭针的双罗纹针A

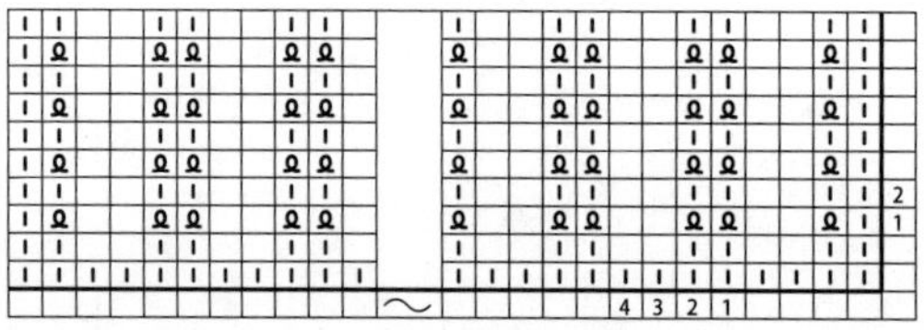

□=⊟上针

扭针的双罗纹针B

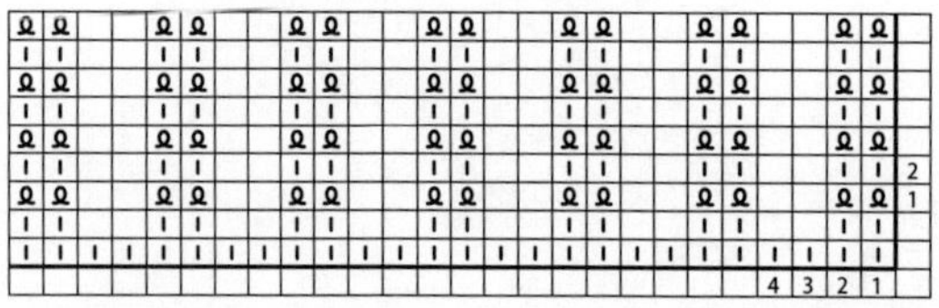

□=⊟上针

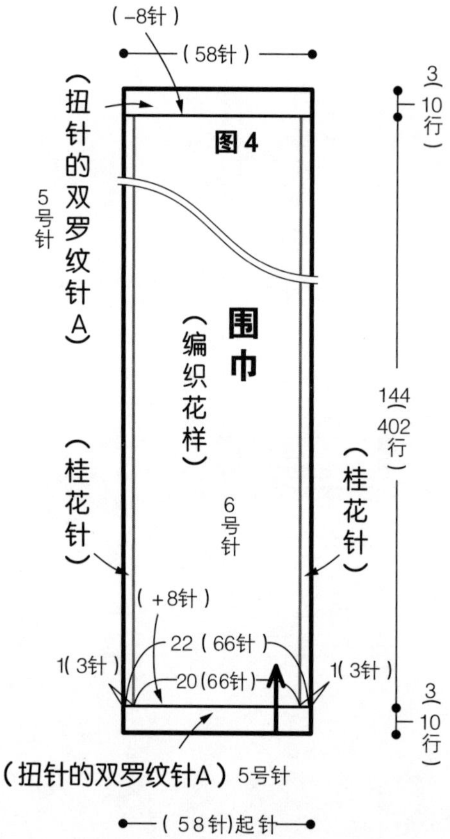

编织花样

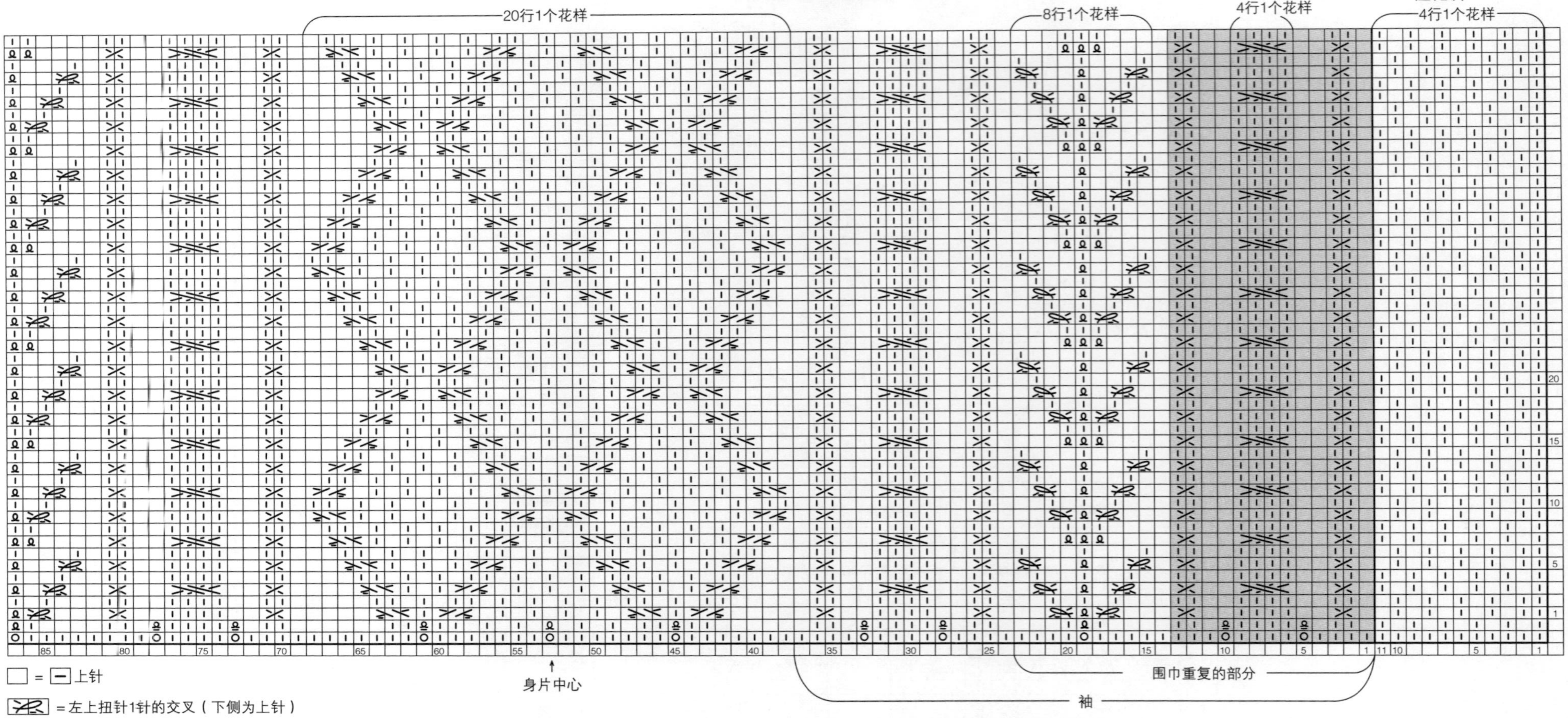

□ = ▭ 上针

= 左上扭针1针的交叉（下侧为上针）

= 右上扭针1针的交叉（下侧为上针）

= 左上2针与1针的交叉（下侧为上针）

= 右上2针与1针的交叉（下侧为上针）

※从中心向左右对称排列

※第 1 行 的 挂 针 是 加 针

※ ▒ 中与身片的 ▒ 中相同

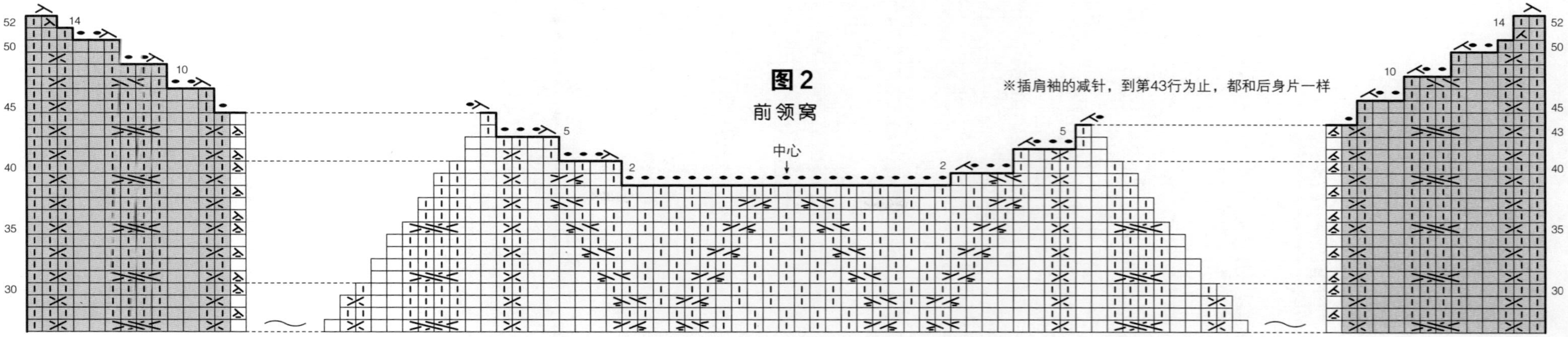

图2

前领窝

※插肩袖的减针，到第43行为止，都和后身片一样

★接下一页

图1 插肩袖的减针

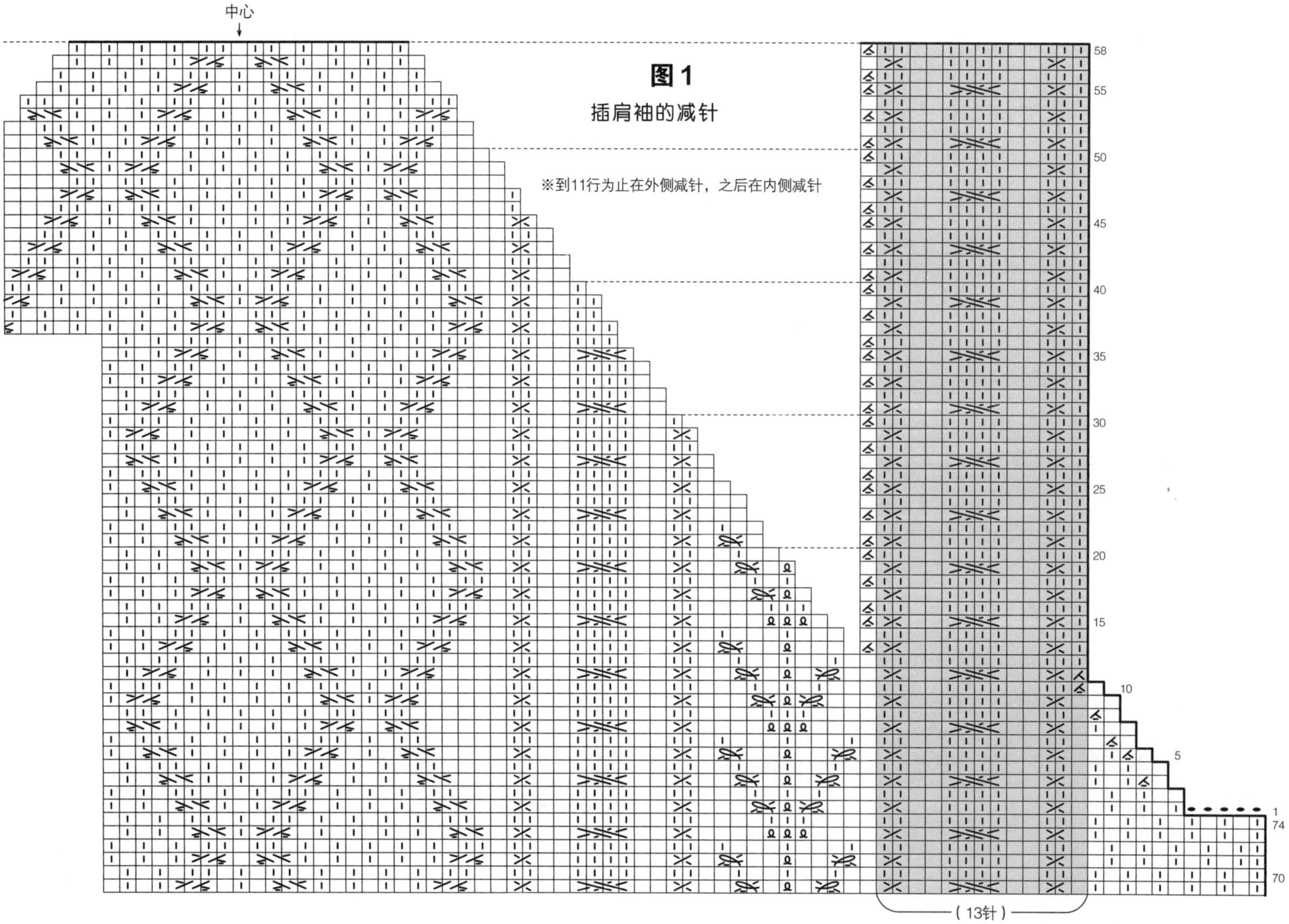

图4 围巾的减针

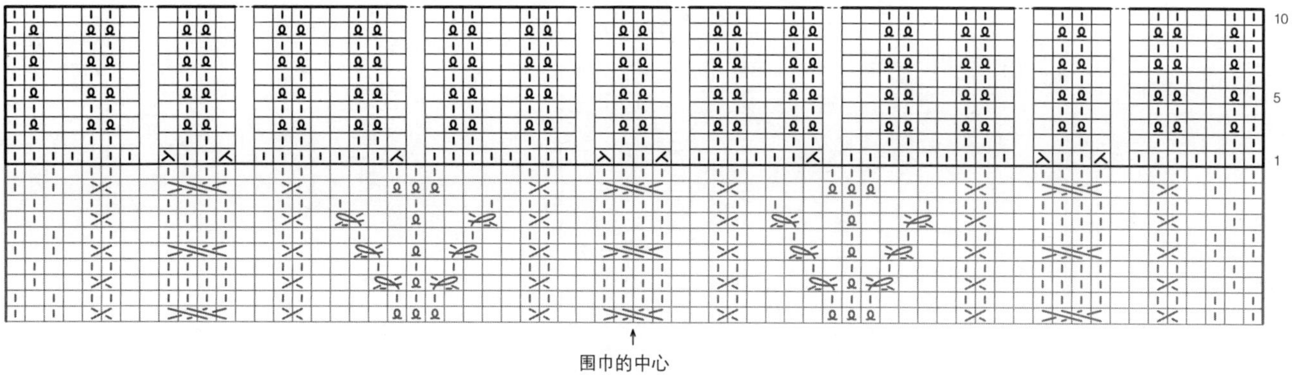

作品 9 上接100页的作品

图1 下摆起伏针减针的方法

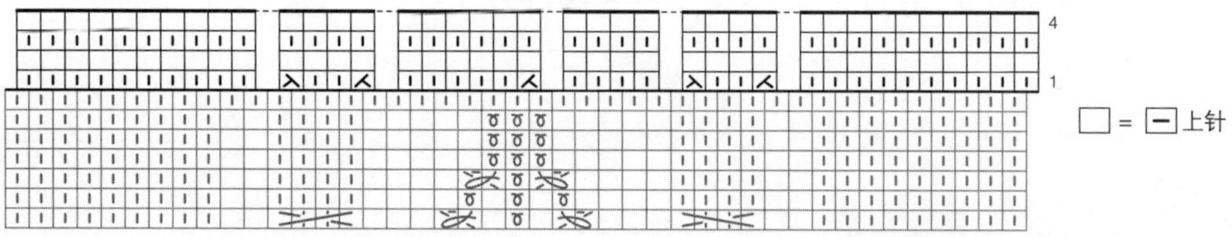

后身片插肩袖

图3

前身片插肩袖

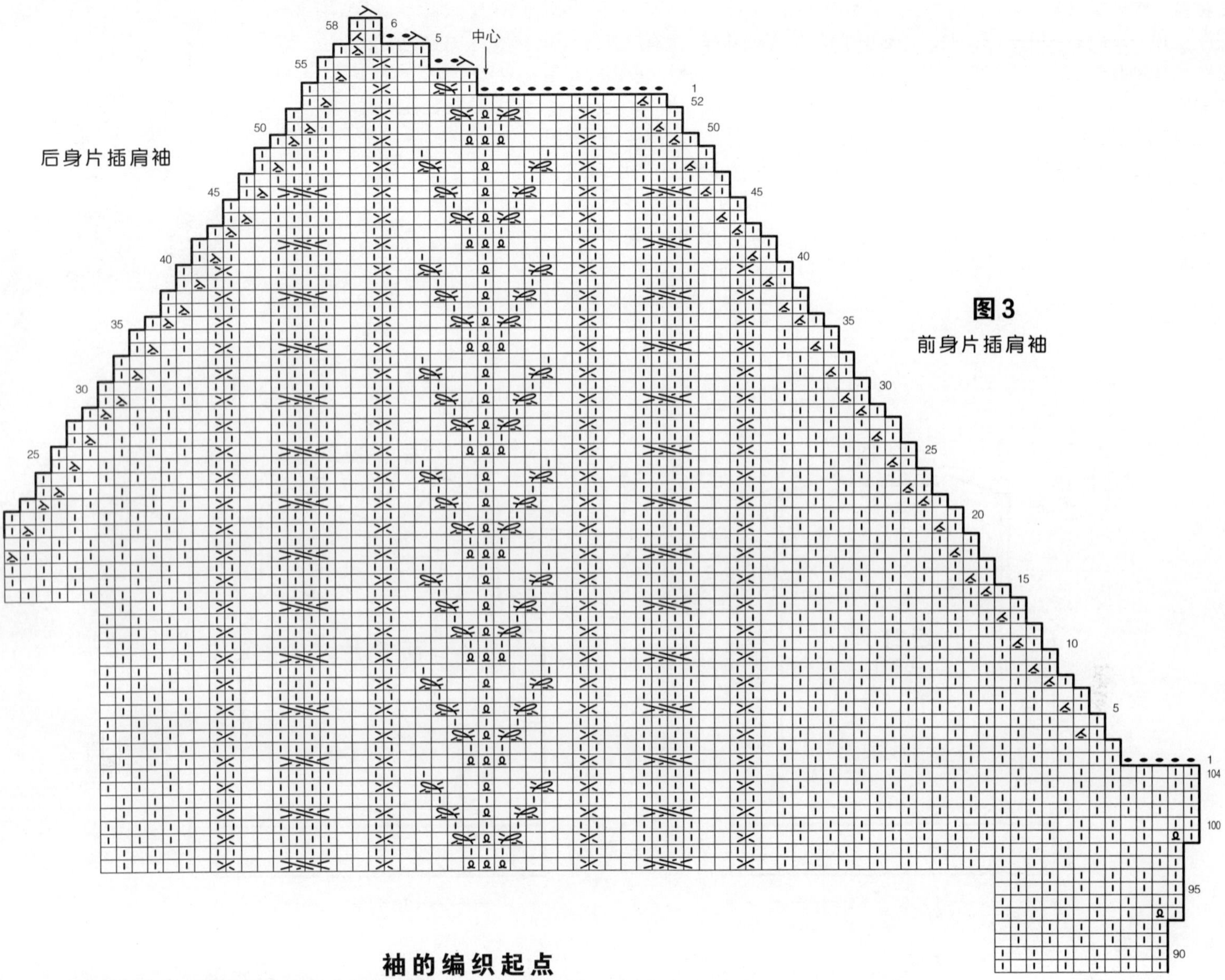

袖的编织起点

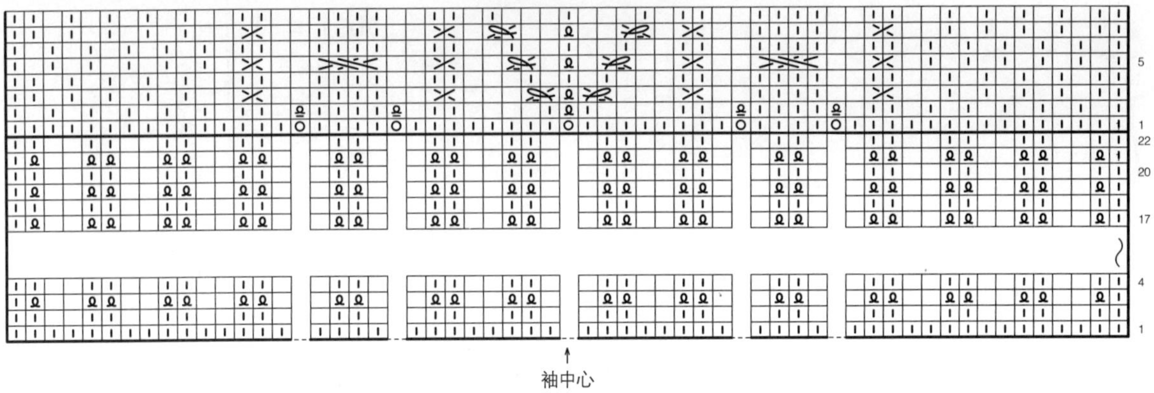

单罗纹针收针（做下针织下针、上针织上针的伏针收针）

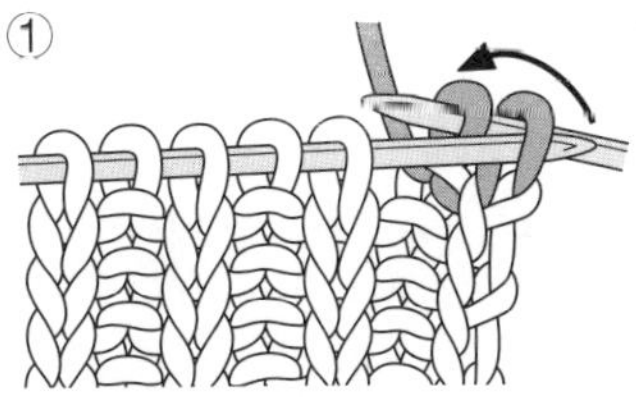

① 边上下针的编织下针。下 1 针上针编织上针，再将第 1 针编织的下针盖住这一针。

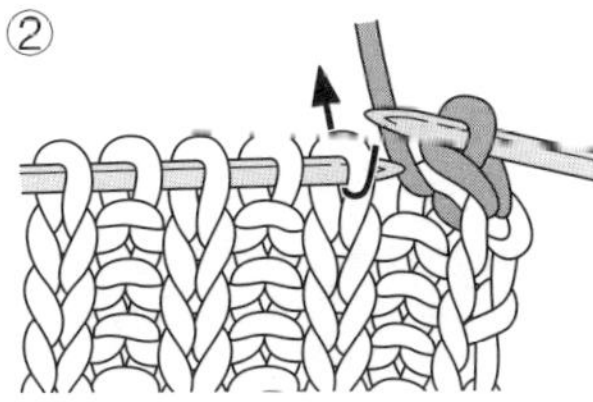

② 下 1 针下针编织下针。

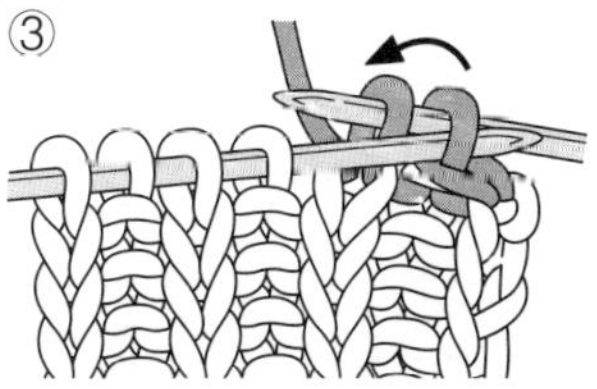

③ 盖住刚刚的上针。重复“编织与下面相同的针目，盖住上 1 针”的步骤。

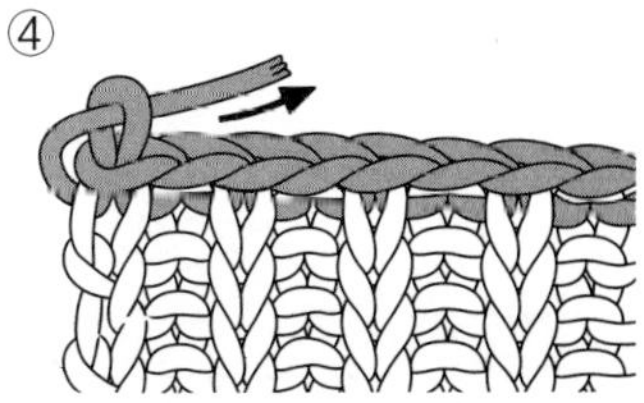

④ 留出一定的长度后剪断，将线头从针目中拉出。

●**材料** 芭贝 普林塞斯阿妮（31）灰色（518）**套头衫** 510g/13团，**贝雷帽** 110g/3团

●**工具** 棒针6号、3号

●**成品尺寸** **套头衫** 胸围94cm，肩宽34cm，衣长56.5cm，袖长53cm；**贝雷帽** 头围46cm，帽深22.5cm

●**编织密度** 10cm×10cm面积内：下针编织21针，30行；编织花样A、B均为35.5针，30行

●**编织要点** **编织花样** 编织时要注意交叉的方向与交叉的针数。下摆、袖口处的加减针参照各图示编织，使其与身片、袖的1针交叉能够连接上。衣领处也需注意。**套头衫** 身片、袖均使用另线锁针起针。请参照各个局部的图示编织领窝、肩线，编织领窝处的伏针时，有一部分的针目要做减针。下摆、袖口，请参照各图示编织，编织终点做单罗纹针收针。肩部用盖针钉缝，肋部、袖下用挑针接缝。最后将袖和身片引拔钉缝。

11页的作品 3

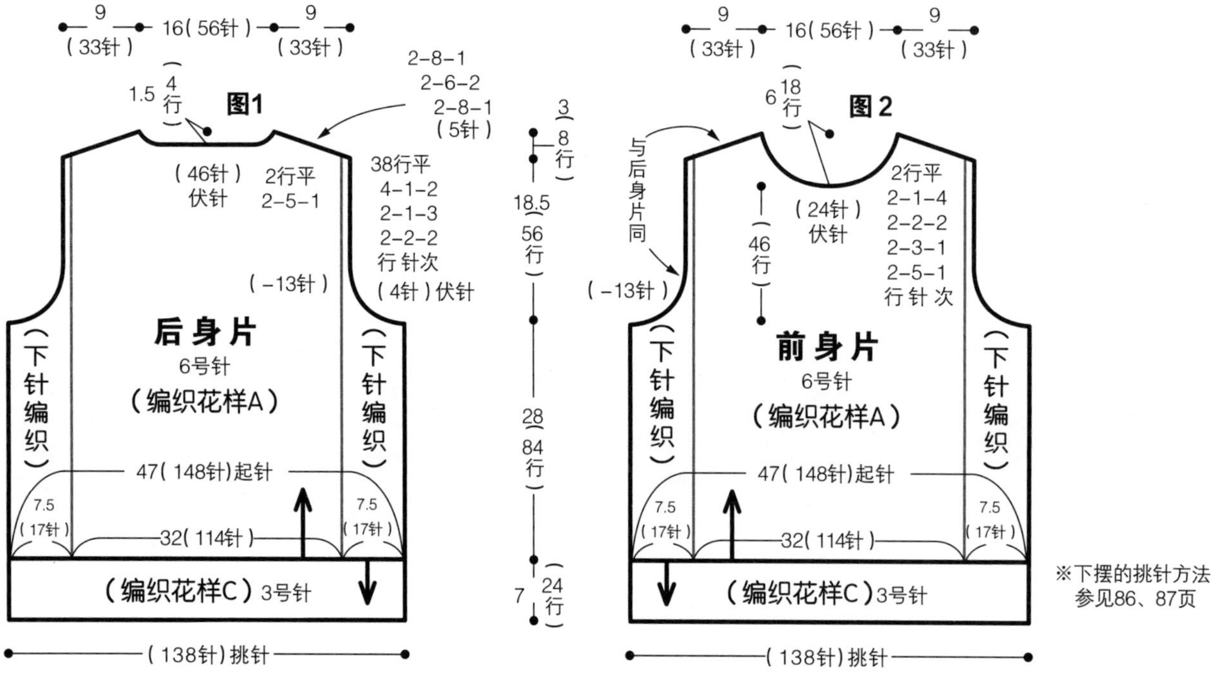

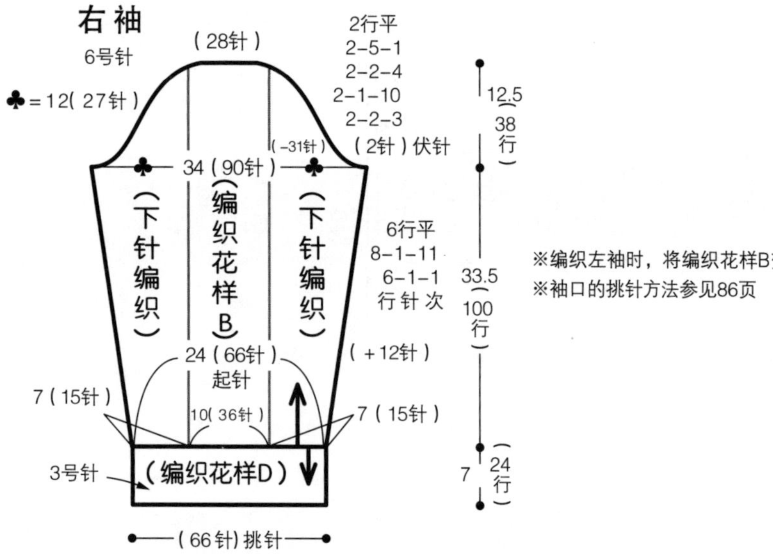

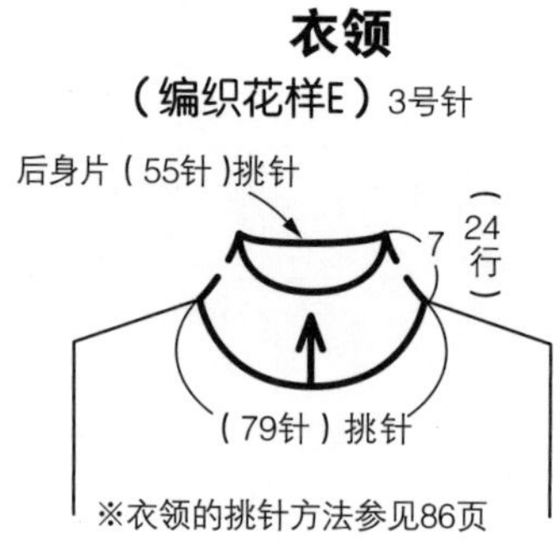

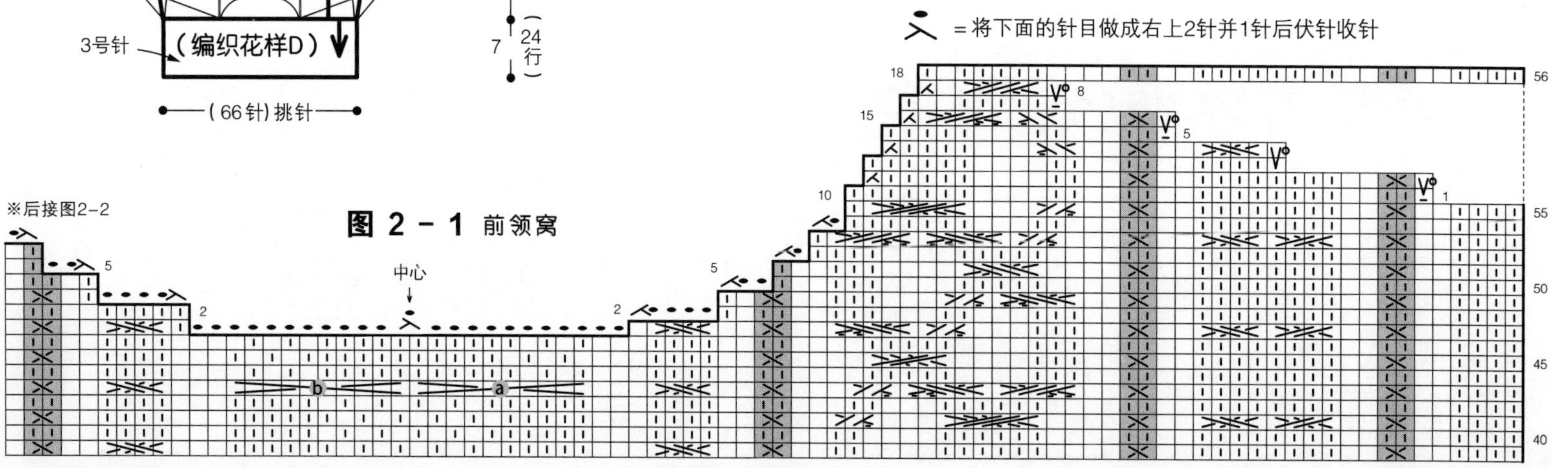

编织花样A（身片）

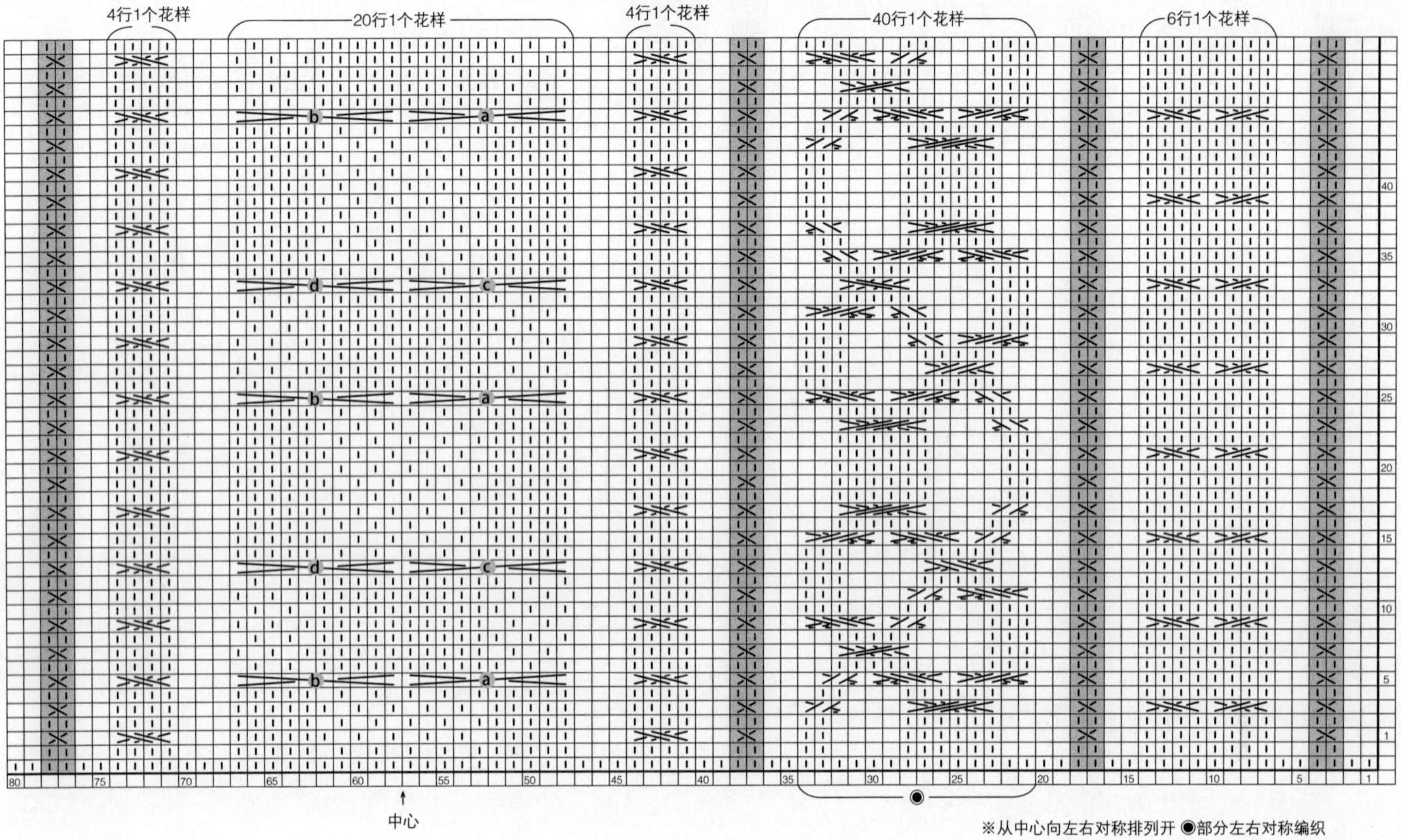

※从中心向左右对称排列开 ◉部分左右对称编织

□ = ⊟ 上针

= 左上2针与1针的交叉（下侧为上针）

= 左上2针与3针的交叉……第7行

= 右上2针与1针的交叉（下侧为上针）

= 右上2针与3针的交叉……第33行

= 右上3针与2针的交叉……第13行

= 左上3针与2针的交叉……第27行

= 左上3针与2针的交叉（下侧为上针）

= 左上3针交叉

= 右上3针与2针的交叉（下侧为上针）

a = 左上5针交叉（6、8、10编织上针）

c = 左上5针交叉（1、3、5编织上针）

b = 右上5针交叉（2、4编织上针）

d = 右上5针交叉（7、9编织上针）

图 2－2

※接在图2-1之后

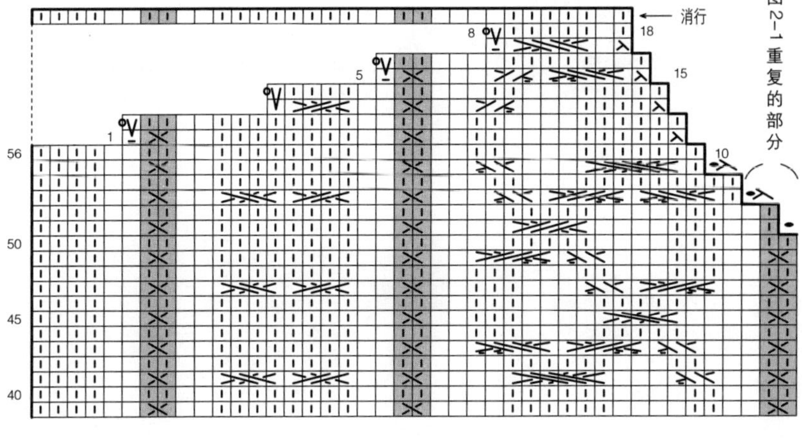

★编织花样 B、B' 见 88 页

★接下一页

编织花样C－1（下摆）

※后接编织花样C-2

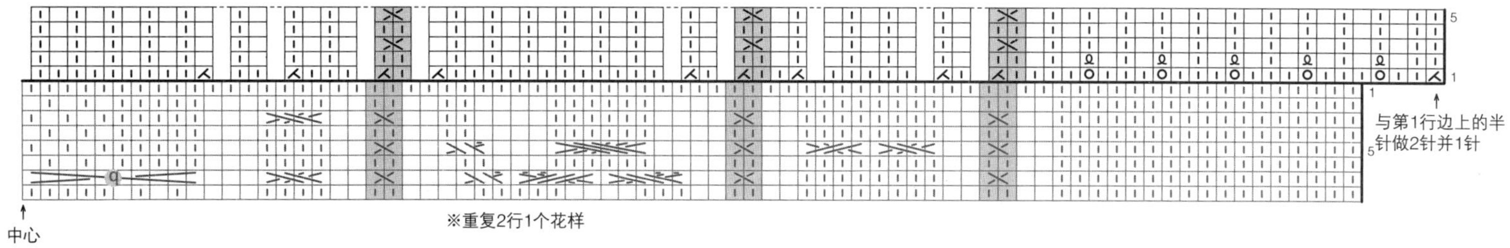

编织花样C~E通用

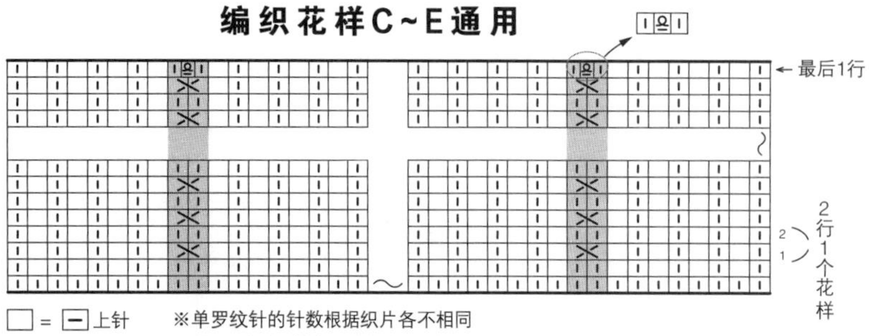

□ = ⊟ 上针

※单罗纹针的针数根据织片各不相同

※最后1行在1针交叉的部分加针

编织花样D（右袖口）

※重复2行1个花样

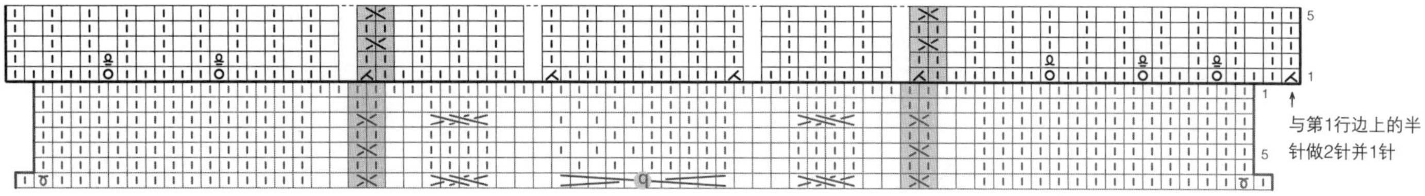

编织花样E（衣领）

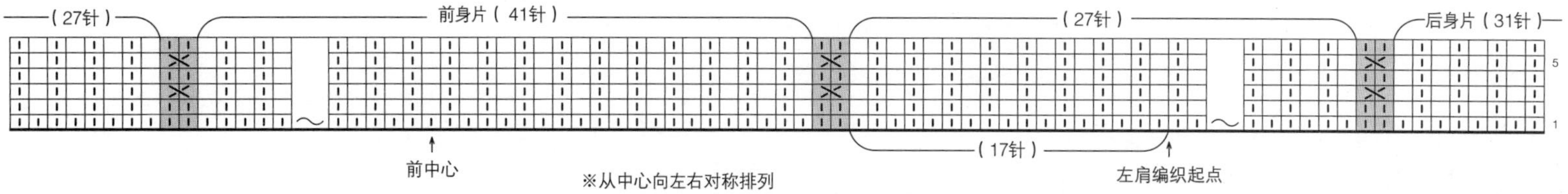

※从中心向左右对称排列

※重复2行1个花样

※第24行最后的针目不编织，从那1针（下针）开始编织单罗纹针收针

图1 后领窝的伏针收针、衣领的挑针方法

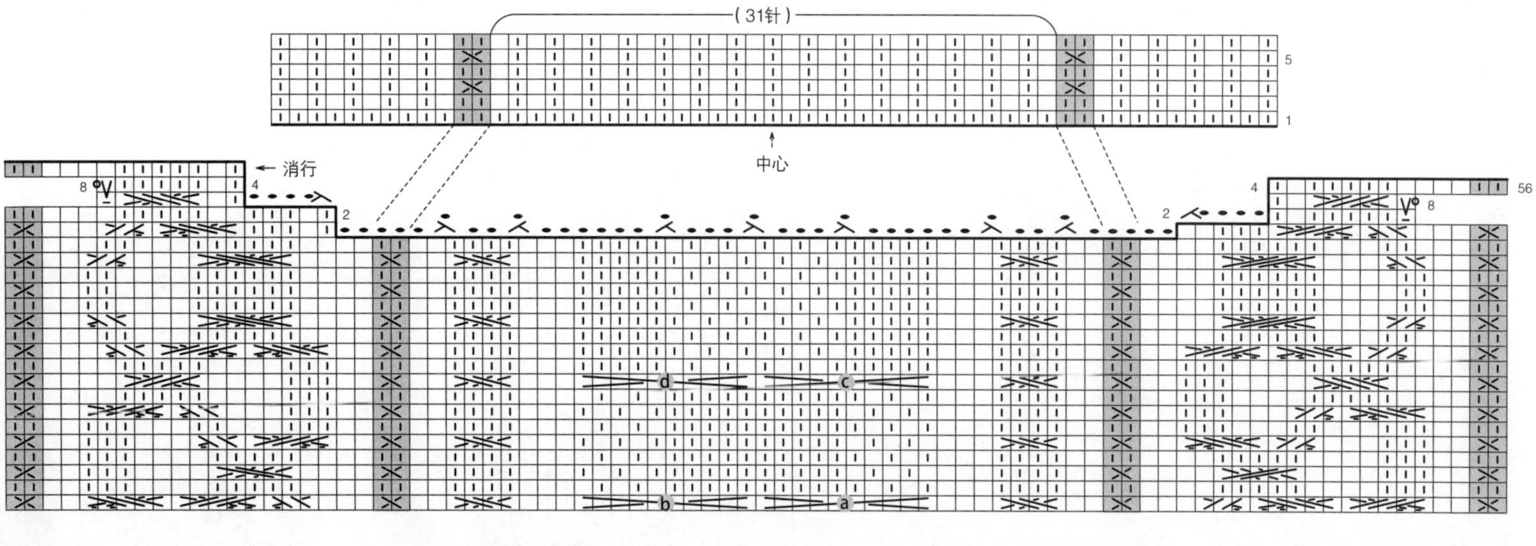

= 将下面的针目做成右上或是左上2针并1针后伏针收针

编织花样C-2（下摆）

※接在编织花样C-1之后

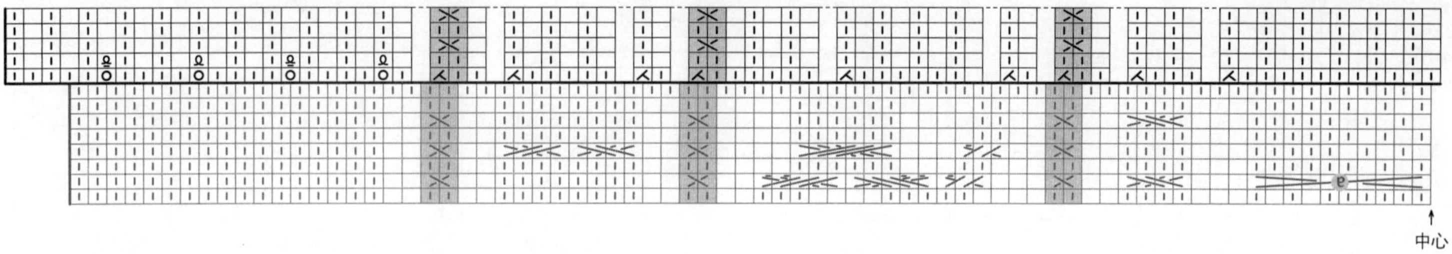

贝雷帽

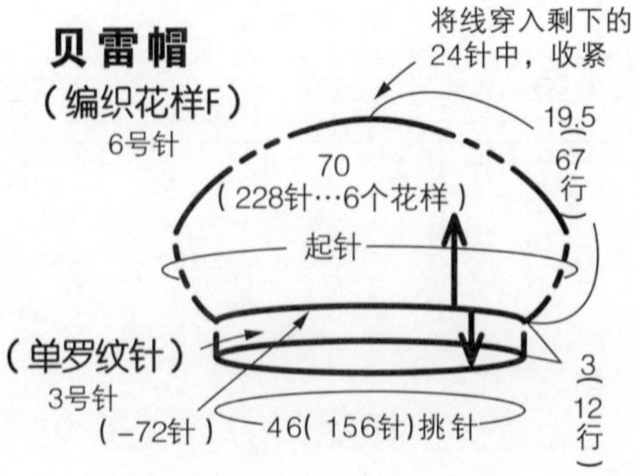

※单罗纹针在1个花样上（-12针）

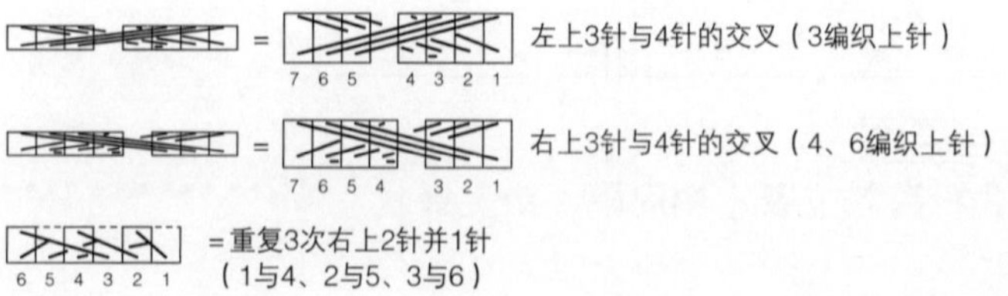

编织花样F（帽子）

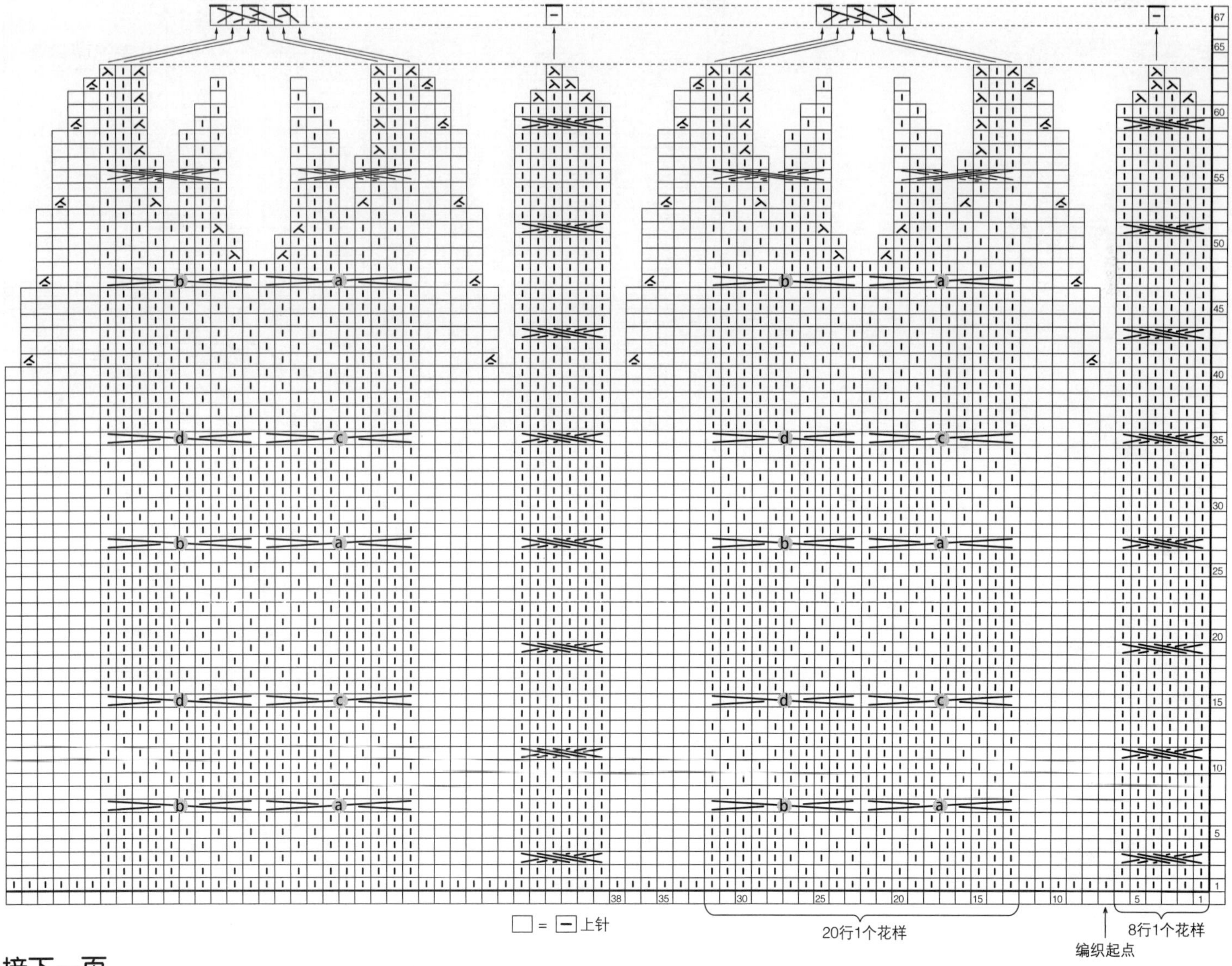

★接下一页

编织花样B（右袖）

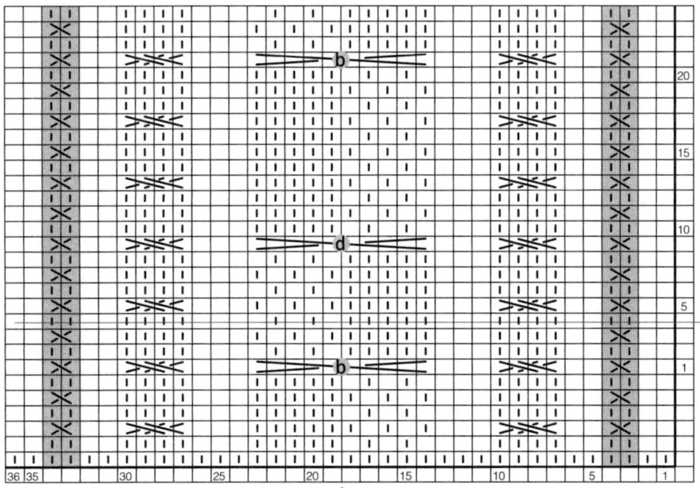

□ = ⊟ 上针

编织花样B'（左袖）

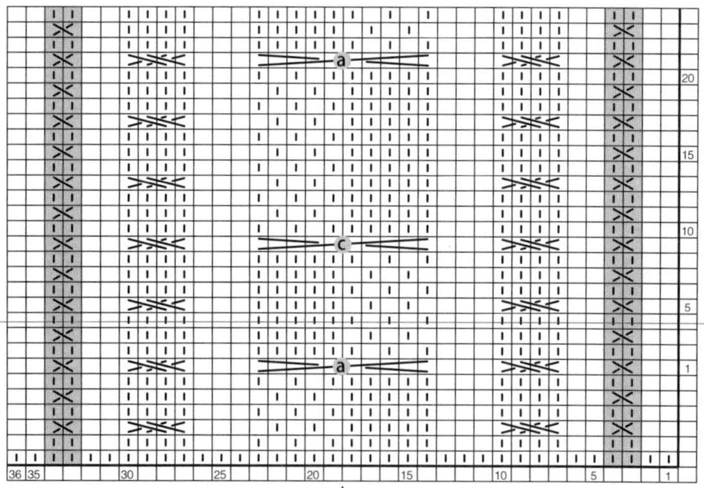

□ = ⊟ 上针

右上2针跨越交叉（中间隔1针上针）

①

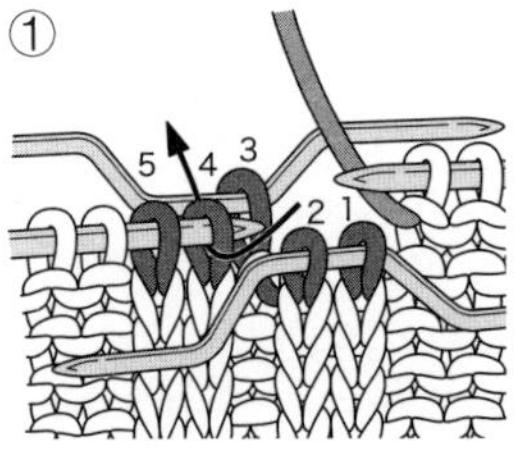

将右侧针目1、2移至麻花针上，放在织片前。将针目3移至另一根麻花针上，放在织片后。针目4编织下针。

②

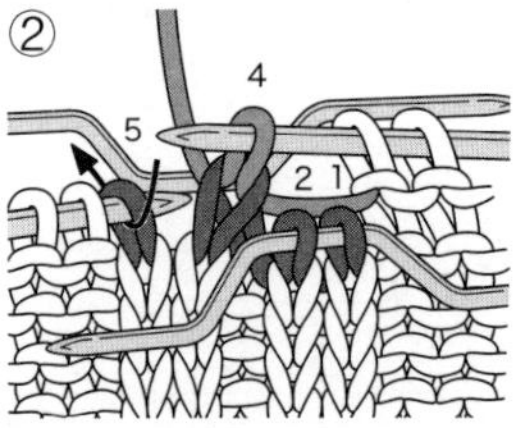

针目5编织下针。

③

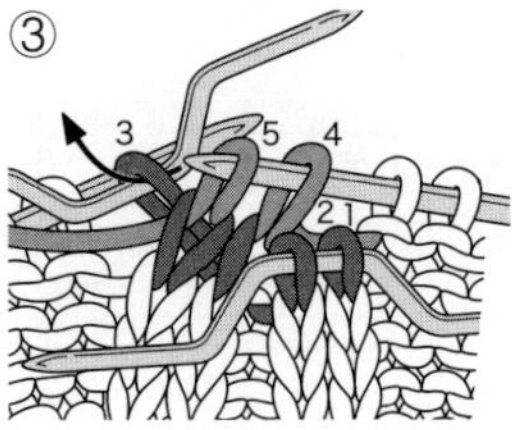

针目3在织片后编织上针。

④

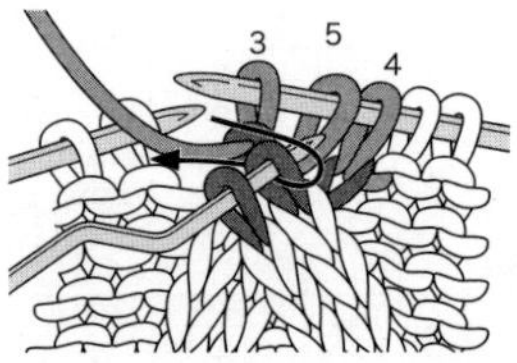

最后将针目1、2拉至左侧，编织下针。

⑤

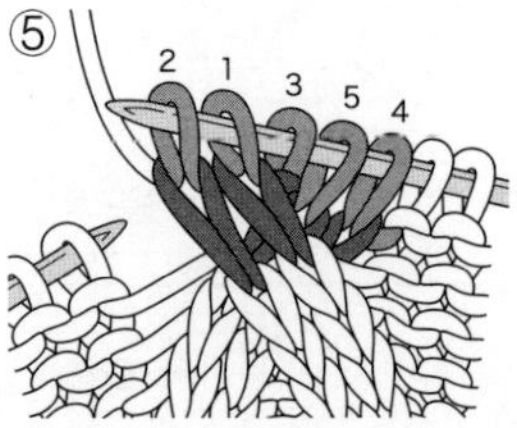

完成。

作品 8 上接98页的作品

图2 连指手套的指尖

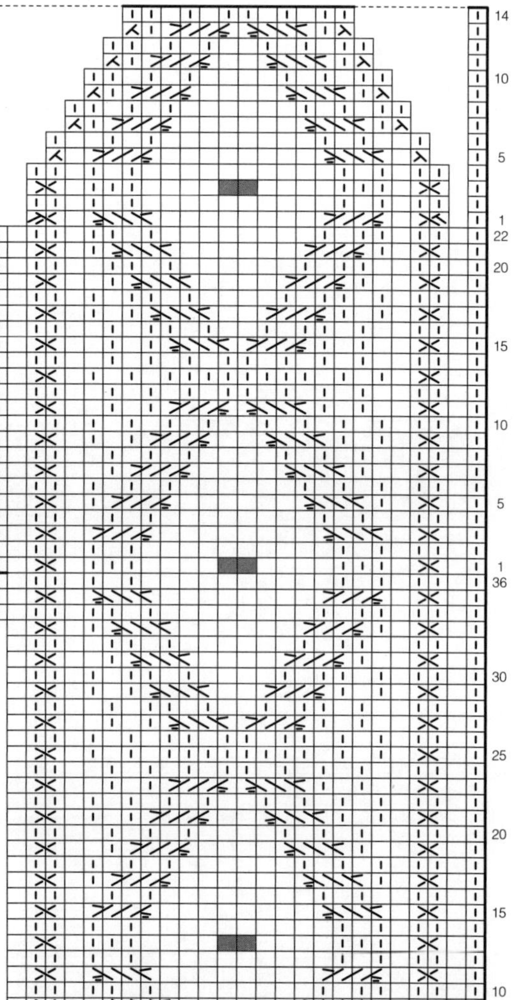

□ = ⊟ 上针

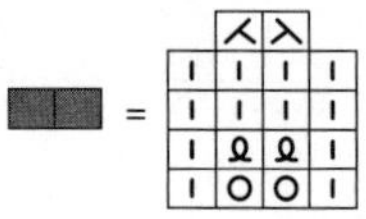

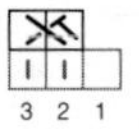

= 针目1与3编织左上2针并1针。
在织片前编织针目2

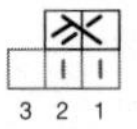

= 在织片后编织针目2。
针目1与3编织右上2针并1针

●**材料** SKI WORLD SELECTION FANO茶色系渐变（1101）**外套** 450g/12团，**围巾** 130g/4团，直径2.5cm的纽扣5颗

●**工具** 棒针9号

●**成品尺寸** **外套** 胸围107cm，肩宽38cm，衣长61cm，袖长56cm；**围巾** 宽20cm，长156cm

●**编织密度** 10cm×10cm面积内：编织花样A 20针为9cm，10cm为23行；编织花样B 17针为8cm，10cm为23行

●**编织要点** 身片、袖、围巾用手指挂线起针后开始编织。**外套** 在后身片编织终点的衣领开口止位处，加入线做记号后休针。前身片与前门襟、衣领一起编织，要注意，领斜处身片一侧与衣领一侧加减针的针数不同。衣领的编织终点处休针，之后再与左前身片上的衣领使用罗纹针钉缝出1行。肩部用盖针钉缝，胁部、袖下用挑针接缝，衣领与身片之间做针与行的钉缝，钉缝时要在衣领部分缩缝。将袖和身片引拔钉缝。

6

17页的作品

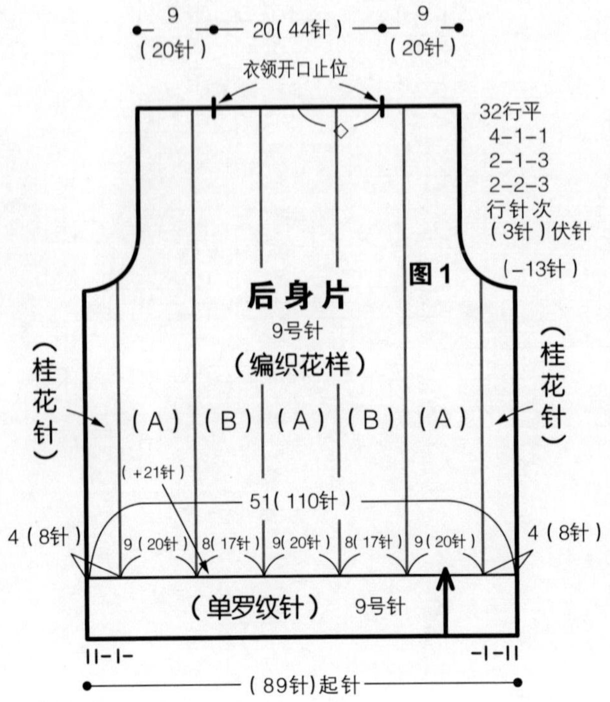

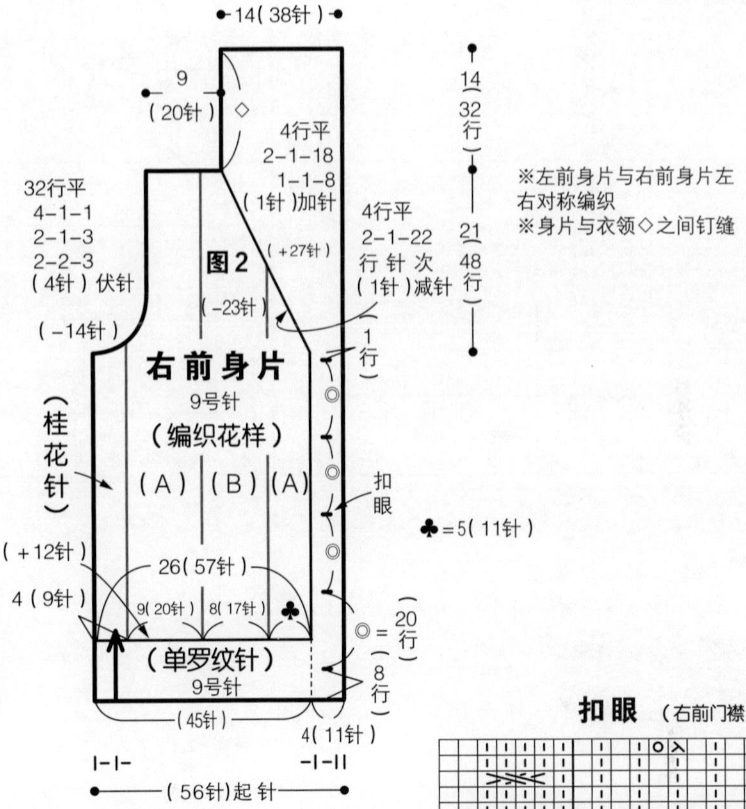

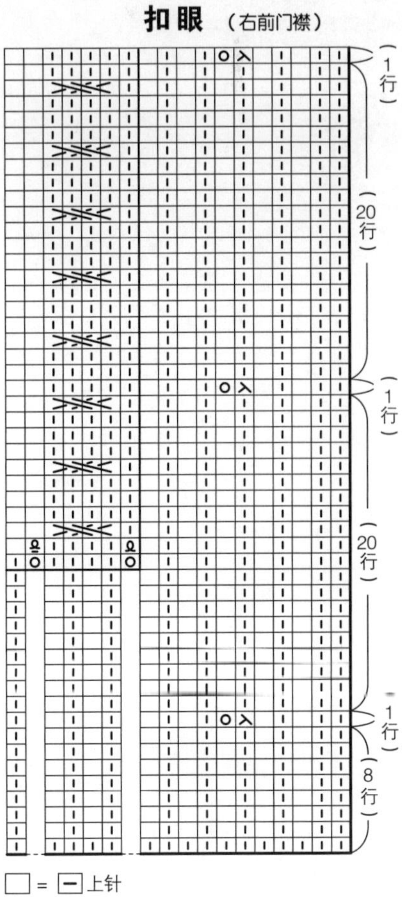

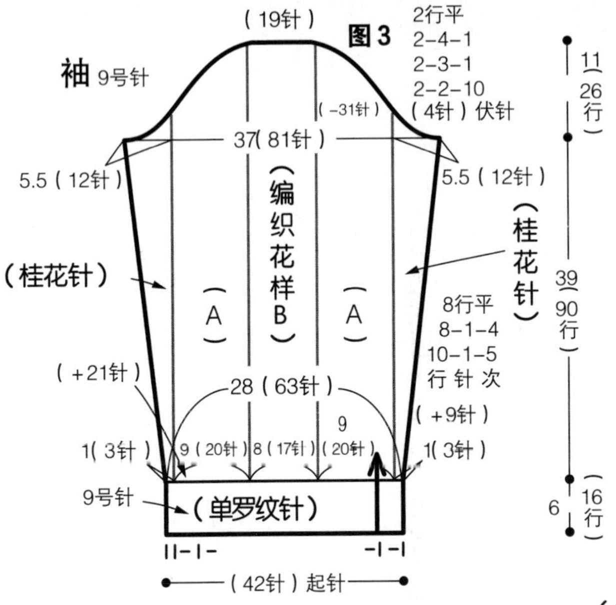

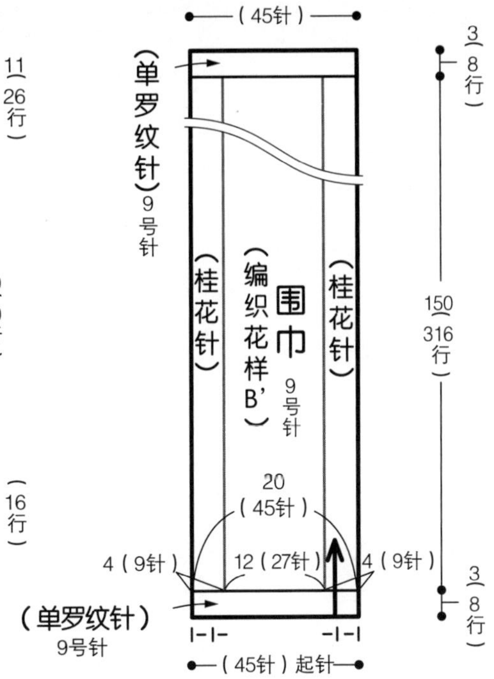

★接下一页

编织花样A、B、桂花针

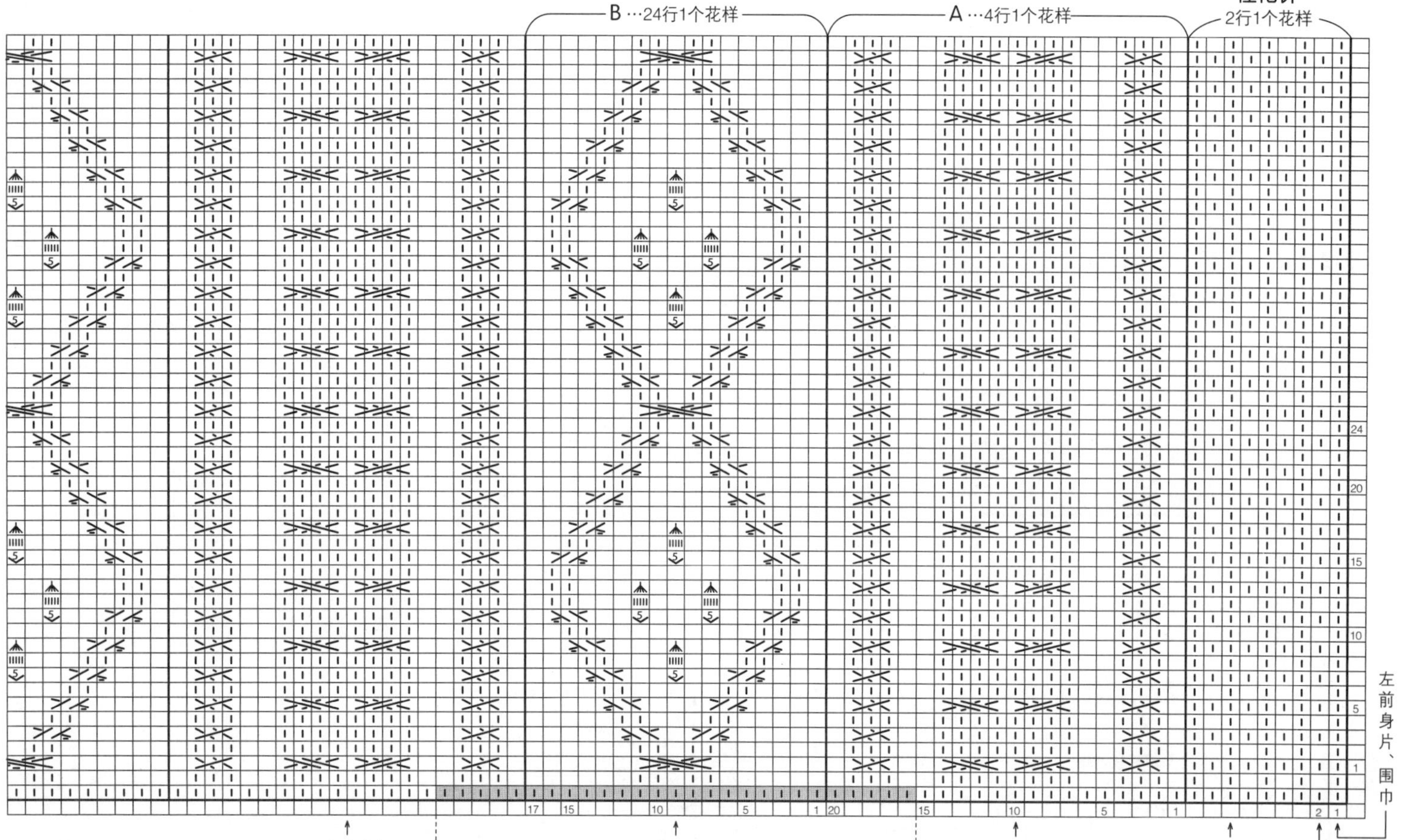

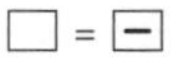 = 上针

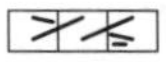 = 左上2针与1针的交叉（下侧为上针）

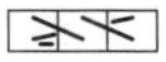 = 右上2针与1针的交叉（下侧为上针）

 = 右上2针跨越交叉（中间隔1针上针）

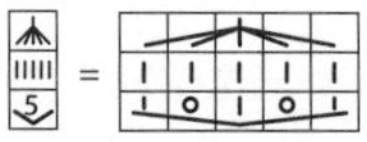

※从中心向左右对称排列，左右对称编织桂花针

※围巾中▒部分的行与下一行（从下面数的第2行）编织相同的针目

3 针中长针的枣形针

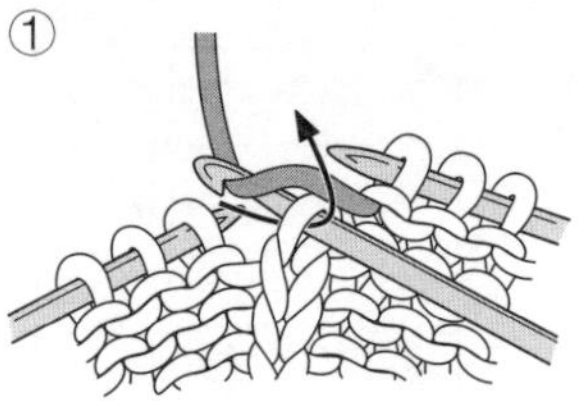

将针目移至钩针上，挂线后拉出。

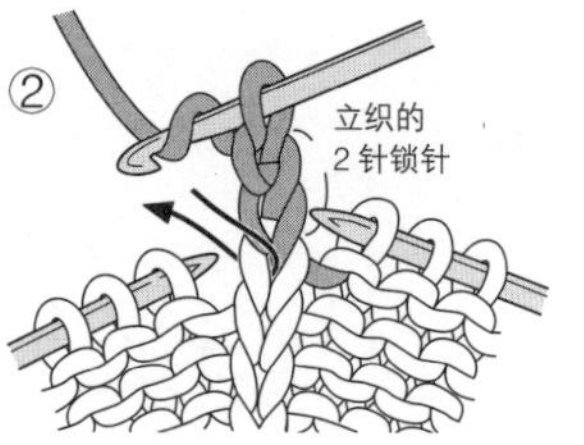

钩织 2 针锁针，在针上挂线后，按照箭头的方向插入钩针后，将线拉出。

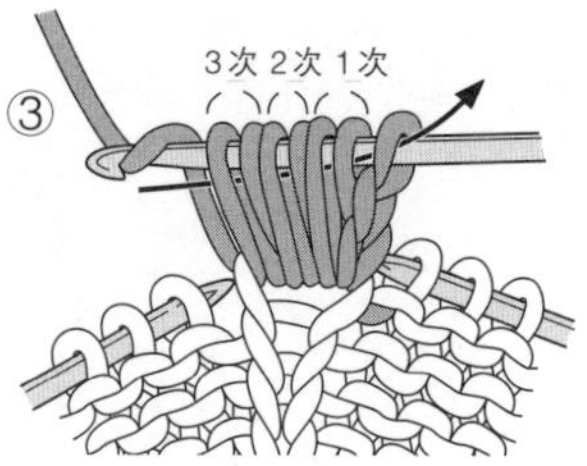

再同样重复 2 次，在针上挂线、插入钩针、将线拉出。将线从钩针上所有的线圈中引拔出。

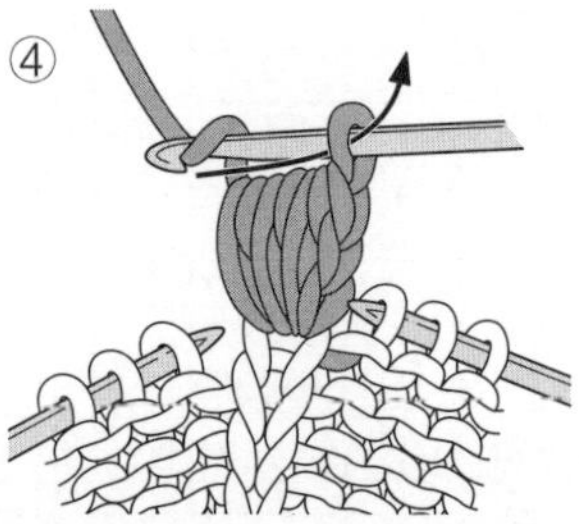

在针上挂线，引拔，3 针中长针的枣形针完成，为了最后 1 针锁针，再次在针上挂线。

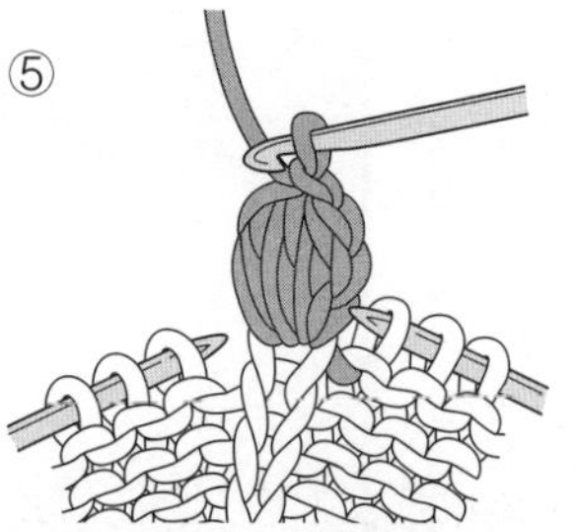

引拔。这是锁针编织完成后的样子。

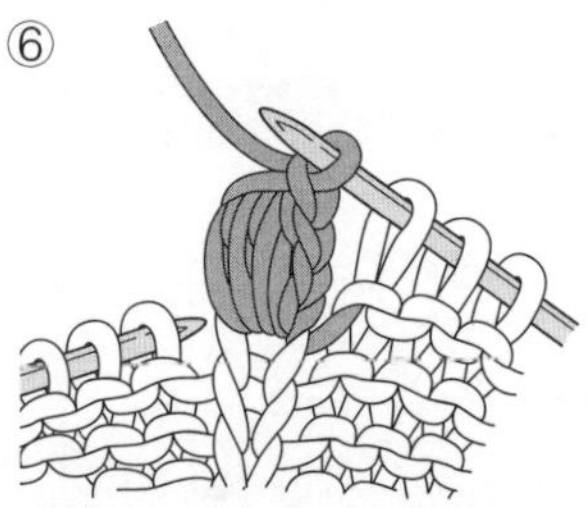

将钩针上的针目移至右棒针上。

※ 作品 1、5 中，是将其变化为 3 针锁针和长针，编织方法相同。但作品 1 中不钩织最后 1 针锁针

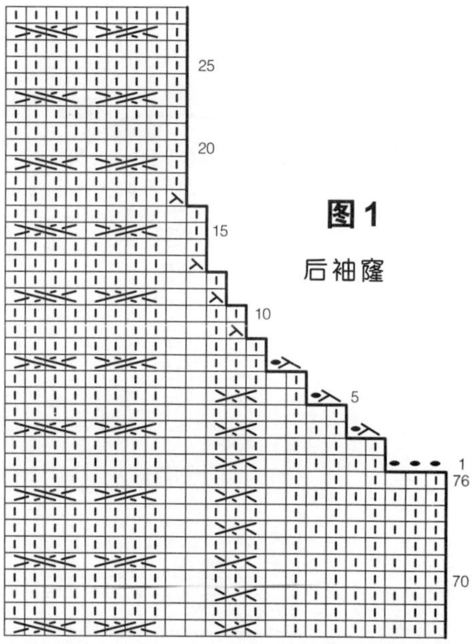

图 1

后袖窿

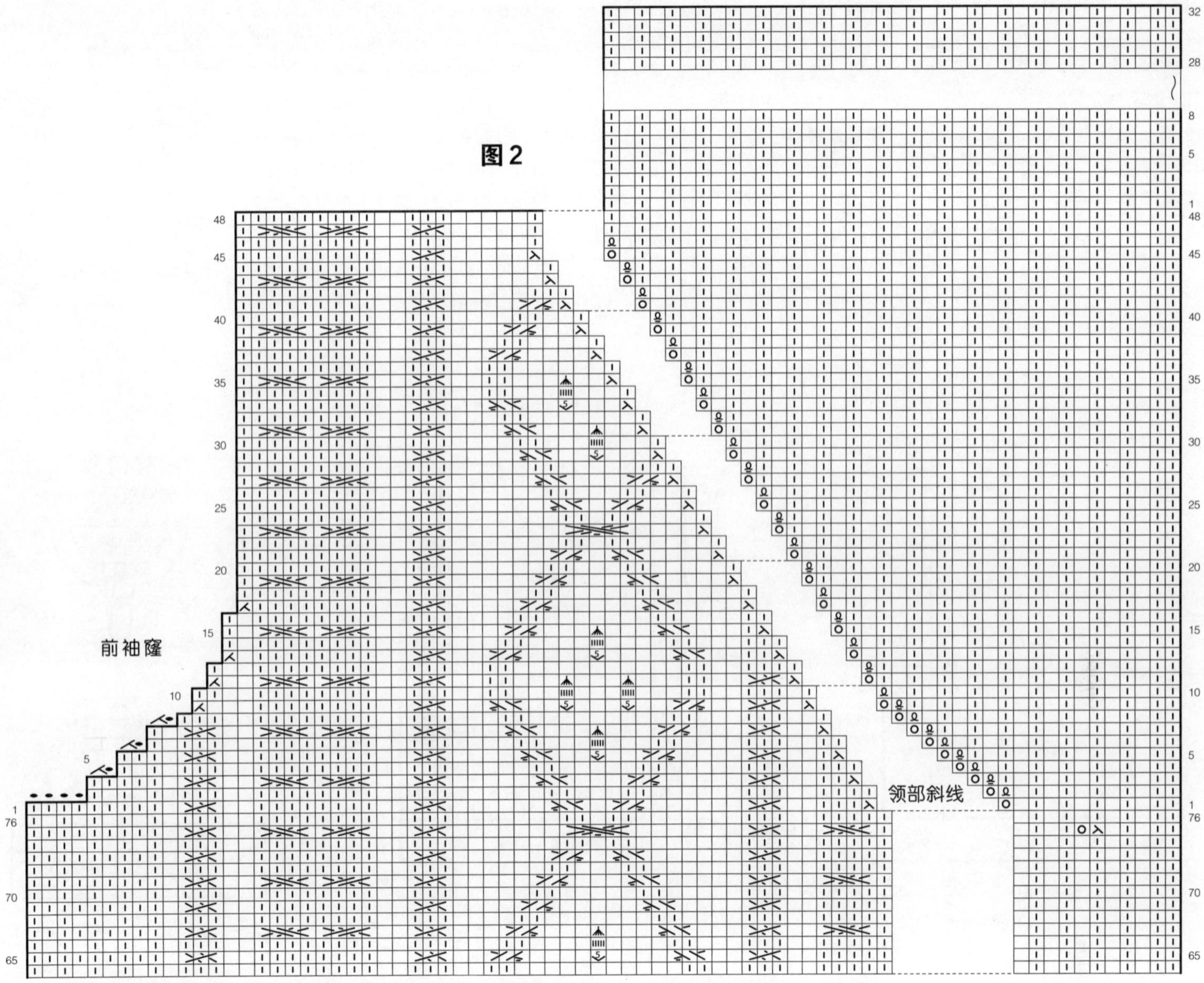
图 2
前袖窿
领部斜线

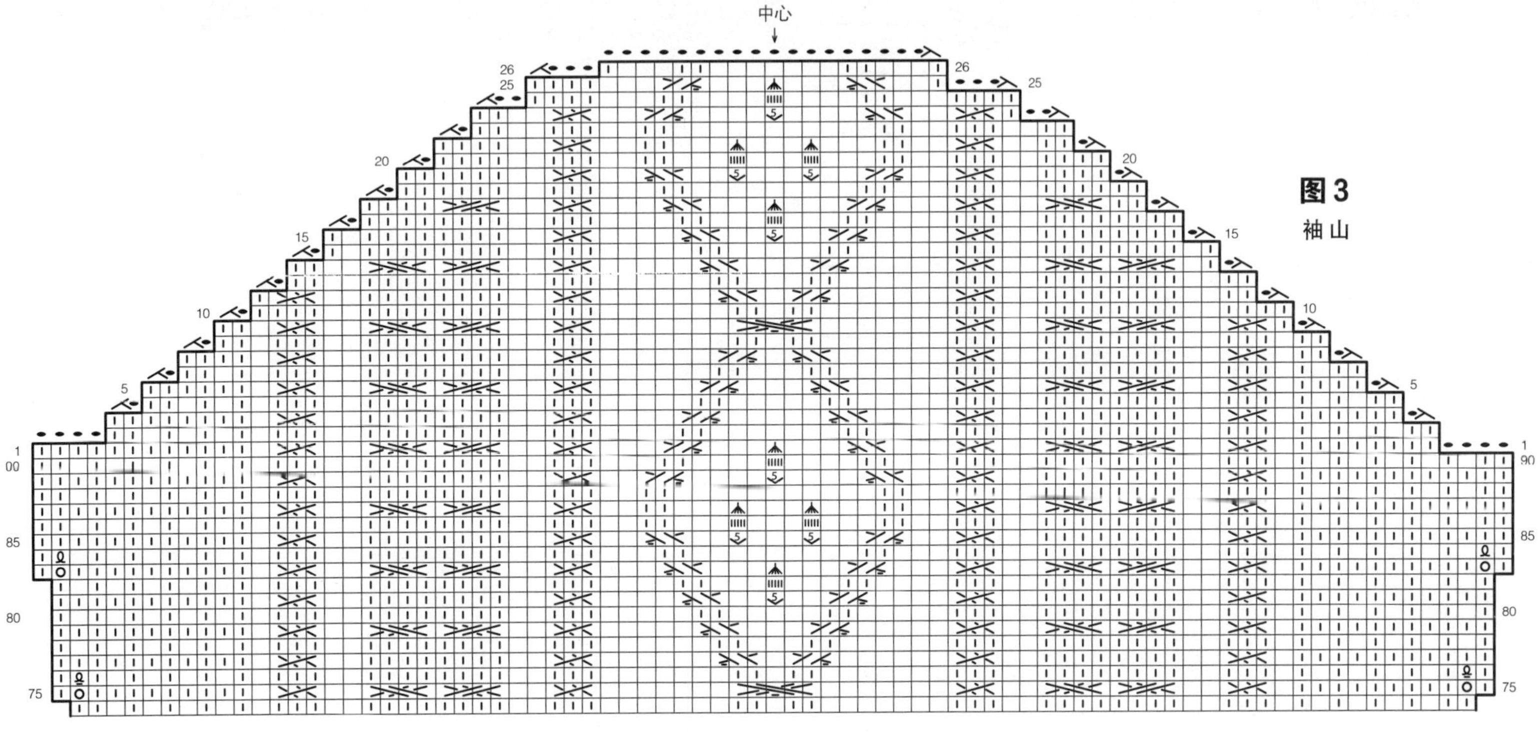
中心
图 3
袖山

●**材 料**　SKI WORLD SELECTION BLUNO 浅灰白（501）**马甲**　290g/8团，**帽子**　80g/2团，直径1.8cm的纽扣2颗

●**工具**　棒针12号、10号，钩针7/0号

●**成品尺寸**　**马甲**　胸围94cm，肩宽43cm，衣长56cm；**帽子**　头围48cm，帽深23cm

●**编织密度**　10cm×10cm面积内：编织花样A、C均是13针为7cm，19行为10cm；编织花样D 24针为12cm，19行为10cm

●**编织要点**　**马甲**　身片，在织片交界线处使用另线锁针的方法起针后开始编织，肩部的针目休针。下摆，解开另线锁针的起针，一边挑取针目一边编织单罗纹针，编织终点单罗纹针收针。前身片，从袖窿处开始，编织8行后，左右分别编织，在前门襟一侧，使用卷针做出1针缝份。肩部用盖针钉缝，胁部、袖下用挑针接缝。前门襟的下端与身片之间做针与行的钉缝，前门襟的下面与钉缝缝份之间使用卷针缝合。**帽子**　单罗纹针的编织终点，做下针织下针、上针织上针的伏针收针。

5

15页的作品

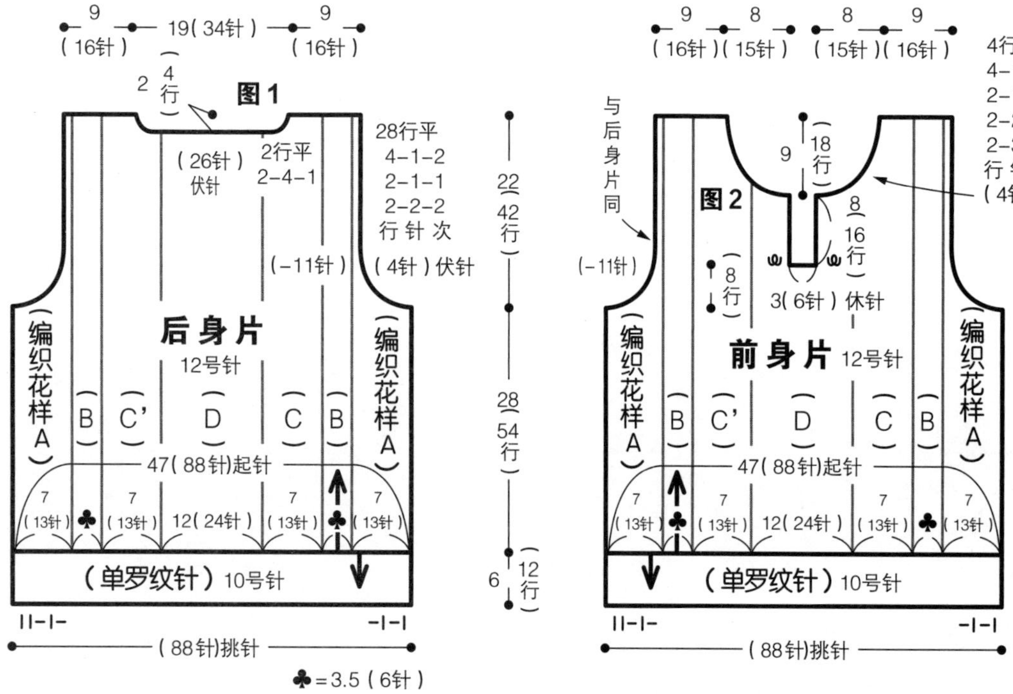

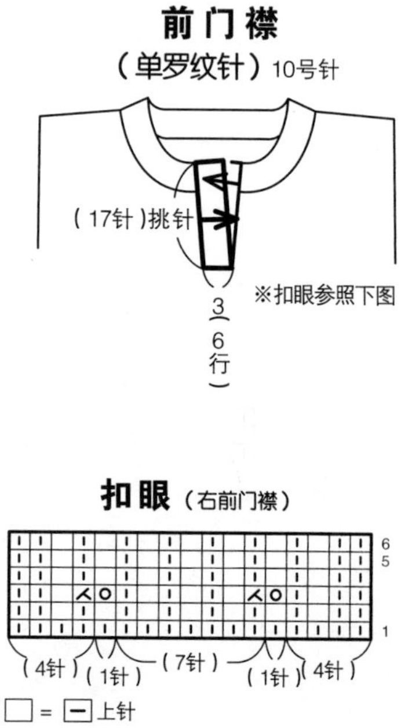

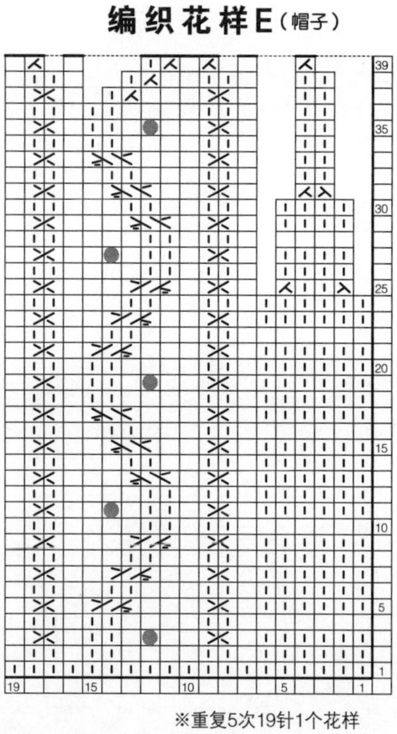

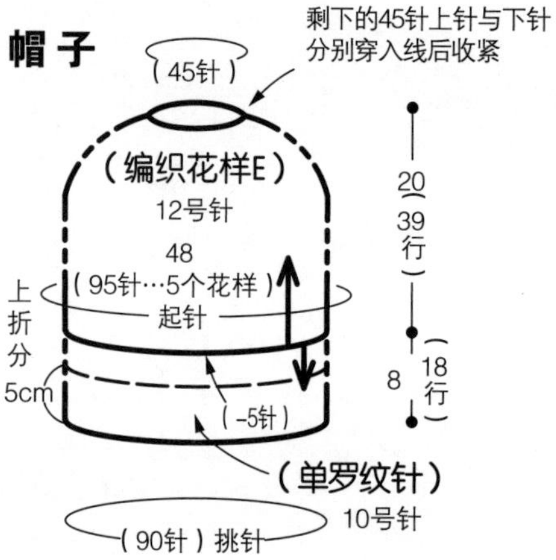

□ = ⊟ 上针

● = 7/0号针（参见90页）

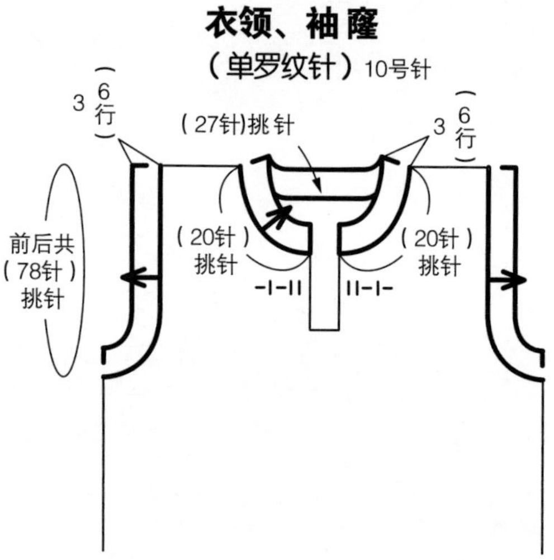

编织花样A～D（后身片）

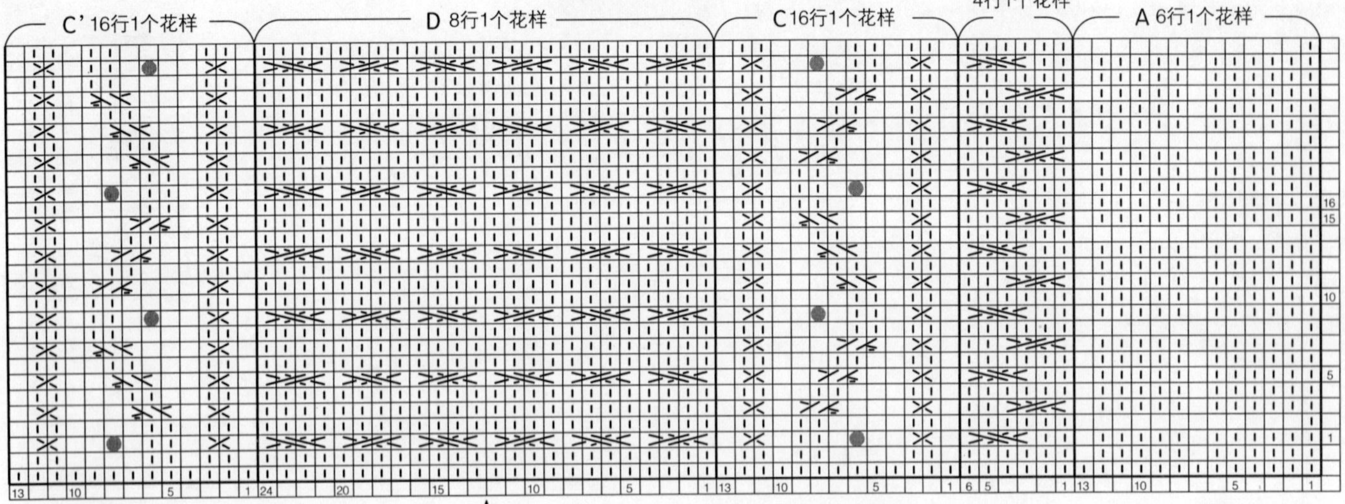

□ = ⊟ 上针

= 左上2针与1针的交叉（下侧为上针）

= 右上2针与1针的交叉（下侧为上针）

● = 7/0号针（参见90页）

※从中心向左右对称排列

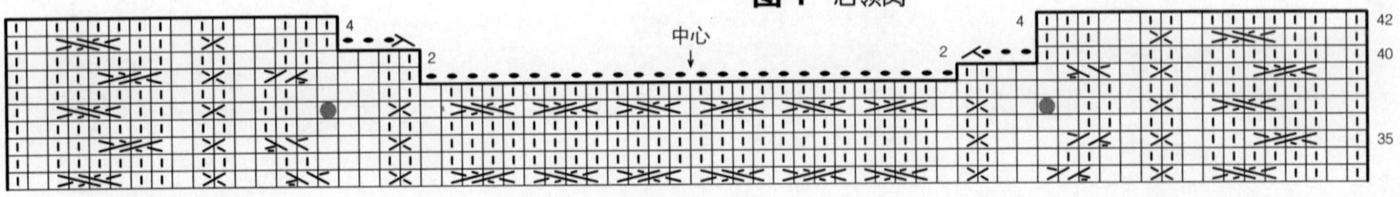

图1 后领窝

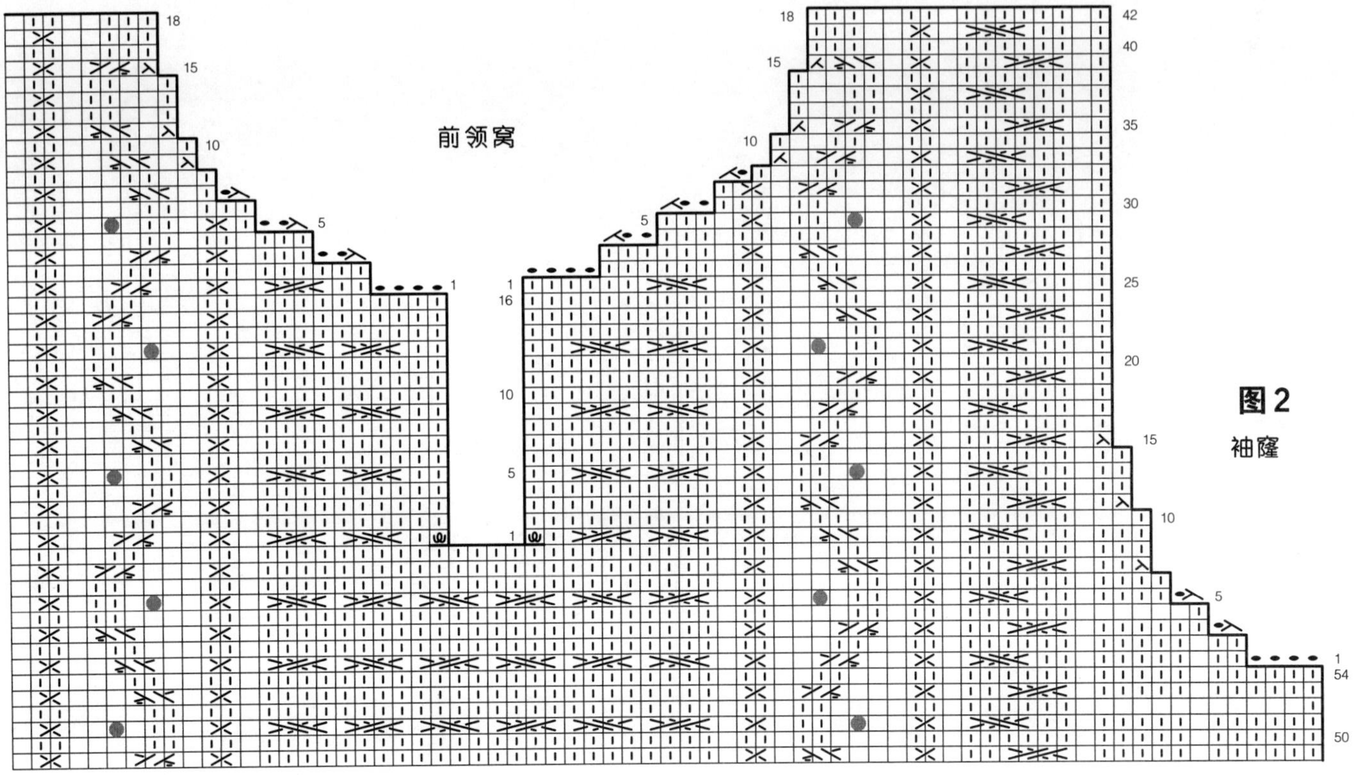

图2 袖窿

●材料 芭贝 设得兰(532)米色(7) **斗篷** 480g/12团，**手提包** 140g/4团，直径2.2cm、1.1cm的纽扣各5颗

●工具 棒针6号、5号、4号、3号，钩针7/0号、6/0号

●成品尺寸 **斗篷** 下摆一圈148cm，长53cm；**手提包** 宽26cm，深33cm

●编织密度 10cm×10cm面积内：编织花样A 25针，27行

●编织要点 **斗篷** 后身片用另线锁针起针后开始编织。胁部80行，做侧边2针立针减针，加入线做记号。从下一行开始，做侧边1针立针减针并编织伏针。下摆均匀地减针，编织终点处单罗纹针收针。前身片也使用同样的方法编织，在左前身片的前门襟止位处也加入线做记号。胁部用挑针接缝，肩线处也用挑针接缝，将前后身片接在一起。**手提包** 主体使用另线锁针起针后开始编织，2片的底部用盖针钉缝，侧边用挑针接缝，使其成为袋状。边缘双罗纹针的编织终点，做下针织下针、上针织上针的伏针收针。

7

19页的作品

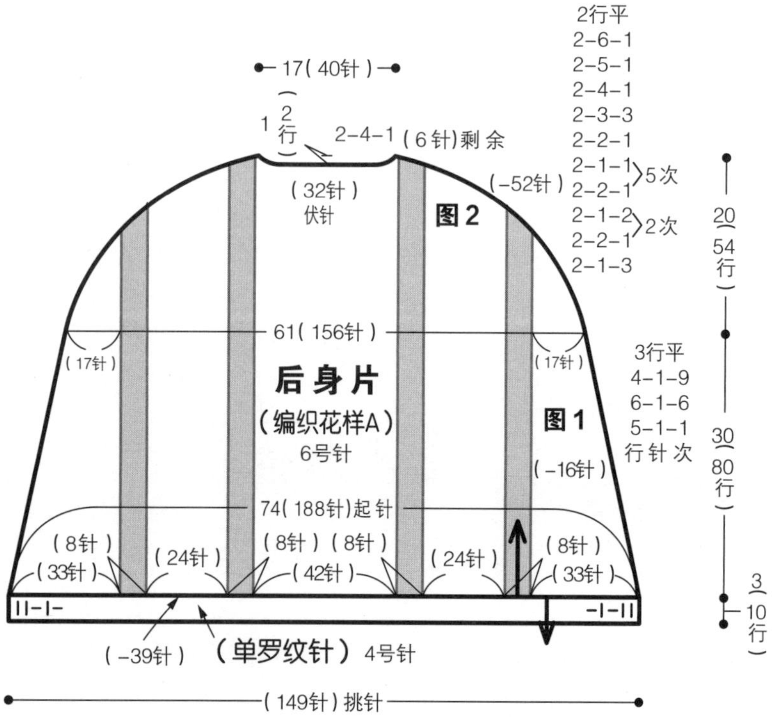

衣领

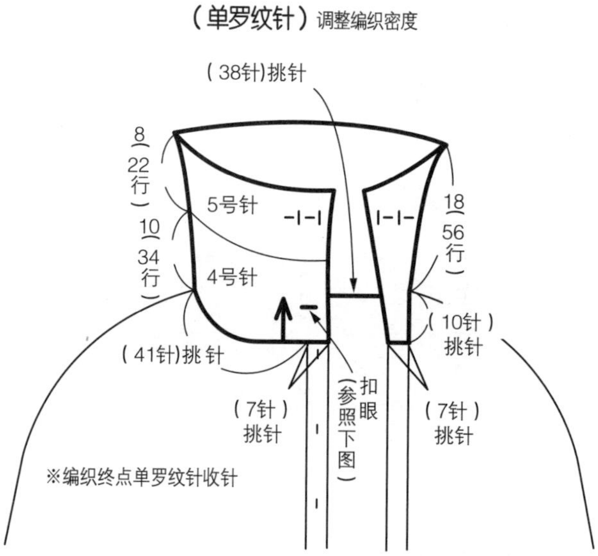

右前身片

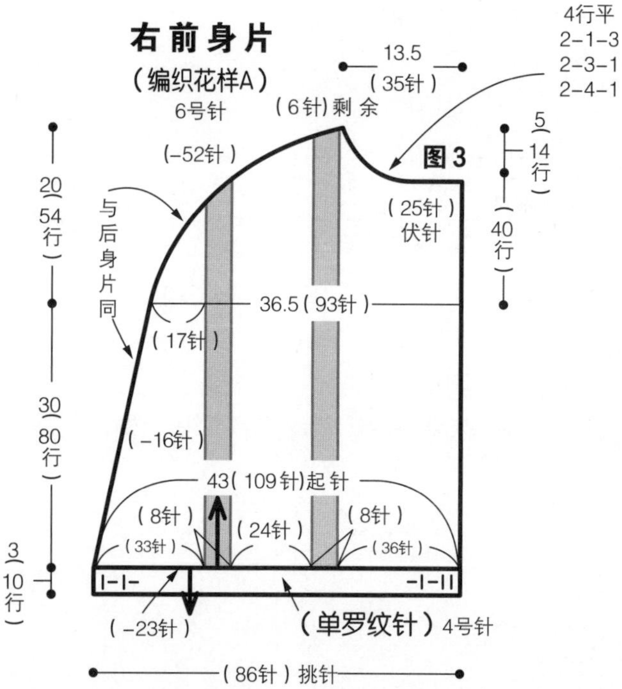

左前身片

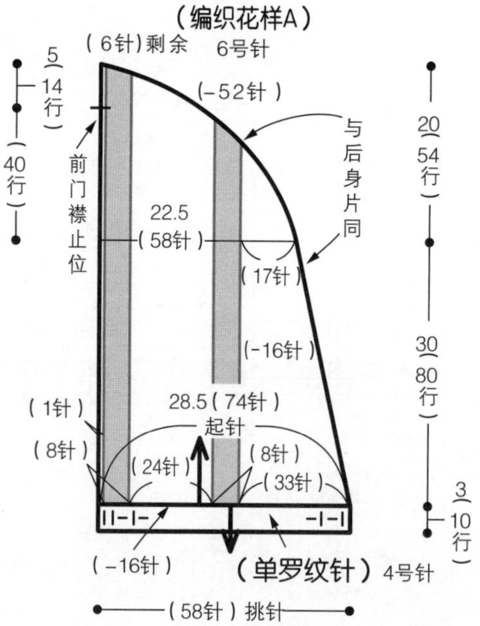

衣领的扣眼

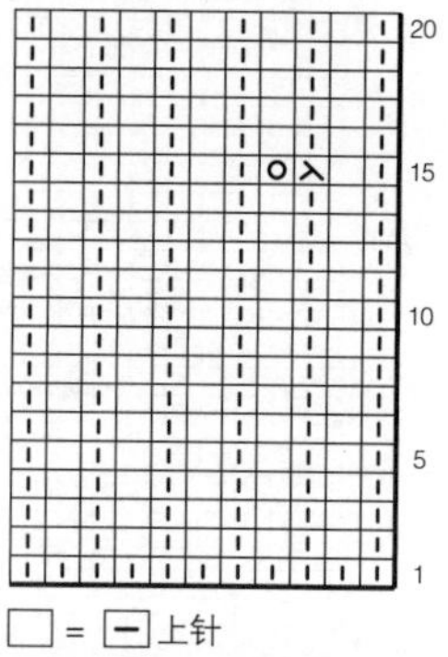

缝纽扣的方法

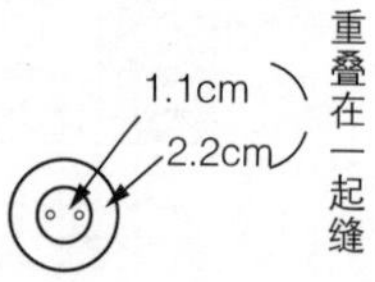

编织花样A-1

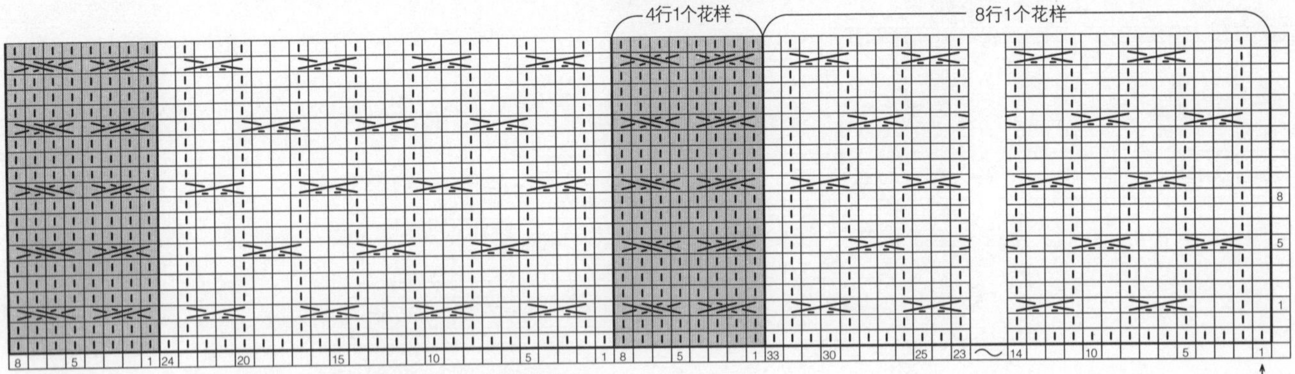

□ = ⊟上针　　= 左上1针跨越交叉（中间隔2针上针）

※接编织花样A-2

后身片、左前身片编织起点

编织花样A-2

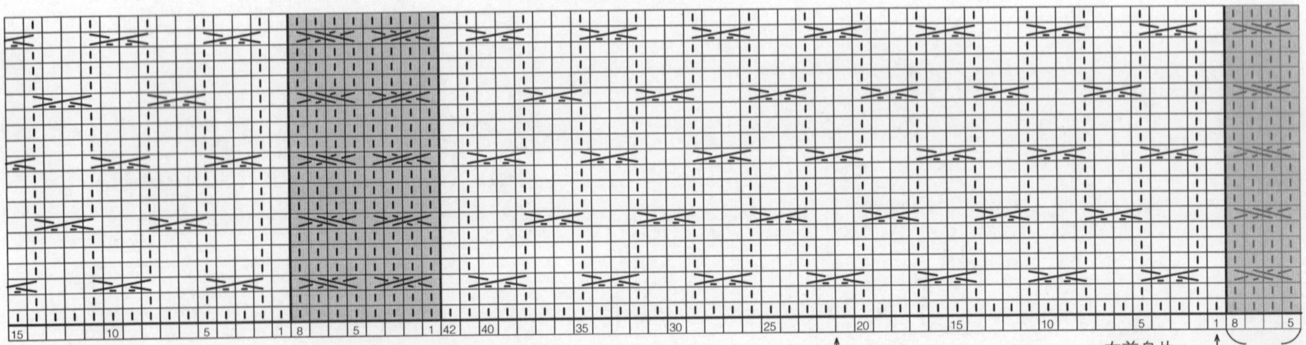

※后身片从中心向左右对称排列

※接在编织花样A-1之后

后中心

右前身片编织起点

左前身片左端

编织花样与编织花样A-1重复的部分

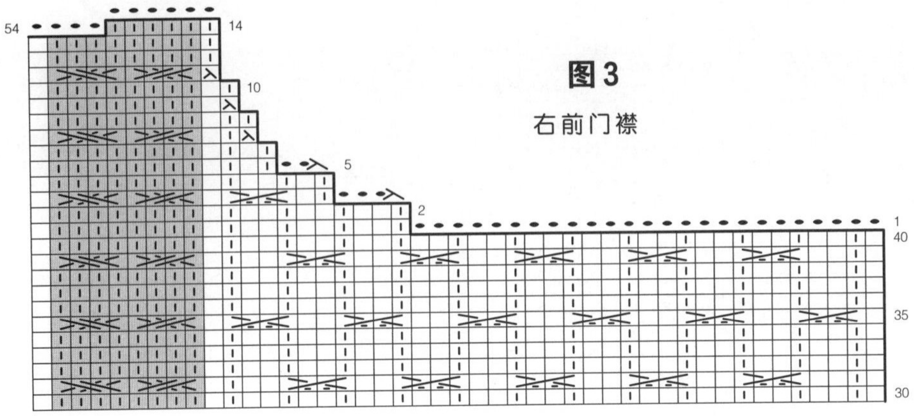

图3

右前门襟

前门襟

（单罗纹针）4号针

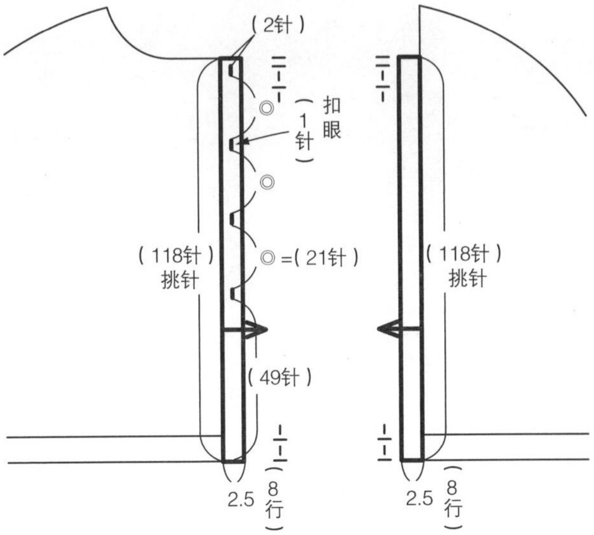

扣眼（右前门襟）

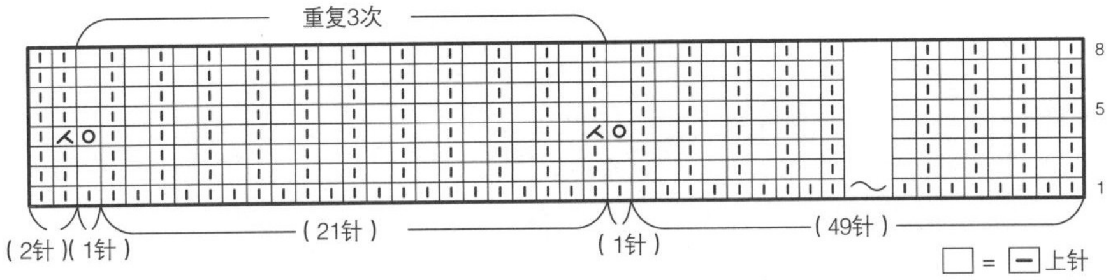

□ = ⊟上针

★接下一页

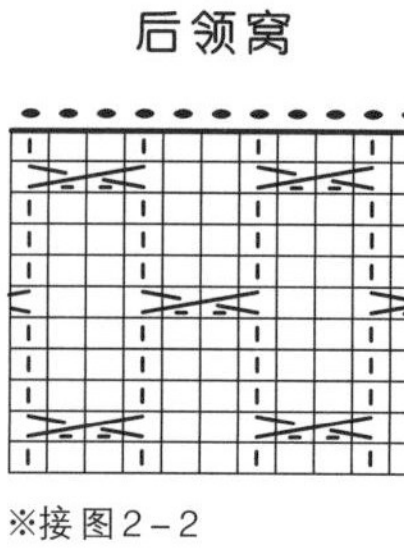
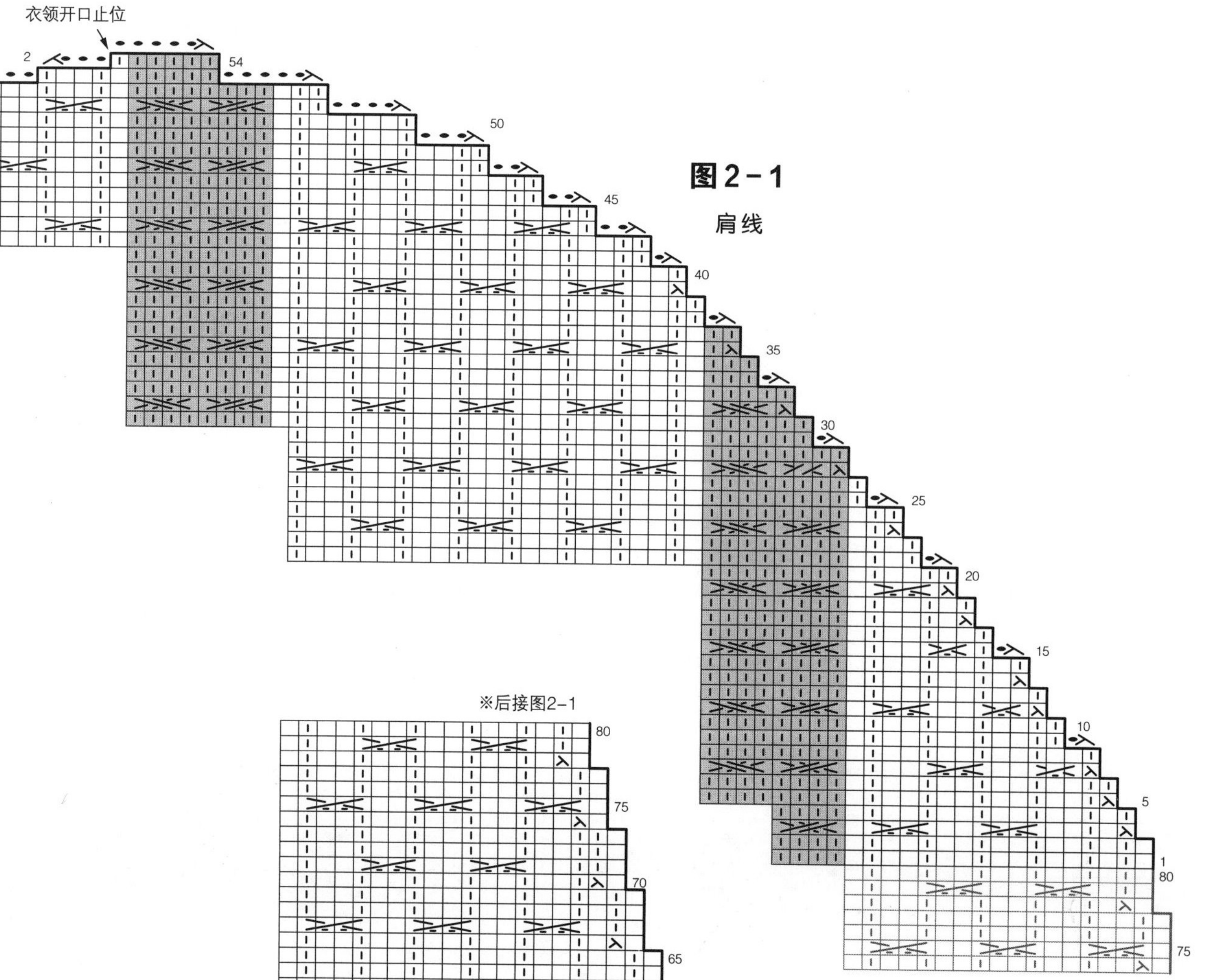

图2-1
肩线

提手
（下针编织）
3号针、2根

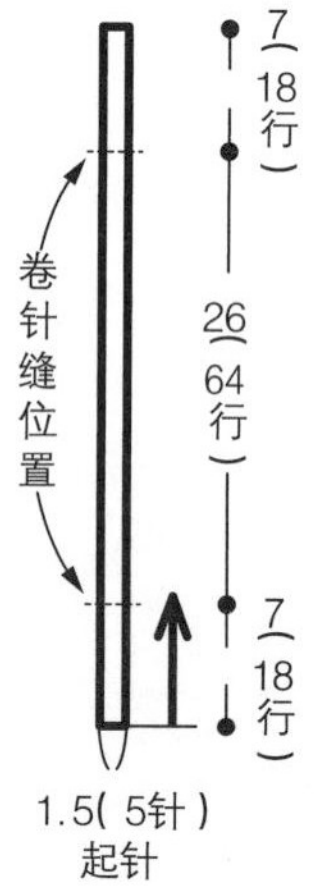

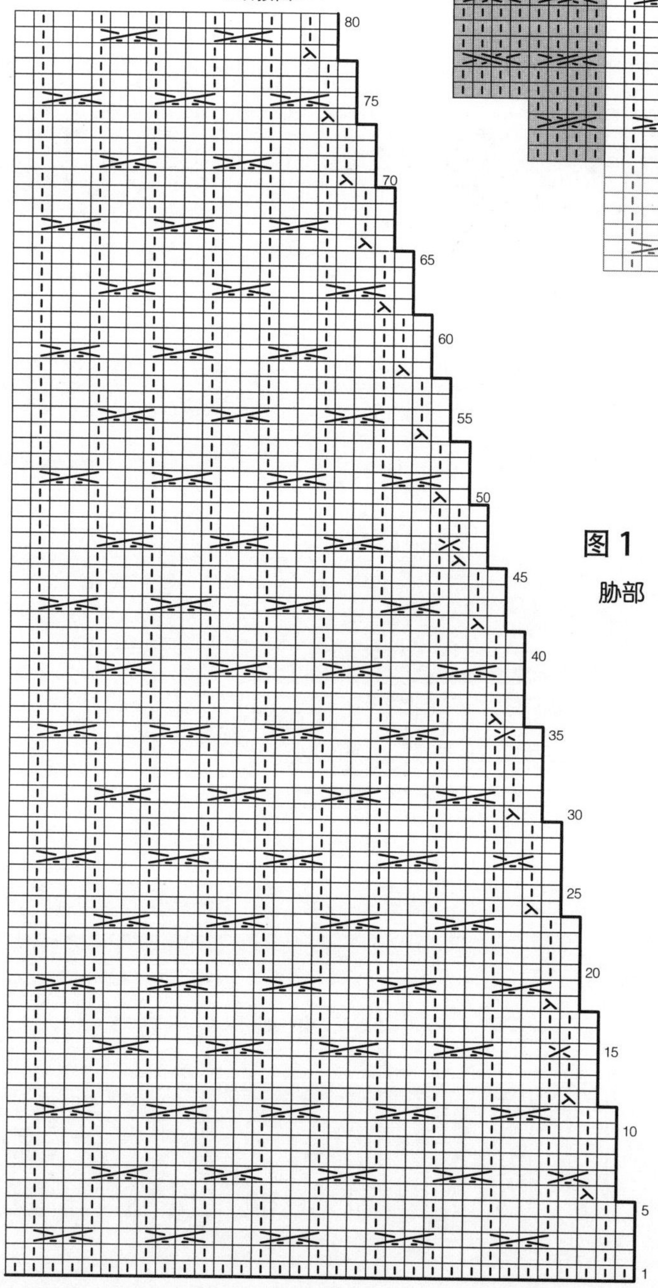

图1
胁部

系绳（锁针）1根
7/0号针、2根线1股
90（160针）

装饰球（短针）
6/0号针、2个

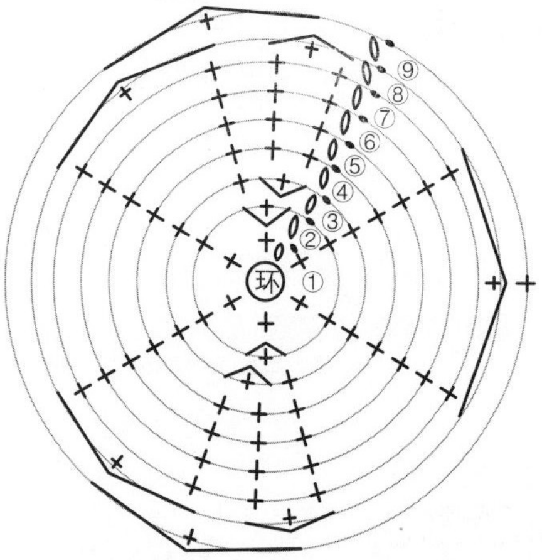

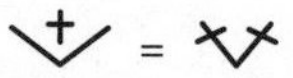

※将线头穿过编织终点的3针，将细绳头的针目与线头塞入其中后拉紧

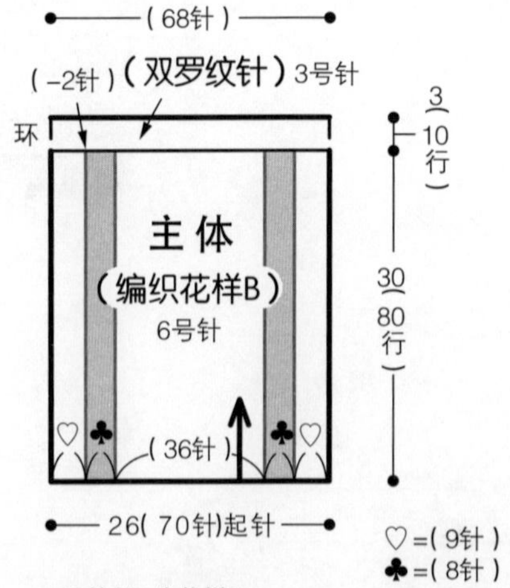

※编织2片花样B

图2-2 后领窝

※接在图2-1之后
※右侧浅色的符号为与图2-1重复的部分

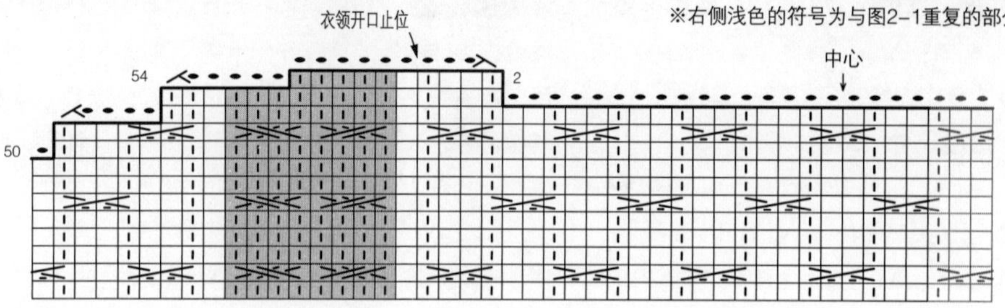

提手的位置

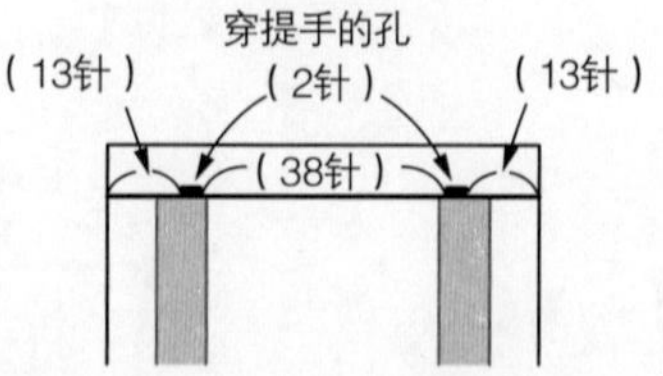

提手的连接方法

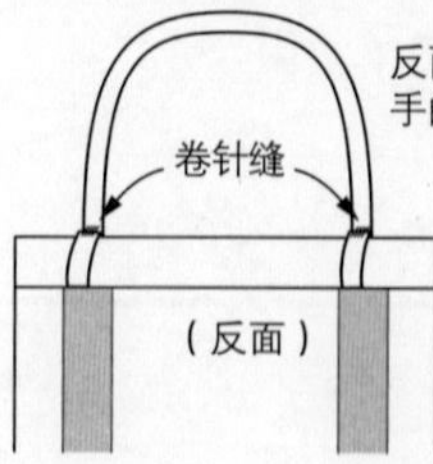

反面朝内，在穿入穿提手的孔之后卷针缝缝合

编织花样B(手提包)

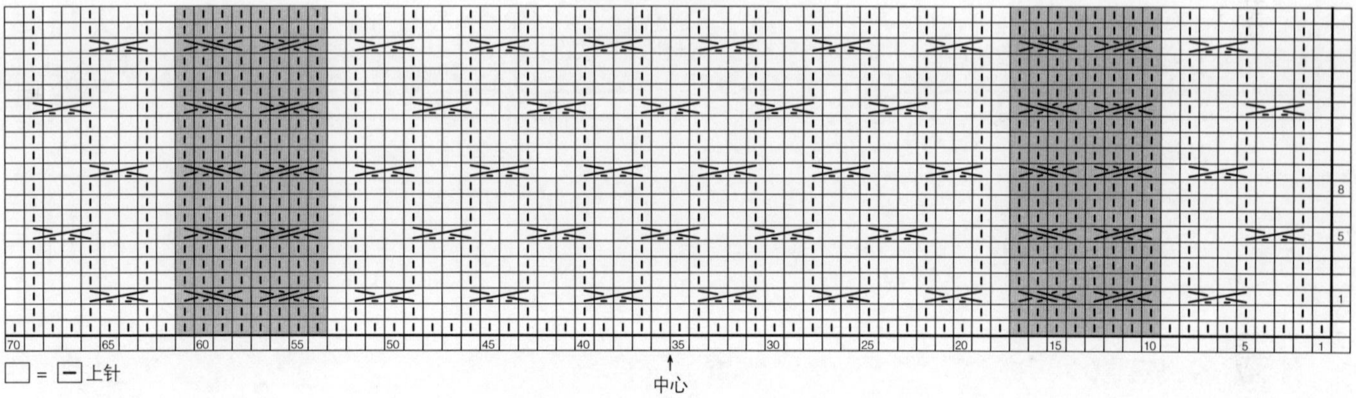

手提包的双罗纹针、穿提手的孔

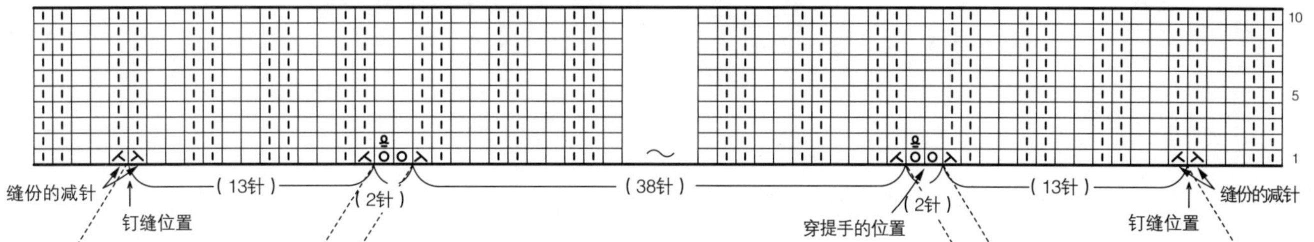

穿系绳的方法

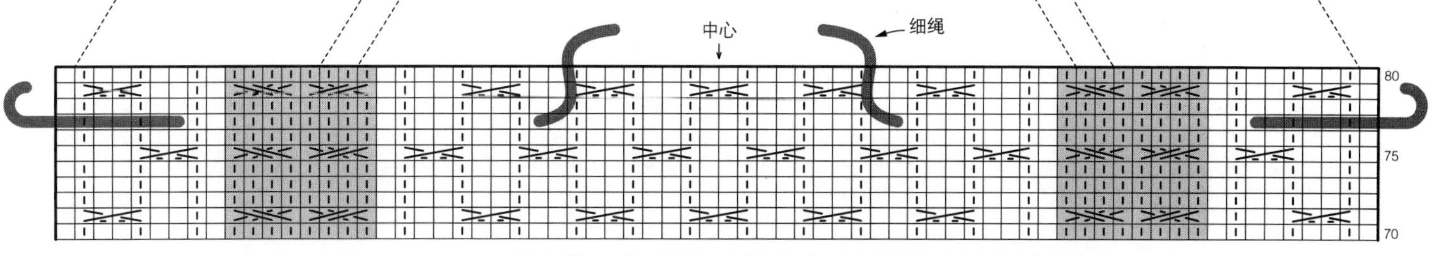

※穿系绳时，将系绳穿入正面图示位置，以及背面与正面相对应的位置
※将系绳穿入后再缝装饰球

●**材料** 内藤商事 ZARA 藏青色（1409）**马甲** 370g/8 团，**连指手套** 90g/2 团

●**工具** 棒针 6 号、4 号，钩针 5/0 号

●**成品尺寸** **马甲** 胸围 96cm，衣长 50cm，连肩袖长 29.5cm；**连指手套** 手掌一圈 18cm，长 33.5cm

●**编织密度** 10cm × 10cm 面积内：编织花样 A、B、C 均为 25.5 针，30 行；编织花样 D20 针，37 行

●**编织要点** 身片、连指手套，挑取另线锁针起针的针目开始编织。**马甲** 身片，在袖口开口止位处加入线做记号，前身片的衣领开口止位处也加入线做记号。下摆罗纹针的编织终点，做下针织下针、上针织上针的伏针收针。育克挑取共线锁针起针的里山编织上针，编织终点伏针收针。对齐身片与育克上的相同标记，引拔钉缝。袖口的编织终点，做下针织下针、上针织上针的伏针收针。**连指手套** 大拇指处另线编织，编织终点休针，编织花样部分在减针的同时盖针钉缝。

8

21 页的作品

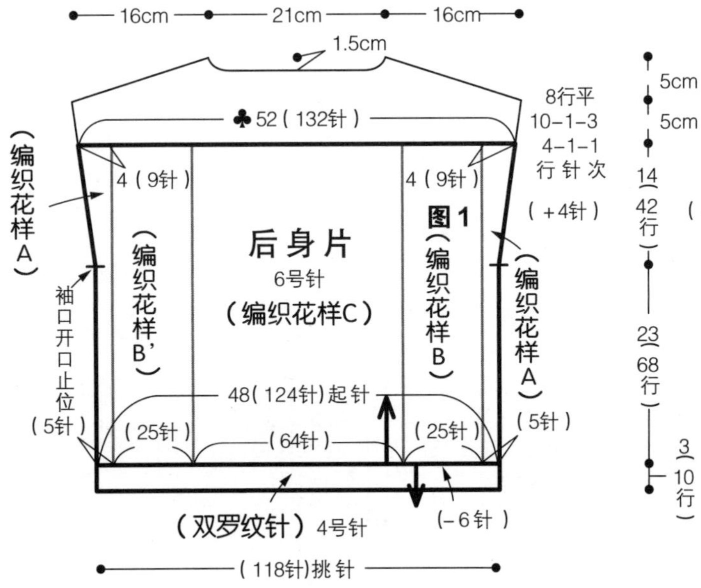

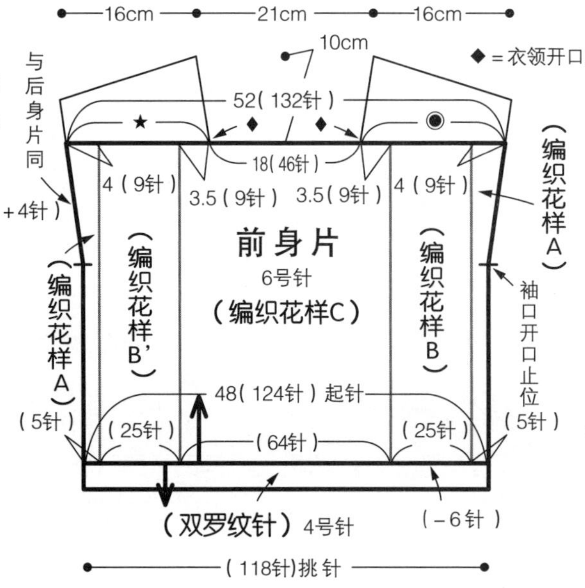

※身片与育克的♣、★、◉之间引拔钉缝

大拇指
（单罗纹针）
6号针

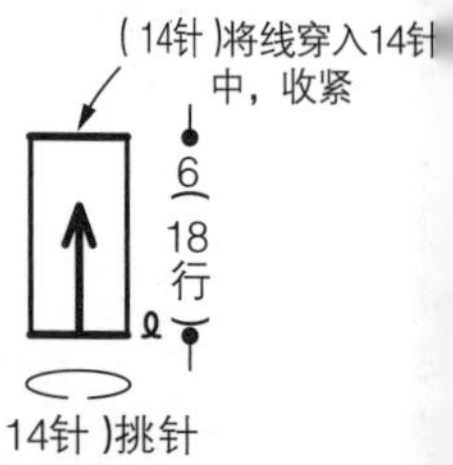

※右侧的扭针，将行的半针扭后再挑取

育克（编织花样D）
4号针

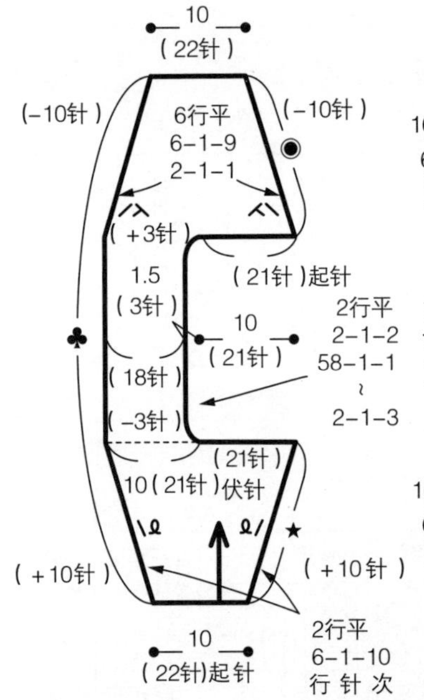

领窝
（短针）5/0号针

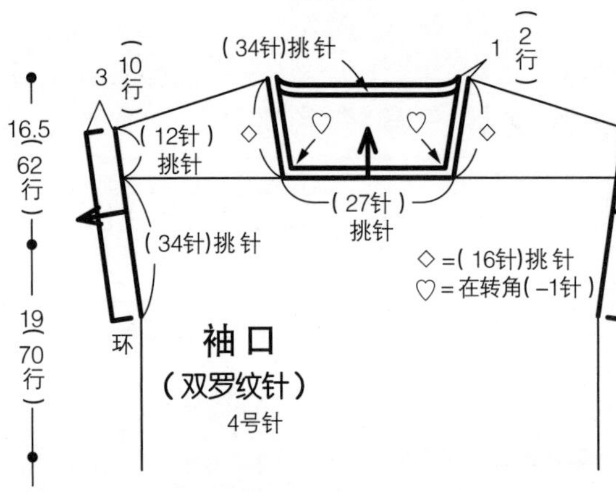

前领窝转角的减针

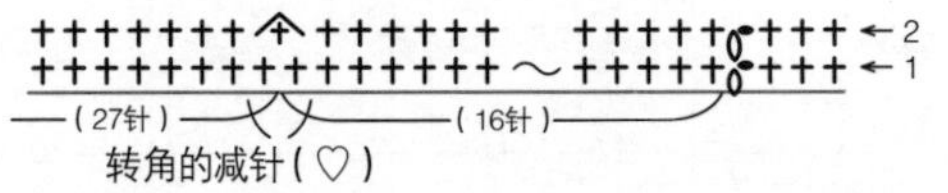

右手
6号针

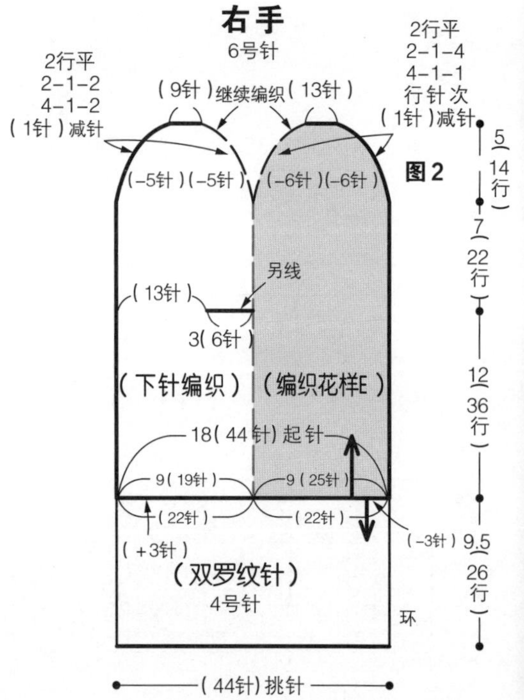

※左手与右手左右对称编织

★图 2 在 88 页

编织花样A、B、B'、C（身片）

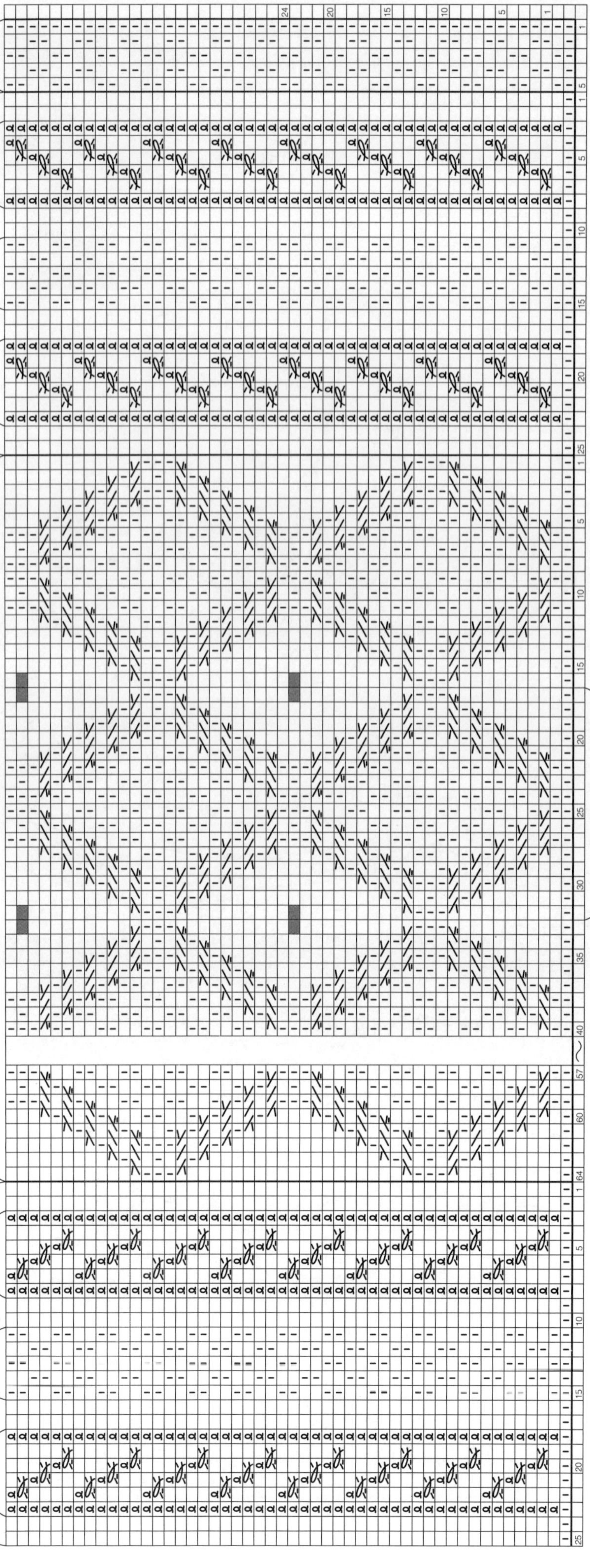

※从中心向左右对称编织

□ = ⊟ 上针

= 左上扭针1针的交叉（下侧为上针）

= 右上扭针1针的交叉（下侧为上针）

= 左上3针与1针的交叉（下侧为上针）

= 右上3针与1针的交叉（下侧为上针）

= 右上3针与1针的交叉

编织花样E（连指手套）

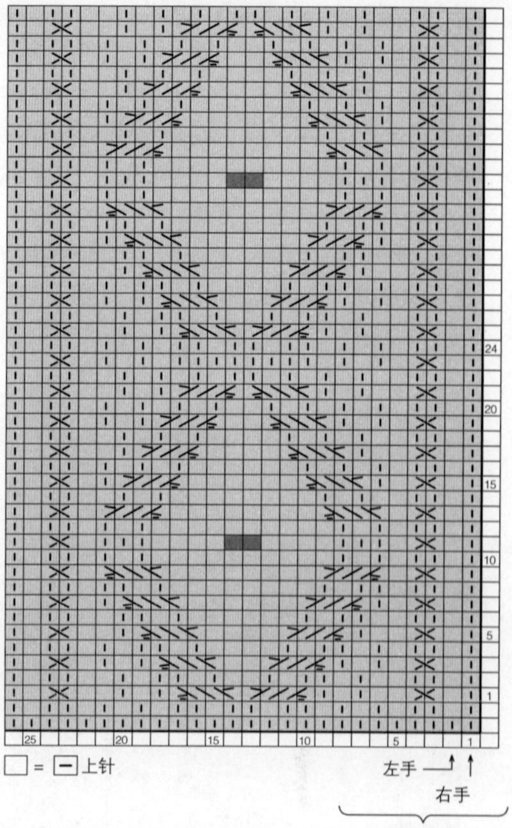

□ = ⊟ 上针

编织花样D（育克）

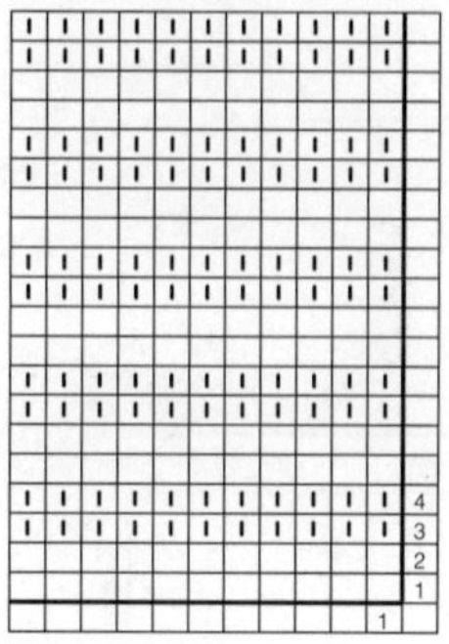

□ = ⊟ 上针

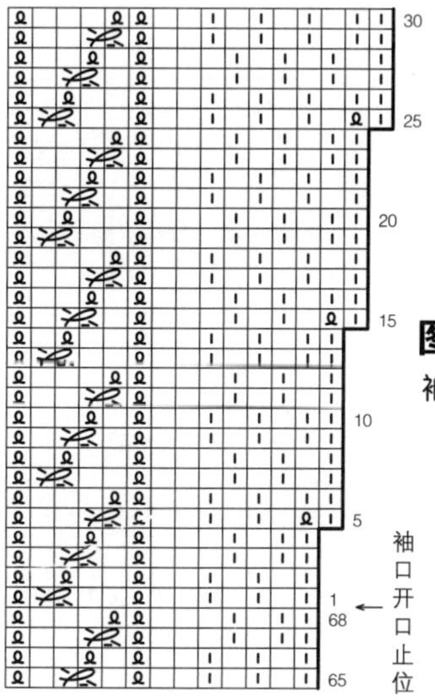

图1
袖口

●**材料** 内藤商事 GABBIANO 深棕色系木纹线（114）**披风** 300g/6团，**手套** 70g/2 团

●**工具** 棒针 8 号、6 号、4 号，钩针 6/0 号

●**成品尺寸** **披风** 下摆一圈 141cm，长 50.5cm（包括饰边）；**手套** 手掌一圈 19cm，长 40.5cm

●**编织密度** 10cm × 10cm 面积内：下针编织 16 针，22 行；编织花样 A 20 针，22 行；编织花样 B 21 针，22 行

●**编织要点** **披风** 另线锁针起针后，环形编织，在下针编织的部分减针。编织终点伏针收针。衣领的编织终点，做下针织下针、上针织上针的伏针收针，收针时要松一些。下摆解开另线锁针挑取针目，在编织花样的部分减针，编织终点伏针收针。**手套** 另线锁针起针后环形编织，在大拇指处另线编织。双罗纹针的编织终点，做下针织下针、上针织上针的伏针收针，起伏针处编织下针的伏针收针。

9

23 页的作品

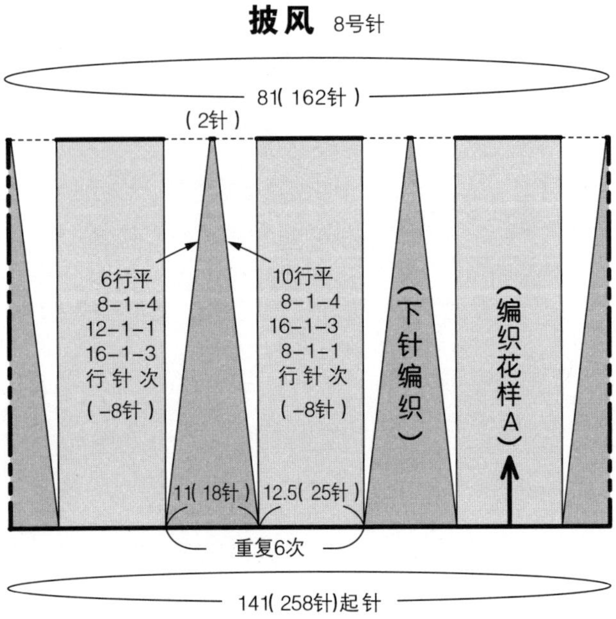

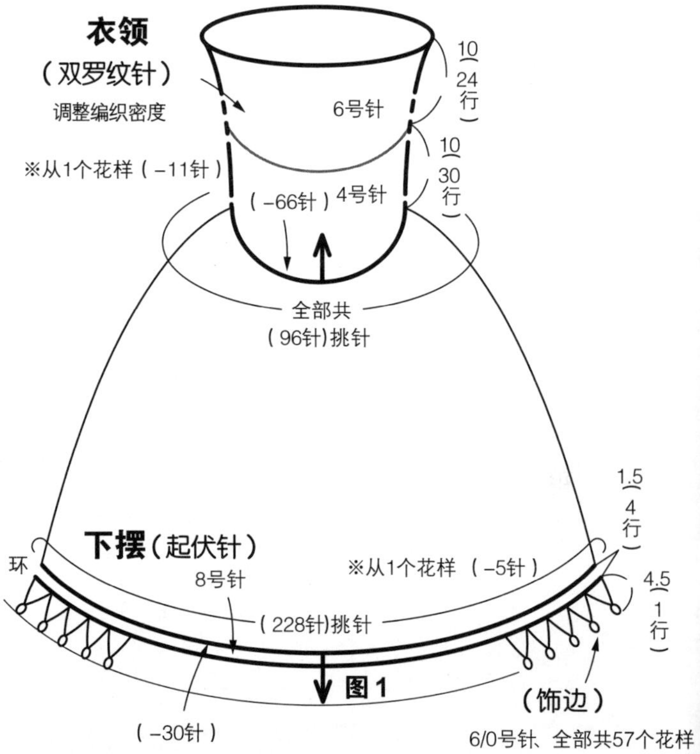

★图 1 在 82 页

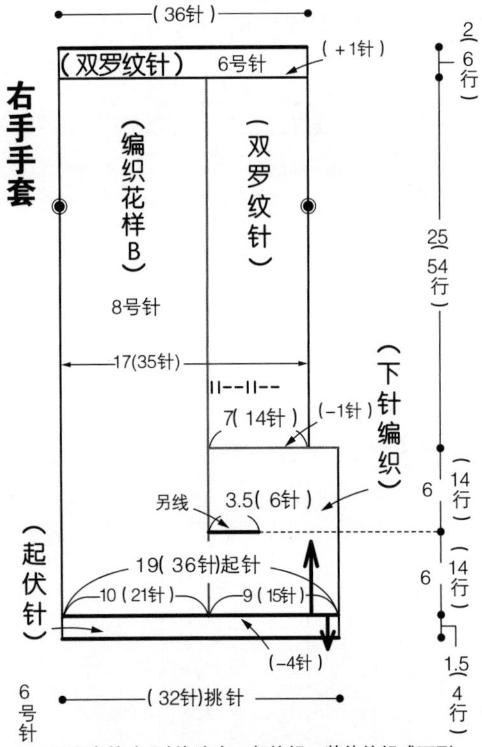

※左右的（◉）处连在一起编织，整体编织成环形

※左手手套与右手手套左右对称编织

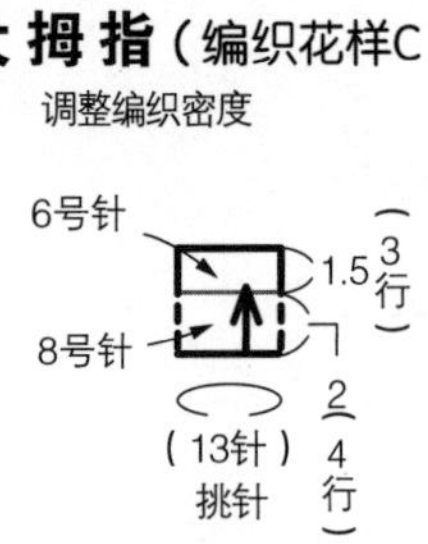

※从新的线上面左右的下半圈上也要挑针

※编织终点伏针收针

编织花样C

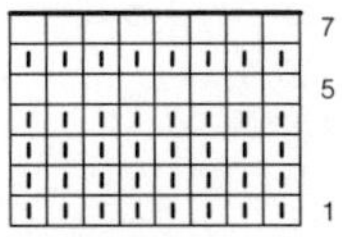

□ = ⊟ 上针

编织花样B（手套）

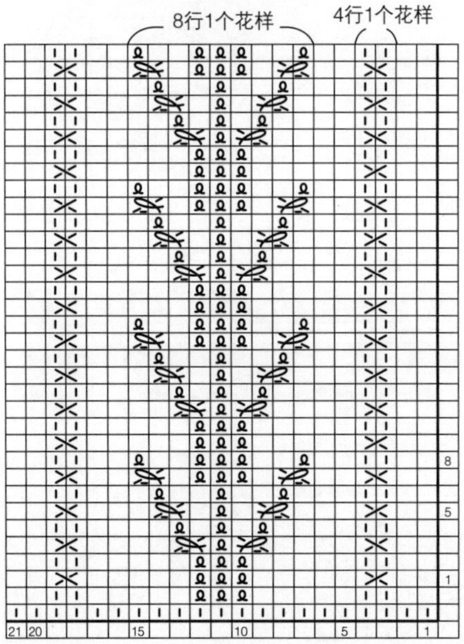

□ = ⊟ 上针

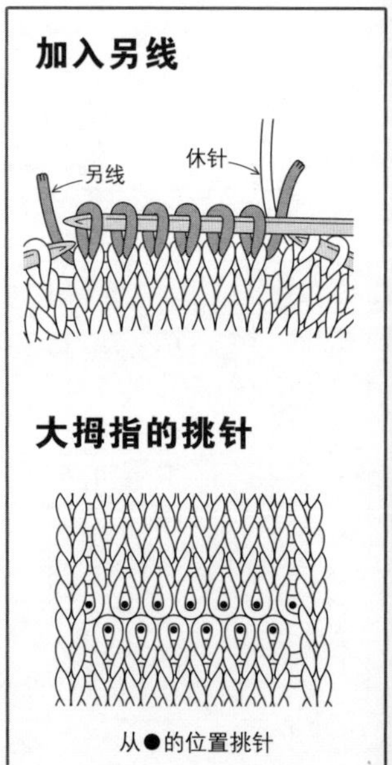

从●的位置挑针

编织花样A、下针编织的减针

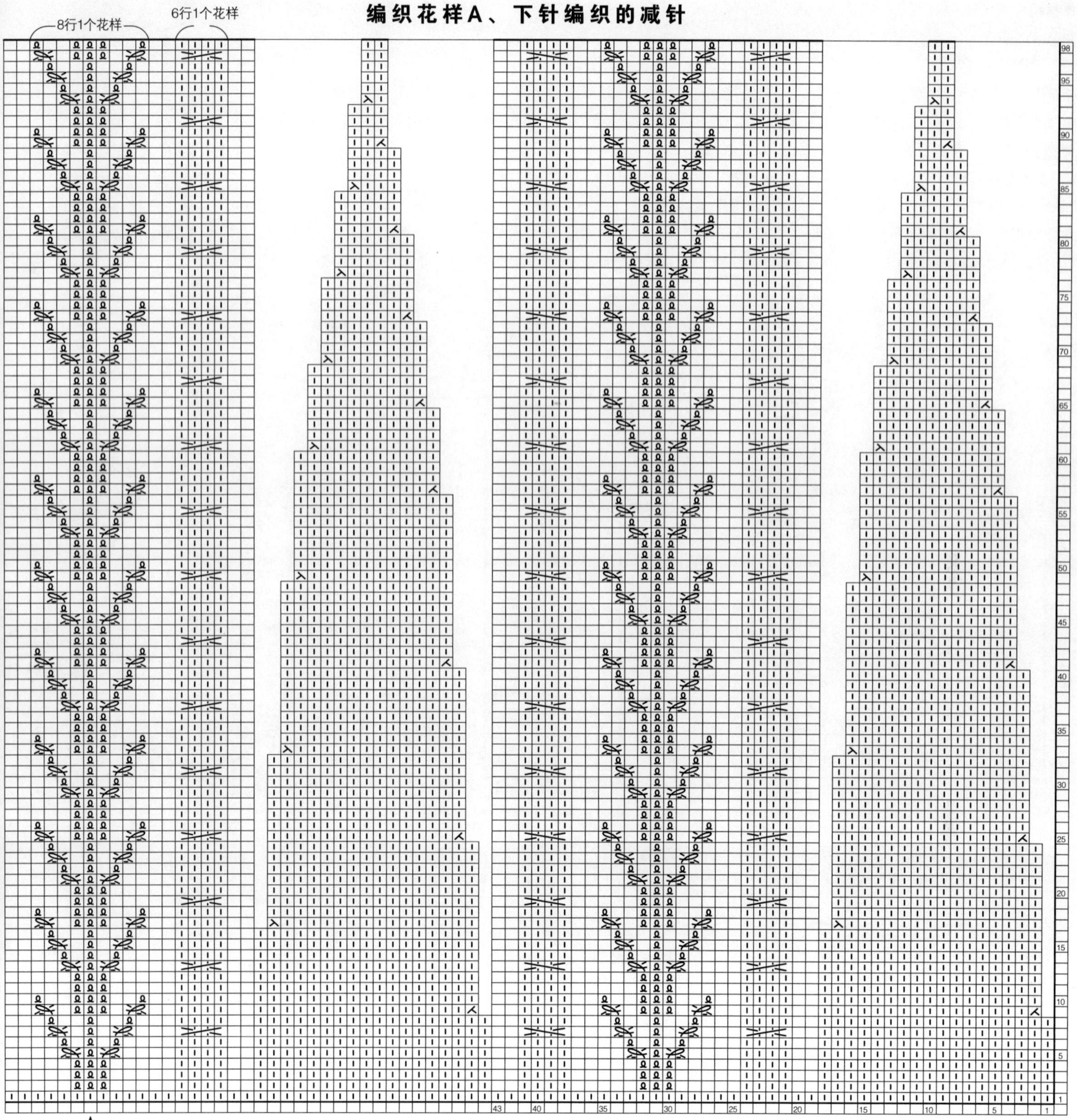

□ = ⊟ 上针

= 左上1针跨越交叉（中间隔2针下针）　= 左上扭针1针的交叉（下侧为上针）

= 右上1针跨越交叉（中间隔2针下针）　= 右上扭针1针的交叉（下侧为上针）

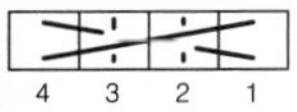

的编织方法

1)将针目1移至麻花针上，放在织片后
2)将针目2、3移至另一根麻花针上，放在针目1的后
3)针目4编织下针
4)针目2、3在针目1的后编织下针
5)针目1在针目2、3的前编织下针

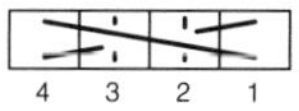

的编织方法

1)将针目1移至麻花针上，放在织片前
2)将针目2、3移至另一根麻花针上，放在织片后
3)针目4在针目2、3前编织下针
4)针目2、3编织下针
5)针目1在织片前编织下针

饰边

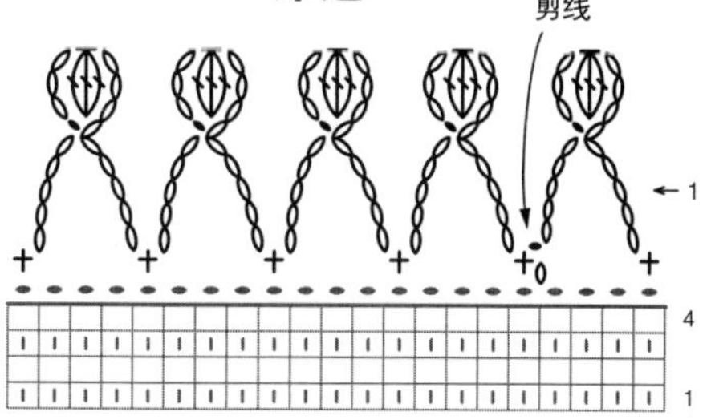

●材料 SKI WORLD SELECTION Fano灰色系段染毛线（1108）**毛衣** 390g/10团，**围脖** 220g/6团，直径2.2cm的纽扣7颗

●工具 棒针8号、7号

●成品尺寸 **毛衣** 胸围96cm，衣长63cm，连肩袖长71.5cm **围脖** 宽30cm

●编织密度 10cm×10cm面积内：编织花样18针、28行；起伏针18针、31行

●编织要点 **毛衣** 为了使胁部花样连接在一起，注意调整编织起点的位置。身片和衣袖手指挂线起针，插肩袖侧边编织2针立针减针，编织终点伏针收针。袖下编织扭针加针。插肩线做挑针接缝，编织衣领，编织终点做下针织下针、上针织上针的伏针收针。前门襟编织终点也采取同样的方法收针。胁部和袖下做挑针接缝。

围脖 另线锁针起针，做等针直编，编织终点一边在第1行编织1行，一边做起伏针钉缝，环形编织。

22

46页的作品

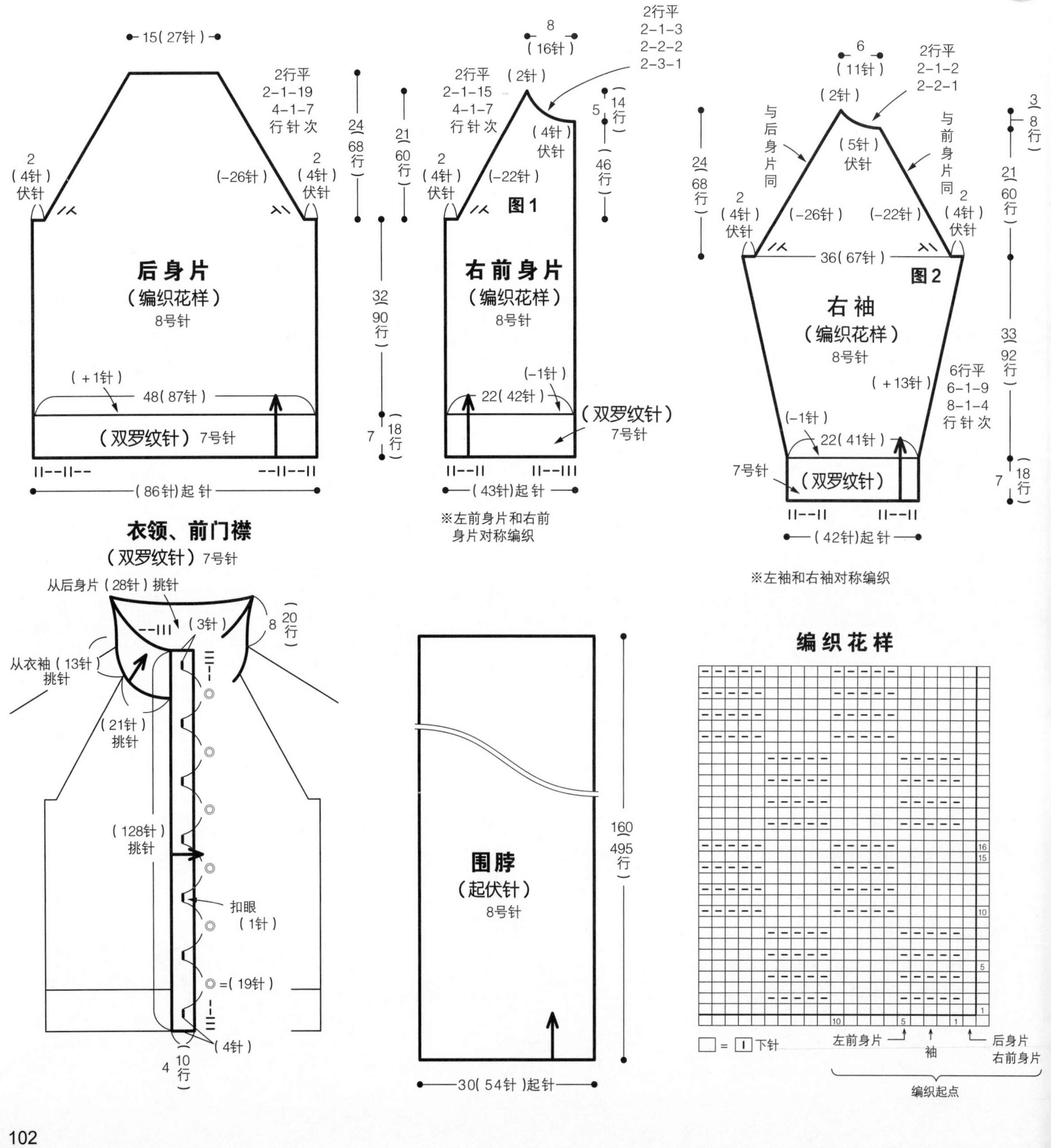

扣眼（右前门襟）

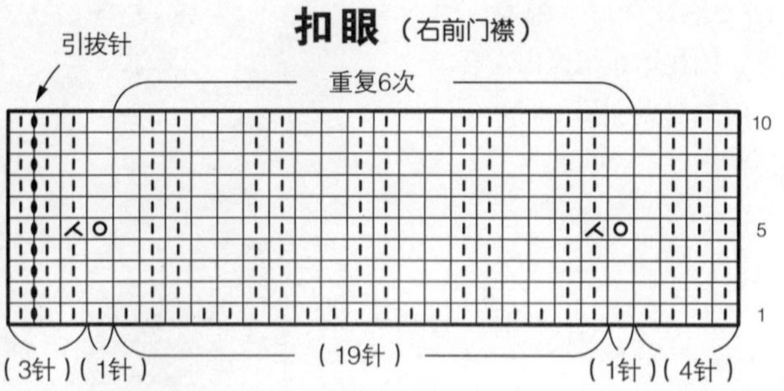

□ = ⊟上针

※领窝侧边1针内侧织引拔针

起伏针

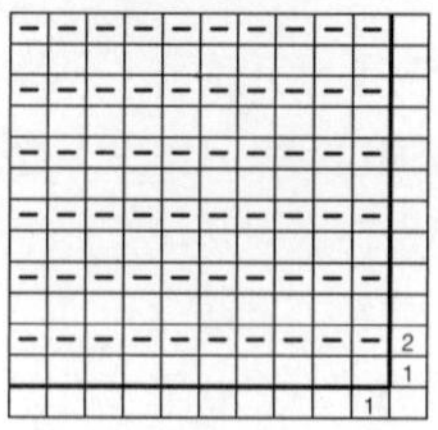

□ = ⊟上针

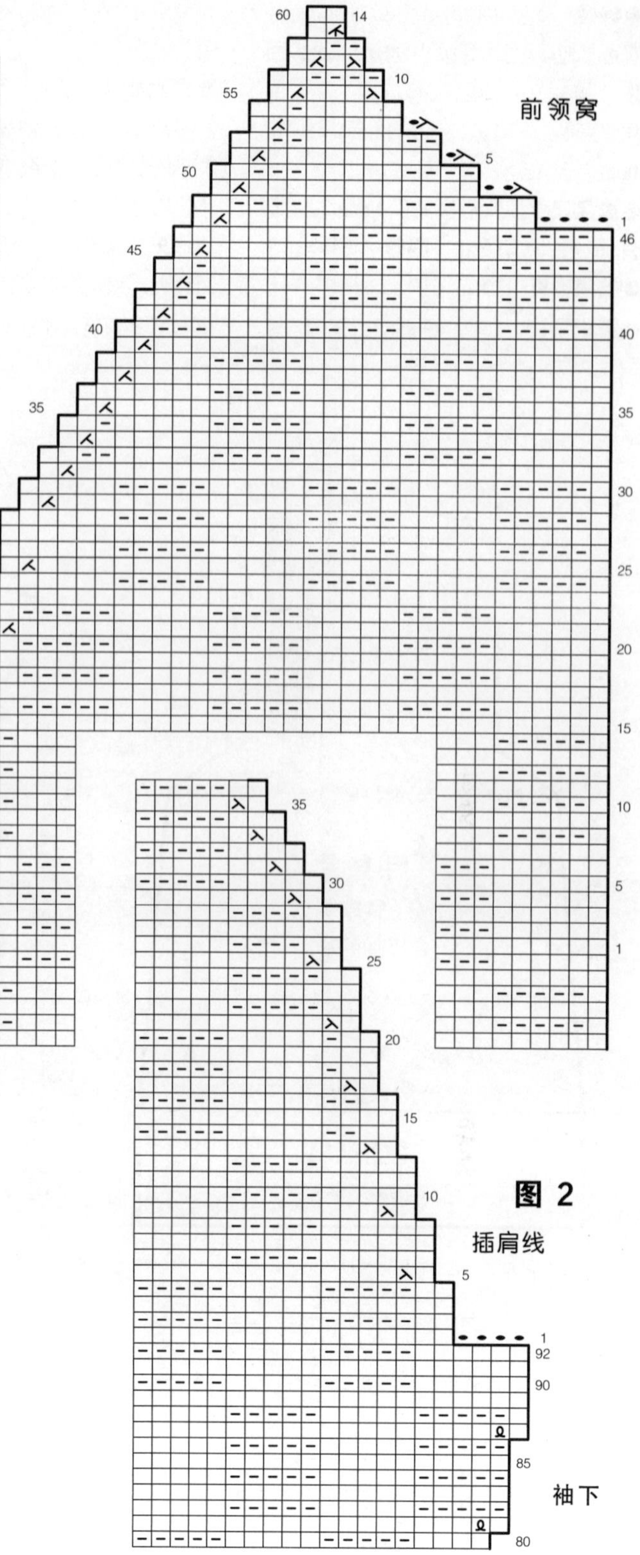

穿线收针

针数较少的时候，一次性将线穿入所有的针目。收紧。

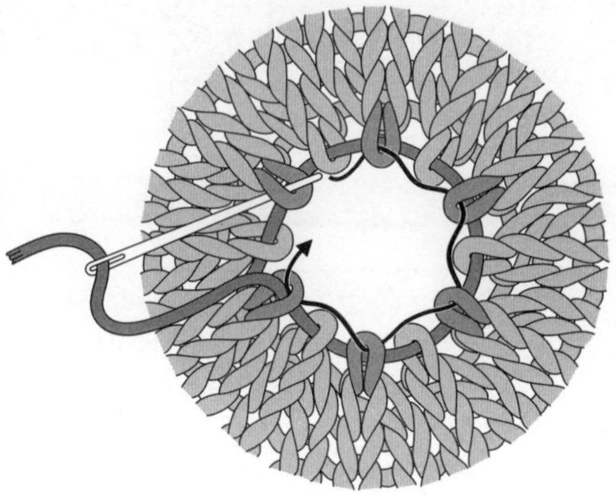

针目较多的时候，隔针穿线，分两次将线穿入所有针目。收紧。

变化的 3 针中长针的枣形针

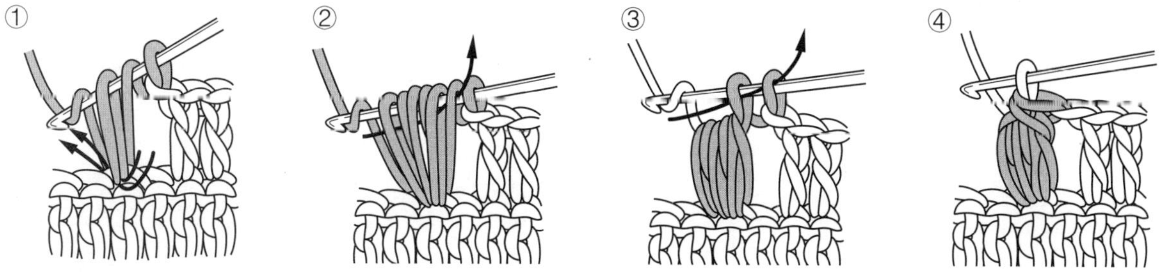

① 将线挂到钩针上，将相当于 2 针锁针高度的未完成的中长针在同一针目中织 3 针。

② 将线挂到钩针上，从挂在钩针上的 6 个线圈中一次性引拔出。

③ 再次将线挂到钩针上，从剩下的 2 个线圈中引拔出。

④ 变化的 3 针中长针的枣形针完成。

●**材料**　SKI WORLD SELECTION Como **背心**　暗红色（1002）440g/11 团，**围脖**　深棕色（1005）240g/6 团

●**工具**　棒针 10mm、9mm，钩针 8mm

●**成品尺寸**　**背心**　胸围 98cm，肩宽 34cm，衣长 75.5cm　**围脖**　宽 40cm

●**编织密度**　10cm×10cm 面积内：下针编织 9 针、13 行；编织花样 A12 针为 12cm，13 行为 10cm；编织花样 B11.5 针、12 行

●**编织要点**　**背心**　后身片另线锁针起针开始编织，袖窿侧边的针目每 2 行编织滑针。编织终点在衣领开口止位用毛线做个记号，休针。下摆一边解开另线起针，一边挑针，看着反面编织，编织终点伏针收针。前身片正中央编织左右加针。肩部做盖针钉缝，胁部做挑针接缝。**围脖**　另线锁针起针，用往返编织做出左右尺寸的差异。编织终点和第 1 行做盖针钉缝，环形编织。

23

47 页的作品

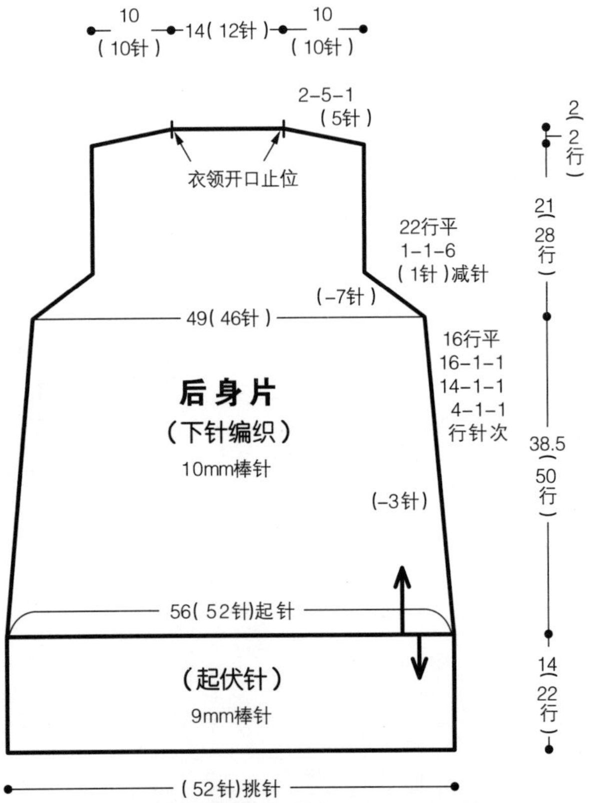

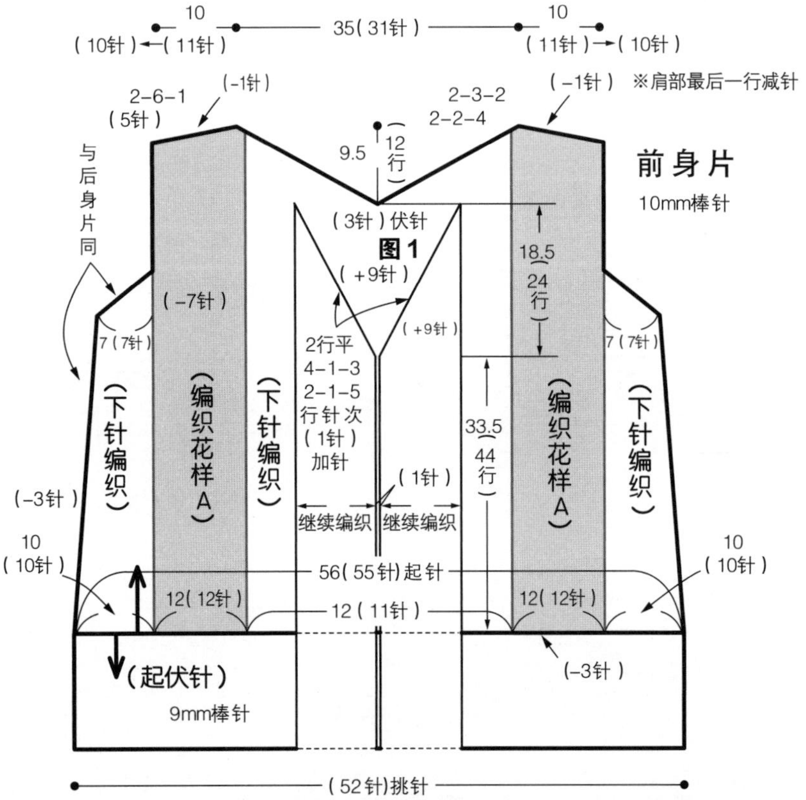

图1

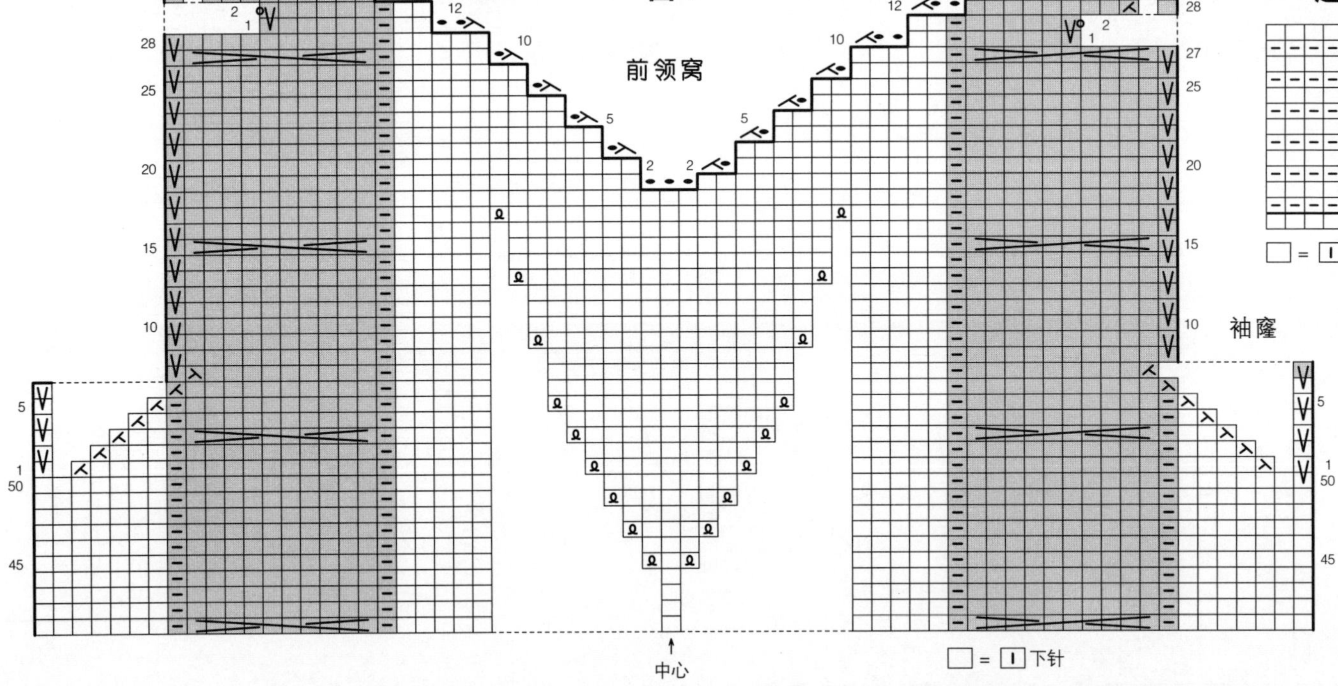

起伏针

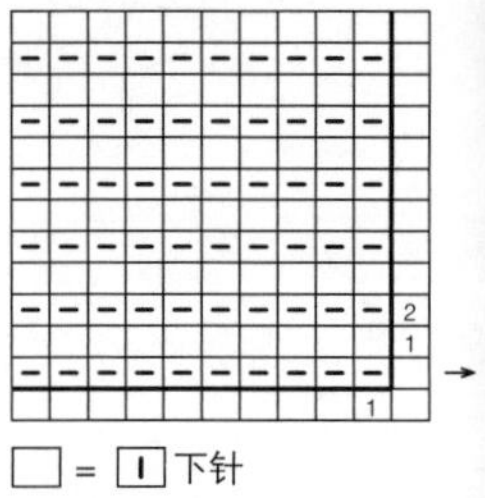

编织花样B

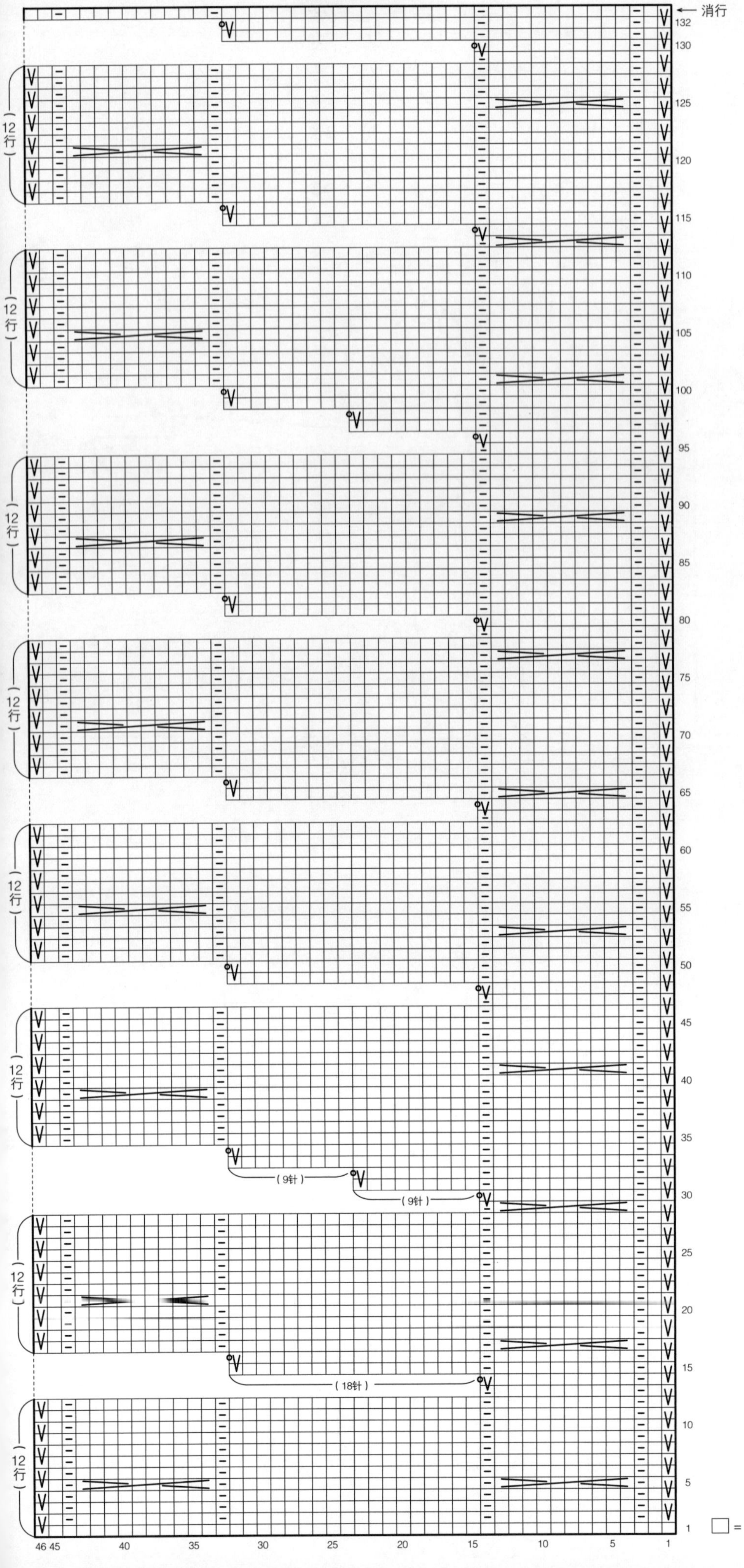

编织花样A

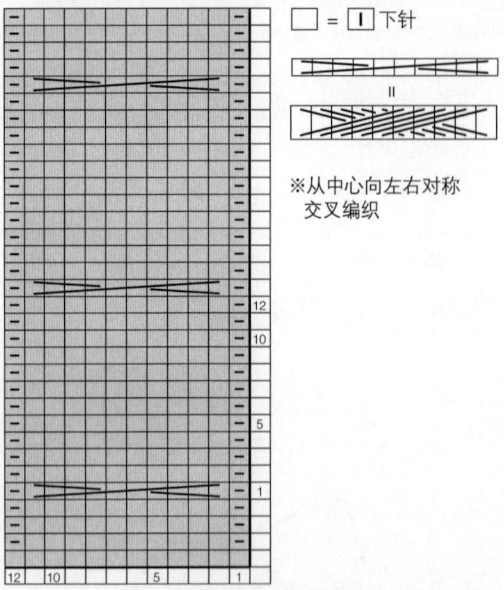

领窝

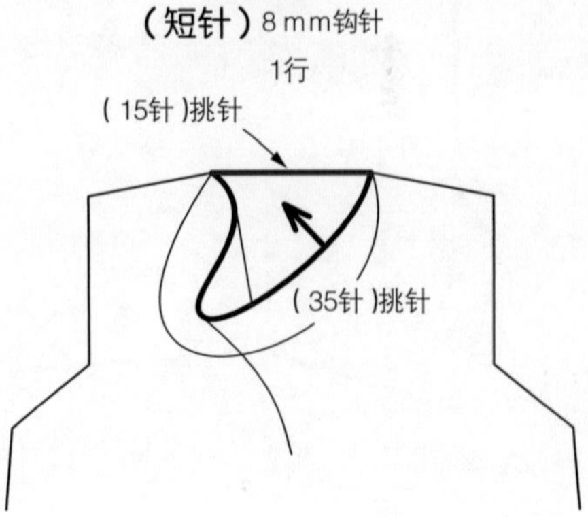

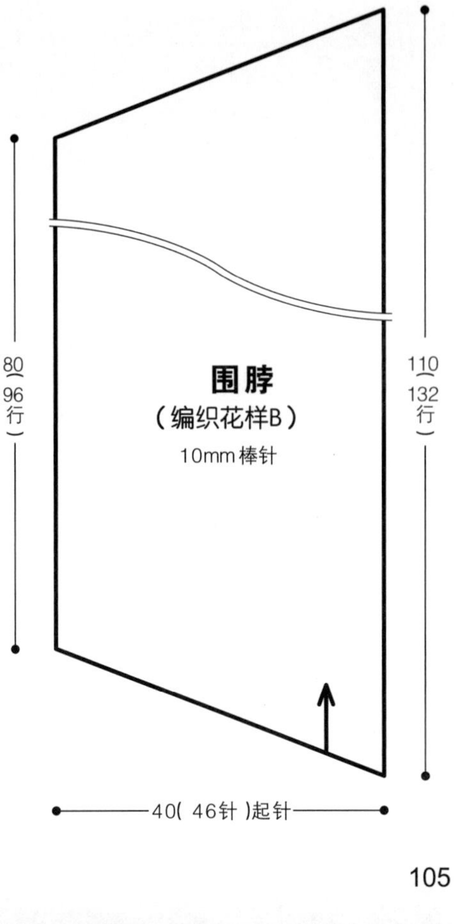

●**材料** SKI WORLD SELECTION Grace Alpaca 段染 紫色系和蓝色系（210）**上衣** 470g/12 团 **围巾** 130g/4 团，直径 2.5cm 的纽扣 1 颗

●**工具** 钩针 6/0 号

●**成品尺寸** **上衣** 胸围 92cm，衣长 62cm，连肩袖长 32cm **围巾** 长 140cm，宽 29cm

●**编织密度** 编织花样 1 个花样 4cm × 15cm，10.5 行；花片短径 10cm 的六角形

●**编织要点** **上衣** 因为 1 行的尺寸差异较大，通过针目的高度来调整。袖口和胁部起针，袖口开口止位用毛线做个记号，开衩侧钩织 2 行，休针。袖口另线钩织 4 行，剪线，用休针的线将第 3 行钩至肩线。开衩处锁针，从肩线第 6 行开始向下摆方向钩织。终点先钩织袖口，胁部另线钩织。肩部做锁针引拔钉缝，胁部做锁针引拔钉缝，直至开衩止位。衣领的贴边藏针缝至挑针位置的反面。

48 页的作品 24

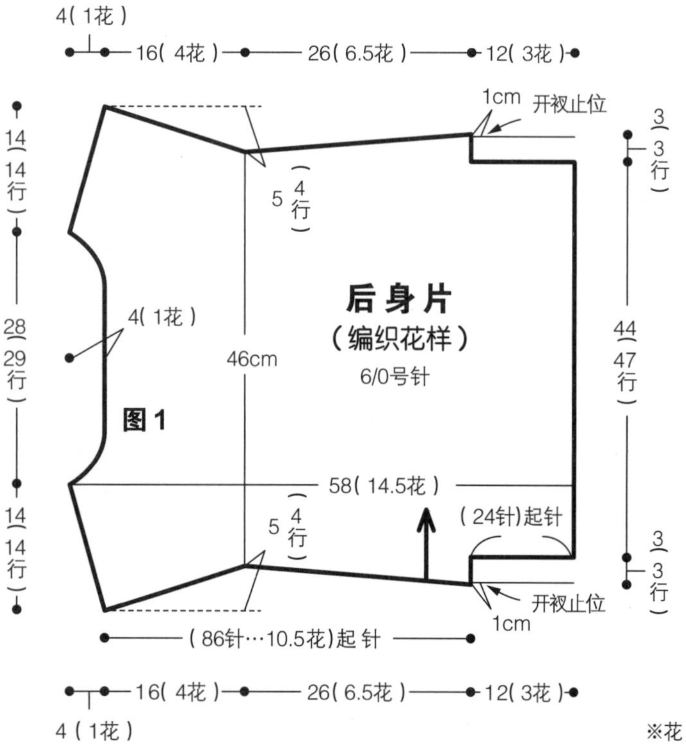

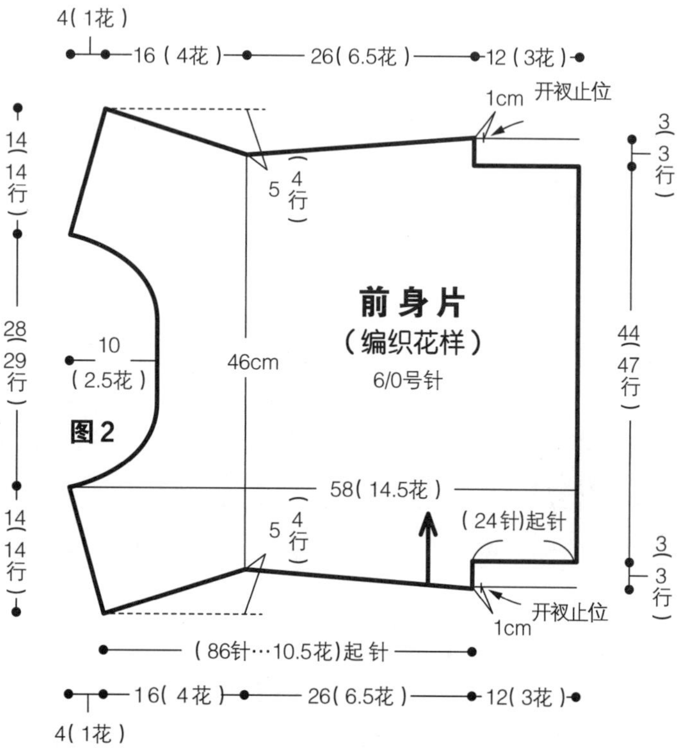

※花＝个花样

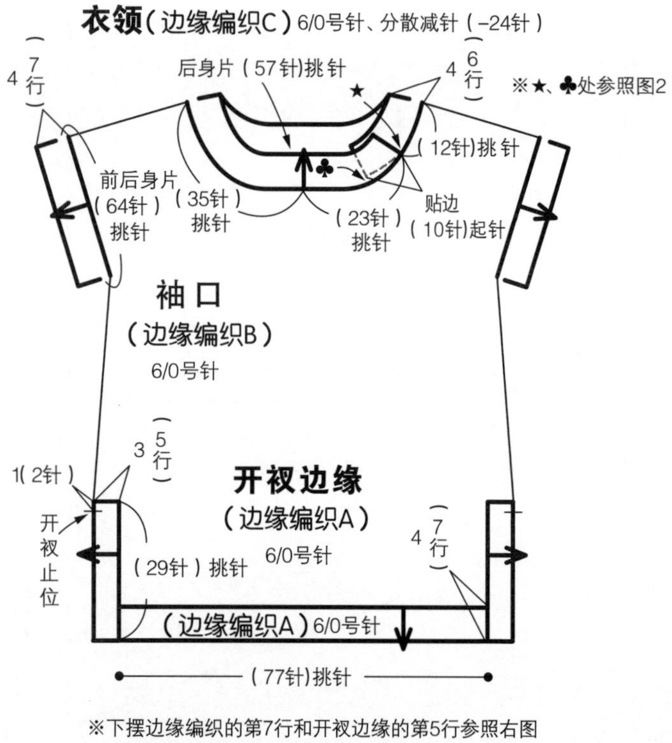

※下摆边缘编织的第7行和开衩边缘的第5行参照右图

※衣领边缘钩织短针或引拔针（参照108页）

边缘编织A（下摆、开衩边缘）

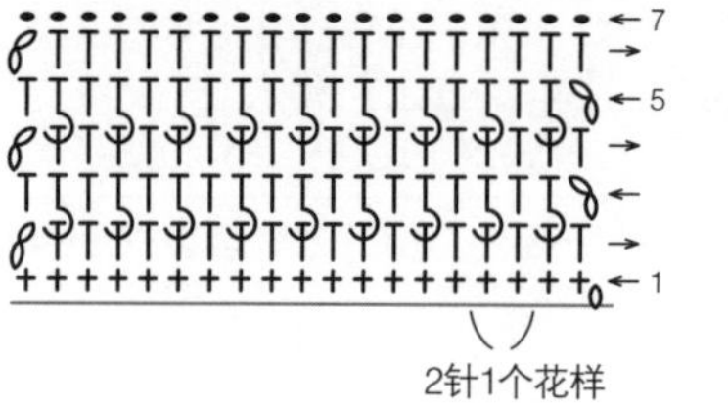

※开衩边缘第3行和第4行不钩织

边缘编织B（袖口）

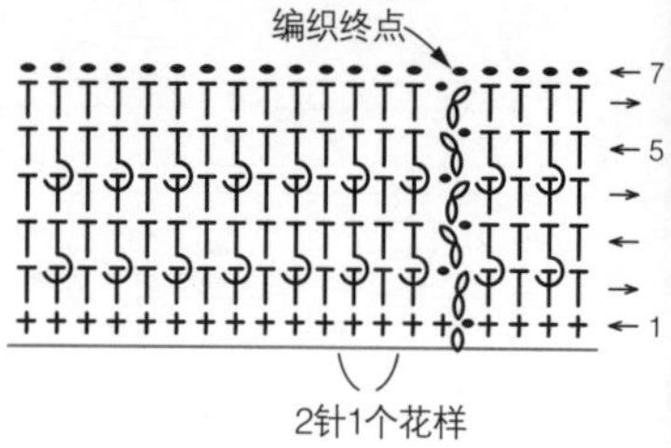

下摆与开衩边缘最后1行的编织方法

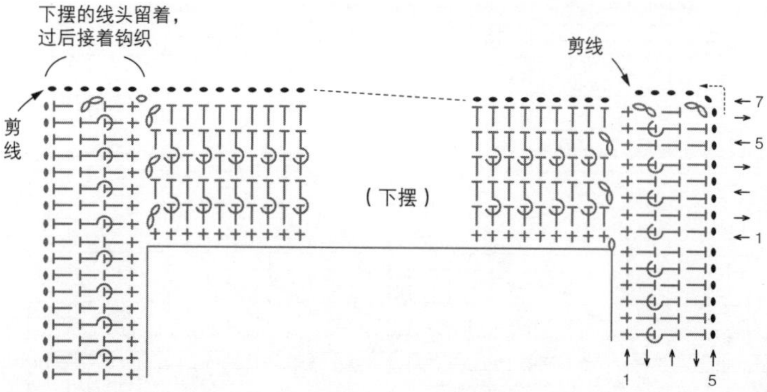

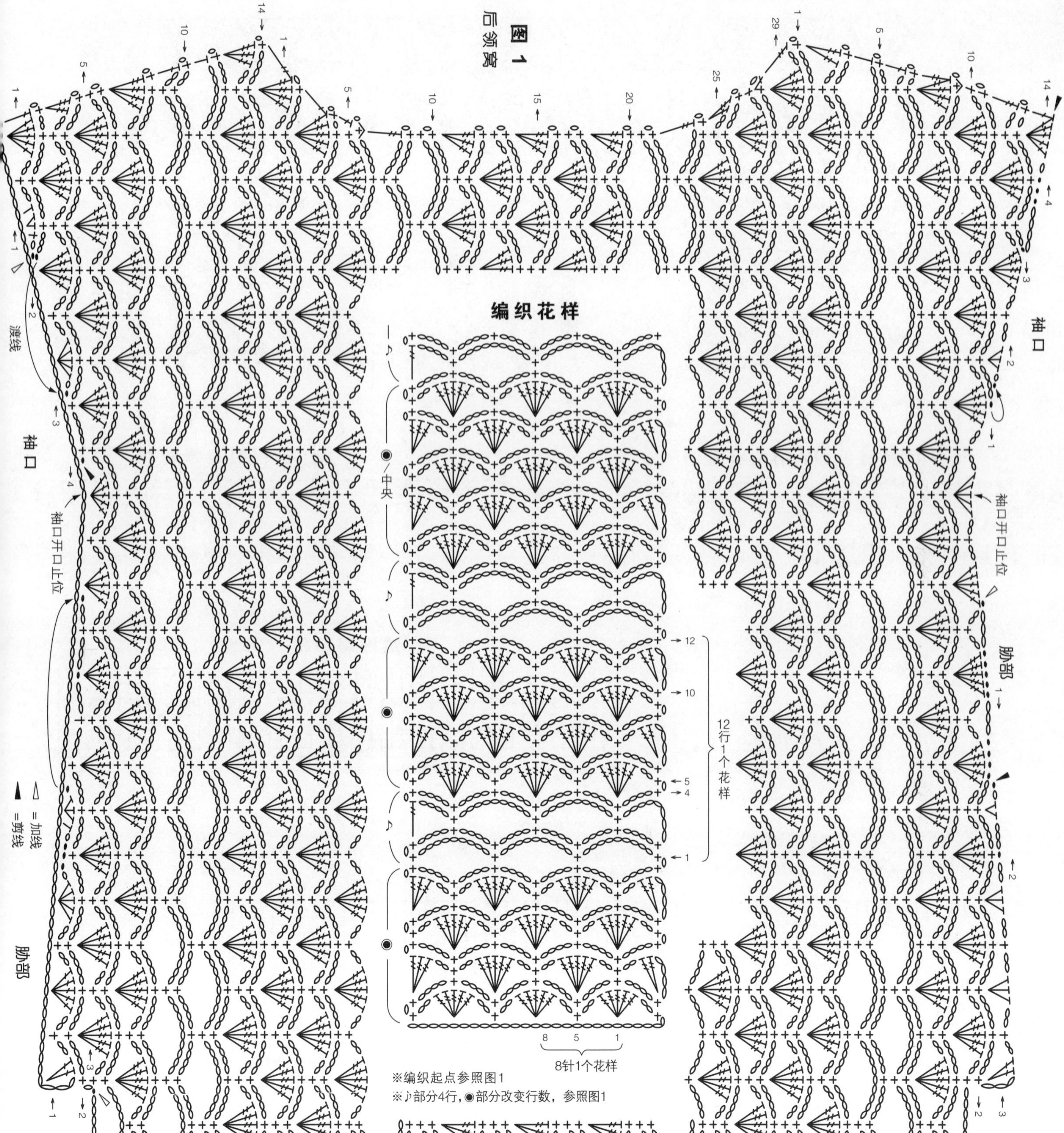
图1
后领窝
编织花样
袖口
渡线
袖口开口止位
胁部
◁ =加线
◀ =剪线
(24针)起针
中央
12行1个花样
8针1个花样
※编织起点参照图1
※♪部分4行，◉部分改变行数，参照图1

★下一页继续

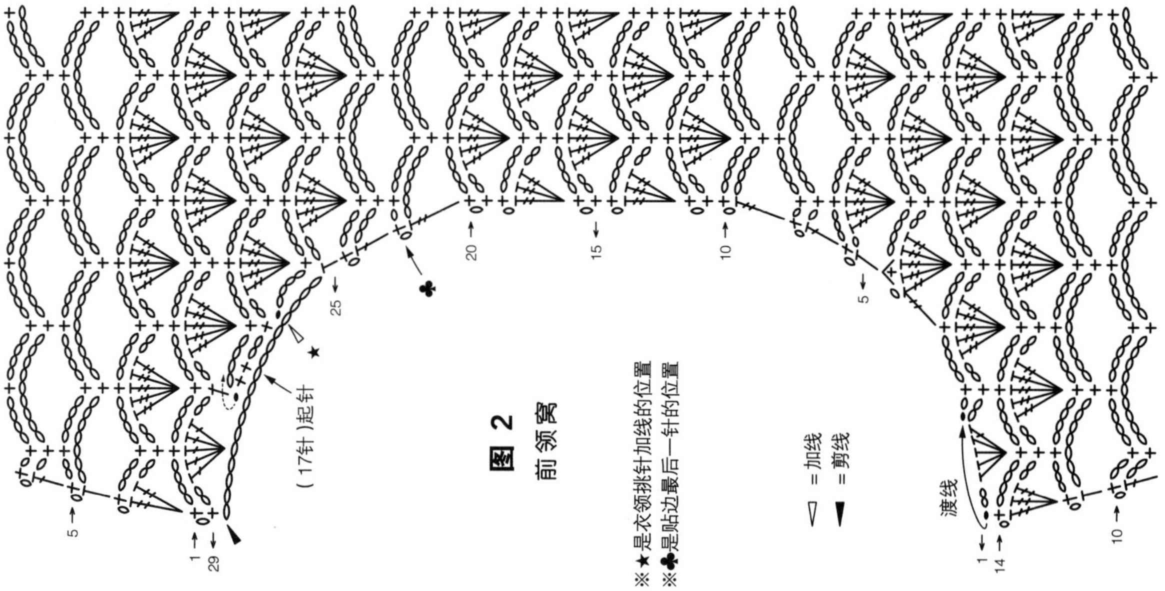

下摆边缘编织A的挑针方法

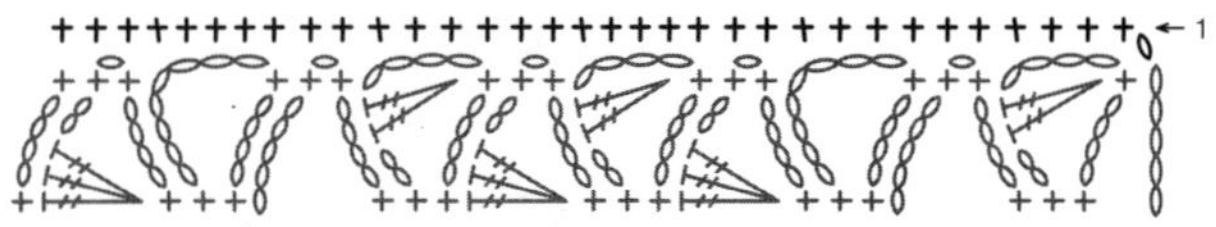

※从第4行挑取6~7针

衣领的边缘编织

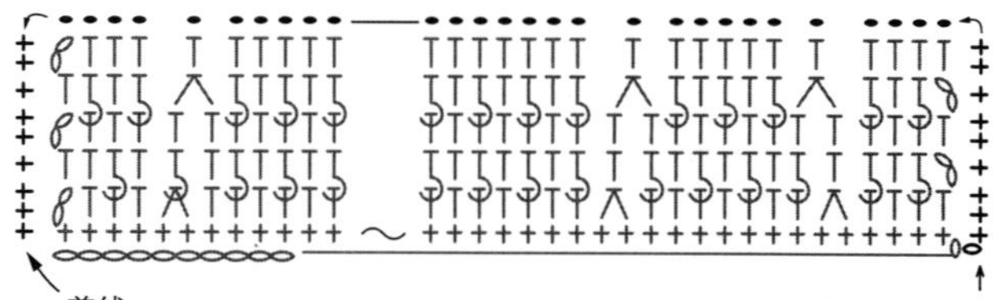

边缘编织C-1（衣领）

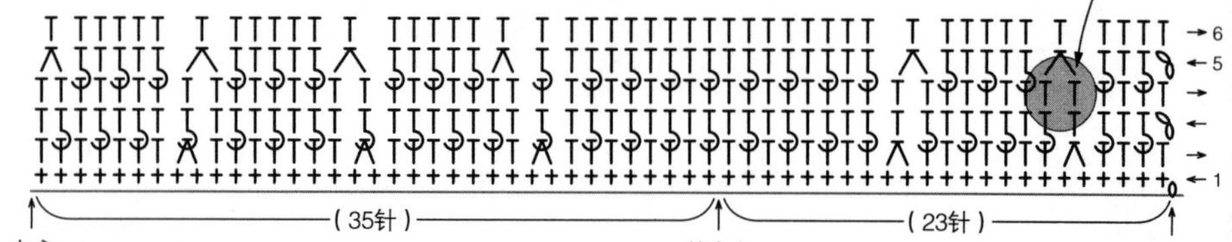

※向边缘编织C-2编织
※纽扣和贴边重叠缝合

边缘编织C-2

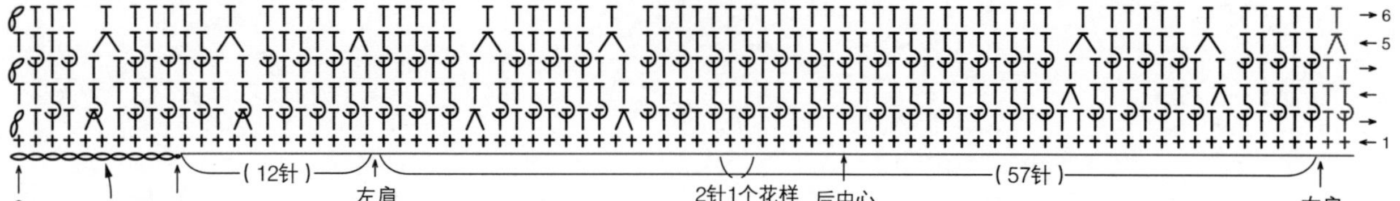

※从边缘编织C-1编织
※右侧颜色较浅的记号是和边缘编织C-1重合的地方

中长针的正拉针

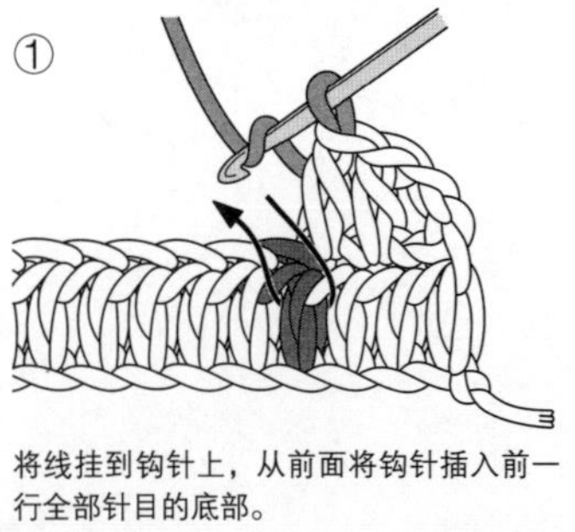

将线挂到钩针上，从前面将钩针插入前一行全部针目的底部。

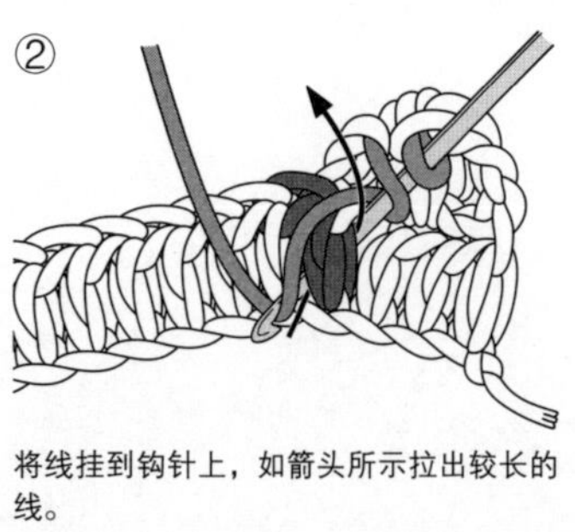

将线挂到钩针上，如箭头所示拉出较长的线。

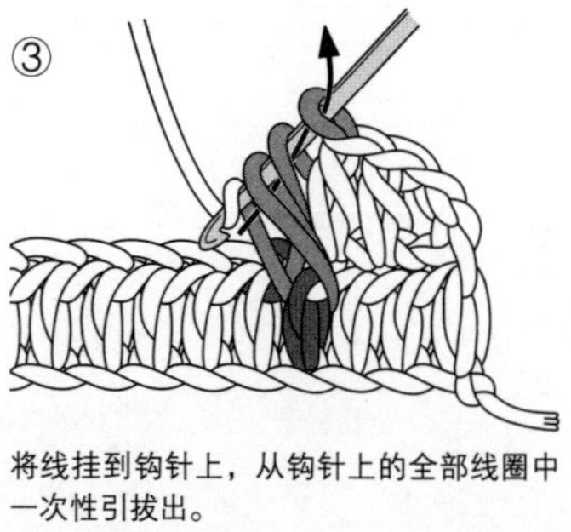

将线挂到钩针上，从钩针上的全部线圈中一次性引拔出。

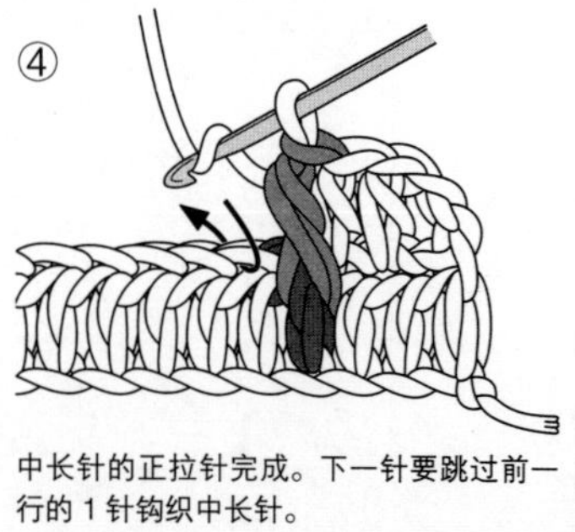

中长针的正拉针完成。下一针要跳过前一行的1针钩织中长针。

围巾（连接花片）

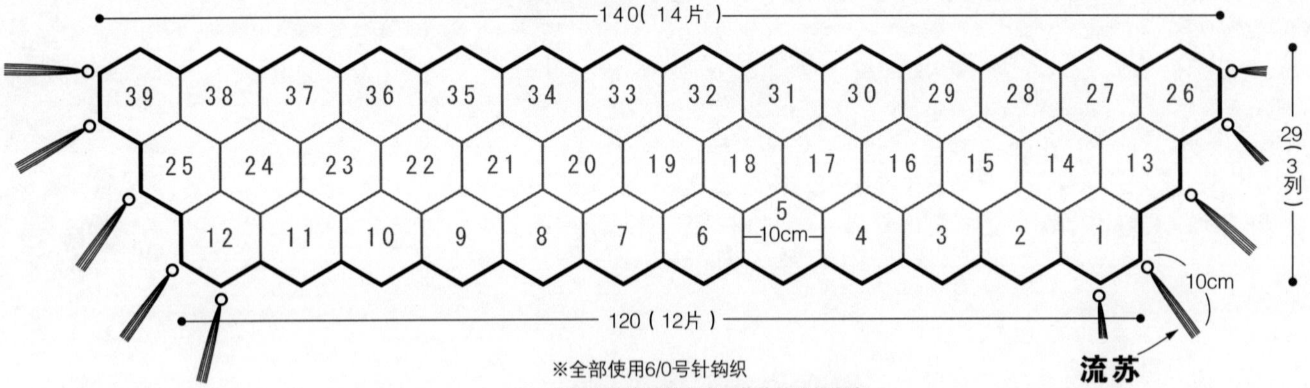

※全部使用6/0号针钩织
※颜色较浅的数字表示花片的钩织顺序

流苏
10个
24cm×4根对折

花片的连接方法
流苏位置

花片
6/0号针、39枚

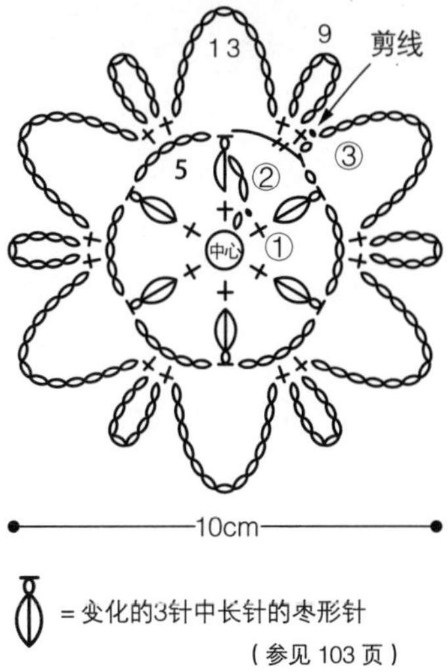

= 变化的3针中长针的枣形针
（参见 103 页）

使用引拔针连接 3 枚花片

① 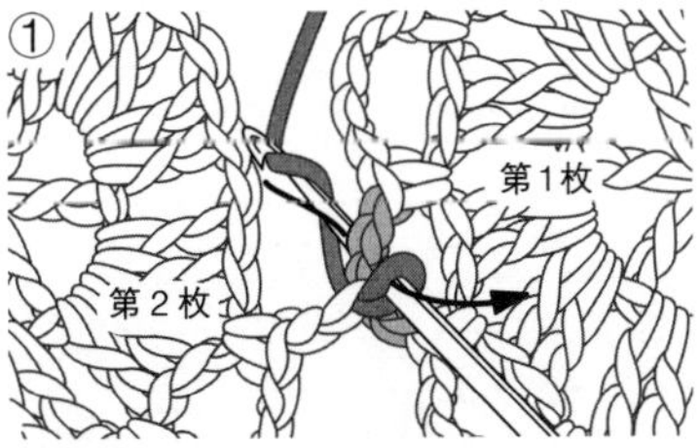

钩针插入第 2 枚花片，再插入第 1 枚花片的网格针，如图所示，挂线钩织引拔针

② 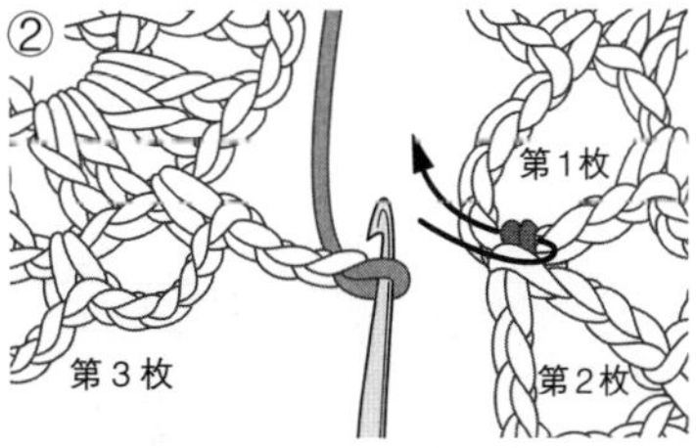

钩针插入第 3 枚花片，挑取 2 根第 2 枚花片引拔针底部的线，钩织引拔针

●材料　披肩　SKI WORLD SELECTION Mermaid 芥黄色系混色（303）180g/5 团，Bluno 黄莺色（503）80g/2 团（含胸花）**贝雷帽**　Mermaid 芥黄色系混色（303）40g/1 团，Bluno 黄莺色（503）10g/1 团，2cm×2.5cm 的纽扣 2 颗，3cm 的胸花别针 1 个

●工具　棒针 8 号、11 号（仅用于起针），钩针 7.5/0 号

●成品尺寸　披肩　下摆围 166.5cm，衣长 55cm　**贝雷帽**　头围 52cm，帽深 26cm

●编织密度　10cm×10cm 面积内：编织花样 A11.5 针、21 行；编织花样 B14.5 针（领窝）、25 行

●编织要点　披肩　使用环形针比较容易编织。身片使用 11 号棒针，手指挂线起针。育克从身片挑针，前门襟的起伏针部分编织 1 针加针，从编织花样 A 开始均匀挑针。**贝雷帽**　锁针起针，先钩织帽口处的短针。

25

49 页的作品

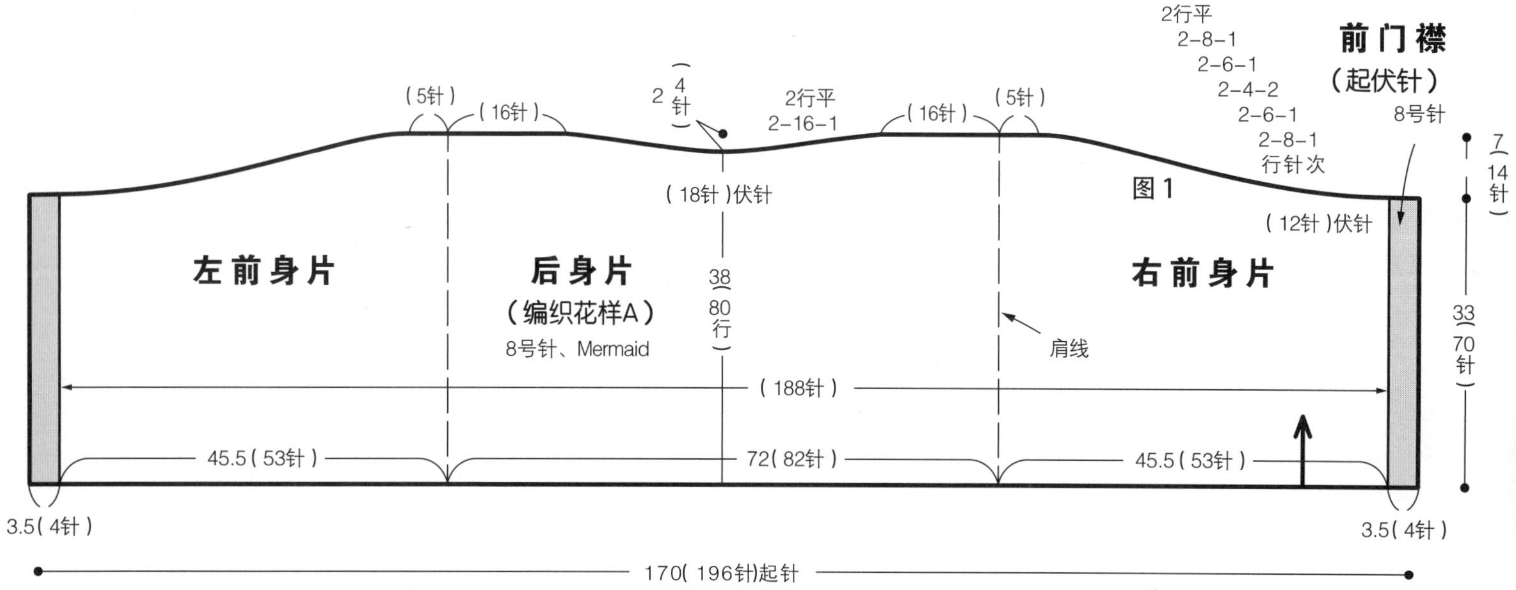

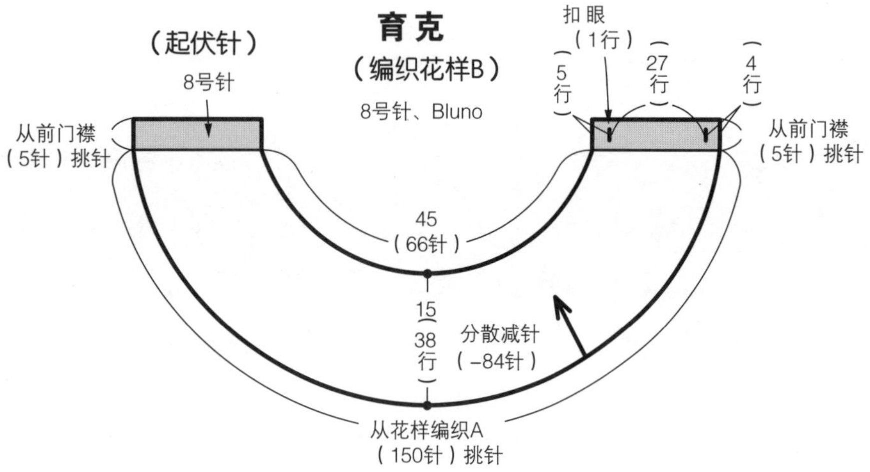

编织花样 A

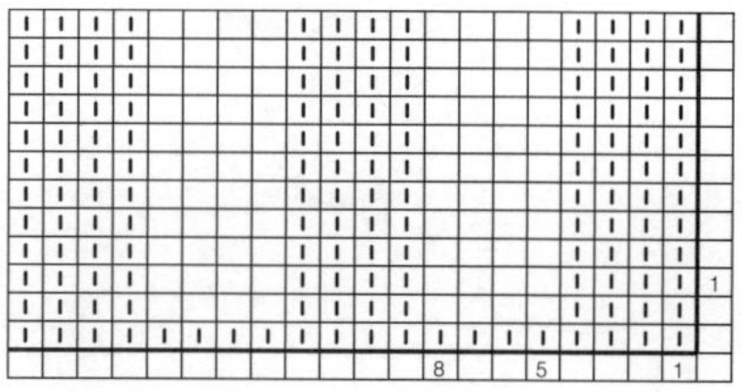

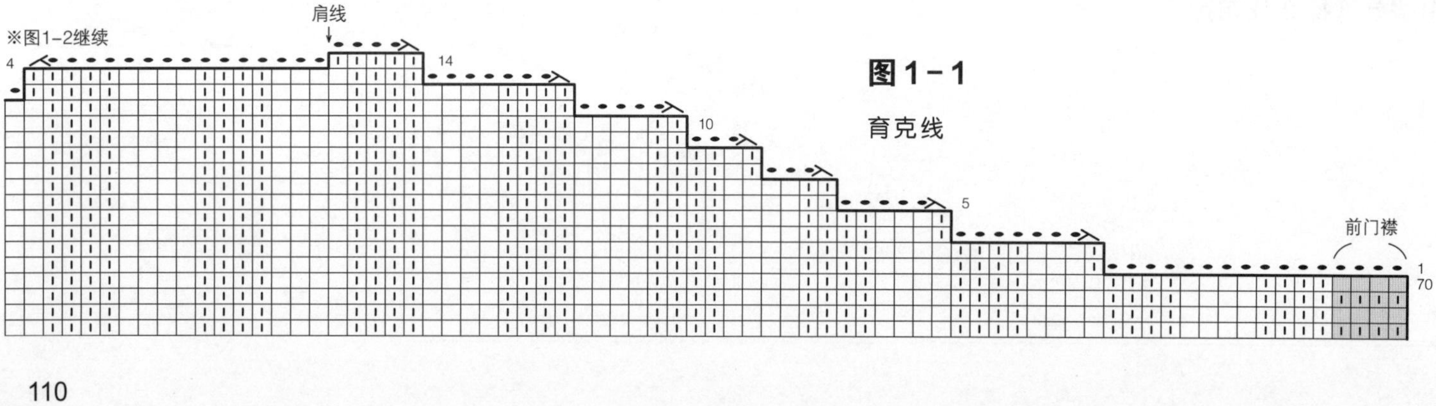

图 1-1

育克线

贝雷帽

（下针编织）

8号针、分散增减针

Mermaid

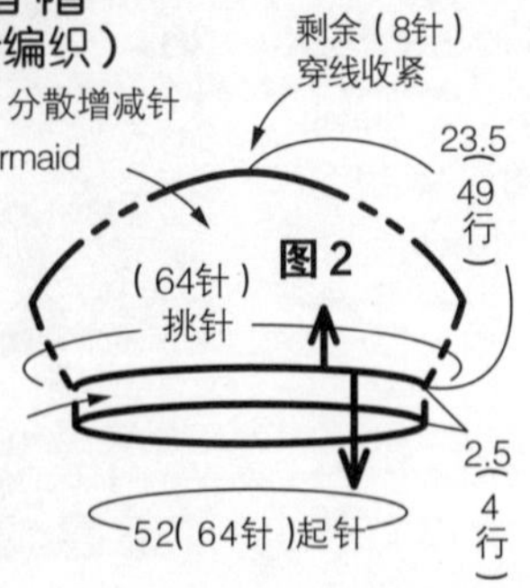

胸花

7.5/0号针、Bluno、1个

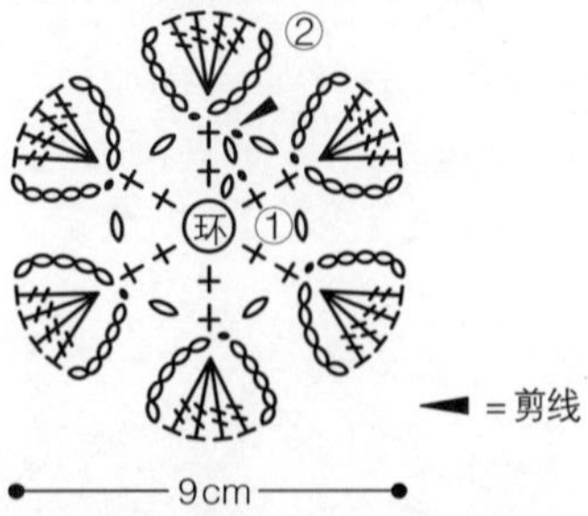

※反面缝上胸花别针

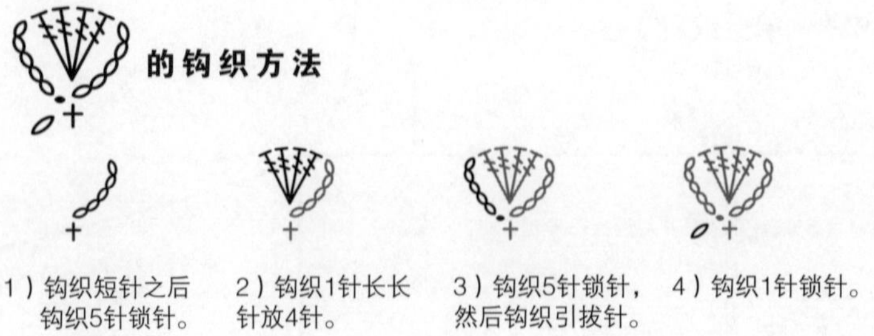

图2

帽子的加减针

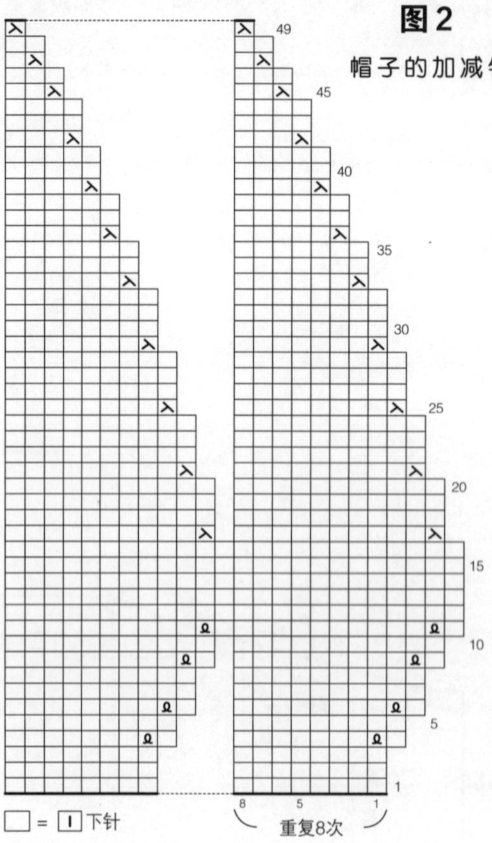

编织花样B、起伏针、扣眼

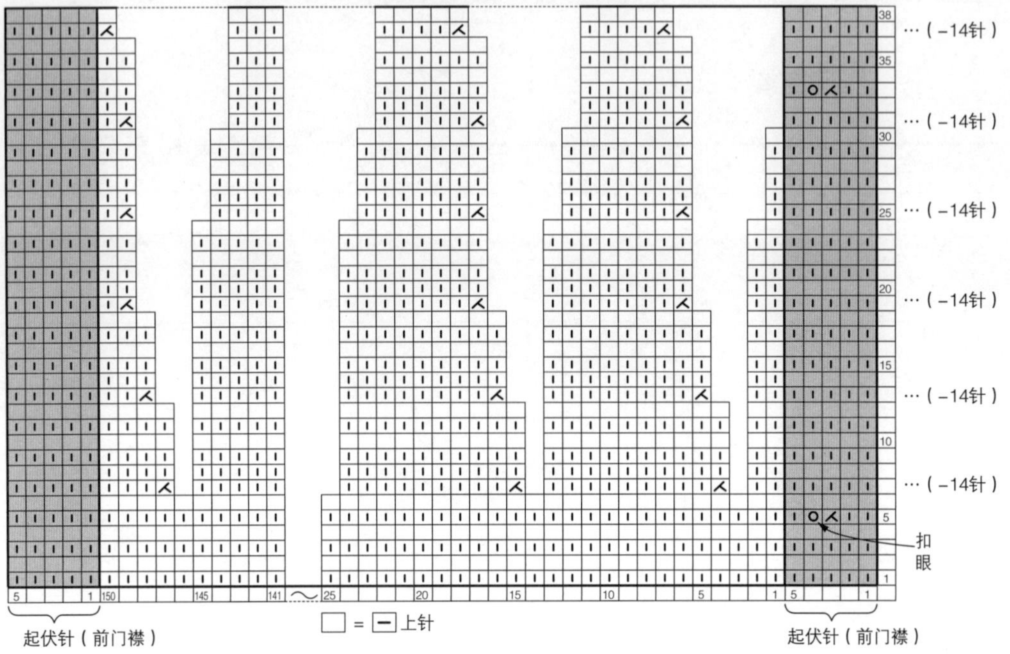

短针（帽口）

图1－2 育克线

※图1－1继续

※右侧颜色较浅的记号是和图1−1重合的地方

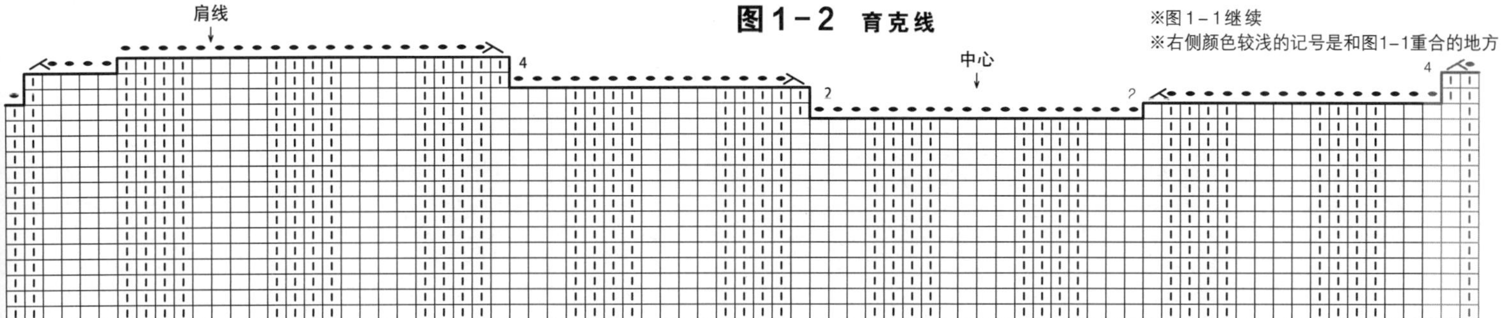

●**材料** 芭贝 银丝马海毛(286)原色(201)250g/7团

●**工具** 棒针7号、6号、5号，钩针6/0号

●**成品尺寸** 衣长52cm，连肩袖长75.5cm

●**编织密度** 花片为边长37cm的正方形

●**编织要点** **身片** 进行花片连接。花片起8针锁针，连接成环形。参照图示，钩织12行。再钩织1片相同的织片，共2片。2片按照图示的位置排列，将一条边使用引拔针和锁针连接在一起。**袖** 参照图示，从身片的花片上挑取48针，编织单罗纹针，通过改变棒针的号数，来调整编织密度。编织终点单罗纹针收针。**组合** 袖下挑针接缝。衣领、下摆，从身片的花片上分别挑取115针，衣领、下摆连在一起编织环形编织单罗纹针共38行。编织终点，参照图示使用钩针钩织引拔针和锁针收针。

10

34 页的作品

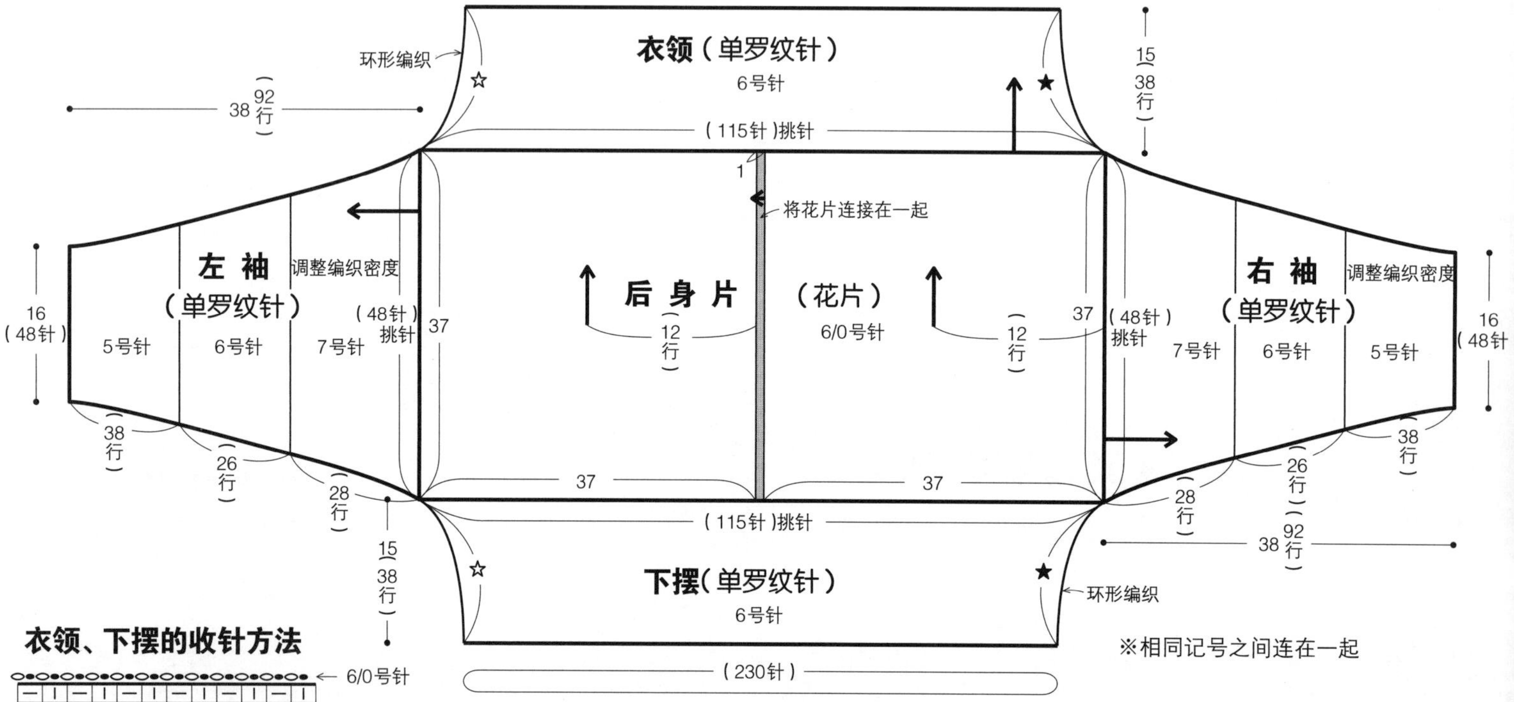

衣领、下摆的收针方法

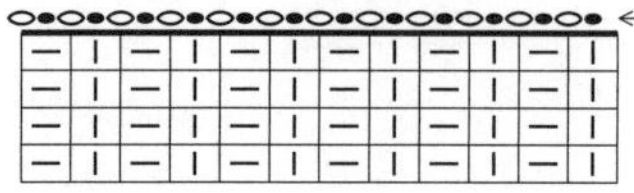

① 首先，钩织1针未完成的长针。

② 将钩针插入同一针目中，再钩织2针未完成的长针。

③ 在针上挂线，按照箭头的方法从针上的4个线圈中一次性引拔出。

④ 重复步骤①~③，这是钩织了2个枣形针的样子。

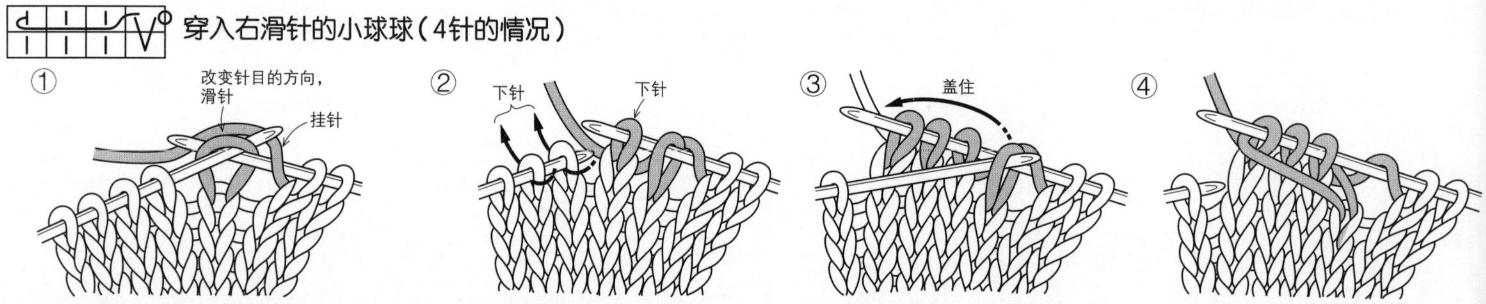

① 首先挂针，接着改变针目的方向，不编织直接移至右棒针。

② 接下来的3针编织下针。

③ 将左棒针插入第1针的滑针中，盖住刚才的3针。

④ 4针的穿入右滑针的小球球完成。

花片 2枚

●**材料** 芭贝 库拉希哥(175)白色(201)490g/10团，MIROIR FLEUR 蓝色(507)5g/1团

●**工具** 棒针8号，钩针7/0号、3/0号

●**成品尺寸** 胸围94cm，肩宽34cm，衣长65cm，袖长49.5cm

●**编织密度** 10cm×10cm面积内：编织花样21.5针，26行

●**编织要点** **前、后身片** 手指挂线起针后编织下摆的起伏针，然后编织编织花样A、起伏针、编织花样B。胁部在侧边1针内侧减针，领窝、袖窿编织伏针和侧边1针立针减针，肩部使用往返编织，休针。**袖** 与身片使用同样的方法起针，袖下在1针内侧做扭针加针，袖山最后的针目伏针收针。**组合** 肩部，将前后身片正面相对，用盖针钉缝，胁部、袖下用挑针接缝。衣领参照图示使用钩针环形钩织边缘编织。将袖和身片引拔钉缝。

12

36页的作品

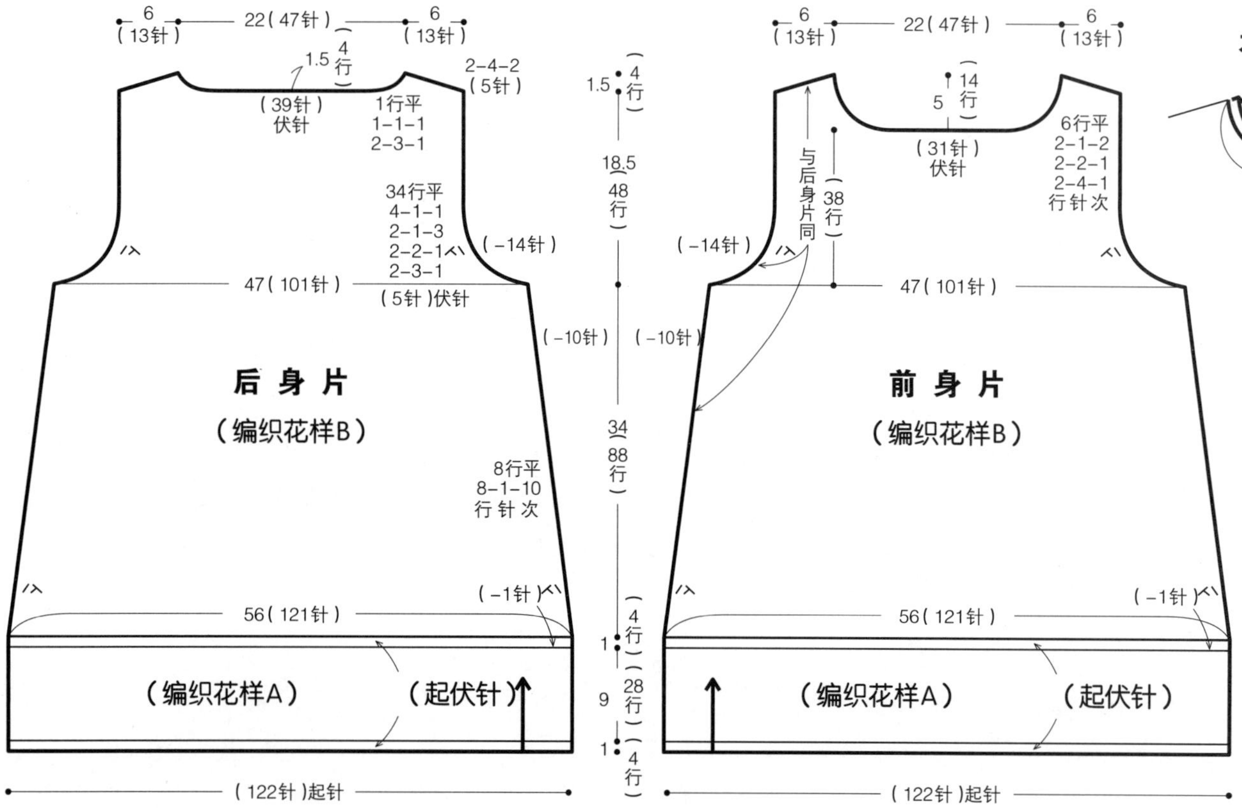

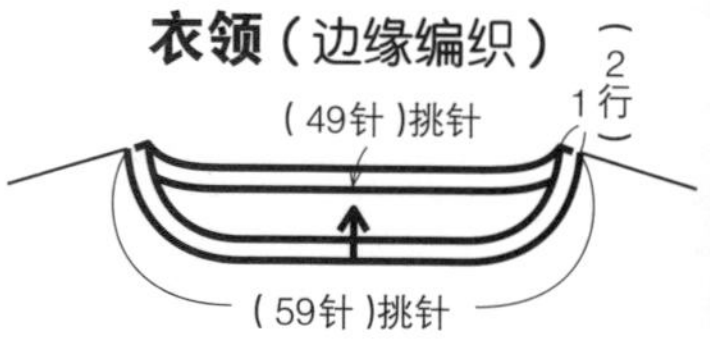

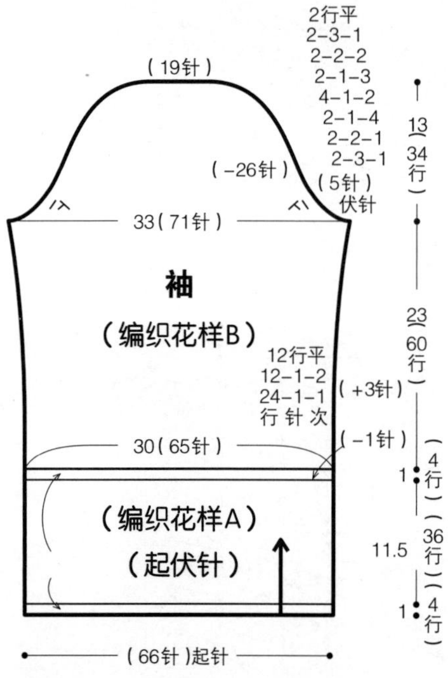

※除指定之外均使用8号针编织

编织花样B

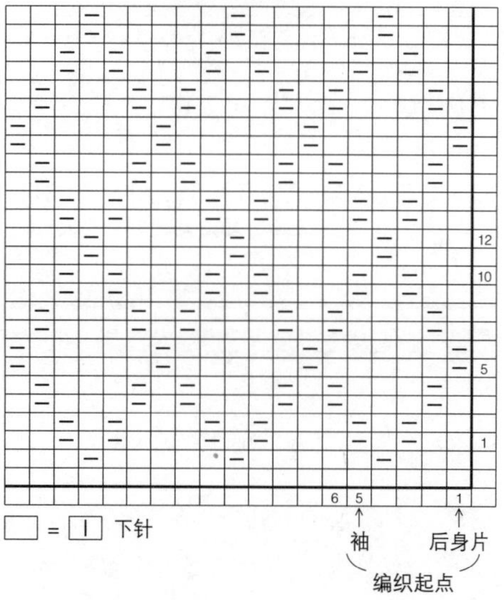

编织花样A

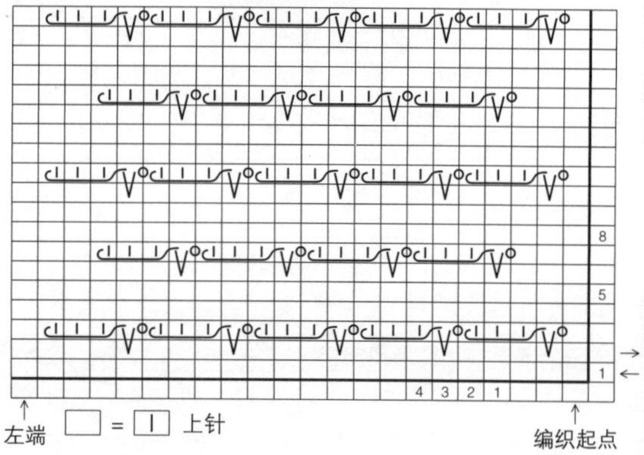

※ 的编织方法见112页

边缘编织

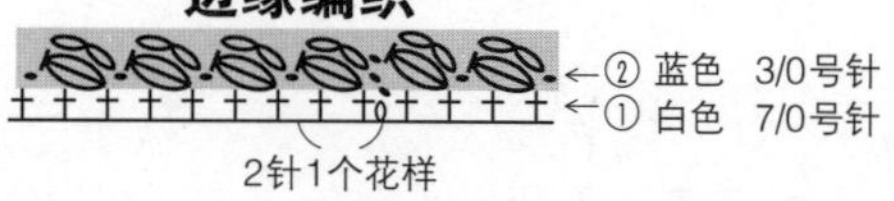

●材料 芭贝 博博利(489)原色(401)350g/9团，淡紫色(428)5g/1团

●工具 棒针6号、5号，钩针6/0号、5/0号

●成品尺寸 胸围97cm，肩宽33cm，衣长52cm，袖长53cm

●编织密度 10cm×10cm面积内：编织花样24针，30行

●编织要点 **前、后身片** 手指挂线起针，编织花样。袖窿、领窝参照图示减针，肩部往返编织，休针。**袖** 与身片使用同样的方法起针，袖下在1针内侧做扭针加针，袖山最后的针目伏针收针。**组合** 肩部盖针钉缝，胁部、袖下挑针接缝。前门襟的起伏针使用伏针收针，衣领引拔针收针。下摆、袖口，在起针的位置钩织引拔针，使整体的形状更加整齐。将袖和身片引拔钉缝。在衣领、前门襟的左右钩织上系带。系带是将钩针插入起伏针编织的前门襟的第1行、衣领的第2行处，纵向钩织枣形针而成的。

13

37 页的作品

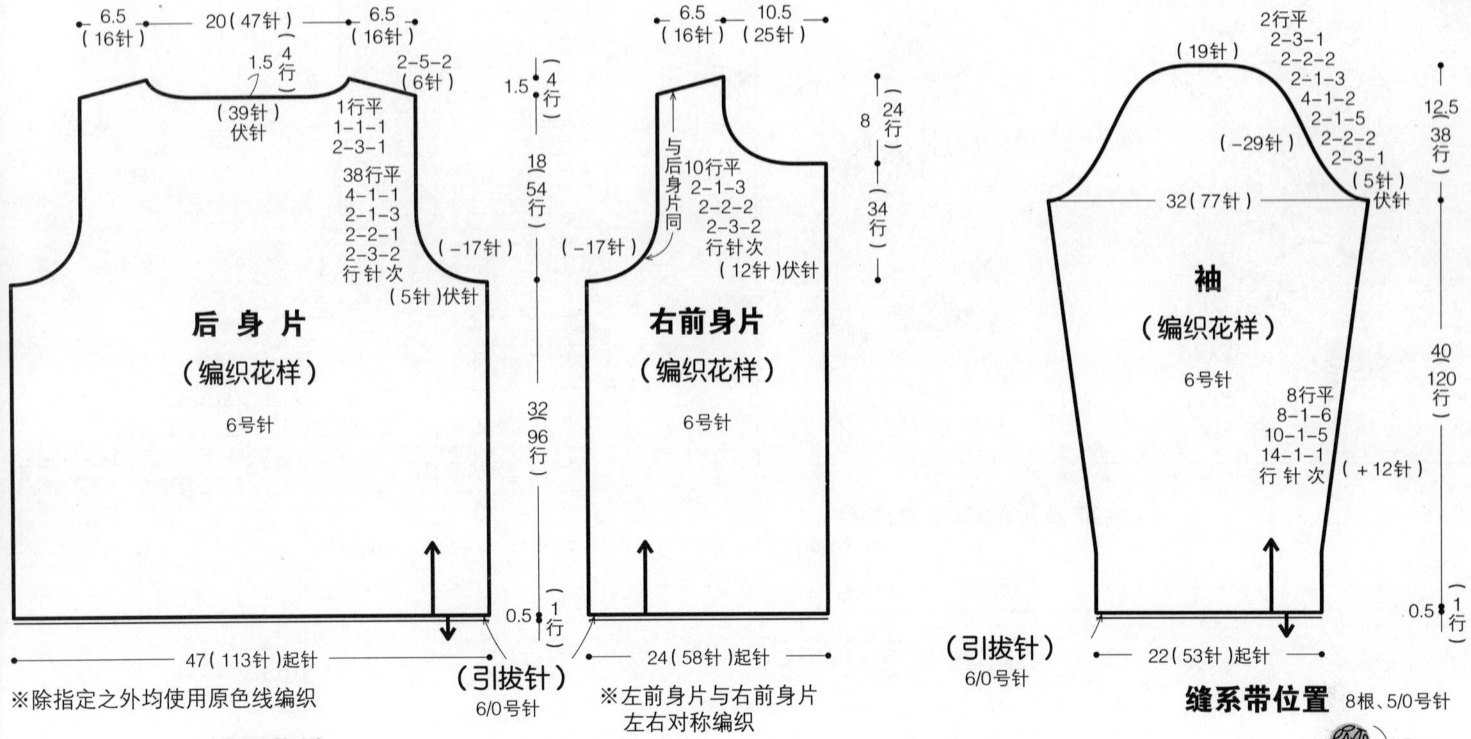

编织花样

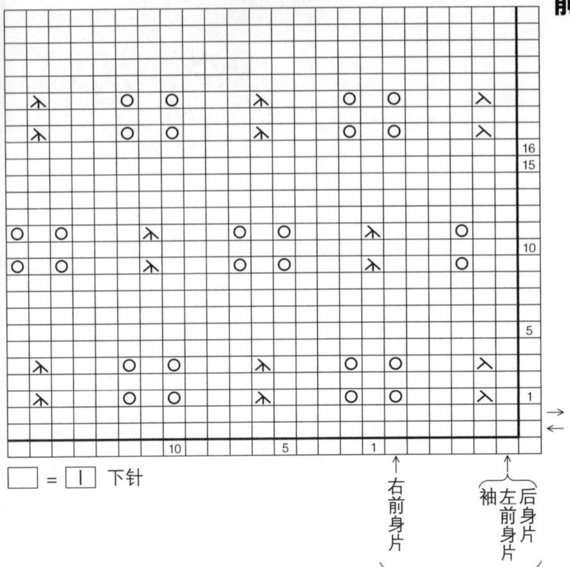

前门襟、衣领(起伏针)

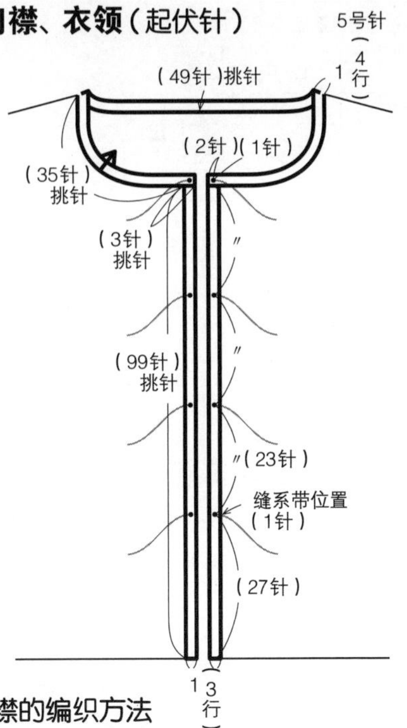

缝系带位置

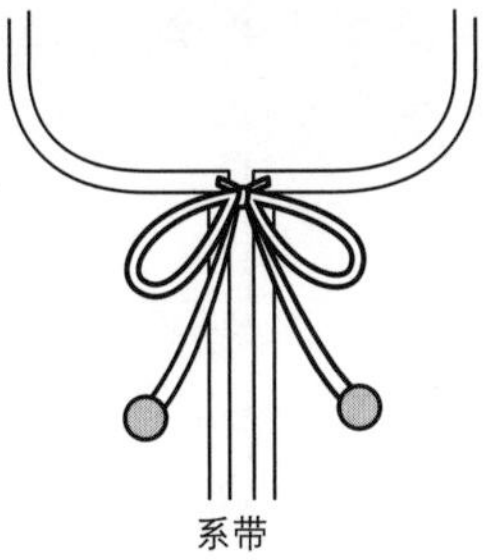

按箭头方向将钩针插入前门襟的第1行，从衣领的第2行处将线拉出后，钩织系带

8根、5/0号针

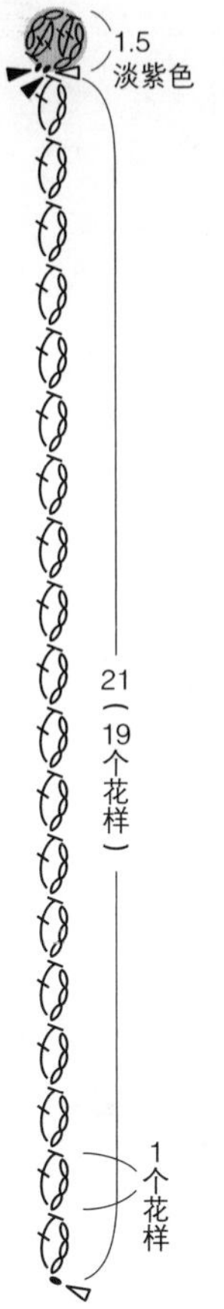

衣领的编织方法

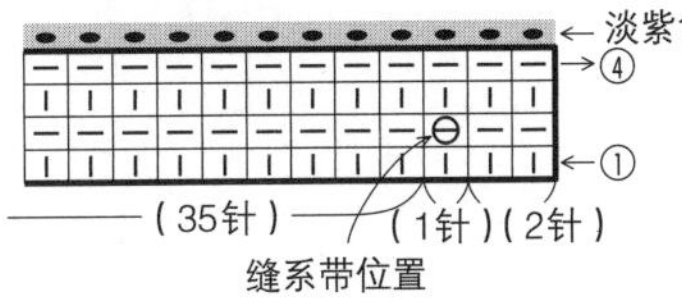

6/0号针

前门襟的编织方法

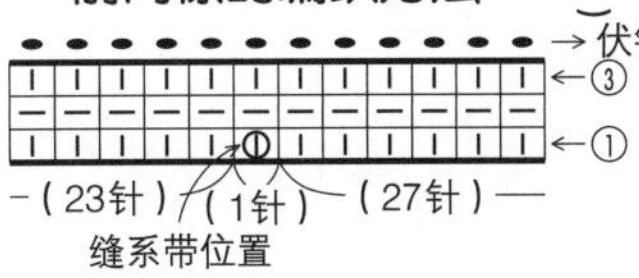

★接下一页

后身片的编织方法图

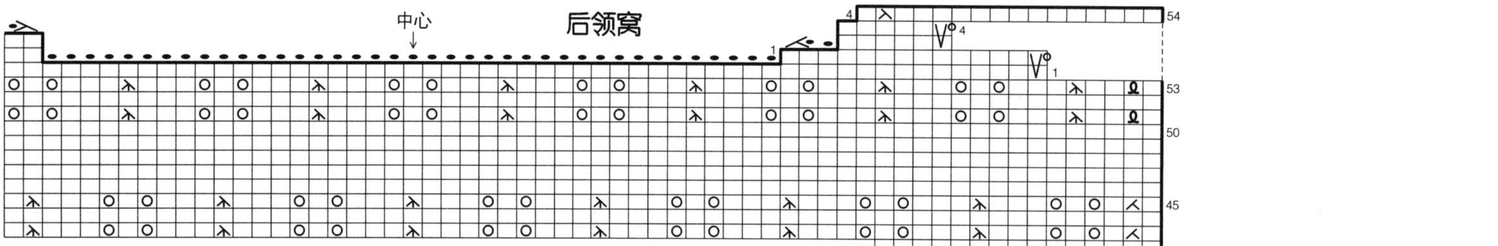
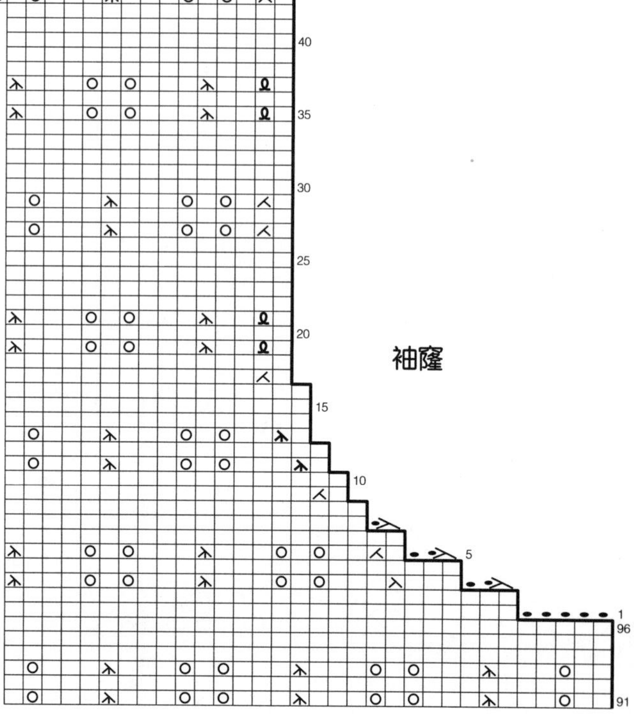

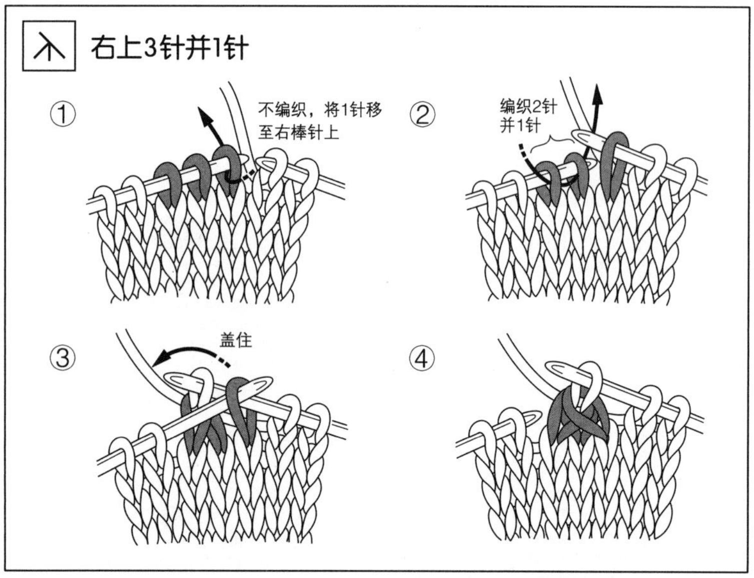

右前身片的编织方法图

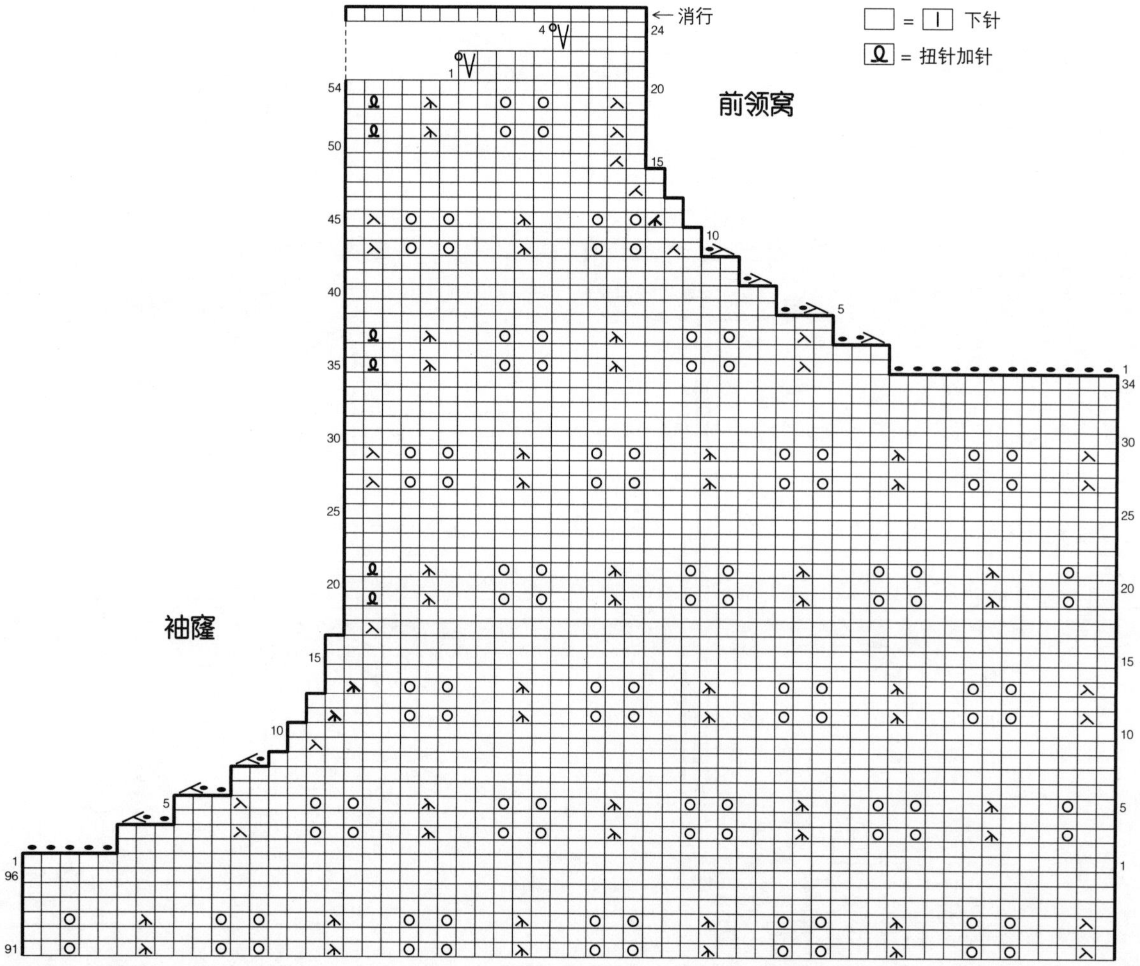

□ = | 下针

Ω = 扭针加针

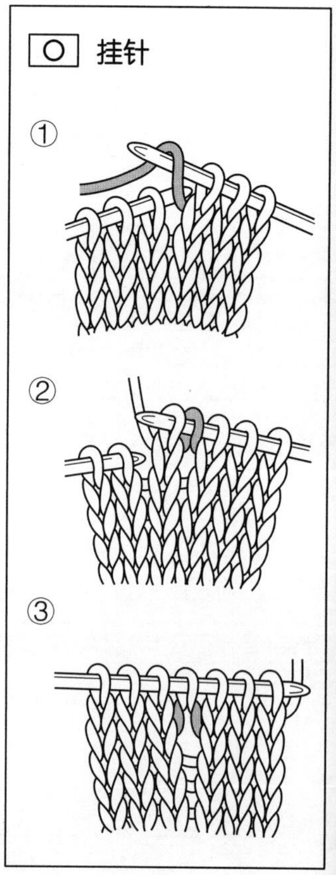

袖的编织方法图

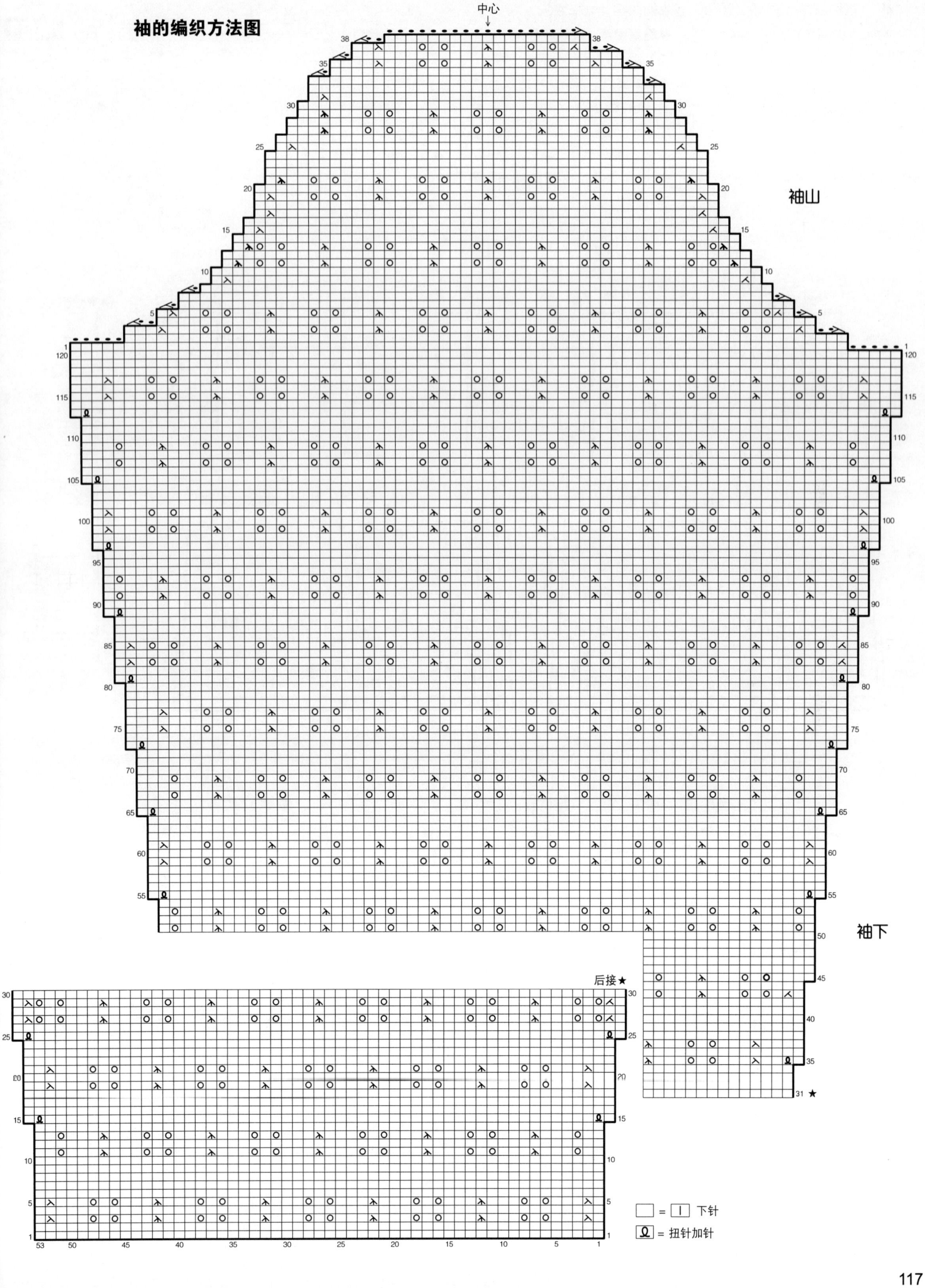

□ = 丨 下针

ϱ = 扭针加针

●**材料** 芭贝 新4PLY（109）红色（459）140g/4团，黑色（424）120g/3团，七彩细软马海毛（285）茶色系深浅混 合（803）75g/3团，MIROIR FLEUR 茶色（505）40g/2团

● **工具** 钩针7/0号、6/0号、5/0号、4/0号

●**成品尺寸** 胸围96cm，肩宽40cm，衣长63cm，袖长33.5cm

●**编织密度** 编织花样1个花样（16针）8cm×10cm（6行，5/0号钩针）

●**编织要点** 根据指定的数量，分别使用1根线或2根线钩织。**前、后身片** 锁针起针后，参照图示钩织条纹花样A。**袖** 使用与身片同样的方法起针，钩织条纹花样B。**组合** 肩部挑针接缝。下摆和开衩参照图示钩织边缘编织A。衣领处，前后身片连在一起，环形钩织边缘编织C。看着身片的正面，用挑针接缝袖，胁部、袖下也用挑针接缝，袖口环形钩织边缘编织B。

38页的作品 14

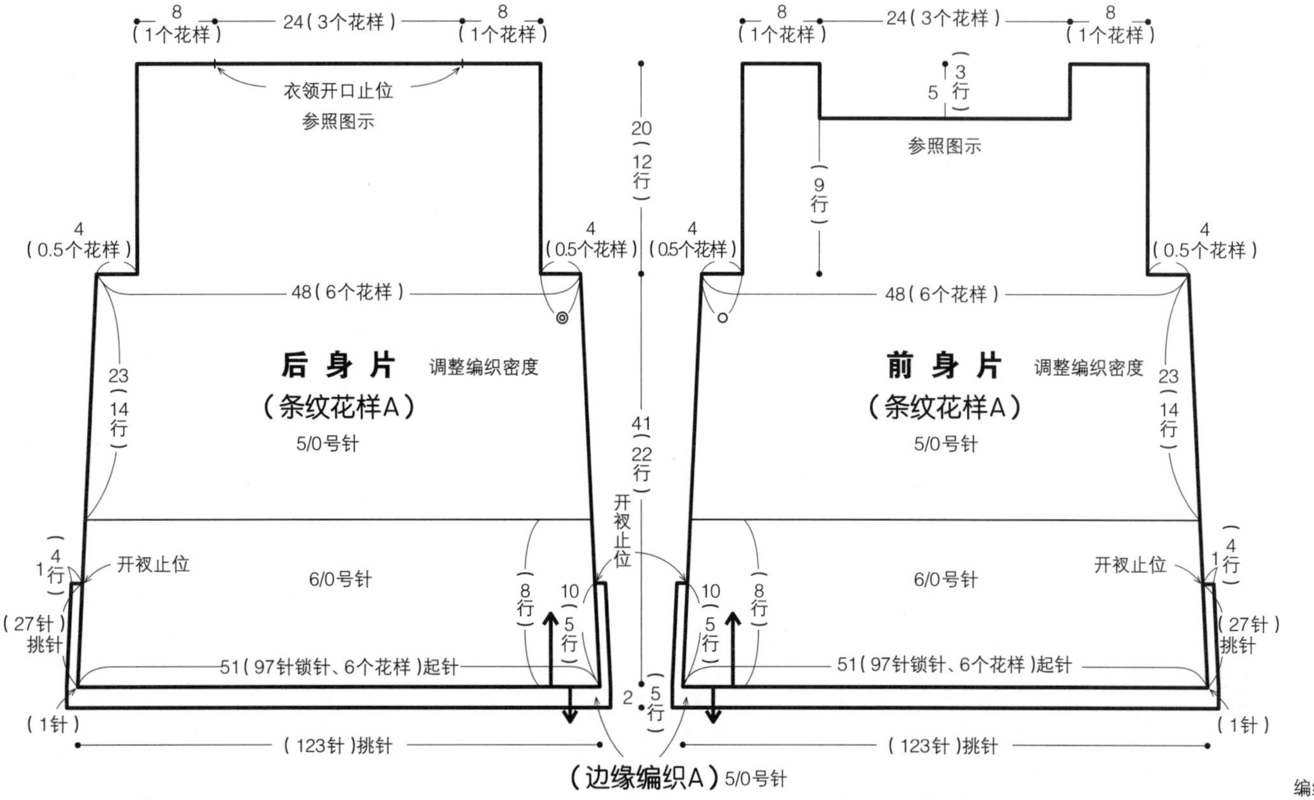

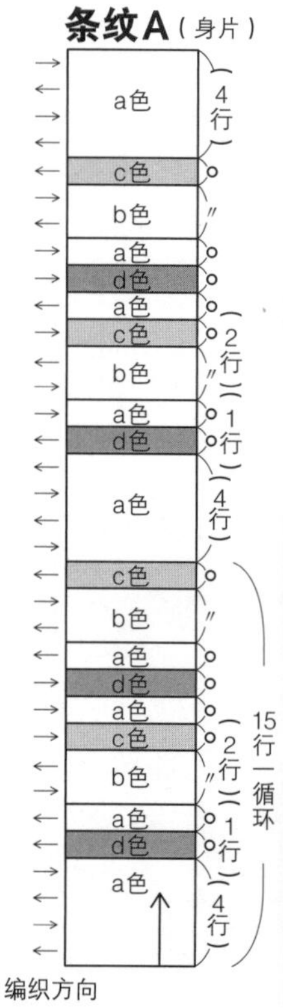

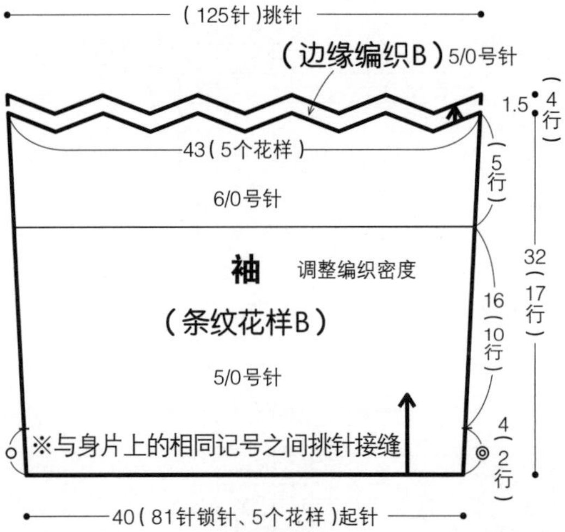

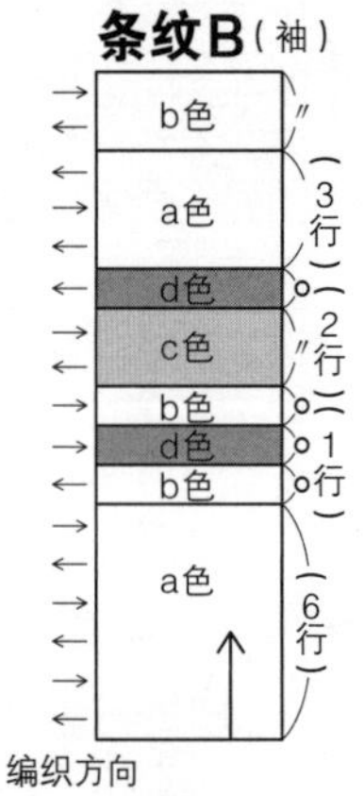

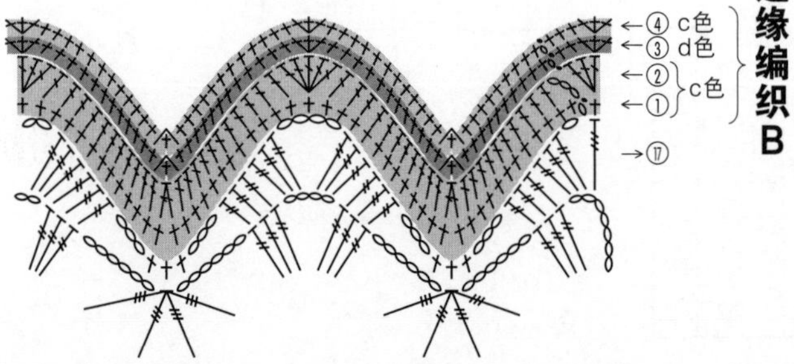

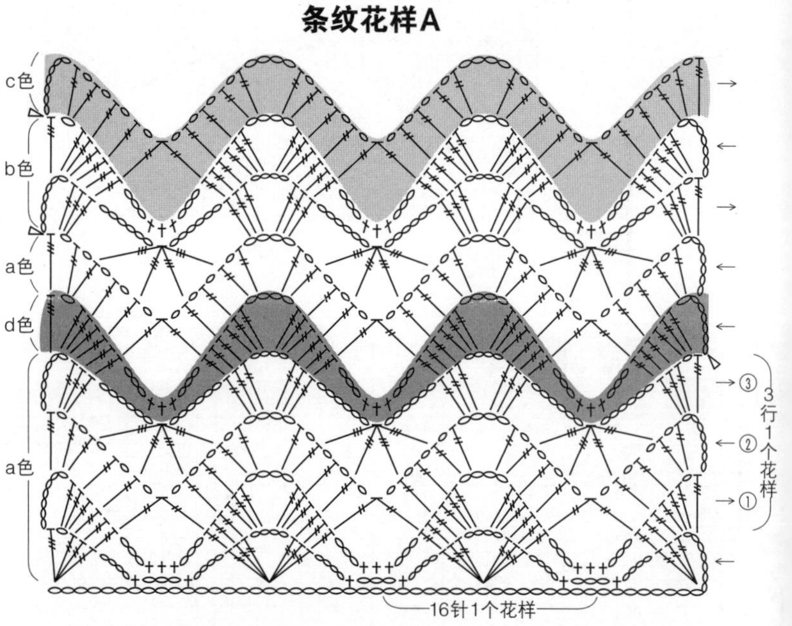

a色＝红色线与茶色系深浅混合线2根线1股　　c色＝黑色线1根
b色＝黑色线与茶色系深浅混合线2根线1股　　d色＝茶色线1根

※使用7/0号针起针　◁＝加线　＝渡线

后领开口

边缘编织A

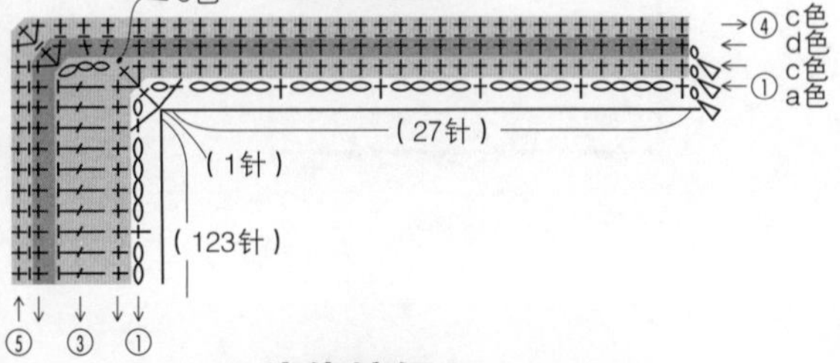

开衩、下摆的挑针

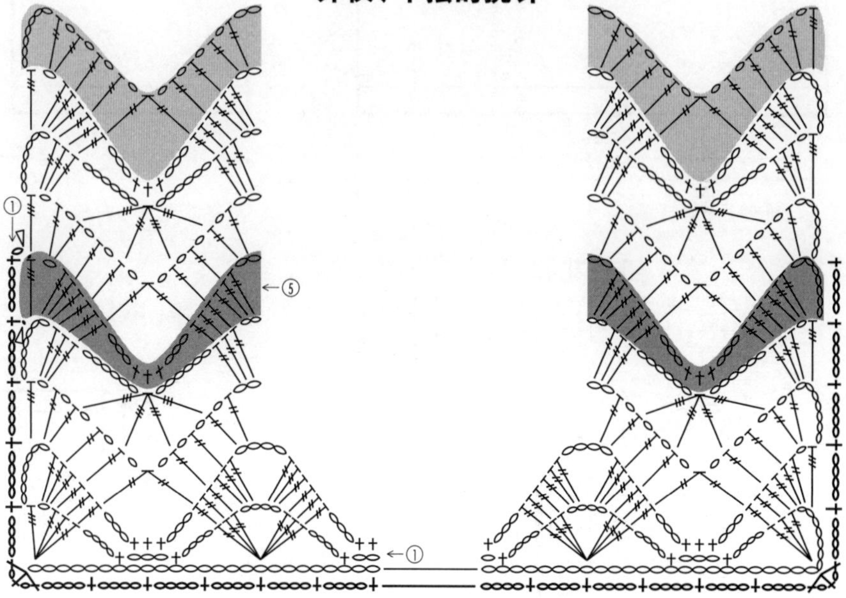

边缘编织C

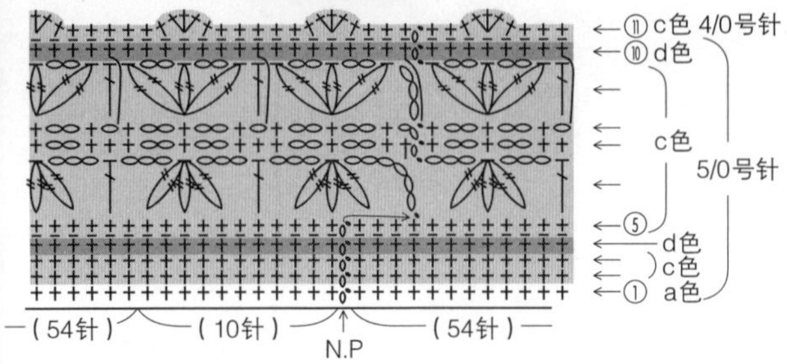

± = 短针的条纹针

= 在上上行的锁针上钩织短针

衣领（边缘编织C）

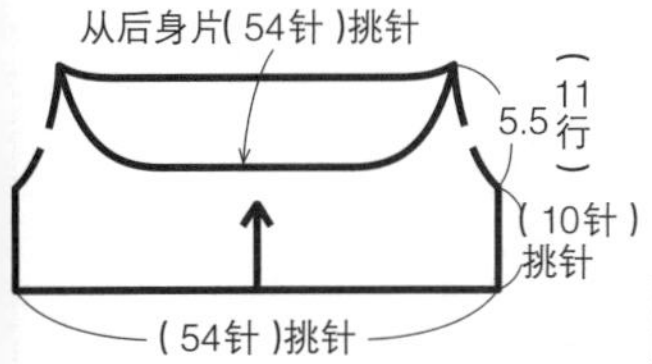

①～⑩ 5/0号针
⑪ 4/0号针

前领窝

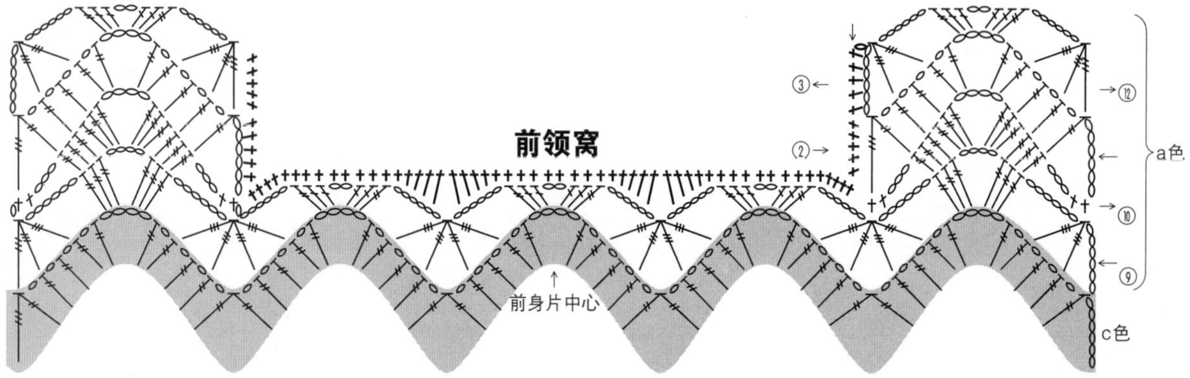

●**材料** 芭贝 普林塞斯阿妮(31)波尔多红(510)260g/7团,ALPACA RIMISTO 红色系、蓝色系多色混合(728)200g/5团,直径1.5cm的纽扣6颗

●**工具** 棒针6号

●**成品尺寸** 胸围96cm,肩宽34cm,衣长53cm,袖长54cm

●**编织密度** 10cm×10cm面积内:编织花样22针,48行

●**编织要点** **前、后身片** 手指挂线起针,下摆编织起伏针,编织花样。袖窿、领窝,编织伏针和侧边1针立针减针,肩部往返编织,休针。**袖** 与身片使用同样的方法起针,袖下在1针内侧做扭针加针,袖山最后的针目伏针收针。**组合** 肩部,将前后身片正面相对,盖针钉缝,胁部、袖下挑针接缝。前门襟,在编织右前门襟的起伏针的同时开扣眼,衣领也编织起伏针。编织终点伏针收针。将袖和身片引拔钉缝。在左前门襟上缝上纽扣。

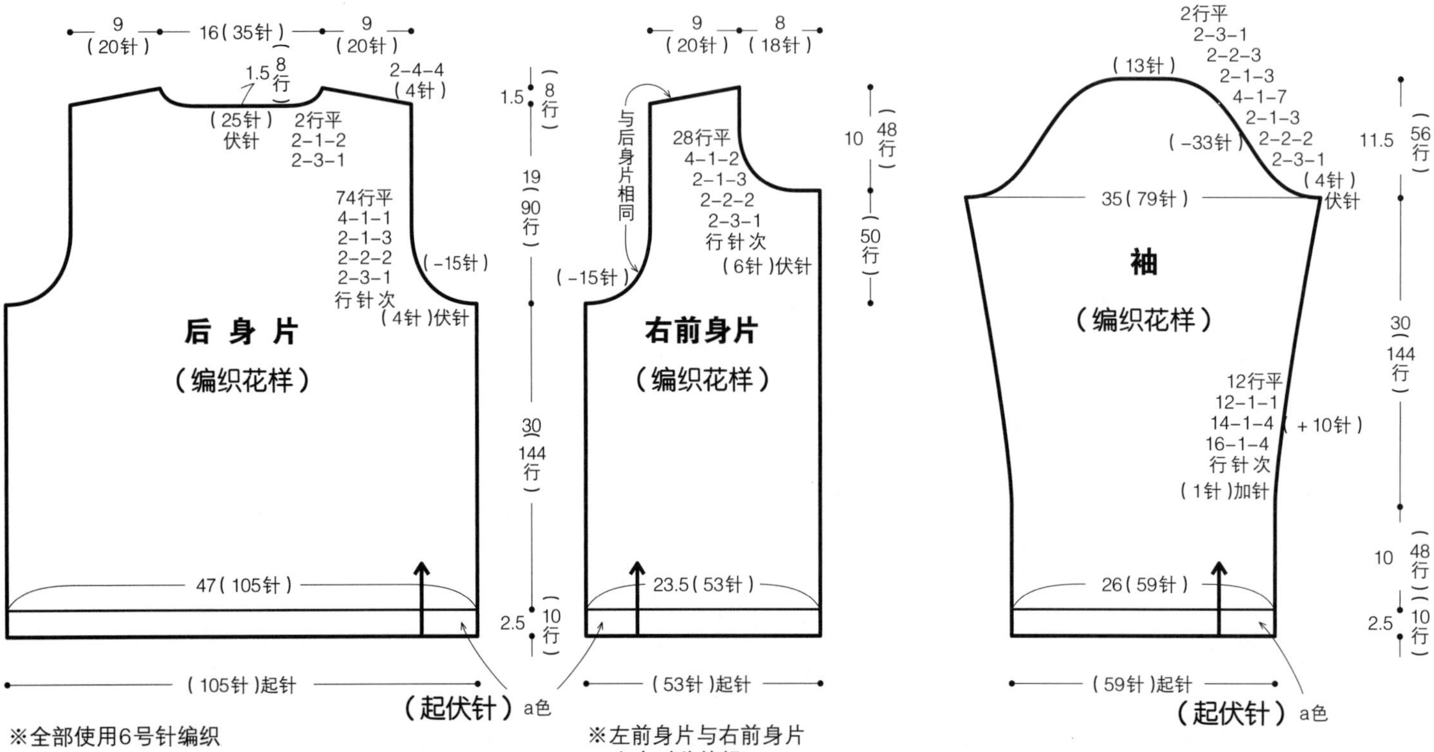

※全部使用6号针编织

※左前身片与右前身片左右对称编织

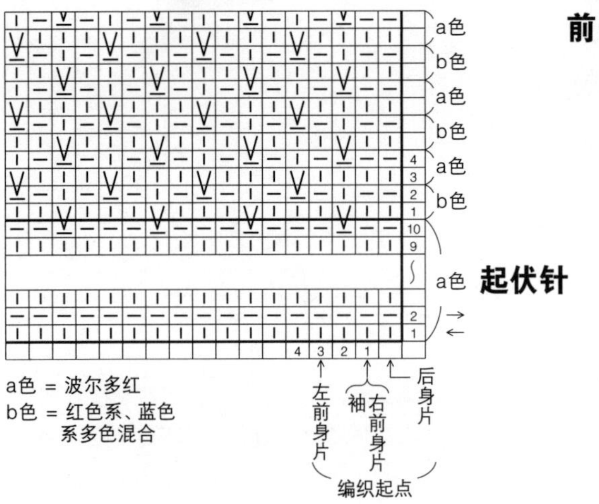

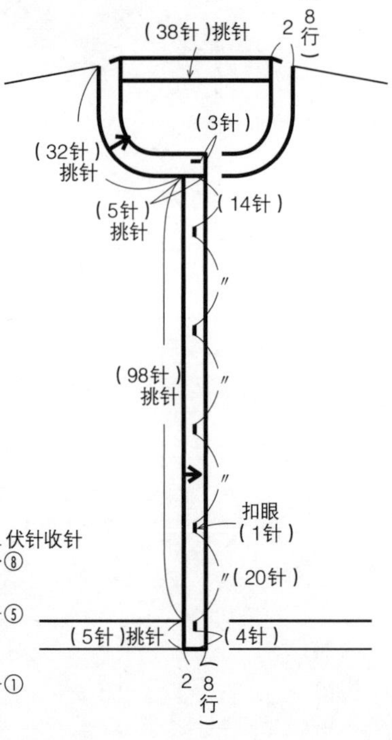

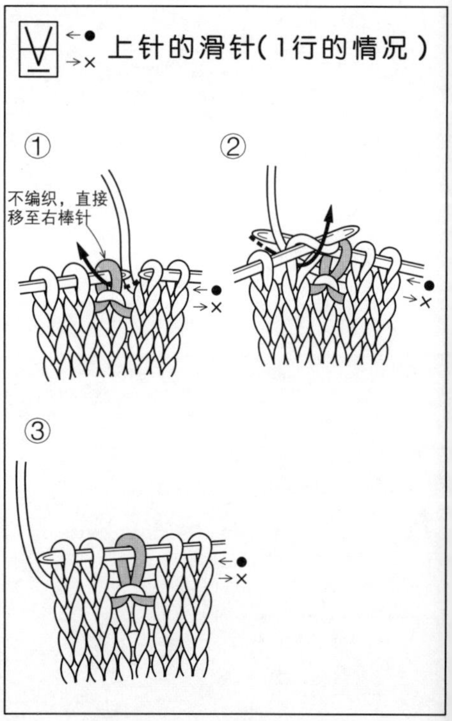

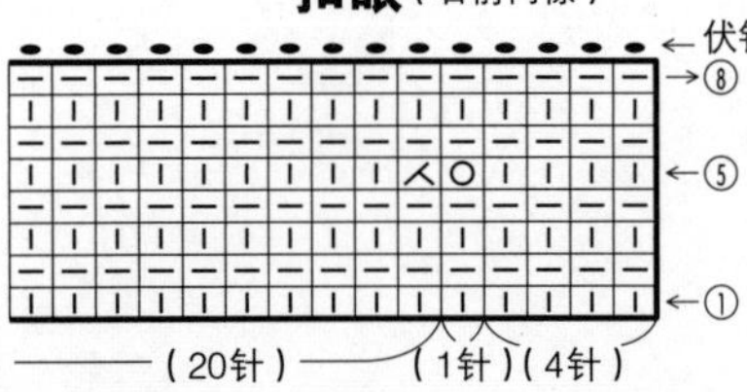

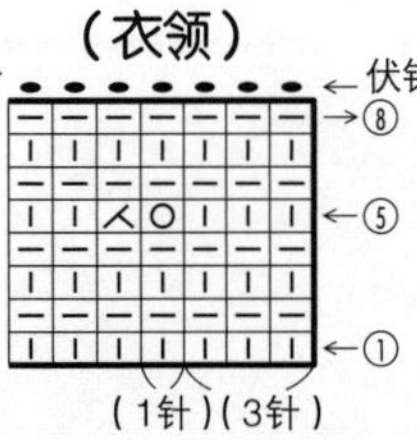

●**材料**　芭贝 新4PLY(109)黑色(424)340g/9团，芭贝 新2PLY 胭脂红色(219)25g/1团，莱契(172)茶色、蓝色系多色混合(408)25g/1团，
LIOS
紫色(904)30g/2团
●**工具**　钩针5/0号、4/0号、3/0号
●**成品尺寸**　胸围94cm，肩宽35cm，衣长53cm，袖长51.5cm
●**编织密度**　10cm×10cm面积内：编织花样A23针，13.5行；编织花样B27针，15.5行
●**编织要点**　**后身片**　锁针起针后，钩织花样A。第1行挑取锁针的里山，并参照图示钩织。**前身片**　分别钩织花样A、B，共计3片，在编织花样B的左右两侧钩织边缘编织A。**袖**　袖下、袖山参照图示加减针。**组合**　肩部盖针钉缝，胁部、袖下挑针接缝。下摆钩织边缘编织B，袖口参照图示缝褶，钩织边缘编织C，衣领环形钩织边缘编织D。将袖和身片引拔钉缝。将前身片的边缘编织A重叠在编织花样A上，在边缘编织A的第5行背面连接在一起。

15

39页的作品

※除指定以外均使用黑色线编织
使用5/0号针起针

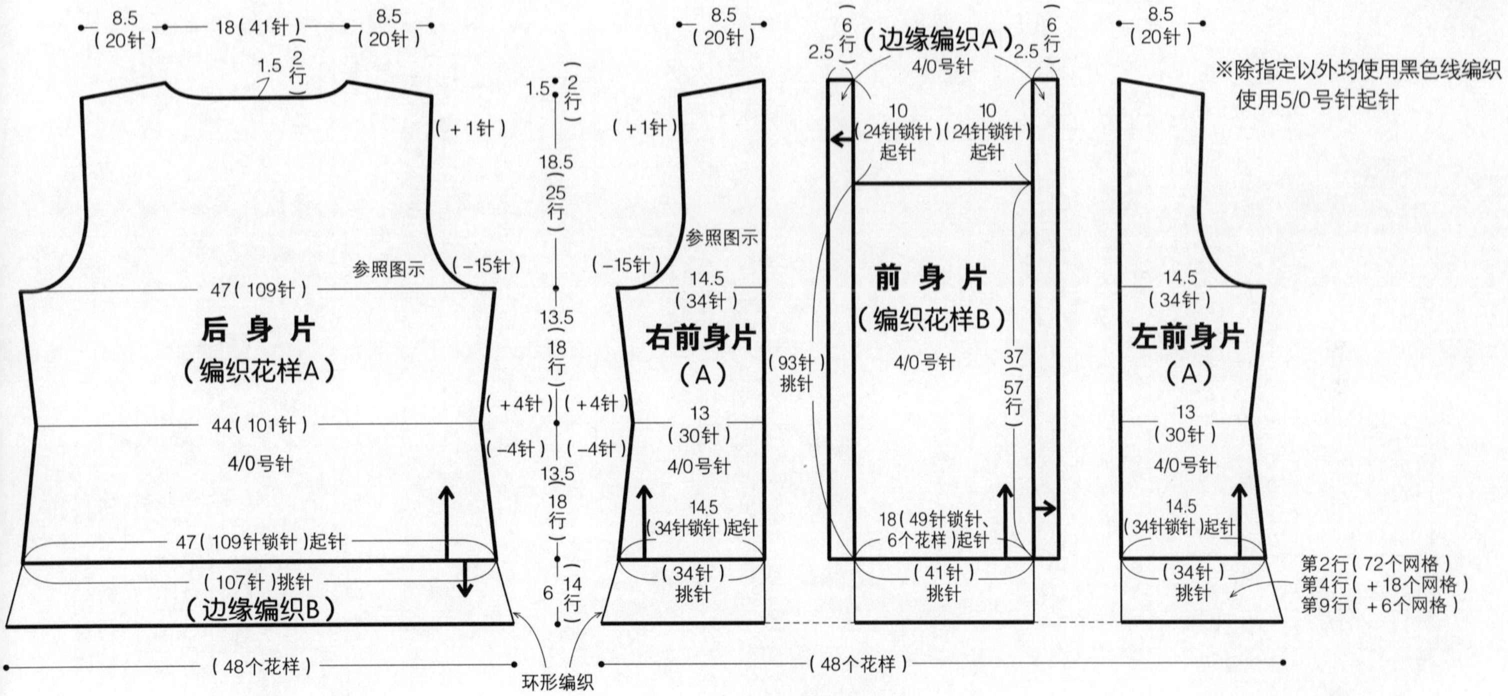

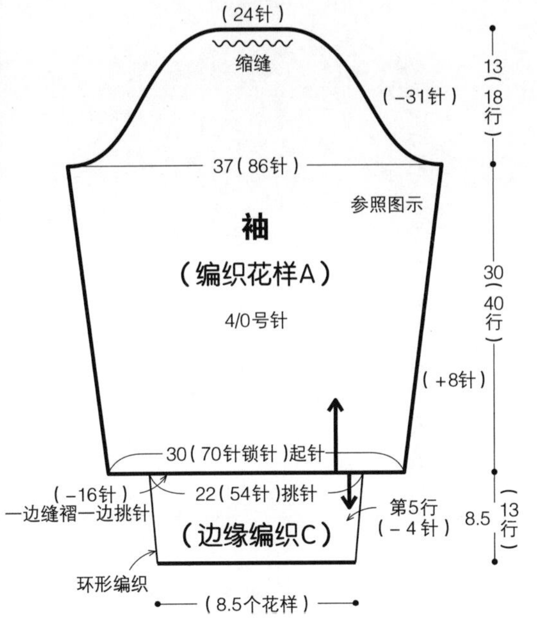

编织花样A

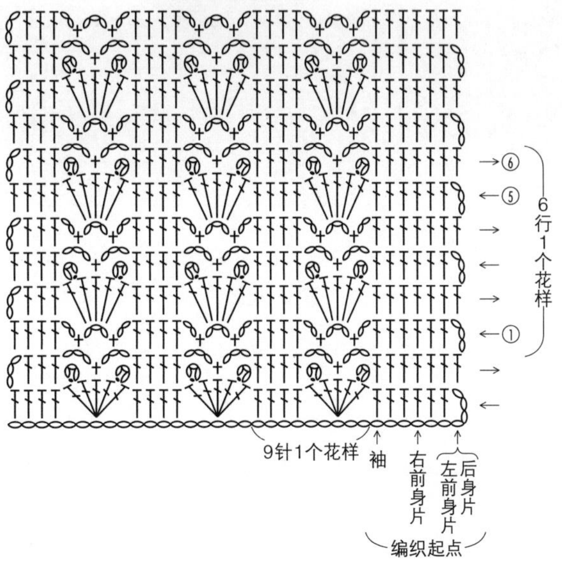

衣领(边缘编织D)

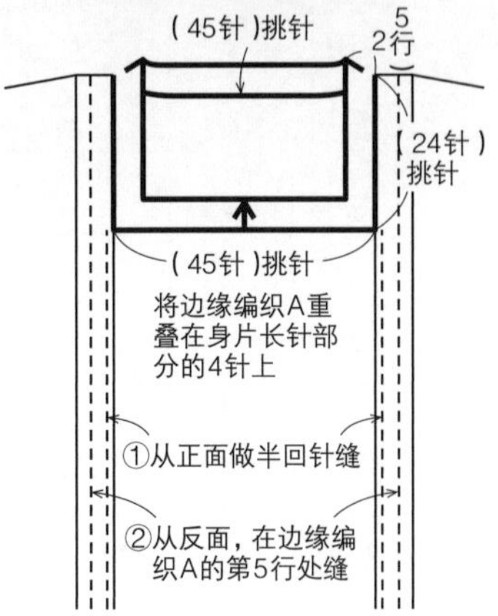

边缘编织B的加针方法

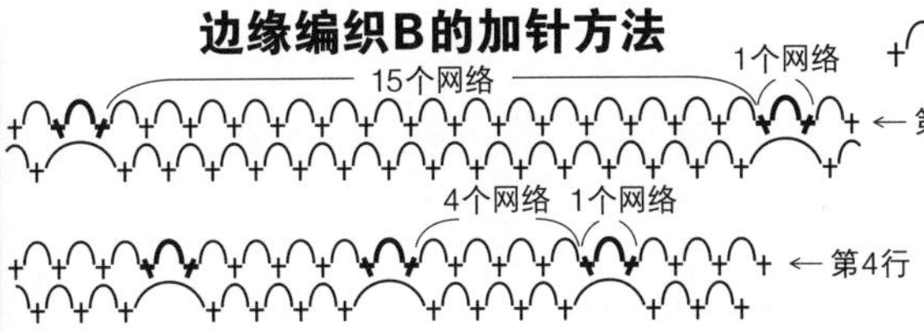

边缘编织D

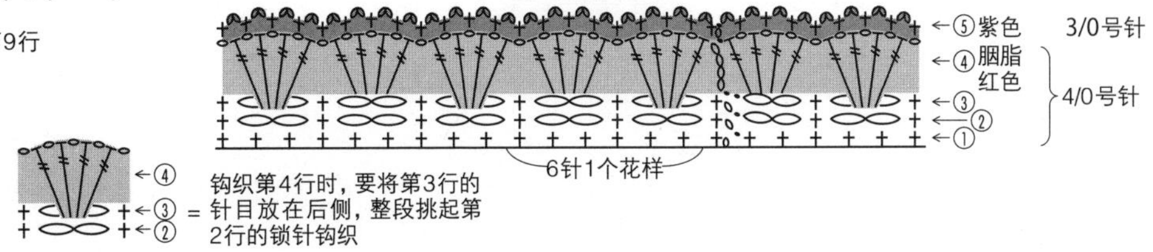

★接下一页

右前身片的编织方法图

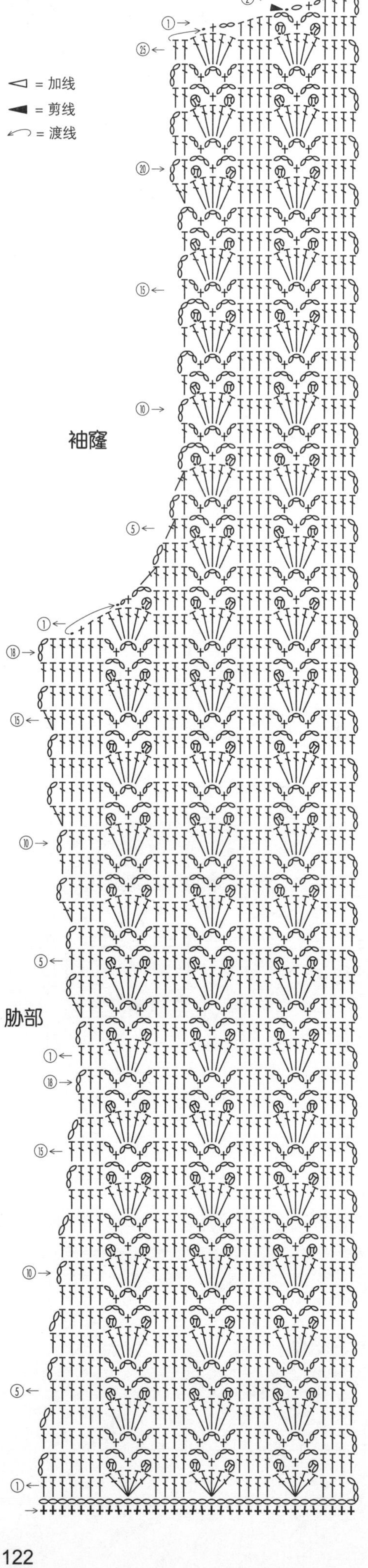

后身片的编织方法图

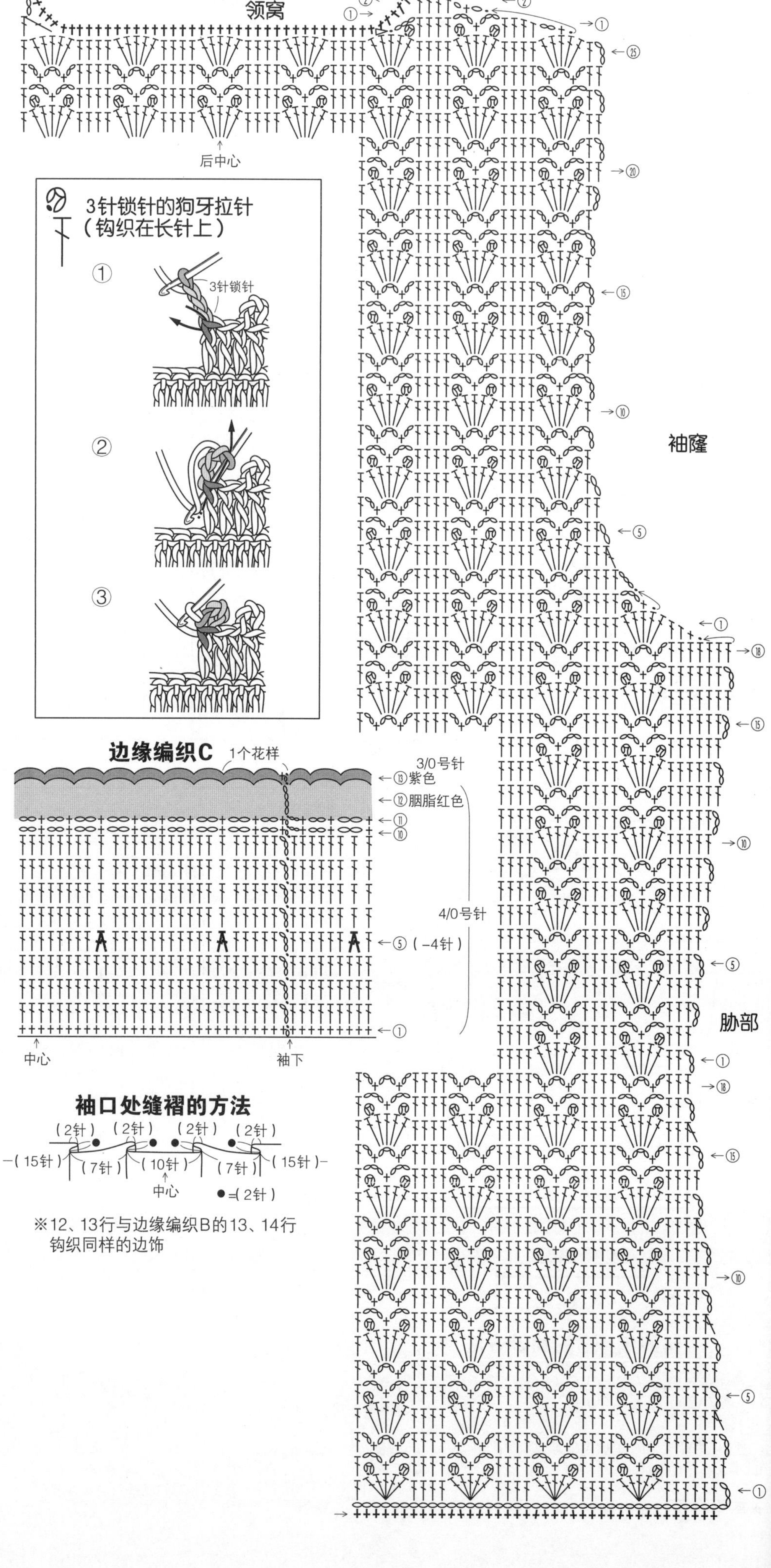

※12、13行与边缘编织B的13、14行钩织同样的边饰

袖的编织方法图

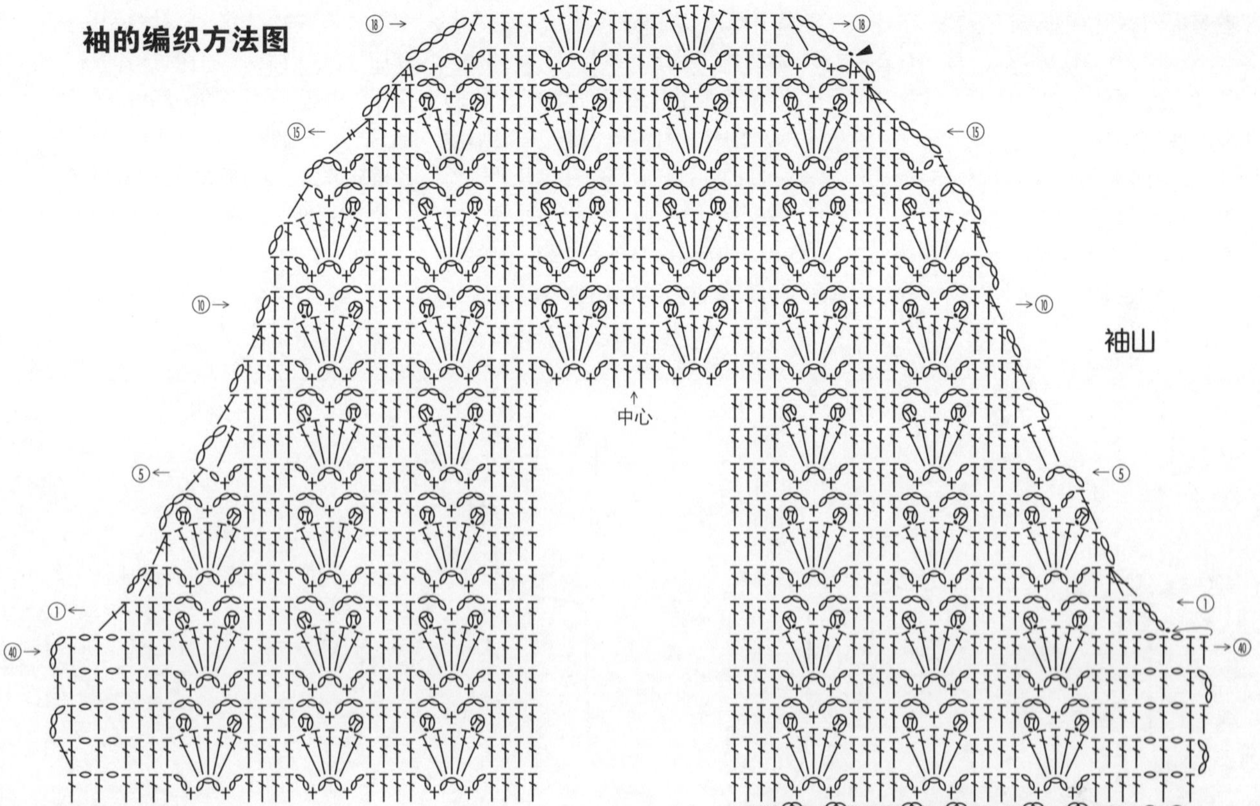

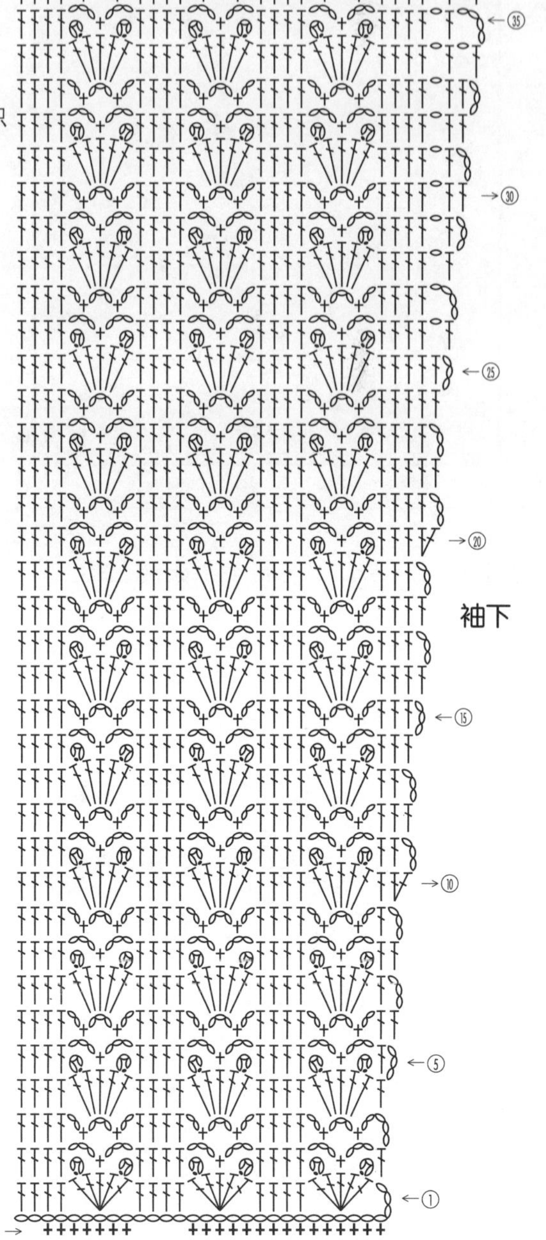

边缘编织A 4/0号针

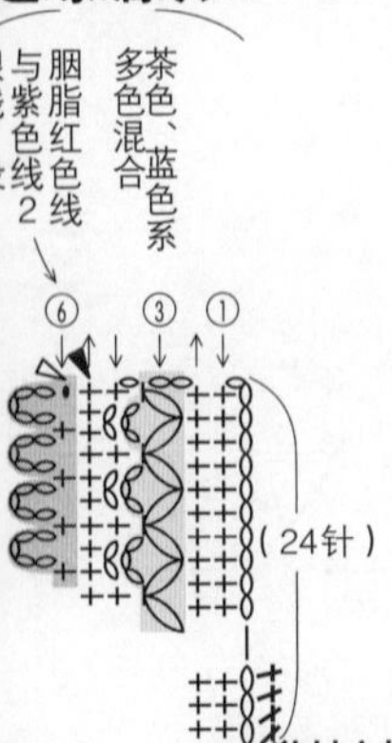

编织花样B

※除指定之外均使用黑色线编织

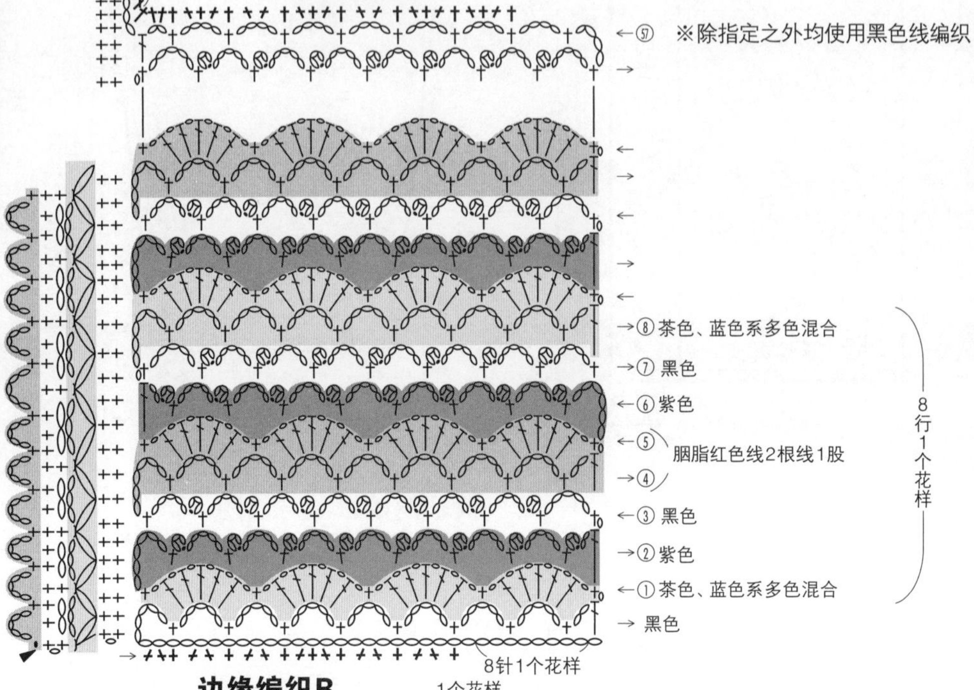

边缘编织B

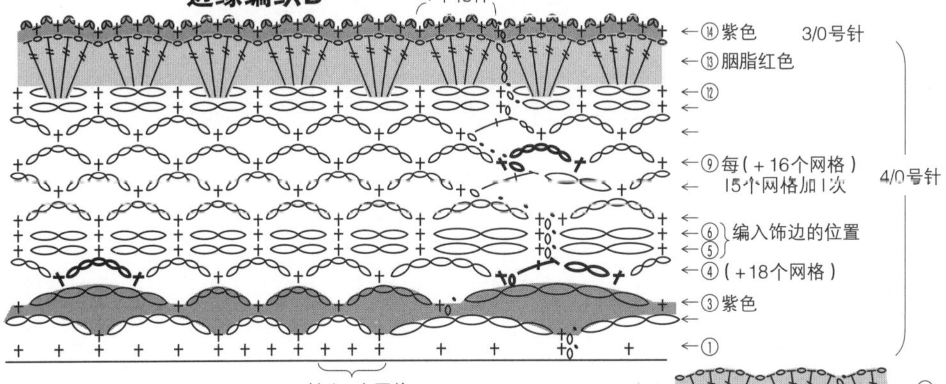

第5、6行的饰边

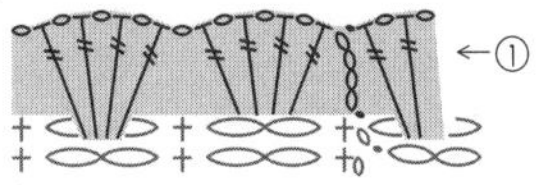

●**材料** 芭贝 阿尔帕卡法达(277)棕红色(180)225g/9团，闪光NO.2(717)金、银色混合(202)55g/3团

●**工具** 棒针8号

●**成品尺寸** 胸围94cm，肩宽34cm，衣长65cm，袖长54.5cm

●**编织密度** 10cm×10cm面积内：下针编织18针，24行

●**编织要点** 将2根线合在一起编织。**后身片** 手指挂线起针，编织起伏针，接着是下针编织。袖窿编织伏针和侧边1针立针减针，肩部往返编织，领窝的针目与肩部的针目分别休针。**前身片** 与后身片使用同样的方法起针，与前门襟的双罗纹针一起编织。领窝，在前门襟的内侧减针。接着编织后领。**袖** 袖下在1针内侧做扭针加针，袖山最后的针目伏针收针。**组合** 肩部正面相对用盖针钉缝，胁部、袖下用挑针接缝。后领在中心处用盖针钉缝后，与后领窝之间做针与行的钉缝。将袖和身片引拔钉缝。

17

41 页的作品

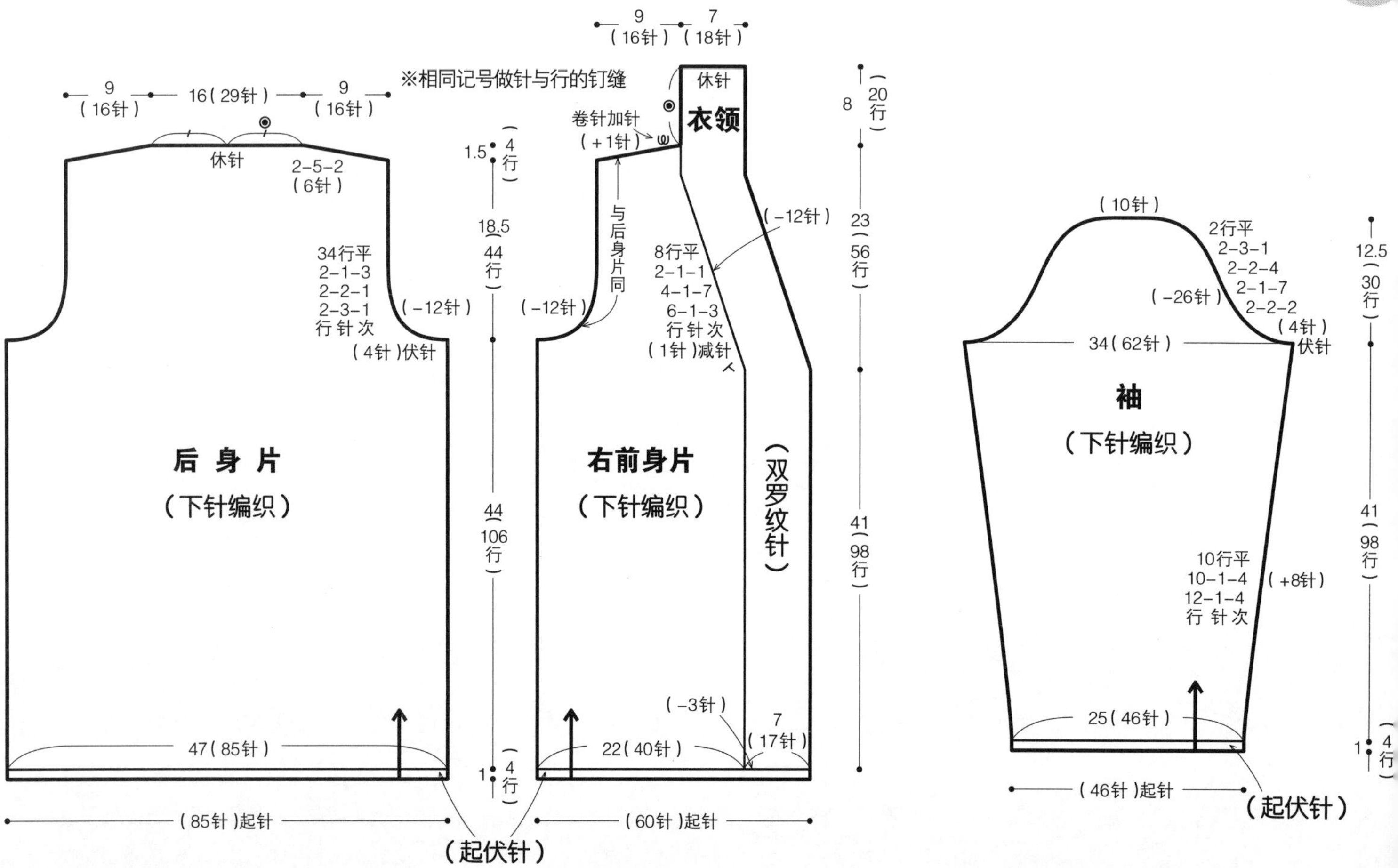

※全部使用棕红色线与金、银色混合线2根线1股，8号针编织

※左前身片与右前身片左右对称编织

针与行的钉缝

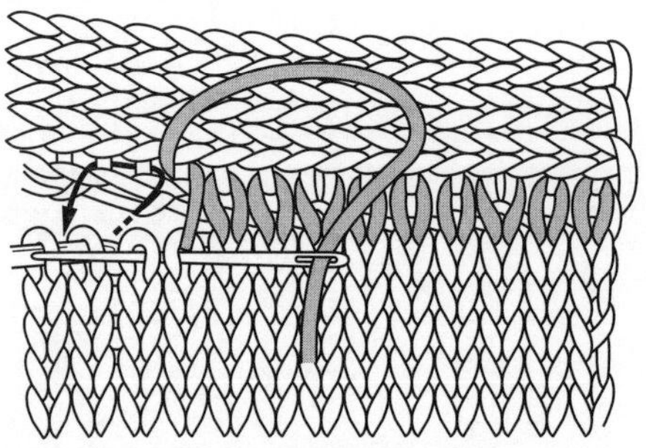

前领窝的编织方法图

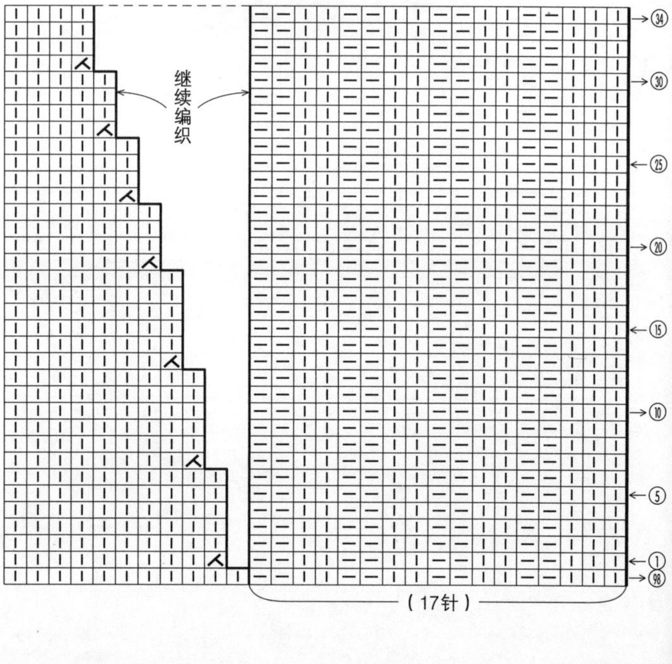

●**材料** 芭贝 莱卡多(276)黑色(309)190g/5团，浅茶色(308)100g/3团，蓝色(306)90g/3团，亮片棉(540)黑色(103)20g/1团

●**工具** 棒针8号、6号

●**成品尺寸** 胸围92cm，肩宽37cm，衣长63cm，袖长52cm

●**编织密度** 10cm×10cm面积内：条纹花样21针，22行

●**编织要点** 取1根和2根毛线编织。**前、后身片** 另线锁针起针，用配色条纹编织花样。后领窝做伏针减针，前领窝中心1针休针，按照图示减针，肩部做往返编织，休针。下摆解开锁针起针，挑针编织单罗纹针，做单罗纹针收针。**袖** 起针方法与身片相同，袖下侧边内侧1针处编织扭针加针。袖口编织单罗纹针，做单罗纹针收针。**组合** 肩部正面相对盖针钉缝，针目与行对齐钉缝将袖和身片缝合。胁部和袖下挑针接缝。衣领环形编织单罗纹针，做单罗纹针收针。

18

42页的作品

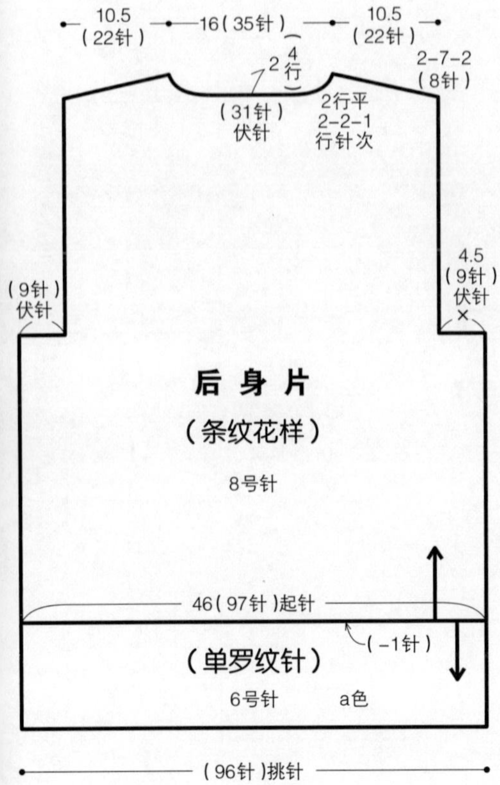

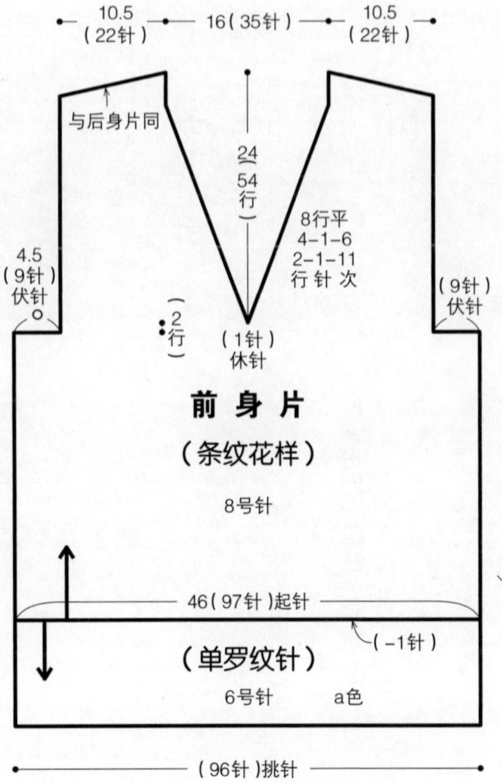

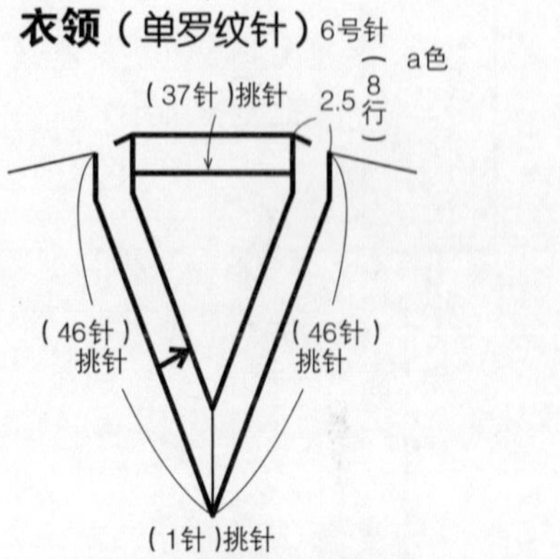

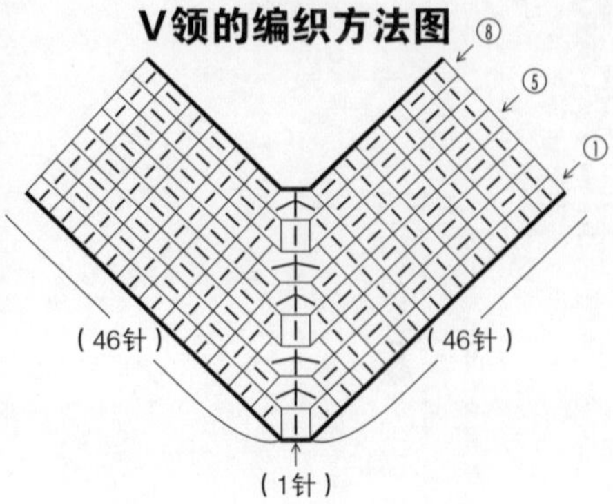

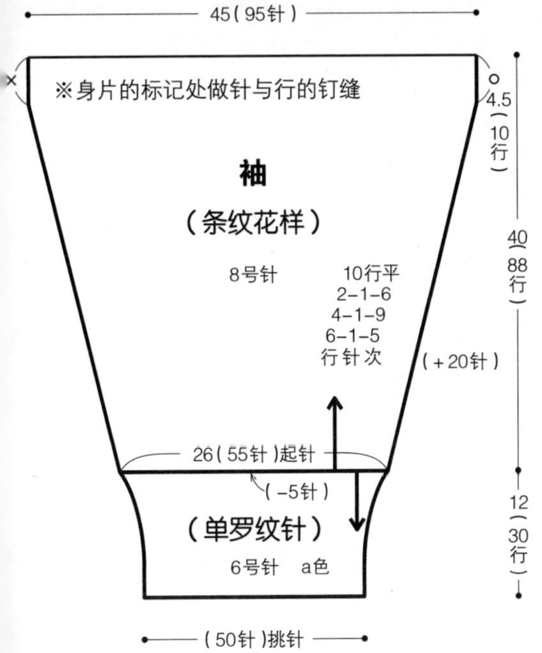

编织花样

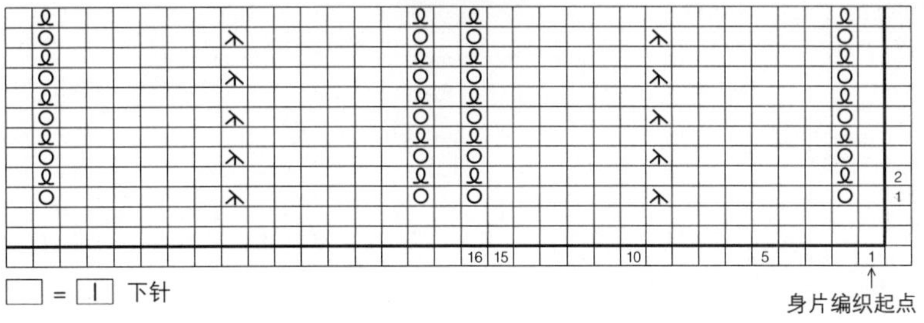

配色条纹

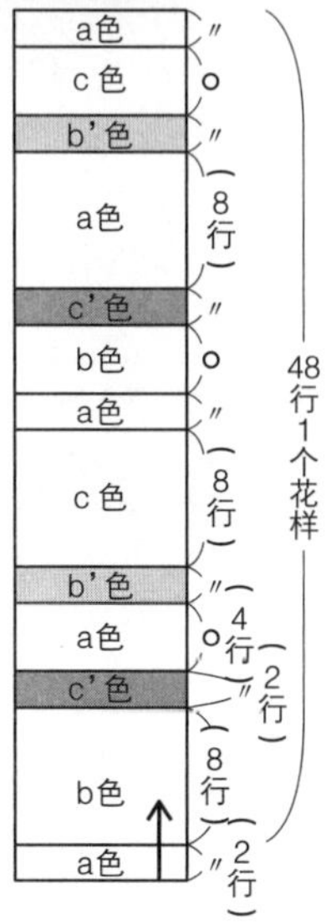

a色 = 黑色（莱卡多）
b色 = 浅茶色
b'色 = 浅茶色和褐色亮片棉（540）取2根
c色 = 蓝色
c'色 = 蓝色和黑色亮片棉（540）取2根

★接下一页

后身片的编织方法图

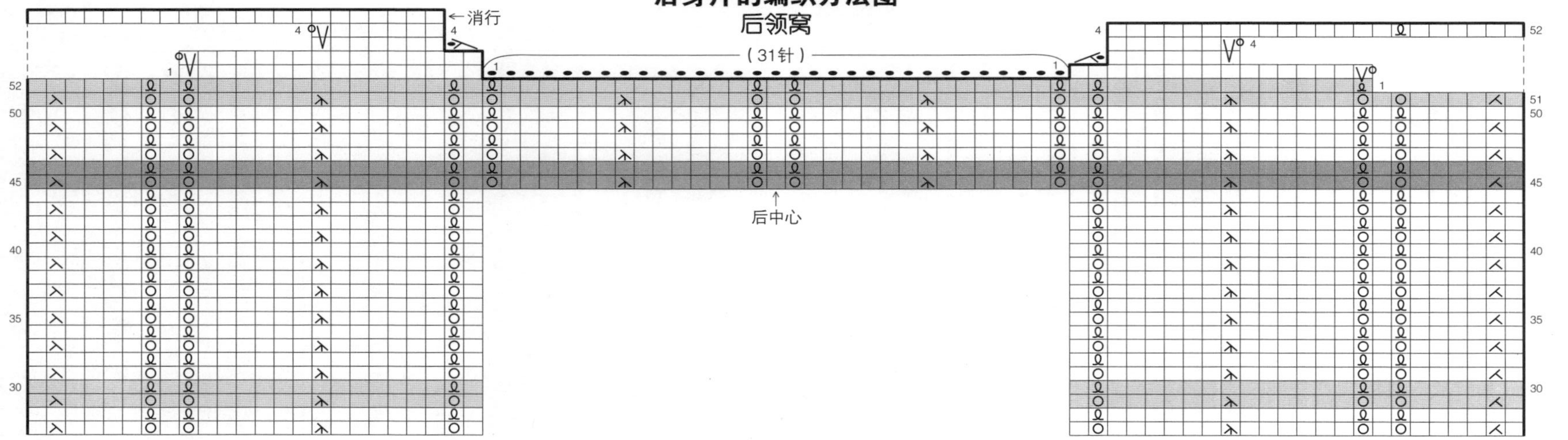

前身片的编织方法图

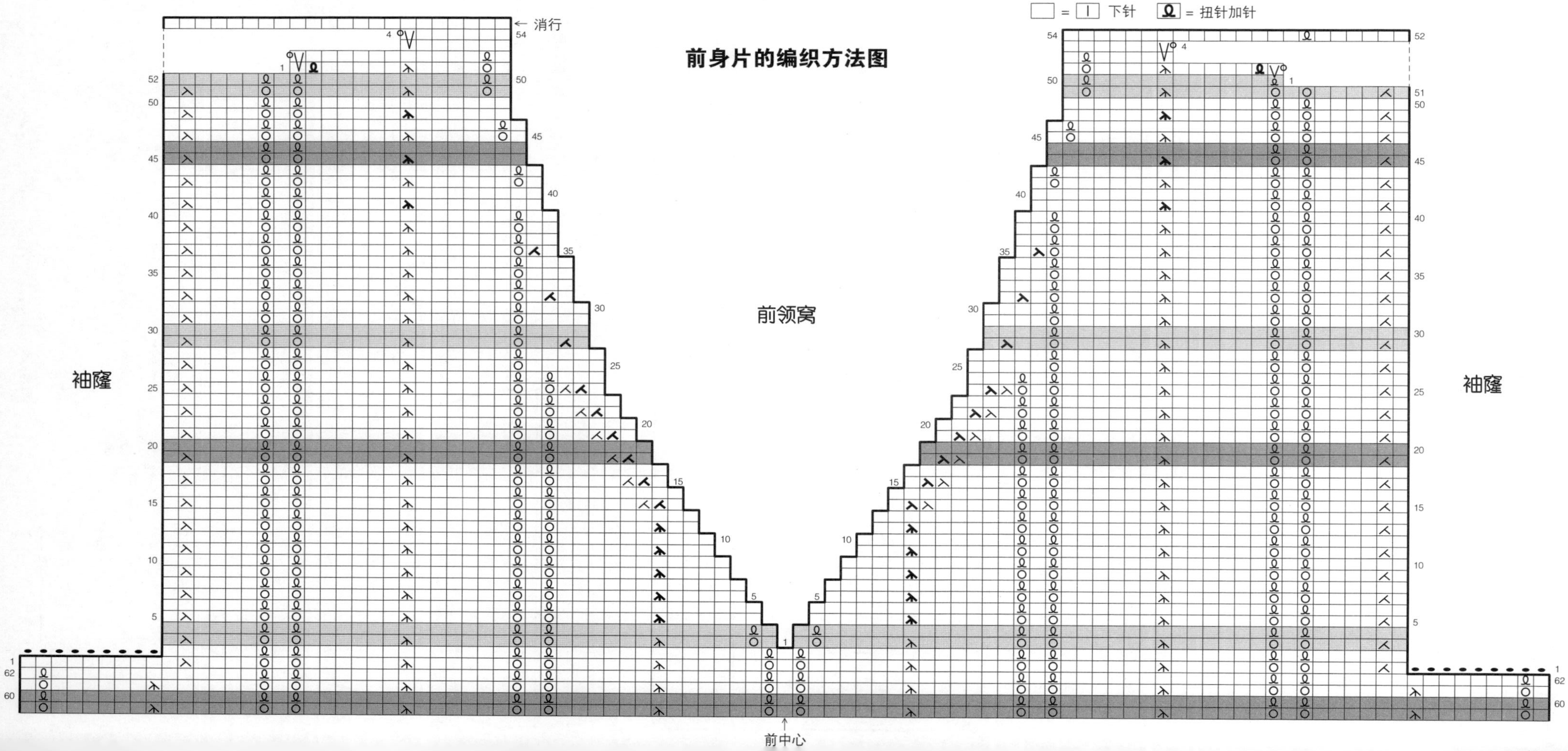

衣袖的编织方法图

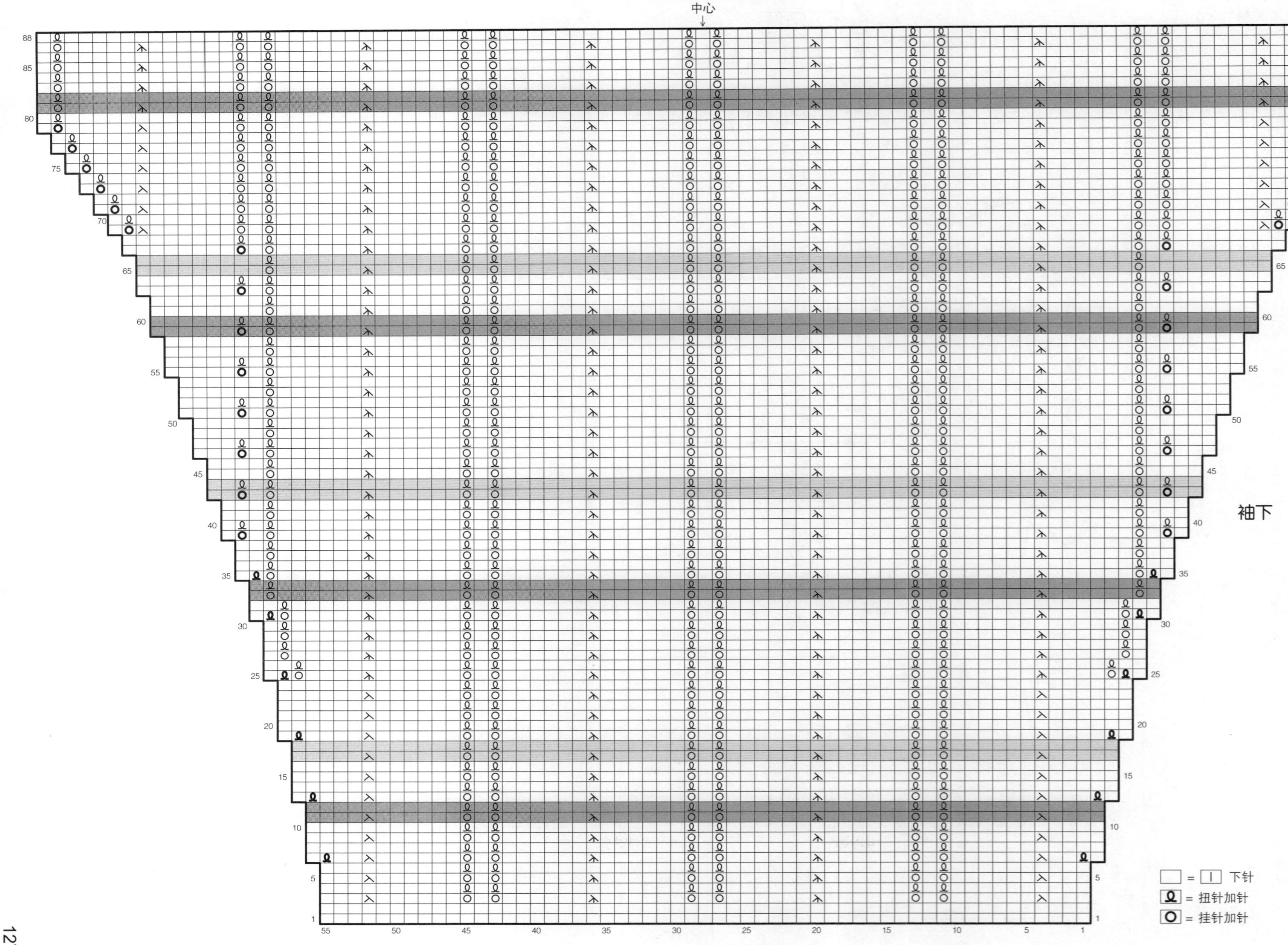

●材料 芭贝 露茨(275)深棕色系混合(608)115g/3团，绿色系混合(605)100g/3团，紫色系混合(607)65g/2团，蓝色系混合(606)30g/1团，直径1.8cm的纽扣5颗

●工具 棒针8号

●成品尺寸 胸围91cm，肩宽35cm，衣长60cm，袖长53cm

●编织密度 10cm×10cm面积内：下针编织17针，26行；编织花样17针，28行

●编织要点 **前、后身片** 手指挂线起针，编织起伏针，接着做下针编织、下针编织条纹、编织花样，按指定的配色线编织。袖窿和领窝编织伏针和侧边1针立针减针，肩部做往返编织，休针。**袖** 起针方法与身片相同，袖下侧边内侧1针处编织扭针加针。袖山最终针目做伏针收针。**组合** 肩部盖针钉缝，胁部和袖下挑针接缝。前门襟和衣领编织下针。一边在右前门襟上开扣眼一边编织，伏针收针。袖和身片引拔钉缝。左前门襟缝上纽扣。

20

44页的作品

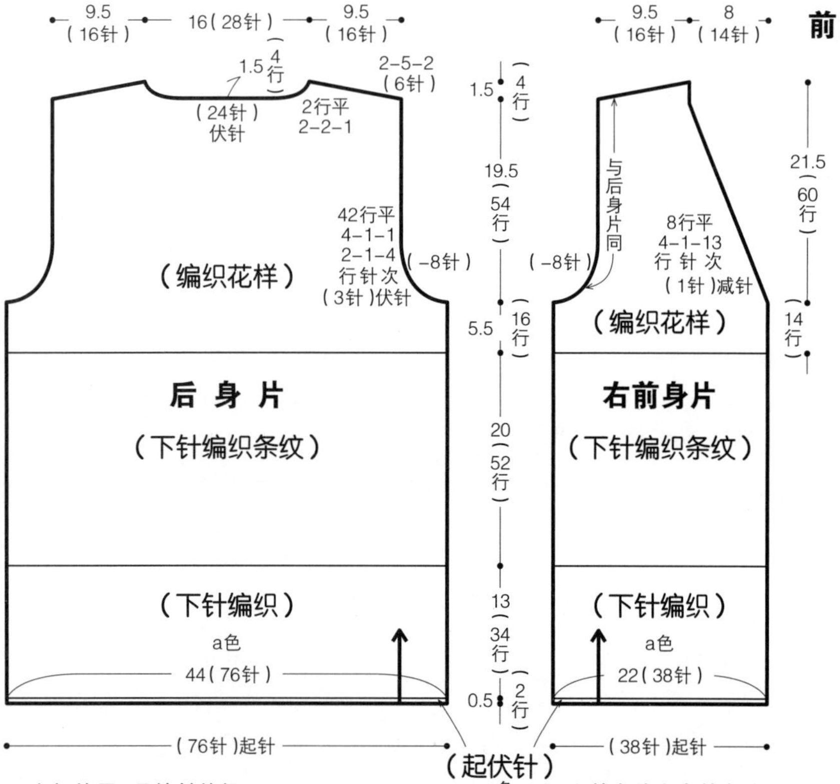

※全部使用8号棒针编织

※左前身片和右前身片左右对称编织

前门襟、衣领(下针编织) a色

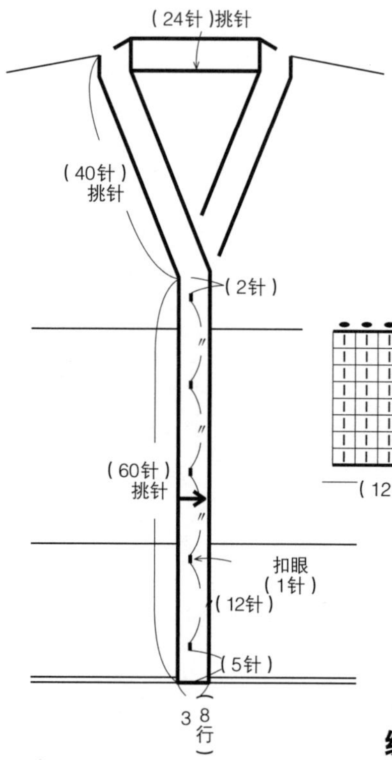

扣眼(右前门襟)

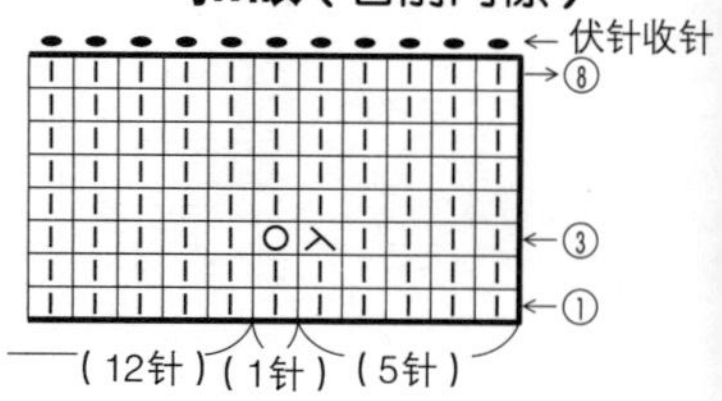

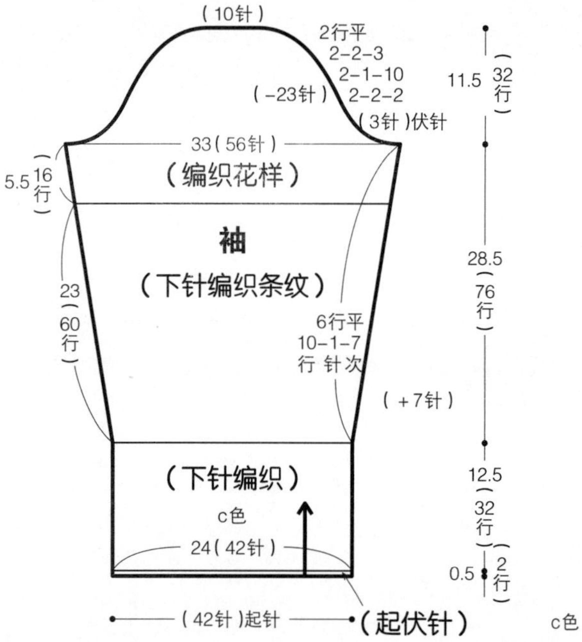

下针编织条纹

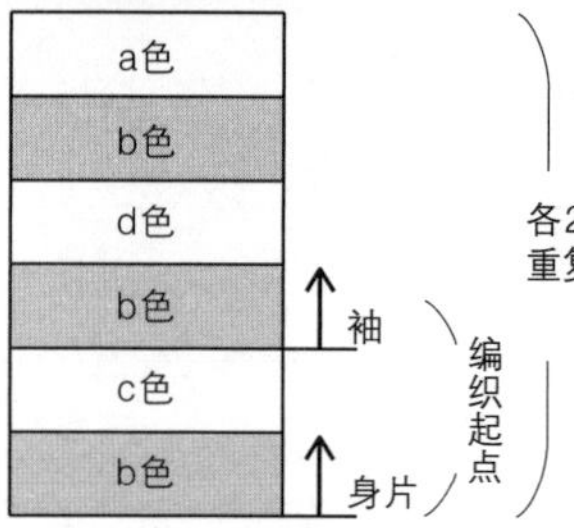

a色 = 绿色系混合
b色 = 深棕色系混合
c色 = 紫色系混合
d色 = 蓝色系混合

编织花样

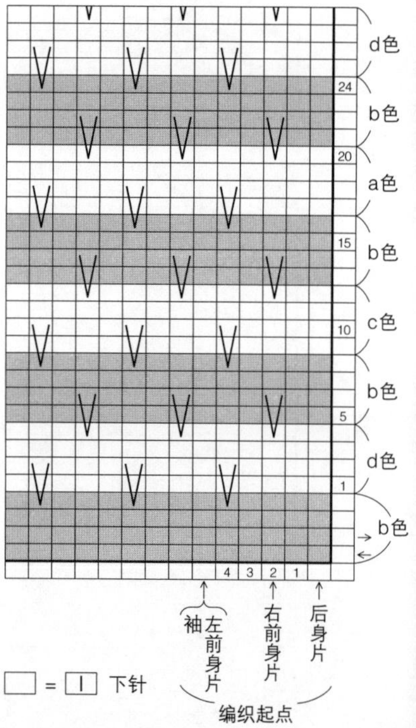

□ = Ⅰ 下针

※斜肩的4行用a色做下针编织

●**材料** 芭贝 爱莱港顿（279）海蓝色（903）290g/8团
●**工具** 棒针5号
●**成品尺寸** 胸围90cm，肩宽32cm，衣长54.5cm，袖长40cm
●**编织密度** 10cm×10cm面积内：编织花样A30针，32行；编织花样B32针，32行

●**编织要点** **前、后身片** 手指挂线起针，下摆编织单罗纹针。接着搭配编织花样A、编织花样B和编织花样B'。袖窿和领窝参照图示编织伏针（后领窝的伏针一边交叉编织一边编织伏针）和侧边1针立针减针以及利用花样减针。肩部做往返编织，休针。**袖** 起针方法与身片相同，参照图示编织袖下加针和袖山减针，充分利用花样。最终行的针目做伏针收针。**组合** 肩部正面相对盖针钉缝。胁部和袖下挑针接缝。衣领从前领窝和后领窝挑针，环形编织单罗纹针，对齐下针和上针的针目，伏针收针。袖和身片引拔钉缝。

19

43页的作品

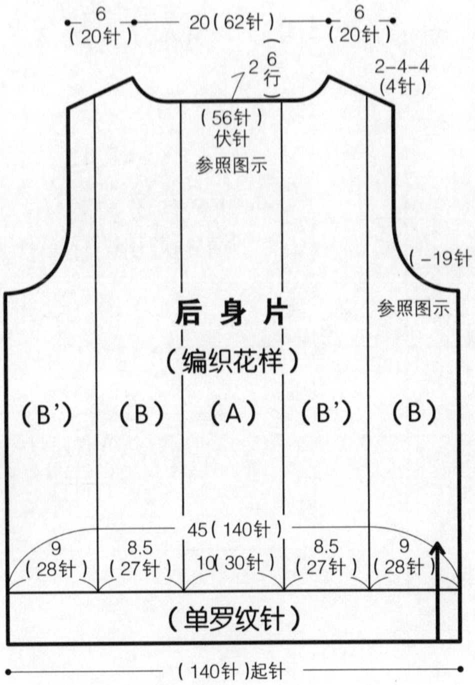

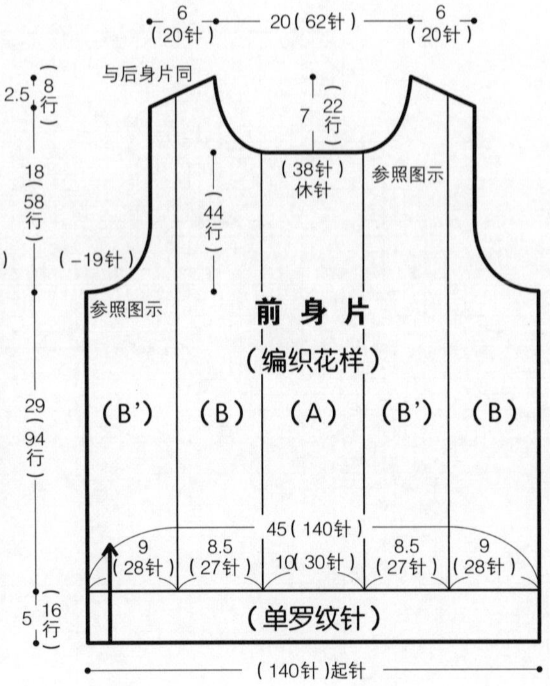

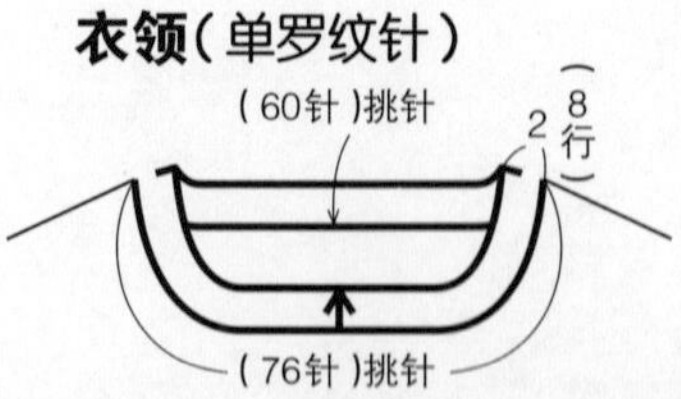

※全部使用5号棒针编织

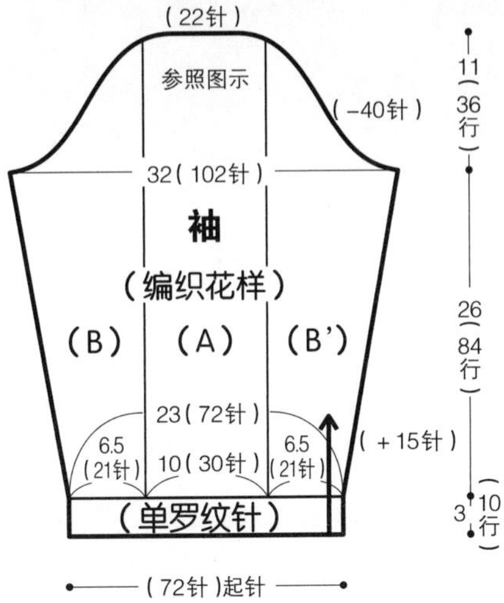

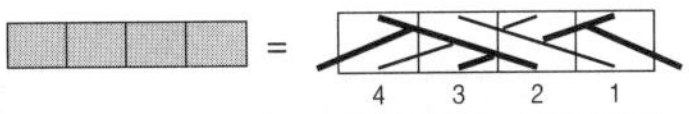

交叉1针前面的1针和针目1、2分别移至麻花针，放在织片前面
针目3和麻花针上前面的1针编织左上2针并1针，接着针目4编织下针
放在织片前面的针目1编织下针，针目2和下一针编织右上2针并1针

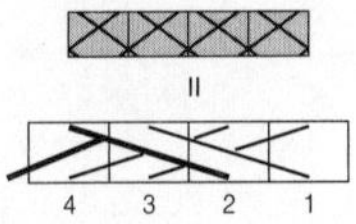

针目1和针目2移至麻花针，放在织片前面
针目3和针目4编织下针
织片前面的针目1编织下针，针目2和下一针编织右上2针并1针

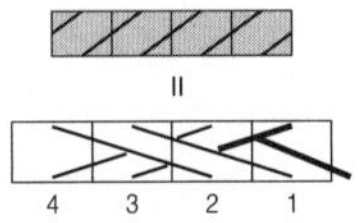

交叉的1针前面的1针和针目1、2分别移至麻花针，放在织片前面
针目3和麻花针上前面的1针编织左上2针并1针
接着针目4编织下针
放在织片前面的针目1、2编织下针

★接下一页

编织花样A

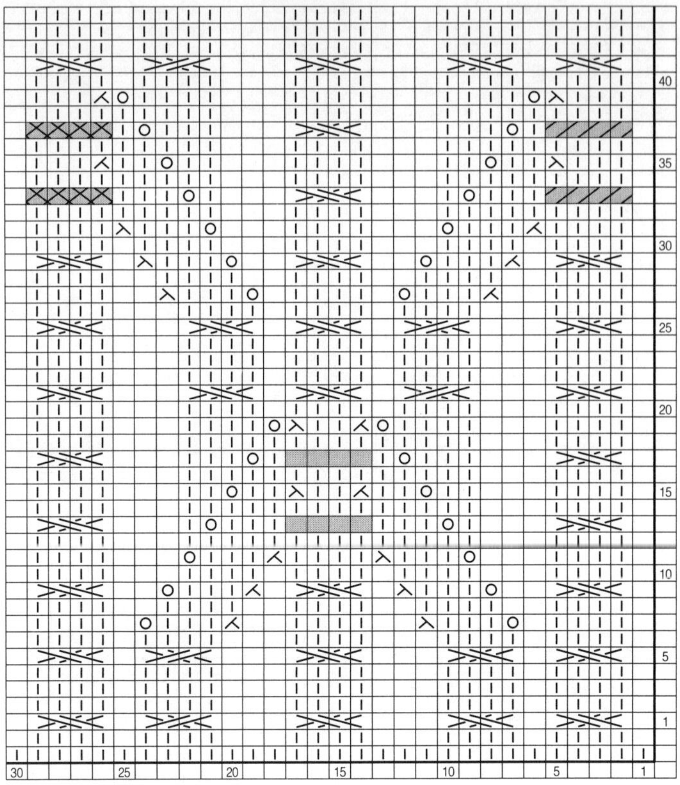

□ = ⊟ 上针

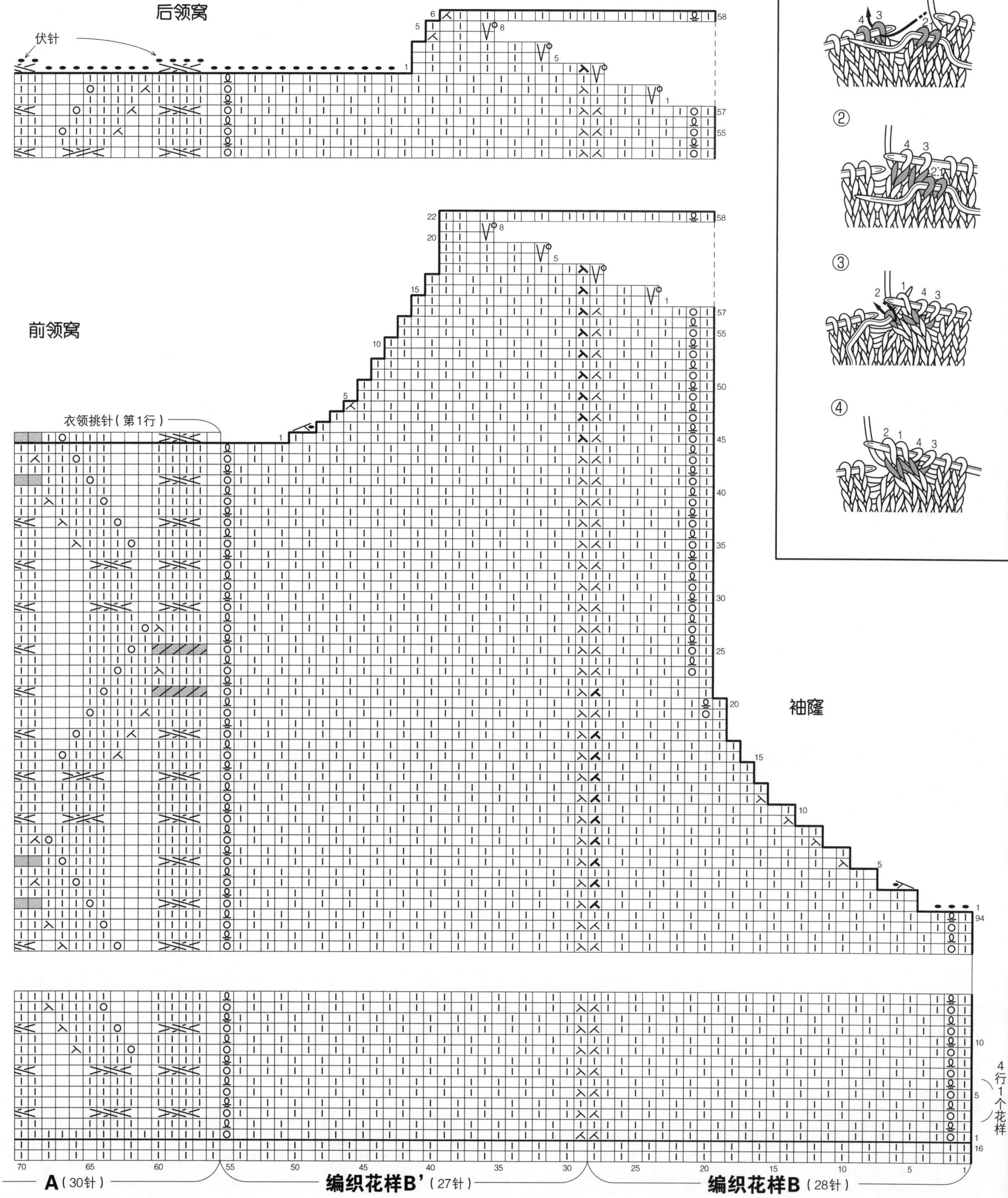
后领窝
伏针
前领窝
衣领挑针（第1行）
袖窿
4行1个花样
A（30针）
编织花样B'（27针）
编织花样B（28针）

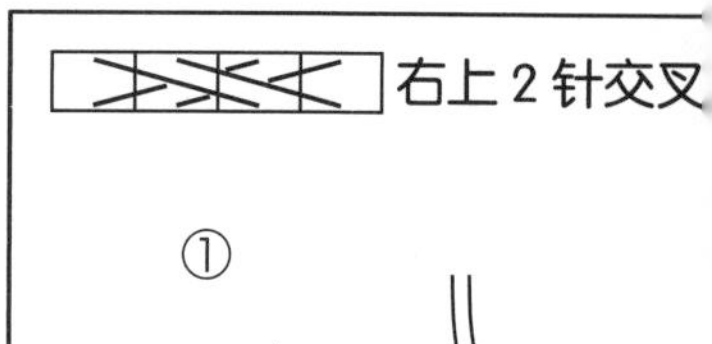
右上2针交叉
①
②
③
④

□ = ⊟ 上针

左上2针交叉

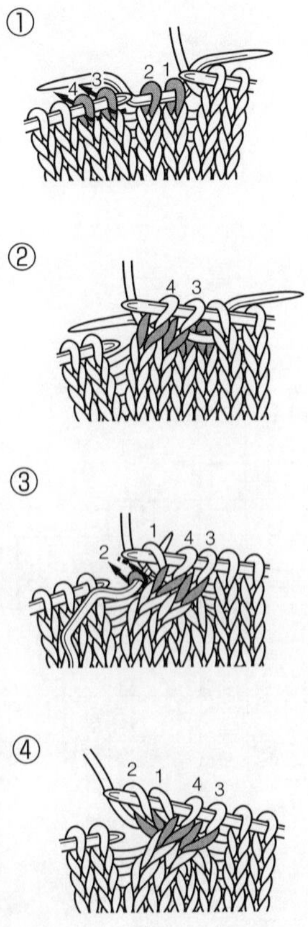

后身片的编织方法图

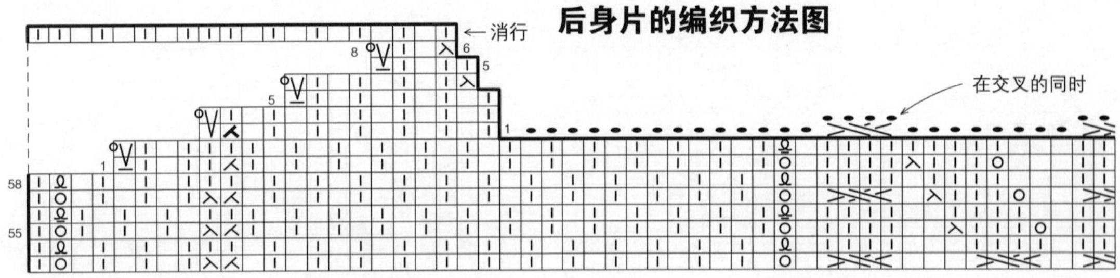

前身片的编织方法图

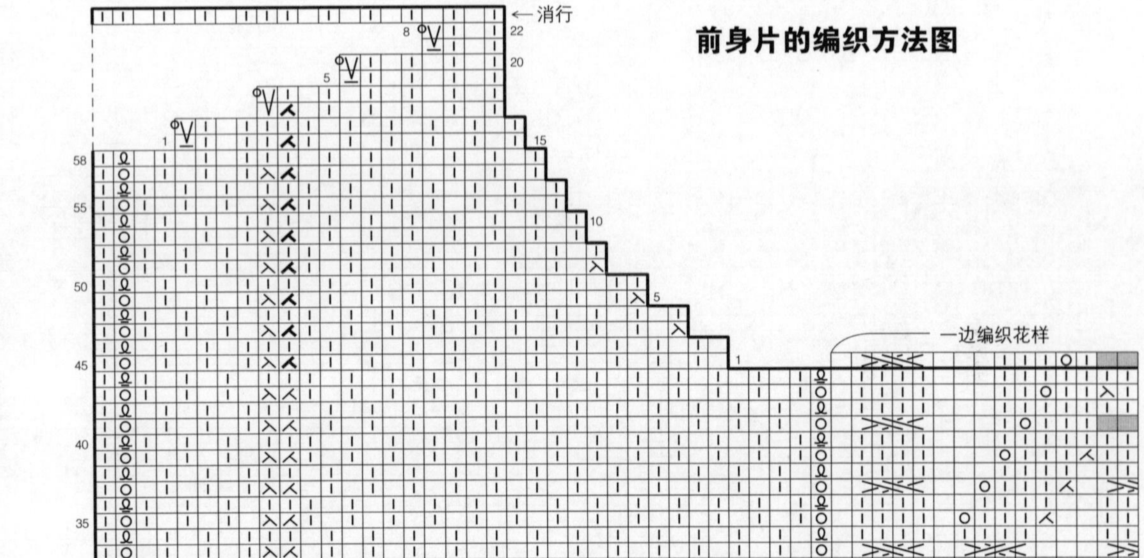
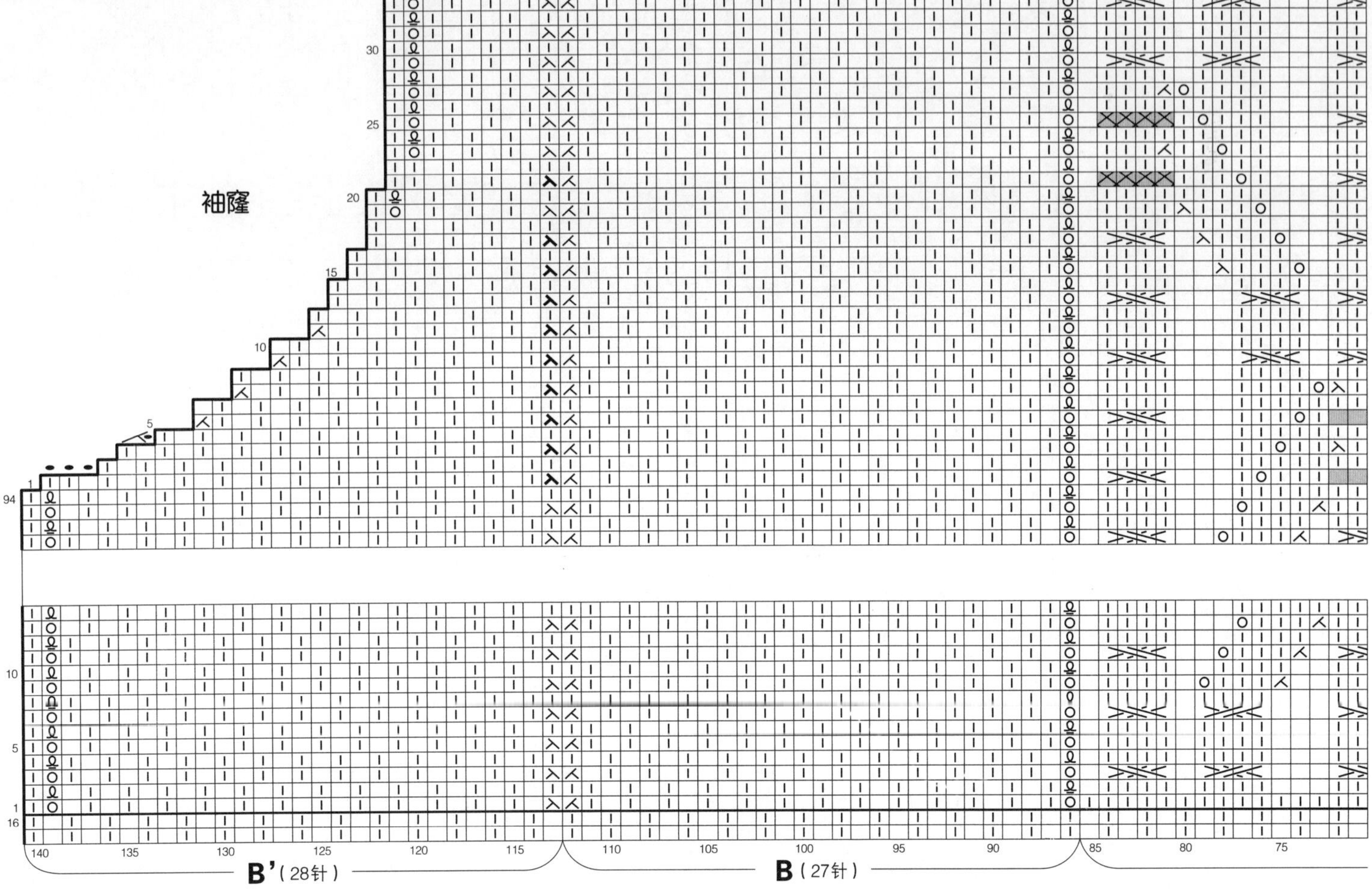

★接下一页

袖的编织方法图

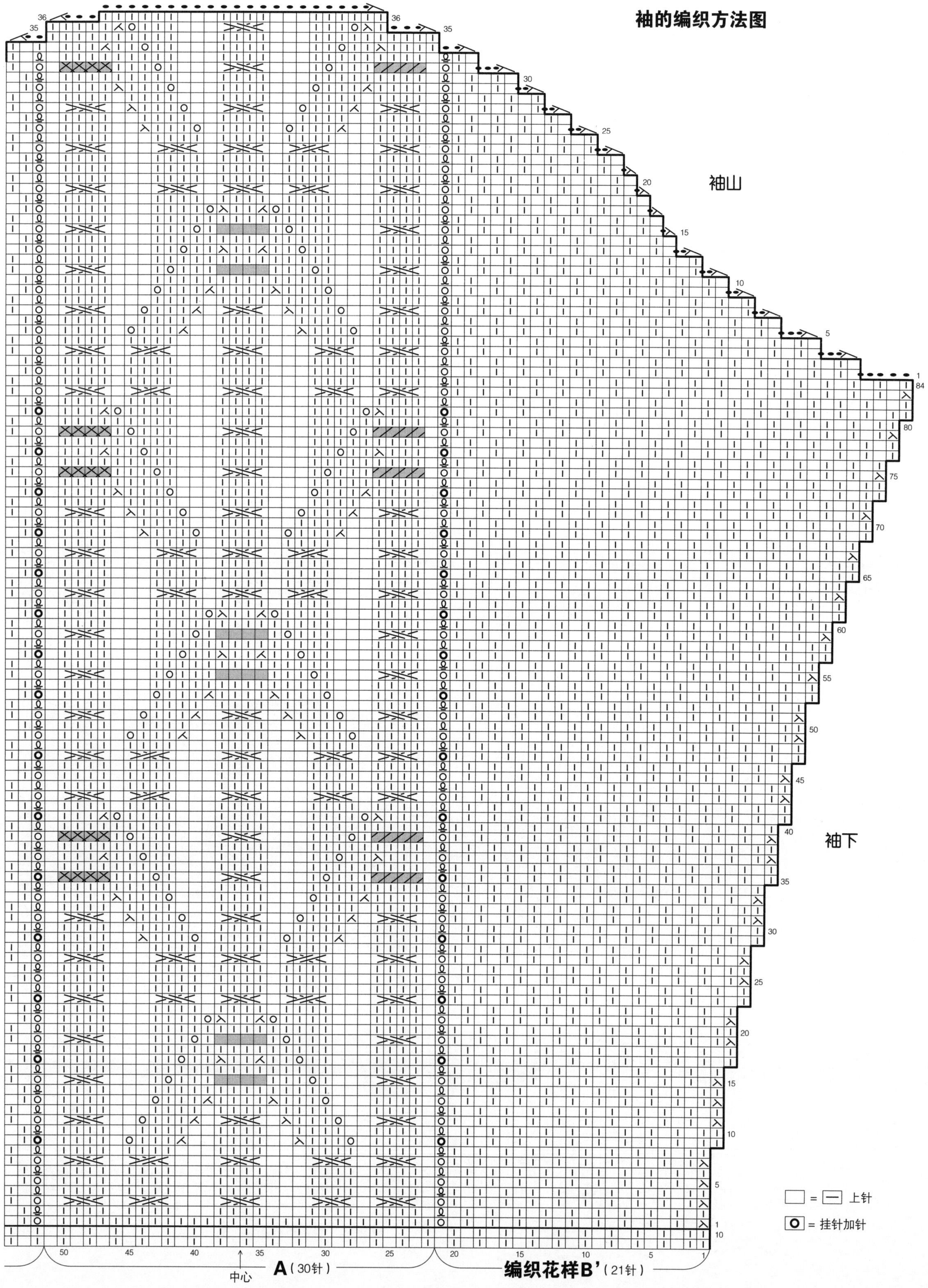

□ = — 上针

O = 挂针加针

★作品11　接134页

编织花样和分散减针的编织方法图

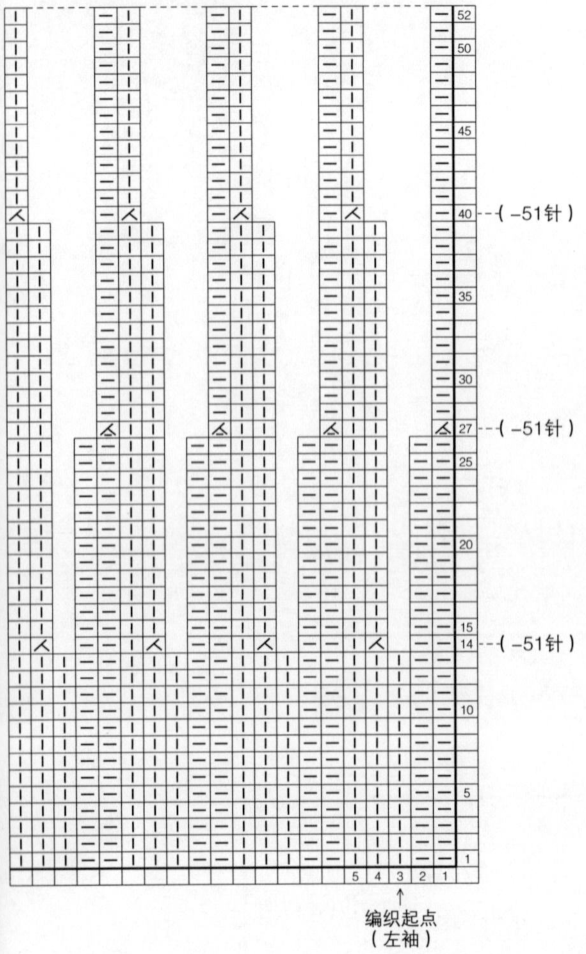

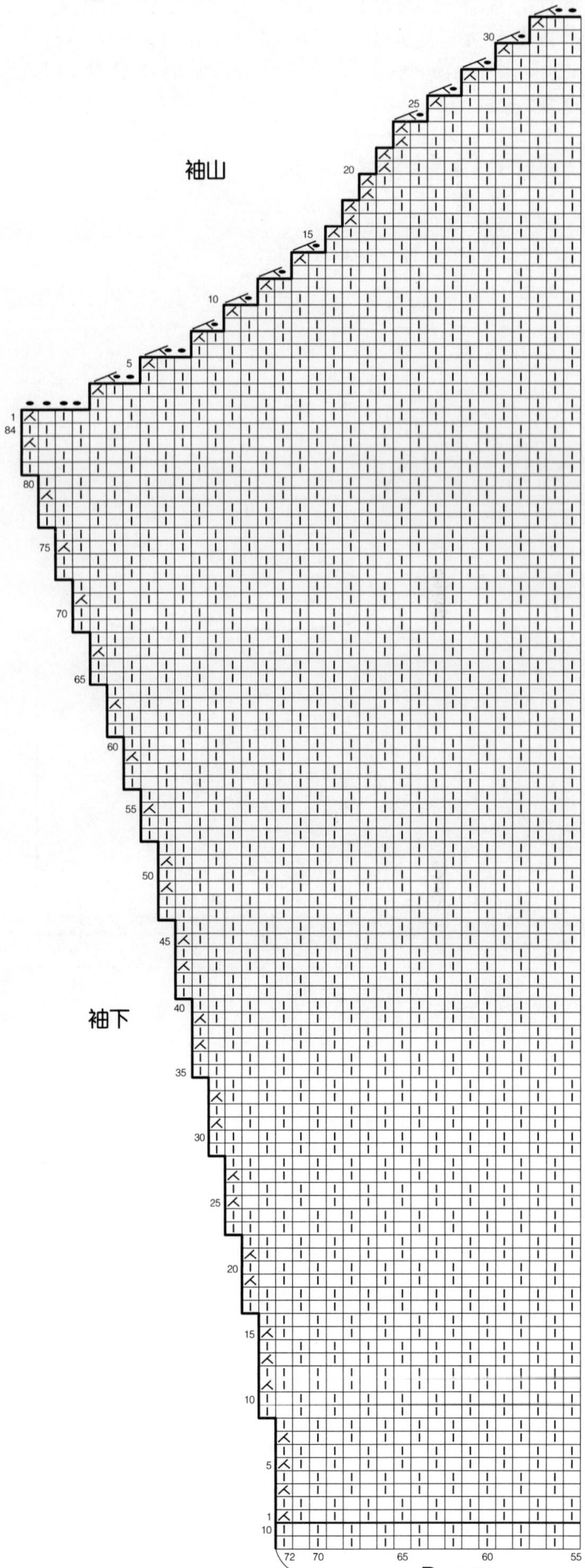

罗纹绳

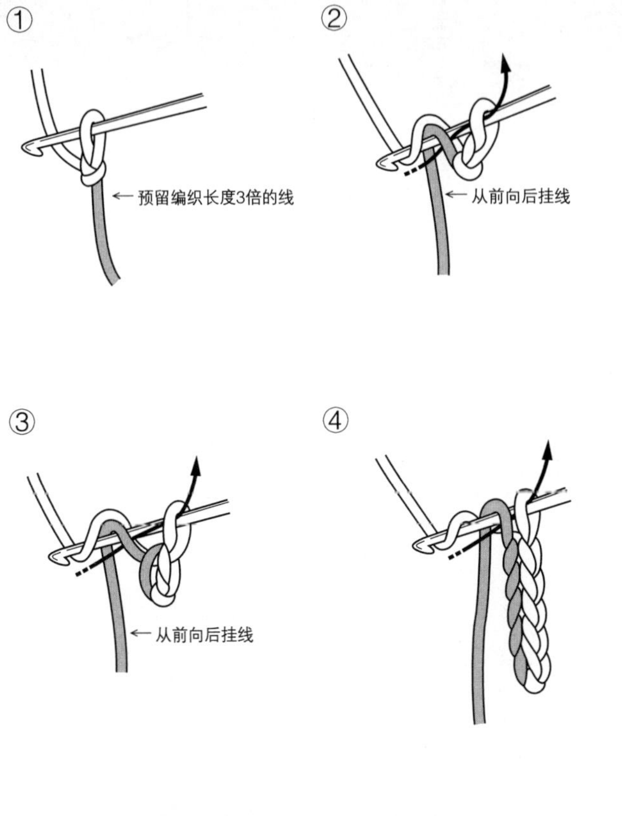

●**材料** 芭贝 帕朵法（173） 浅灰白色、灰色混合（501）280g/7团
●**工具** 棒针8号，钩针8/0号
●**成品尺寸** 胸围92cm，衣长58.5cm，连肩袖长78.5cm
●**编织密度** 10cm×10cm面积内：下针编织18针，24行
●**编织要点** **前、后身片，袖** 手指挂线起针，编织5行起伏针，第2行放在正面。接着下针编织。腋下的针目休针，育克交界线处做往返编织，插肩袖做侧边1针立针减针。袖下在1针内侧做扭针加针，插肩袖线、育克线的编织方法与后身片同。**育克** 从身片、袖上挑针，环形编织，参照图示，在编织编织花样的同时进行分散减针。**衣领** 接着育克做环形编织单罗纹针，在编织第1行时，要留出穿罗纹绳的孔，编织终点的针目使用钩针收针。**组合** 胁部、袖下、插肩袖挑针接缝，腋下下针钉缝。系绳为罗纹绳，钩好后，穿入第1行的孔中。

11

35页的作品

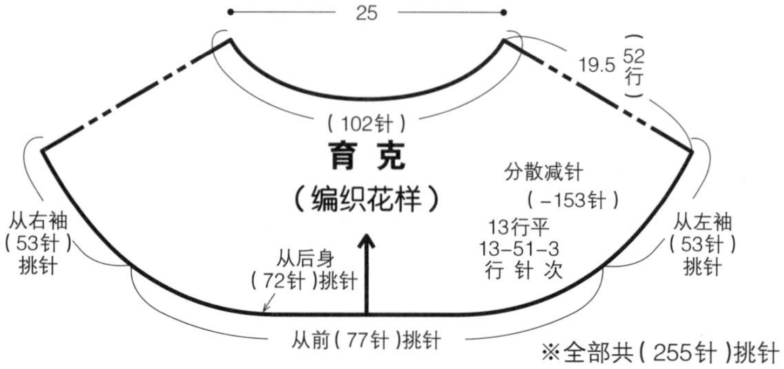

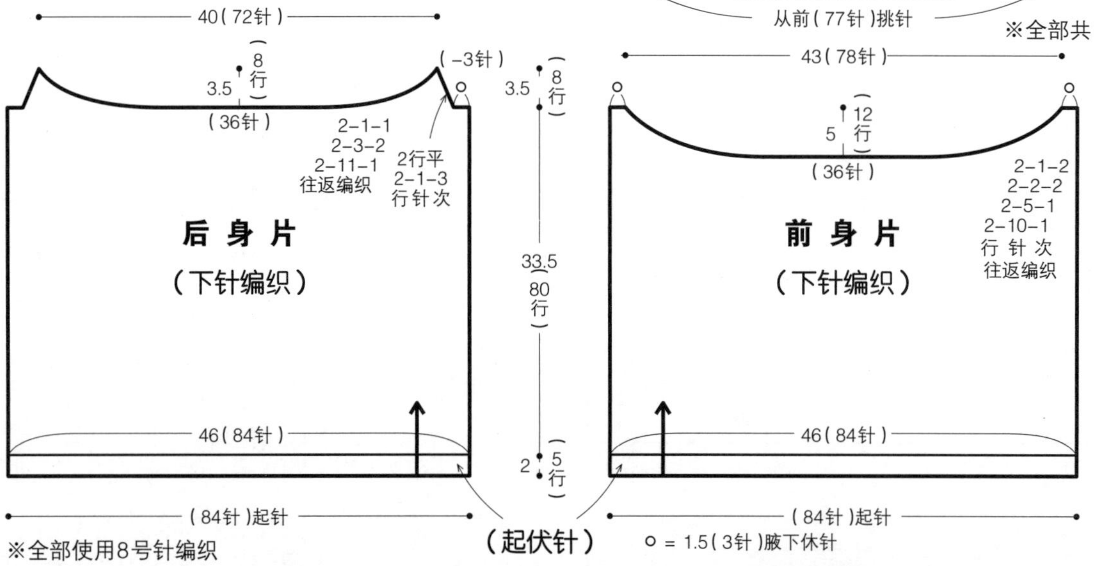

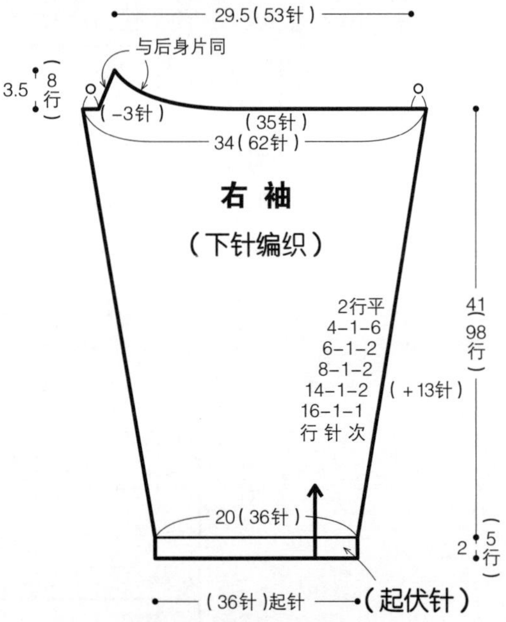

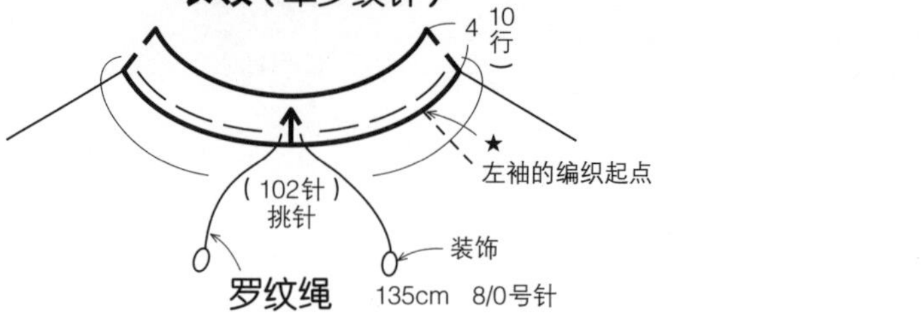

装饰 2个 8/0号针

钩织8针中长针的枣形针后引拔，缝在罗纹绳的绳端

衣领的编织方法图

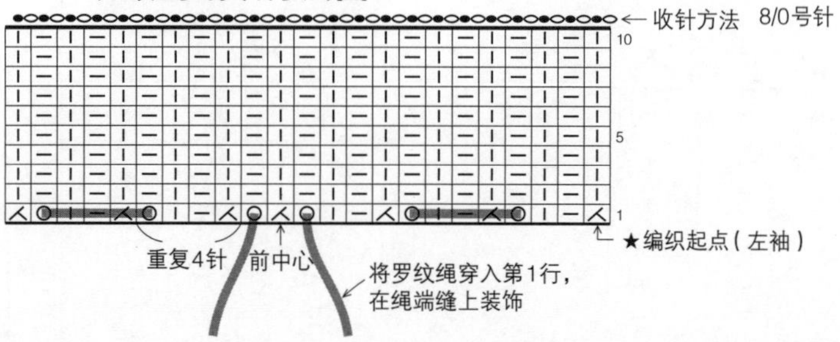

★编织花样和分散减针、罗纹绳的编织方法图见133页

●材料　芭贝 阿鲁贝罗（278）蓝色系混合（8740）280/6团，直径2.8cm的纽扣3颗

●工具　棒针11号、9号、8号、7号

●成品尺寸　胸围88cm，衣长50.5cm，连肩袖长28cm

●编织密度　10cm×10cm面积内：下针编织15针，20行

●编织要点　**后身片**　手指挂线起针，编织桂花针，接着做下针编织。袖下编织卷针加针。肩部编织引拔针，休针。领窝做伏针减针。**前身片**　起针方法与后身片相同，参照图示前门襟编织桂花针，一边在右前门襟上开扣眼一边编织。领窝编织侧边1针立针减针。**组合**　肩部正面相对盖针钉缝。胁部挑针接缝。衣领按照图示编织双罗纹针，伏针收针，对齐前门襟和衣领的相同标记，做针与行的钉缝。袖口编织桂花针，一边编织桂花针，一边伏针收针。左前门襟缝上纽扣。

21

45页的作品

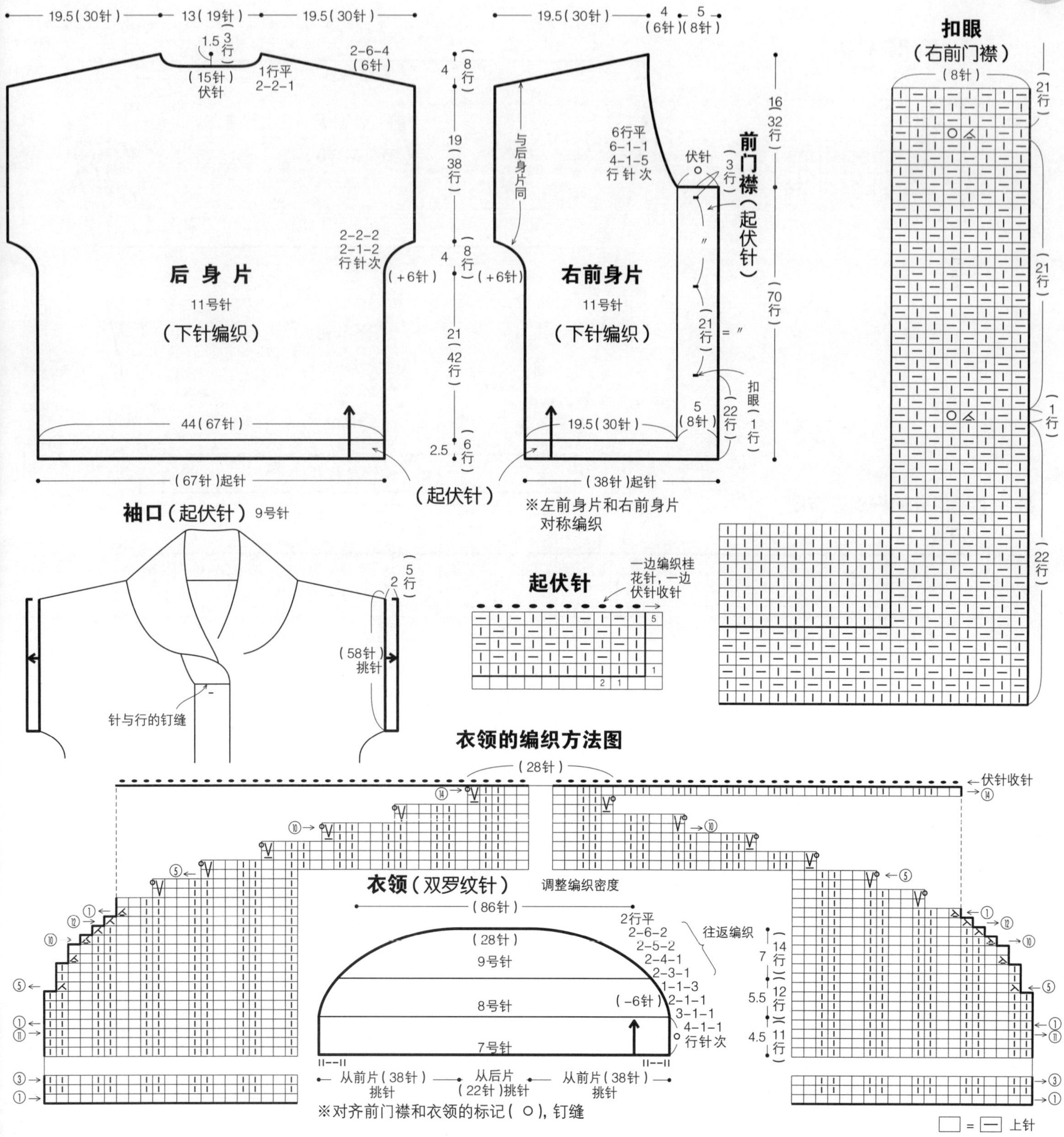

●材料 内藤商事 Spark 蓝灰色系段染（11）380/8团

●工具 棒针10号、8号

●成品尺寸 胸围不限，衣长58cm，连肩袖长40cm

●编织密度 10cm×10cm面积内：上针编织14针，20行；编织花样B15.5针，20.5行

●编织要点 前、后身片 身片①和②分开编织，编织2片同样的形状。另线锁针起针，横向编织下半部分①。使用上针编织和花样编织A编织胁部，余线做往返编织，最终针目休针。身片上半部分②从下半部分①挑针，编织花样B，一起编织袖口的起伏针。袖口单罗纹针内侧编织扭针加针，肩部按照图示编织引拔针，接着编织单罗纹针。衣领和肩部的针目分别休针。**组合** 肩部和胁部盖针钉缝，衣领开口处做单罗纹针收针。下摆边线向正面凸出，从侧边1针半内侧挑针，环形编织花样C，编织终点做单罗纹针收针。

26

50页的作品

编织花样C

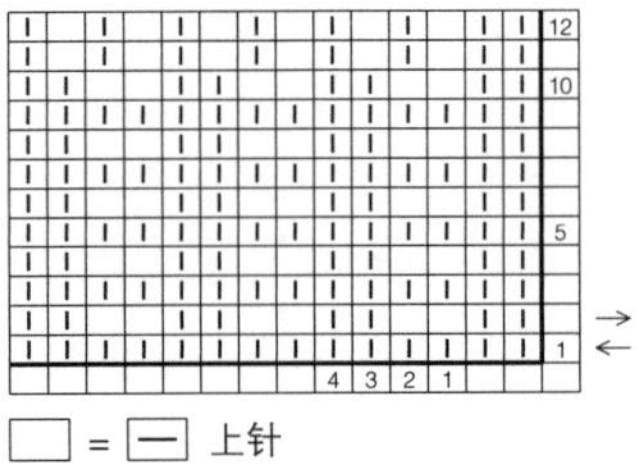

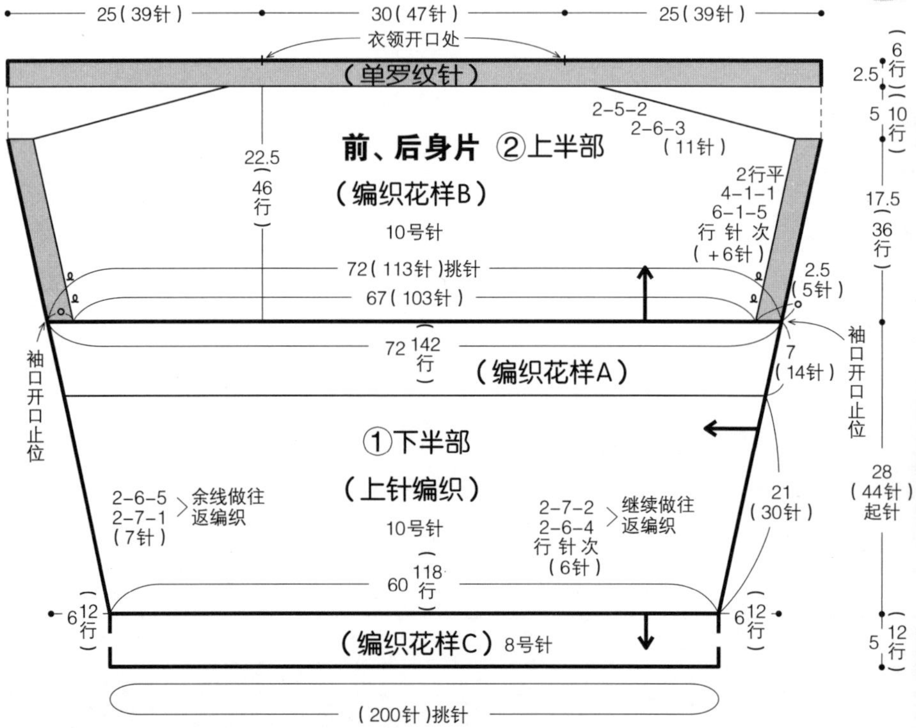

身片上半部分的编织方法图

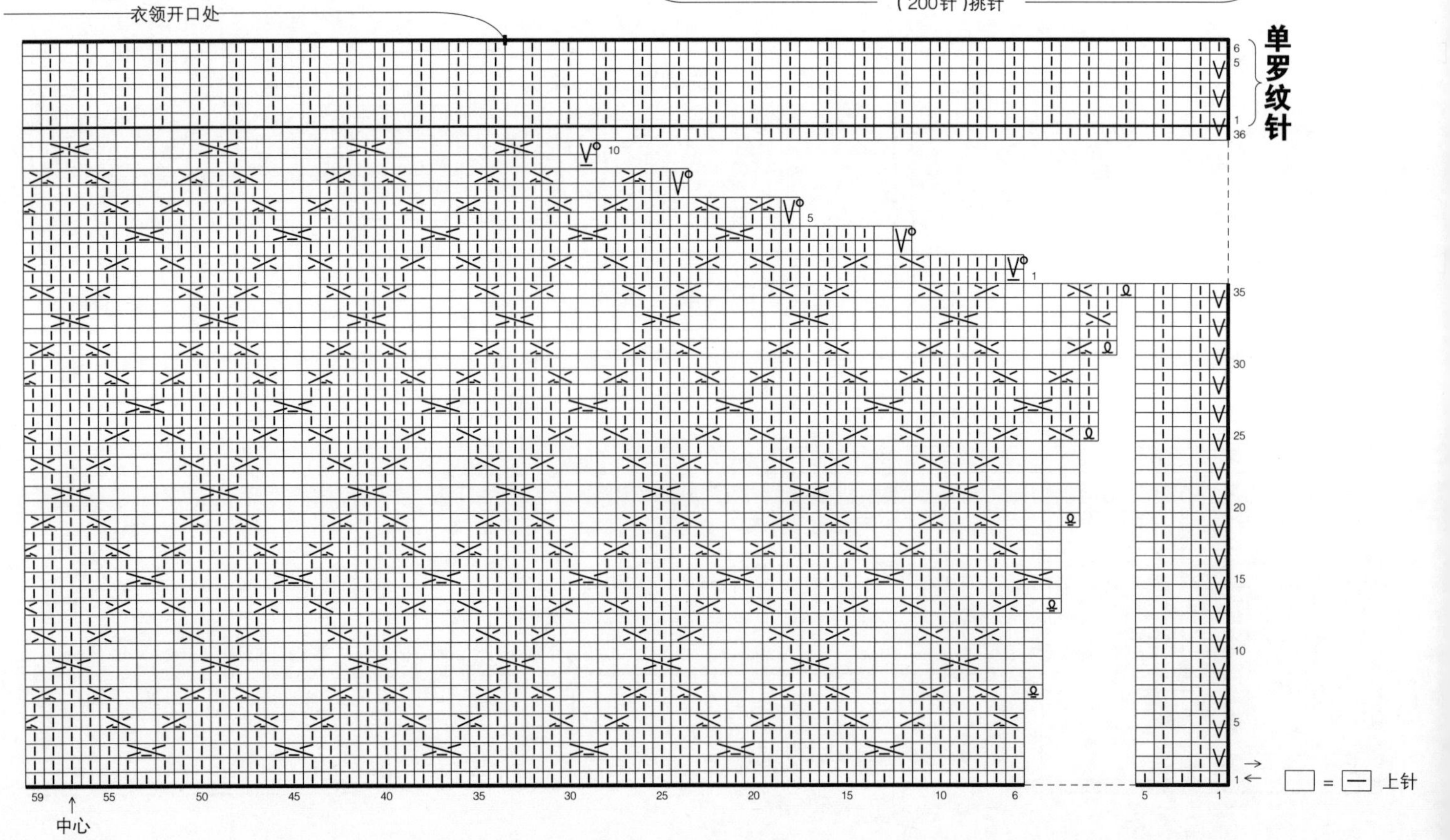

身片下半部分的编织方法图

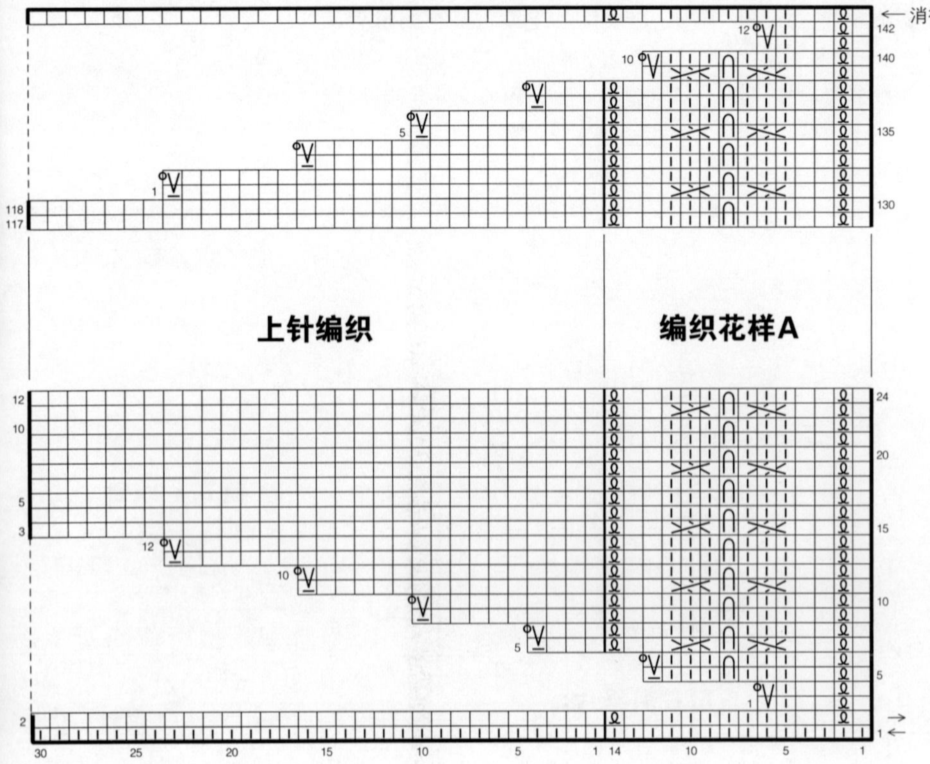

□ = ⊟ 上针

编织花样A

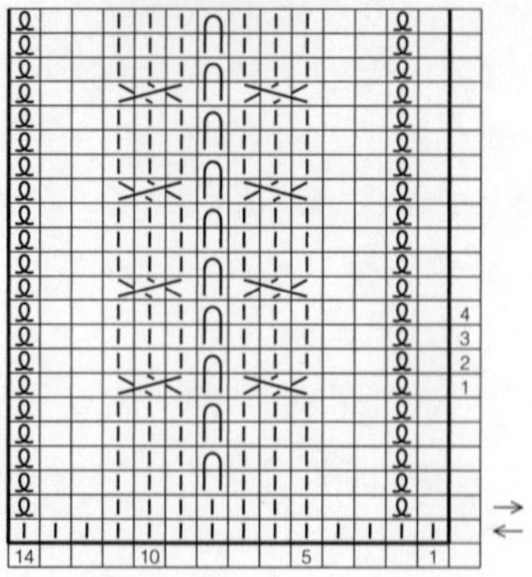

□ = ⊟ 上针

编织花样B

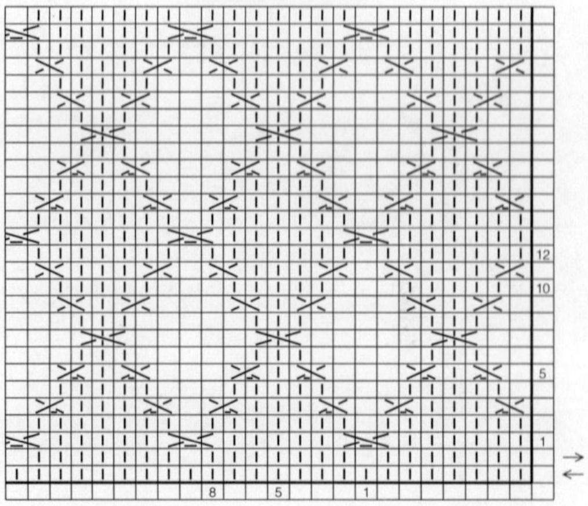

□ = ⊟ 上针

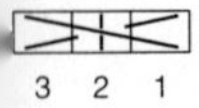
= 将针目1、针目2分别移到麻花针上，针目1放在织片前，针目2放在织片后。针目3编织下针，接着针目2编织下针，最后针目1也编织下针。

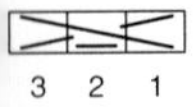
= 将针目1、针目2分别移到麻花针上，针目1放在织片前，针目2放在织片后。针目3编织下针，接着针目2编织上针，最后针目1也编织上针。

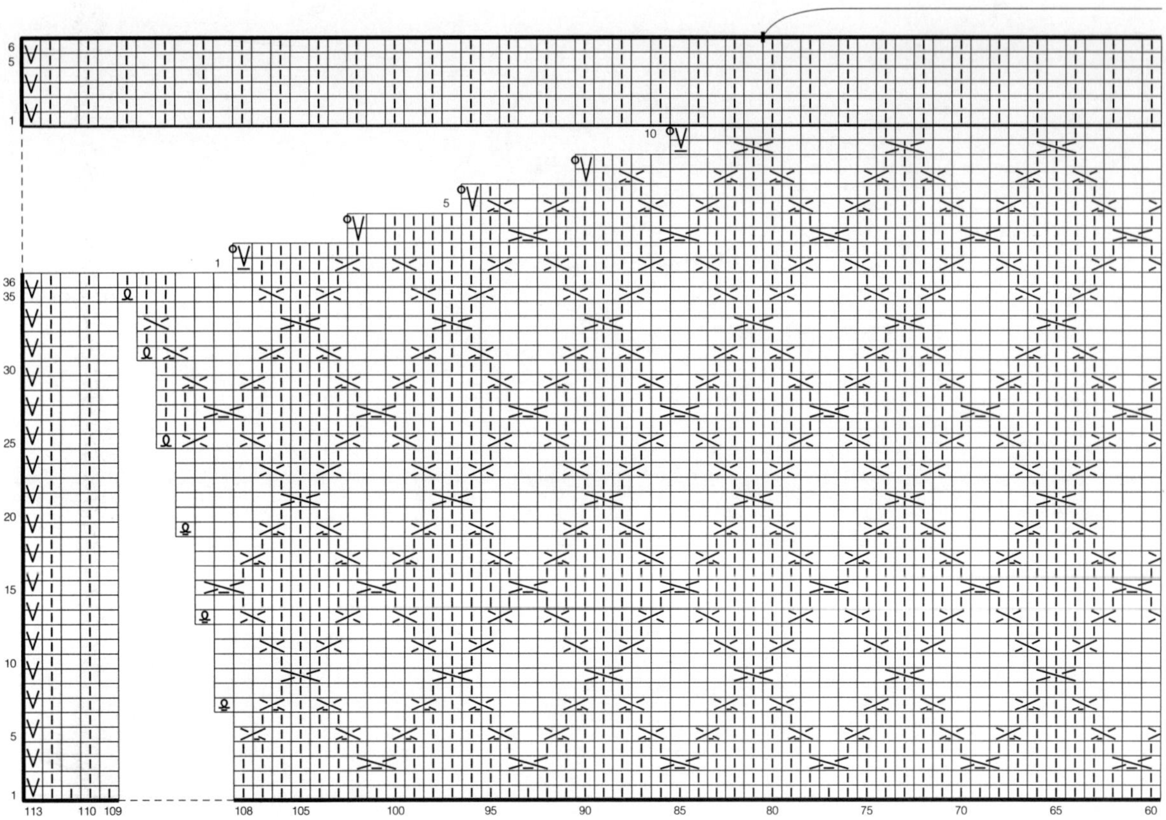

●材料 内藤商事 Gioiello 蓝绿色系(85)310/7团

●工具 棒针8号，钩针7/0号

●成品尺寸 胸围96cm，肩宽38cm，衣长54.5cm，袖长50cm

●编织密度 10cm×10cm面积内：英式罗纹针20针，32行

●编织要点 **后身片** 手指挂线起针，编织起伏针、英式罗纹针。肩部做往返编织，休针。领窝的针目伏针。**前身片** 锁针起针，衣领一起编织起伏针。前身片延伸至下摆的长衣领，参照图示一边从锁针的反面挑针，一边做往返编织加针。接着，编织33针卷针起针。**袖** 肩部正面相对盖针钉缝，从肩口连接衣袖处挑针，编织英式罗纹针。袖下编织侧边2针立针减针。接着，袖口编织起伏针，伏针收针。**组合** 胁部和袖下挑针接缝。后衣领中心盖针钉缝，后衣领开口处做针与行的钉缝。

28

52页的作品

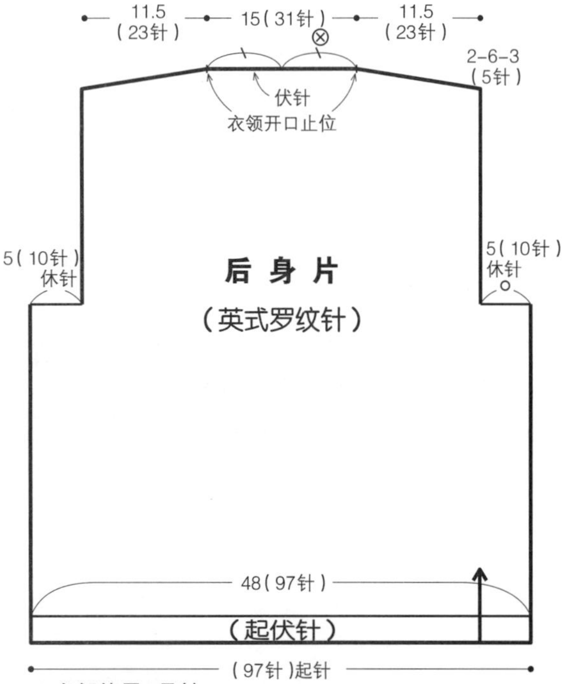

※全部使用8号针

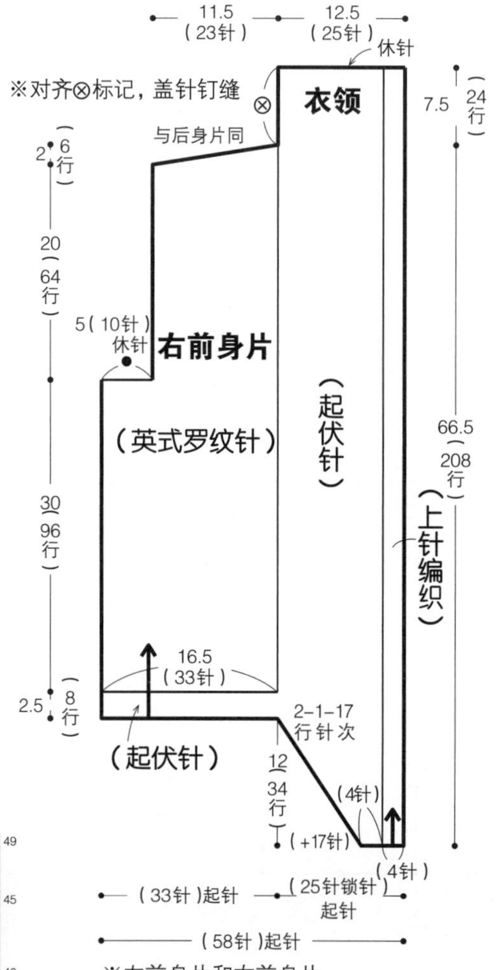

※左前身片和右前身片对称编织

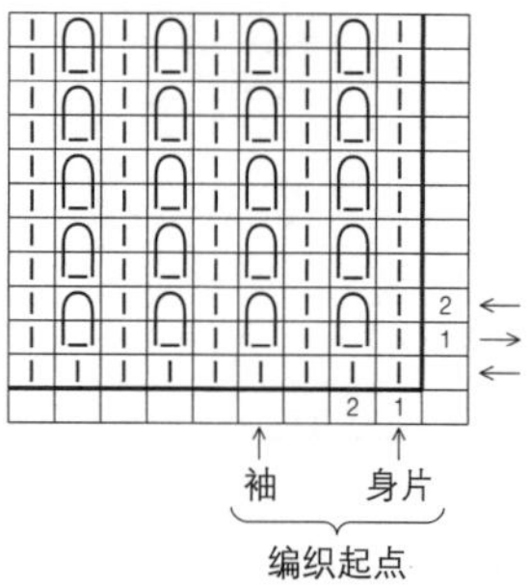

右前下摆的编织方法图

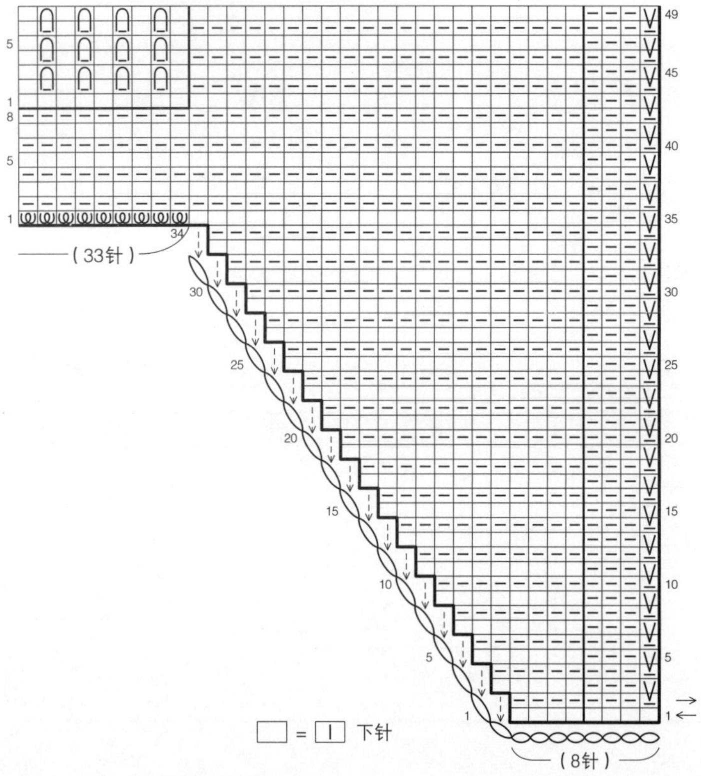

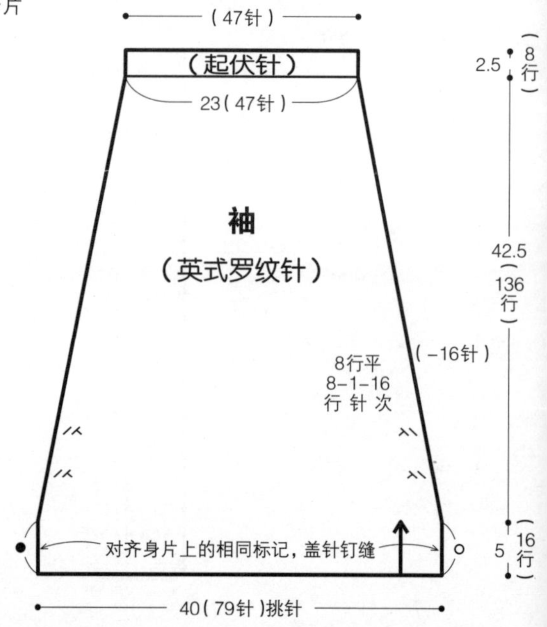

●**材料** 内藤商事 Inca Spun Roving 蓝色（7270）130/4团，黄绿色（7271）90g/3团，薰衣草色（7268）70g/2团

●**工具** 棒针12号、10号

●**成品尺寸** 胸围不限，衣长65cm，连肩袖长40.5cm

●**编织密度** 10cm×10cm面积内：加入花样14针，20行

●**编织要点** **加入花样** 纵向渡线编织加入，具体方法参照第159页。**前、后身片** 另线锁针起针，第一行从另线锁针的反面挑针，一边换线一边编织。参照编织方法图，编织加减针。**组合** 肩部正面相对盖针钉缝。胁部挑针接缝至袖口开口止位。下摆、前门襟和衣领从连接位置挑针，编织20行双罗纹针和4行单罗纹针，环形编织。编织终点做单罗纹针收针。袖口接着前、后身片挑针，编织6行双罗纹针和2行单罗纹针，环形编织。编织终点做单罗纹针收针。

27

51页的作品

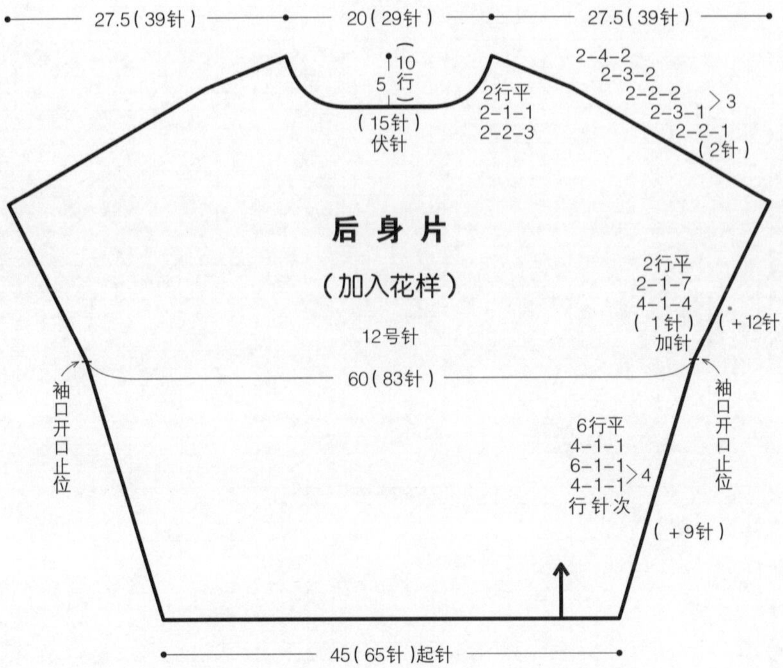

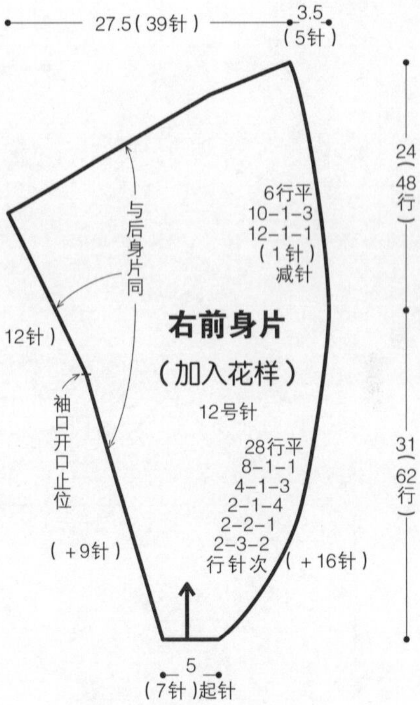

※左前身片和右前身片对称编织

下摆、前门襟、衣领 10号针

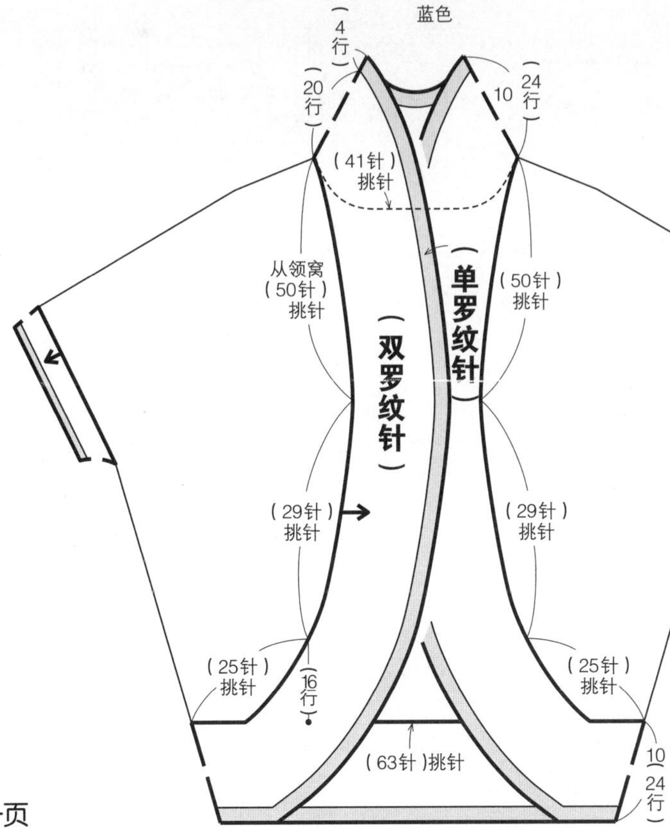

袖口 10号针

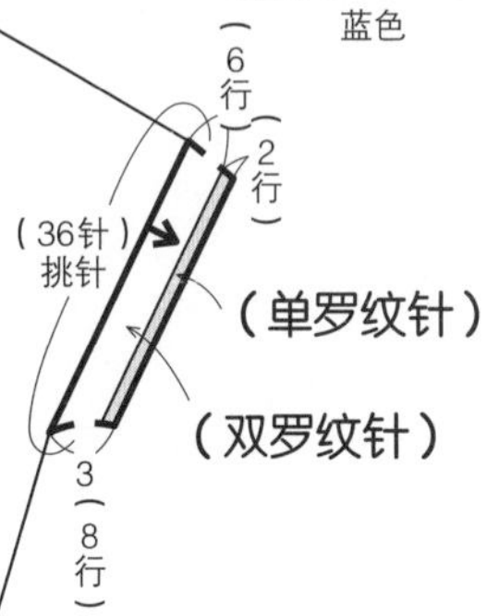

★接下一页

加入花样和后身片的编织方法图

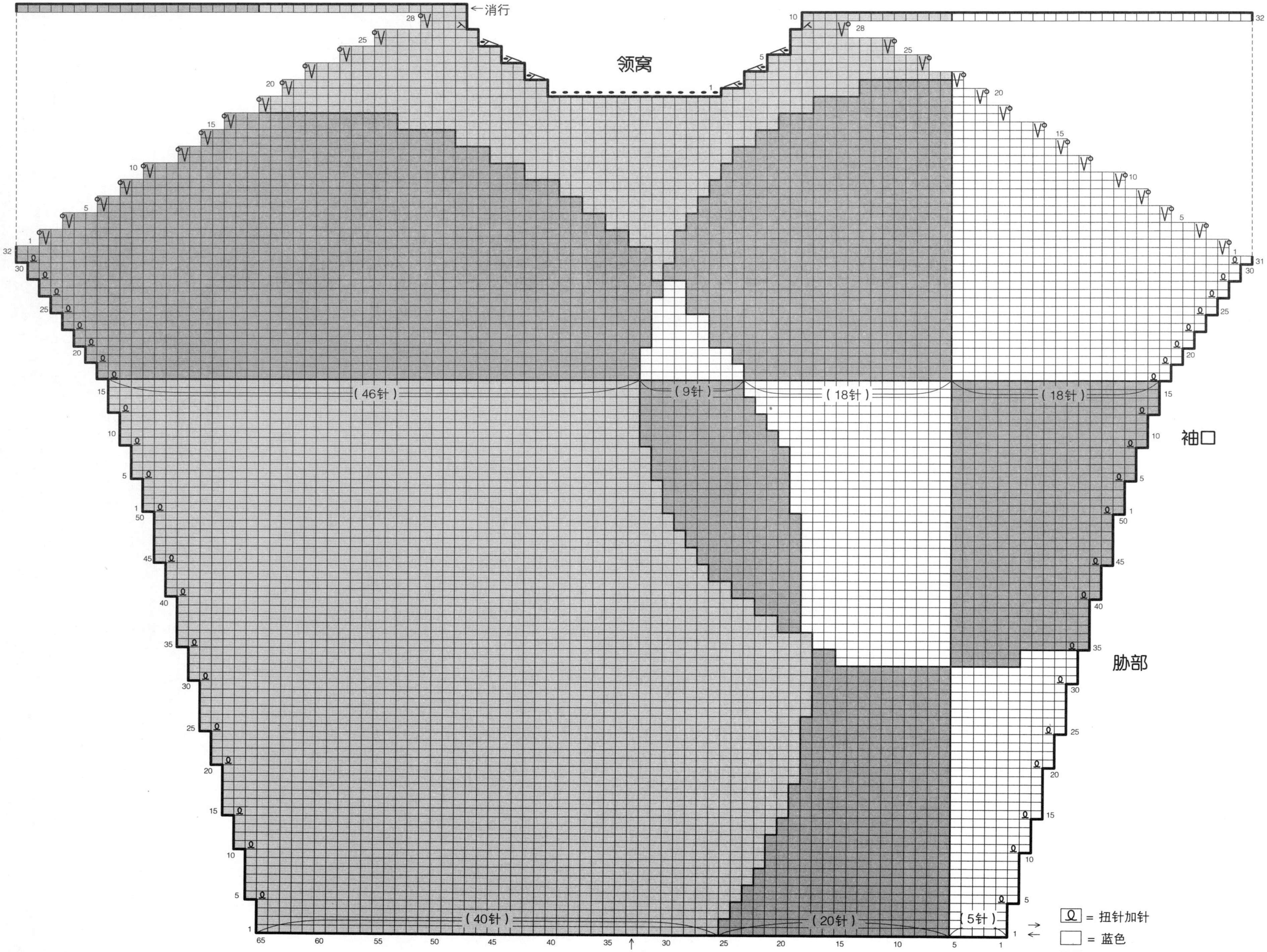

Ω = 扭针加针
□ = 蓝色
■ = 黄绿色
▒ = 薰衣草色

※纵向渡线加入花样的方法请参照第159页

加入花样和右前身片的编织方法图

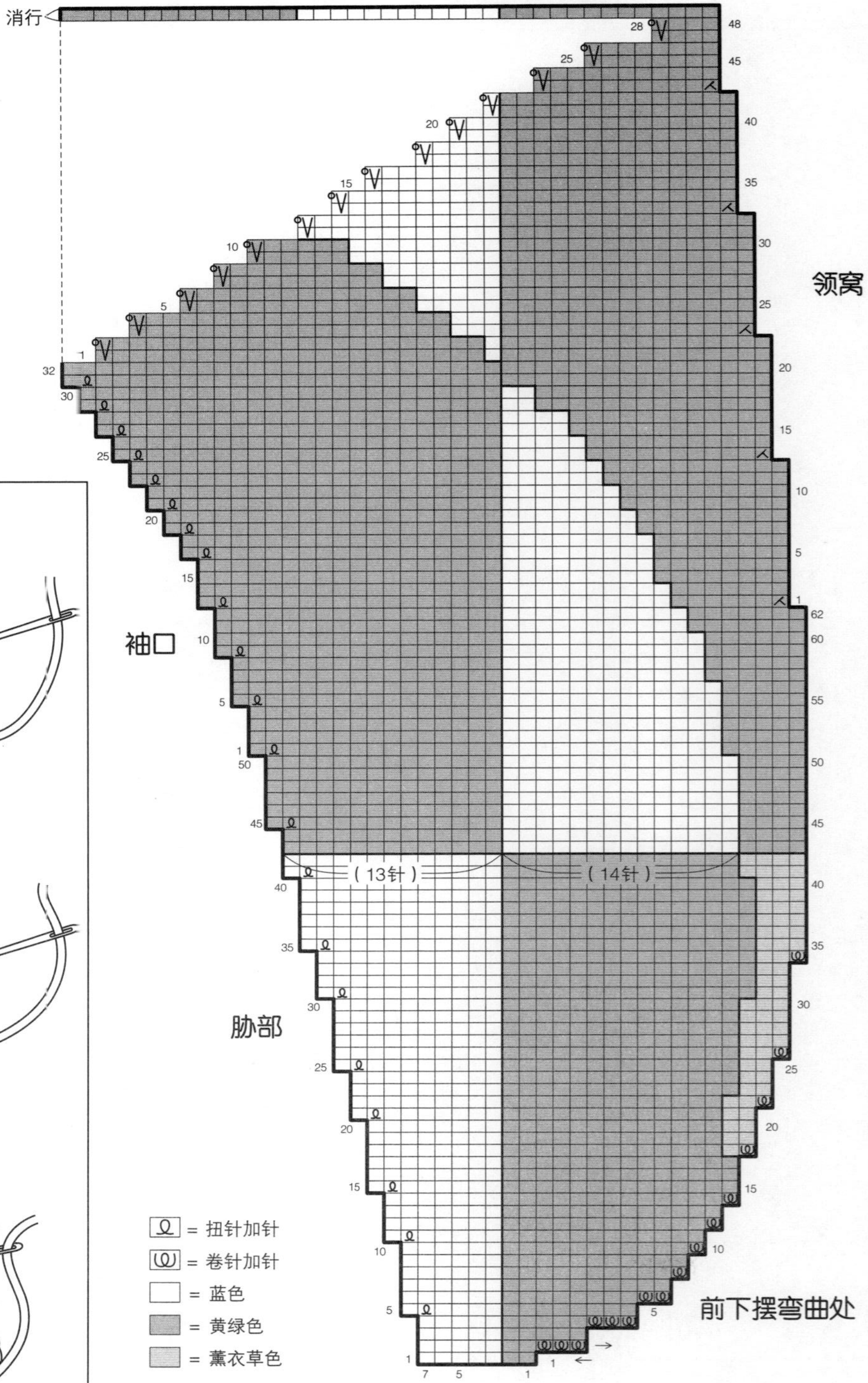

- Ω = 扭针加针
- ꞷ = 卷针加针
- □ = 蓝色
- ■ = 黄绿色
- ▒ = 薰衣草色

加入花样和左前身片的编织方法图

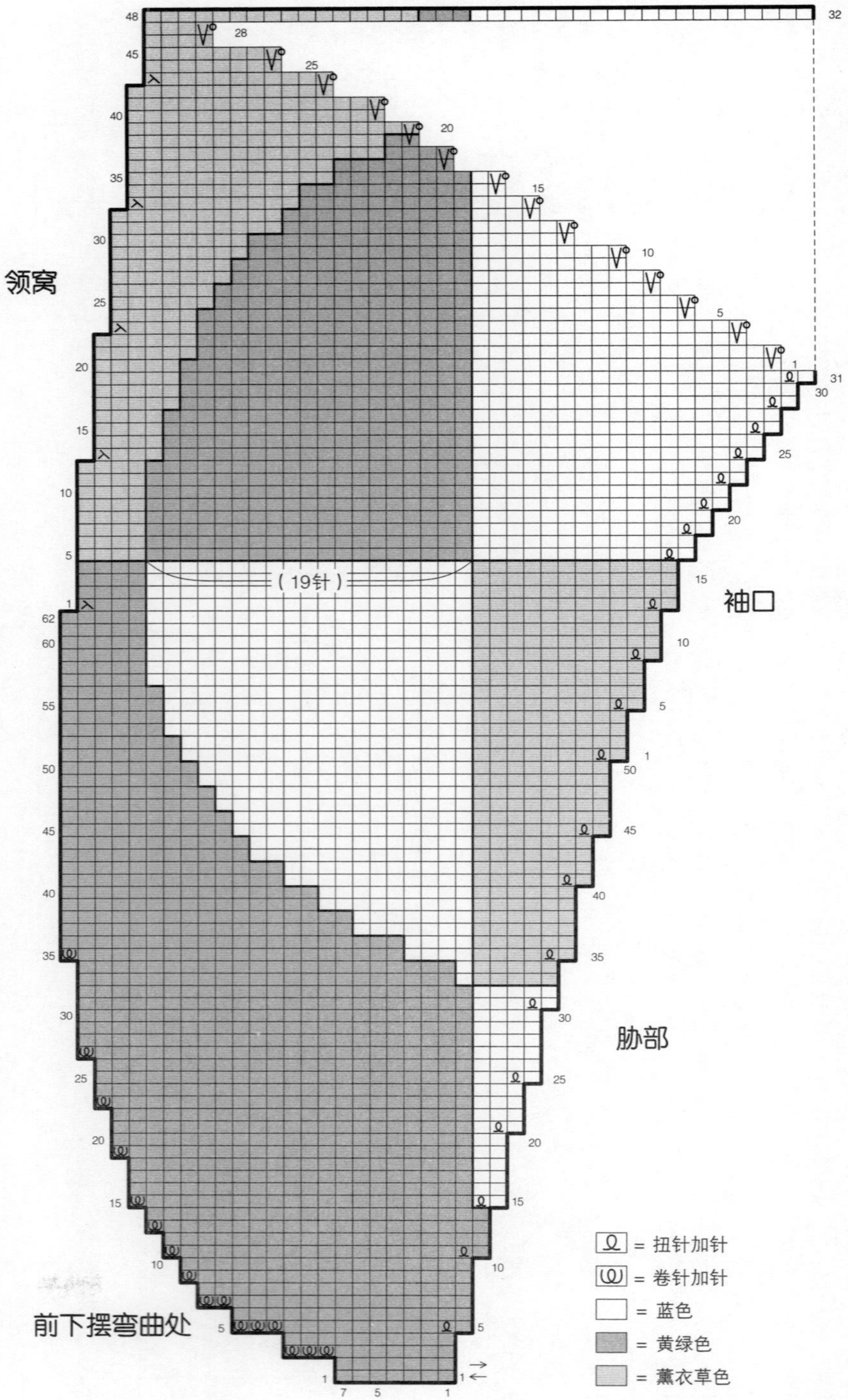

- Ω = 扭针加针
- ꞷ = 卷针加针
- □ = 蓝色
- ■ = 黄绿色
- ▒ = 薰衣草色

挑针接缝

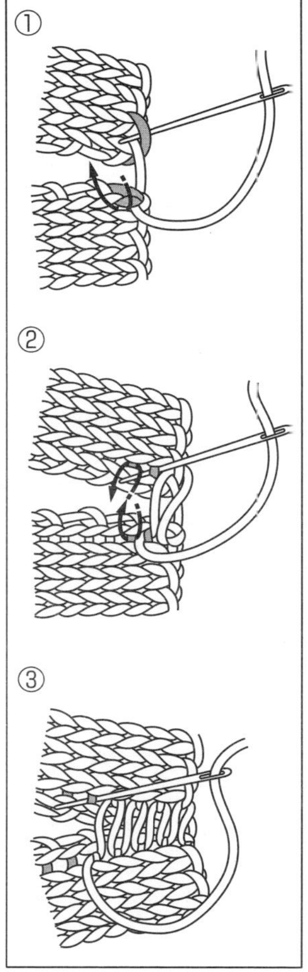

●**材料** 内藤商事 Kilimanjaro 藏青色系段染(9)、粉色茶色系段染(10)各100g/各2团，红色系段染(8)50g/1团

●**工具** 棒针8号、6号

●**成品尺寸** 胸围不限，衣长67cm，连肩袖长42cm

●**编织密度** 10cm×10cm面积内：桂花针A、B均为15.5针，25行

●**编织要点** **前、后身片** 手指挂线起针，编织起伏针，桂花针A、B，使用指定颜色编织。袖口编织8针伏针。袖口另一侧做8针卷针起针，接着编织桂花针B和起伏针，伏针收针。**组合** 袖口从图示位置挑针，编织单罗纹针，做单罗纹针收针。按照图示折叠织片，对齐相同标记，从前端开始做挑针接缝直至袖口。

29

53页的作品

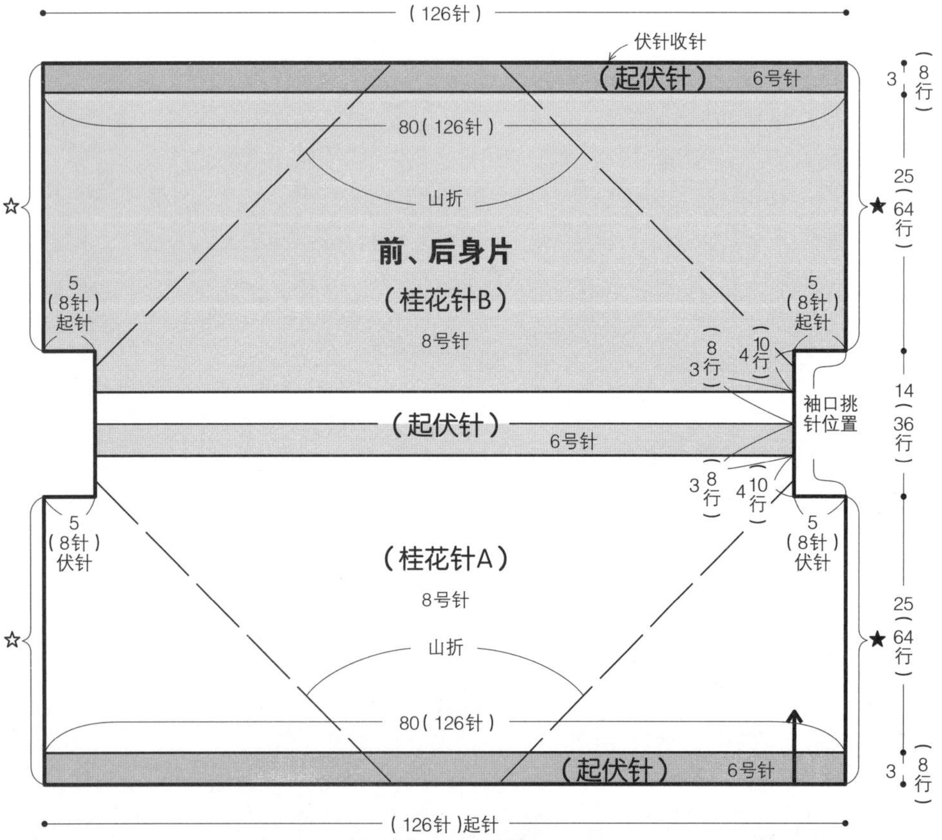

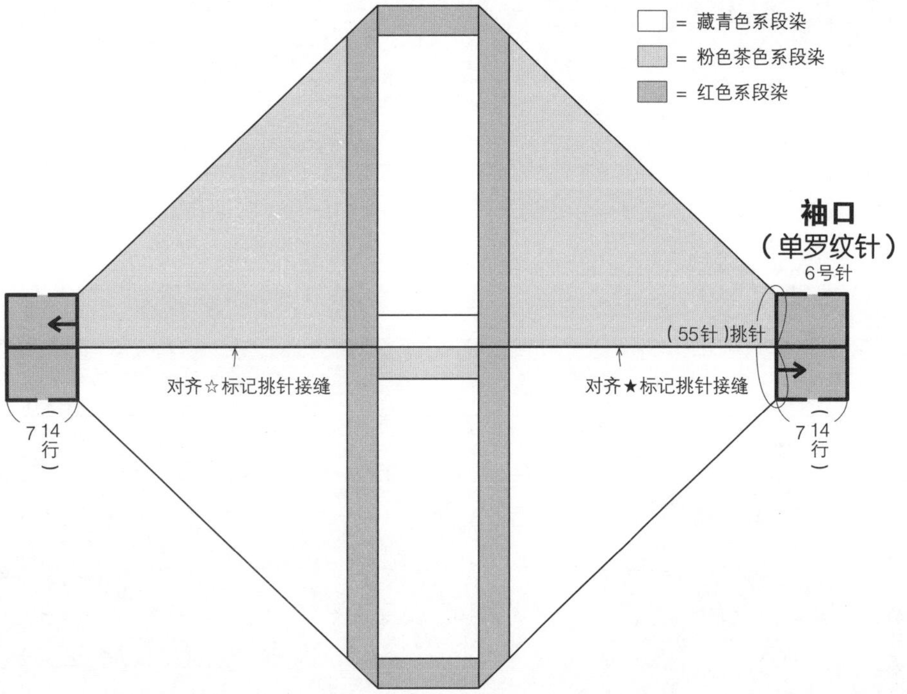

起伏针

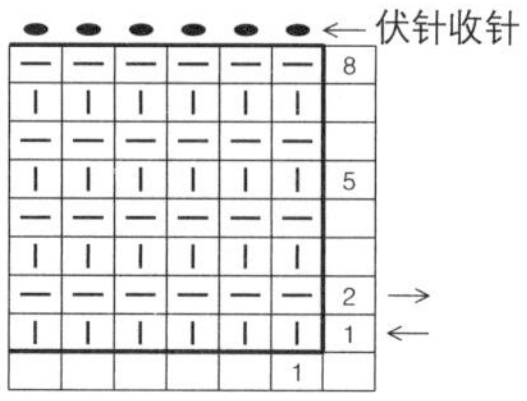

桂花针A

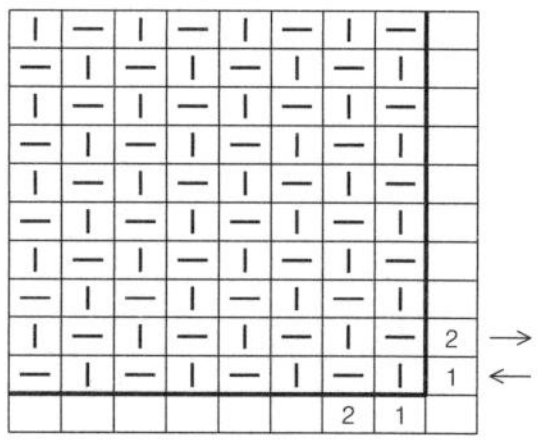

桂花针B

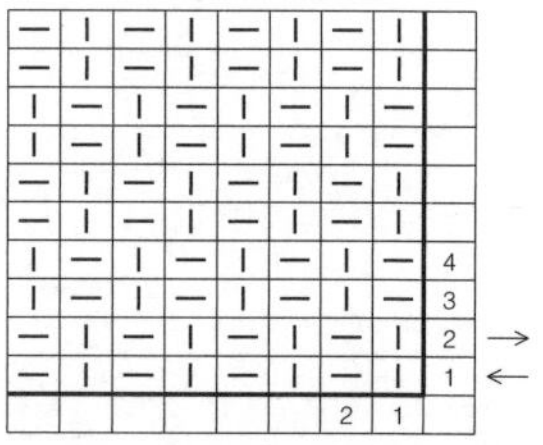

单罗纹针

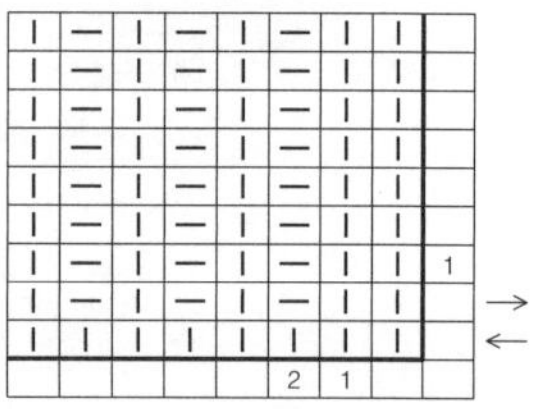

●**材料** 内藤商事 Hamburg 蓝色系、绿色系、酒红色系段染(953) 520g/11团，直径1.8cm的纽扣4颗

●**工具** 钩针5/0号

●**成品尺寸** 胸围110cm，衣长56cm，连肩袖长56cm

●**编织密度** 10cm×10cm面积内：编织花样22针(5.5个花样)，12行

●**编织要点** **前、后身片** 锁针起针，第1行挑取锁针半针和里山共2根线进行钩织。参照图示钩织花样，前身片左肩部开口的位置暂时不钩织。**袖** 起针方法和身片相同，按照图示钩织。**组合** 右肩卷针钉缝，胁部和袖下卷针接缝。衣领接着前、后身片钩织7行短针。前肩部开口一边开扣眼一边钩织短针。下摆和袖口挑取起针的半针锁针，环形钩织短针。使用卷针缝将袖与身片缝合。后肩部开口缝上纽扣。

32

56 页的作品

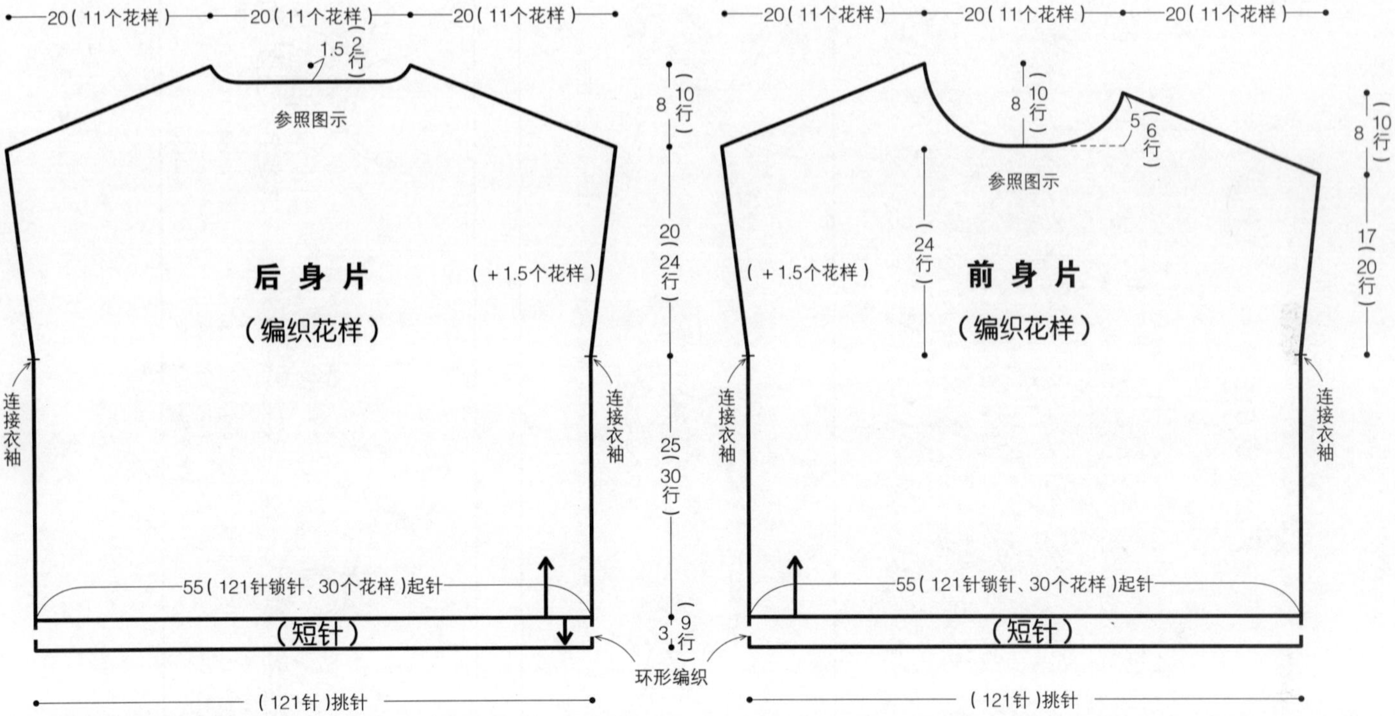

※全部使用5/0号钩针编织

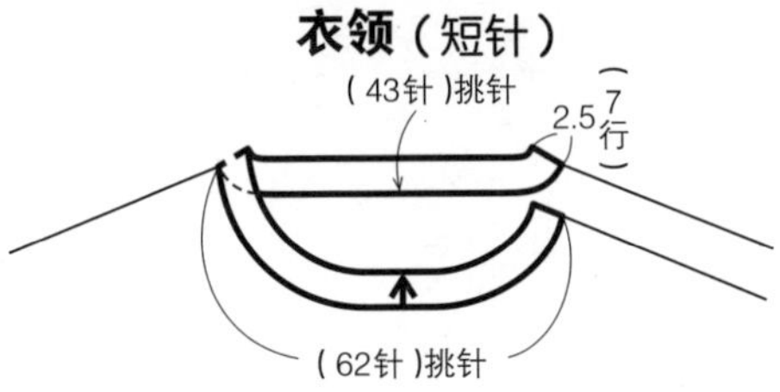

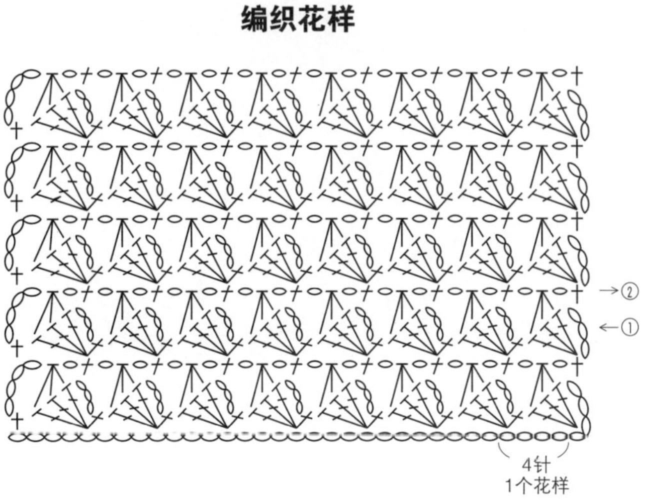

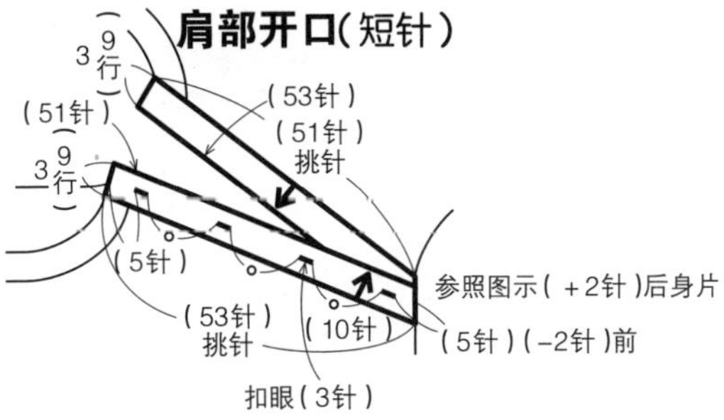

★接下一页

左后肩部开口（短针）

后身片的编织方法图

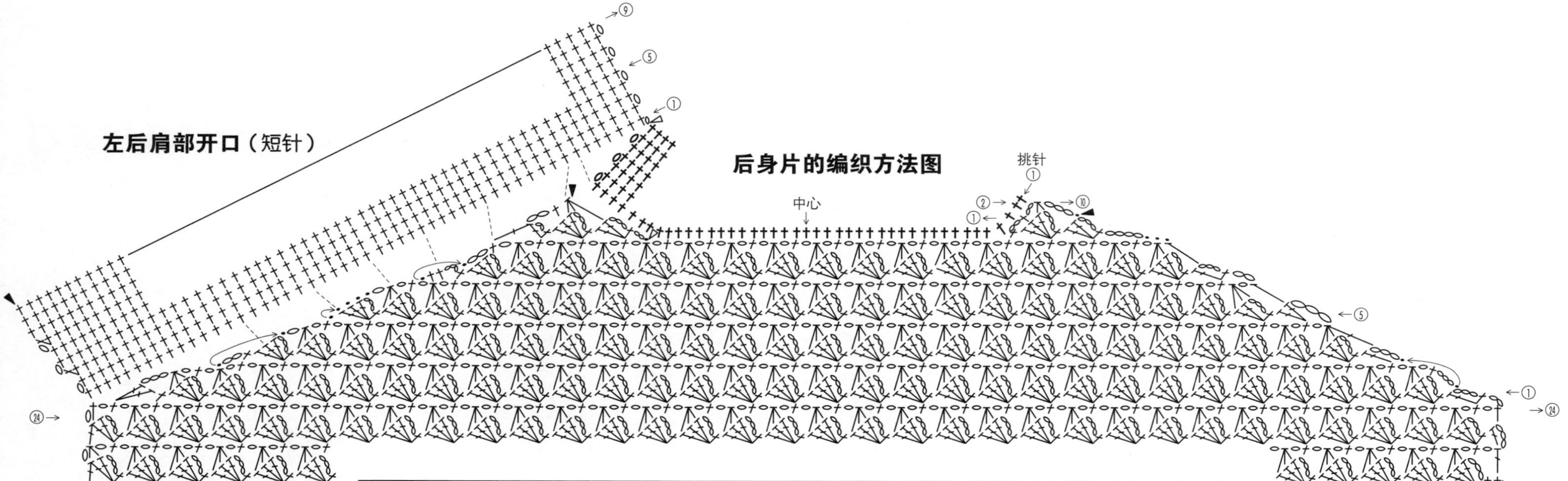

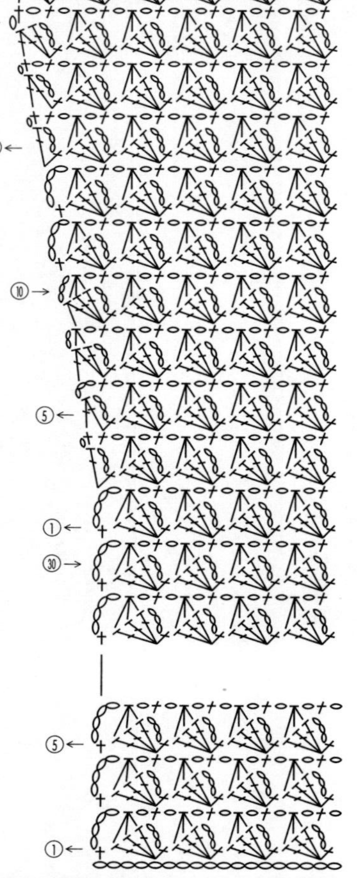

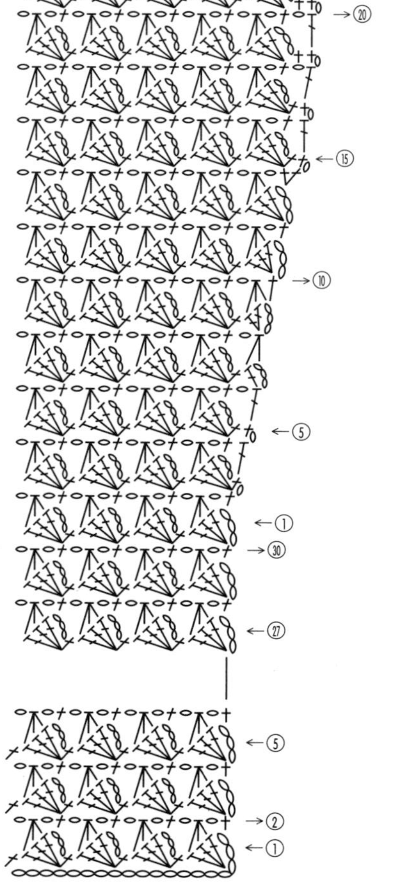

1针长针放3针

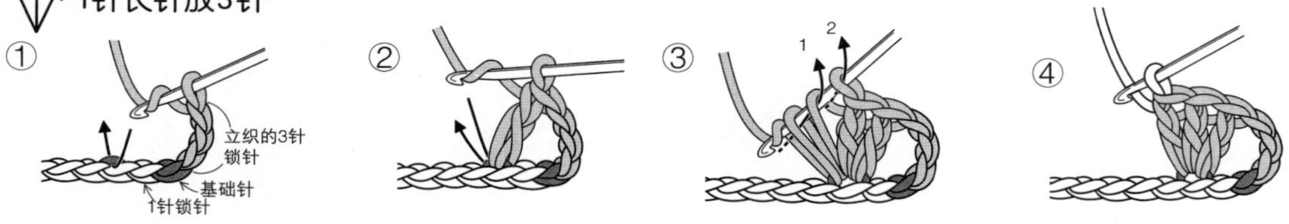

① 将线挂到钩针上，如箭头所示入针。

② 钩织1针长针，挂线，在同一个针目中钩织长针。

③ 将线圈拉出，钩织第3针长针。

④ 1针长针放3针完成。

3针中长针并1针

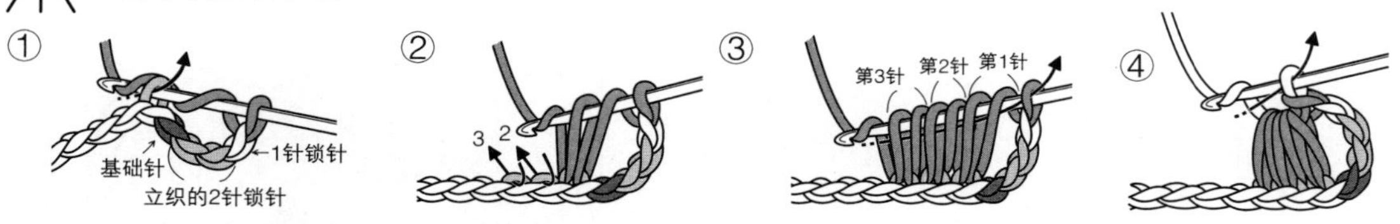

① 立织2针锁针。按箭头方向将线圈引拔出。

② 将线挂到钩针上，将线圈引拔出，重复2次。

③ 将线挂到钩针上，如箭头所示，将钩针上的所有线圈一次性全部引拔出。

④ 3针中长针并1针完成。

◁ = 加线
◀ = 剪线
⌒ = 渡线

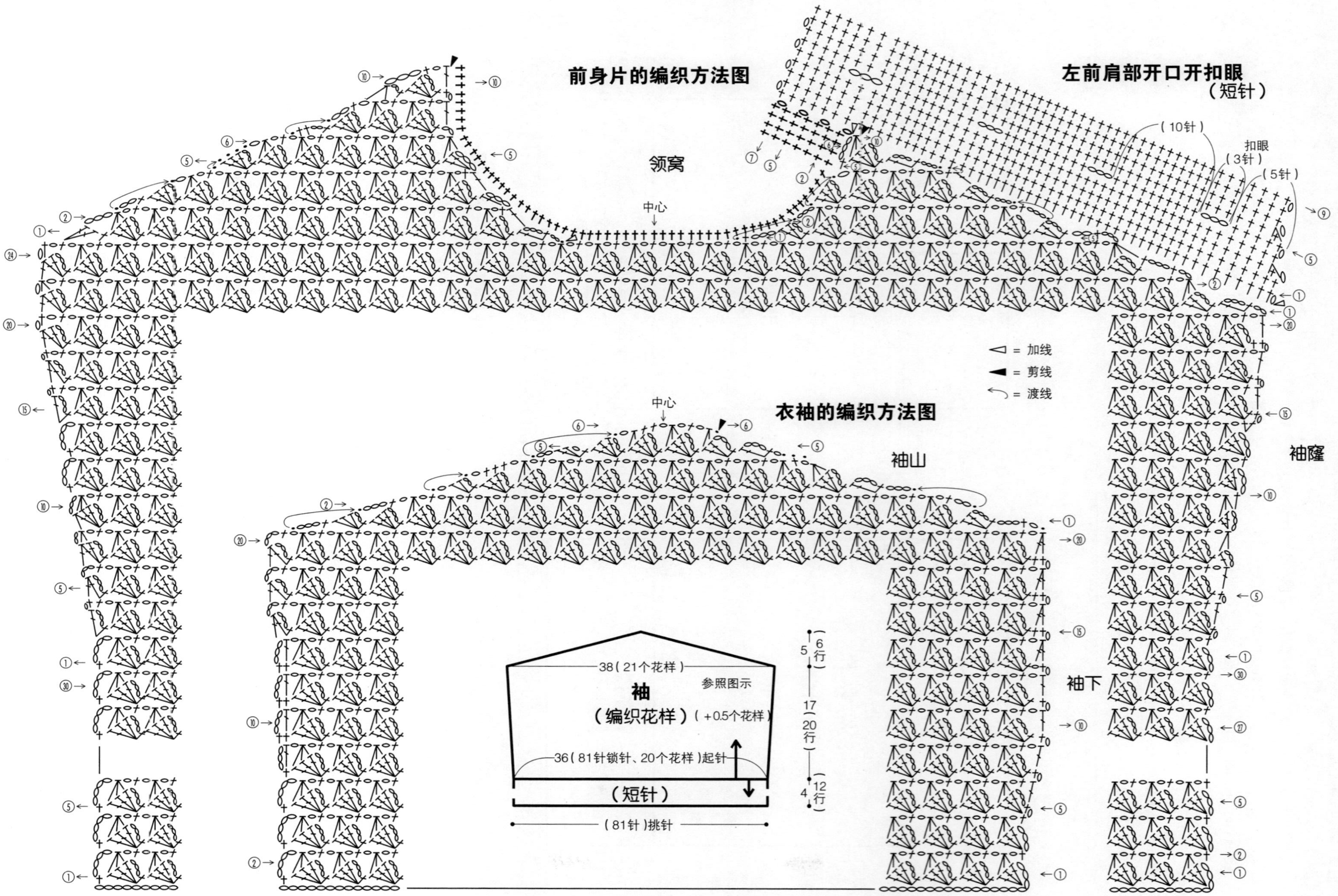

前身片的编织方法图
领窝
中心
左前肩部开口开扣眼
（短针）
（10针）
扣眼
（3针）
（5针）
◁ = 加线
◀ = 剪线
↶ = 渡线
衣袖的编织方法图
中心
袖山
袖窿
袖下
38（21个花样）
参照图示
袖
（编织花样）（+0.5个花样）
36（81针锁针、20个花样）起针
（短针）
（81针）挑针
5（6行）
17（20行）
4（12行）

●材料 内藤商事 Kilimanjaro 蓝色系、橙色系段染(1)360g/8团，长约7cm的别针1个

●工具 棒针8号、7号

●成品尺寸 胸围90cm，衣长65cm(后身片)、60cm(前身片)，连肩袖长27.5cm **大围领** 宽20cm，长103cm

●编织密度 10cm×10cm面积内：下针编织18.5针，24行；编织花样28针，27行

●编织要点 **下摆** 手指挂线起针，编织花样和双罗纹针，做下针织下针、上针织上针的伏针收针。**后身片** 从后摆挑针，做下针编织。袖口开口止位用毛线做个记号。编织终点，肩部和领口分别休针。**前身片** 起针方法和后身片相同，在前开口处分为左右两个部分，侧边编织卷针加针，同时前门襟编织双罗纹针。**大围领** 另线锁针起针，编织双罗纹针和编织花样，休针。起针侧解开另线锁针，挑针编织双罗纹针，对齐下针和上针的针目做伏针收针。(下接147页)

31

55页的作品

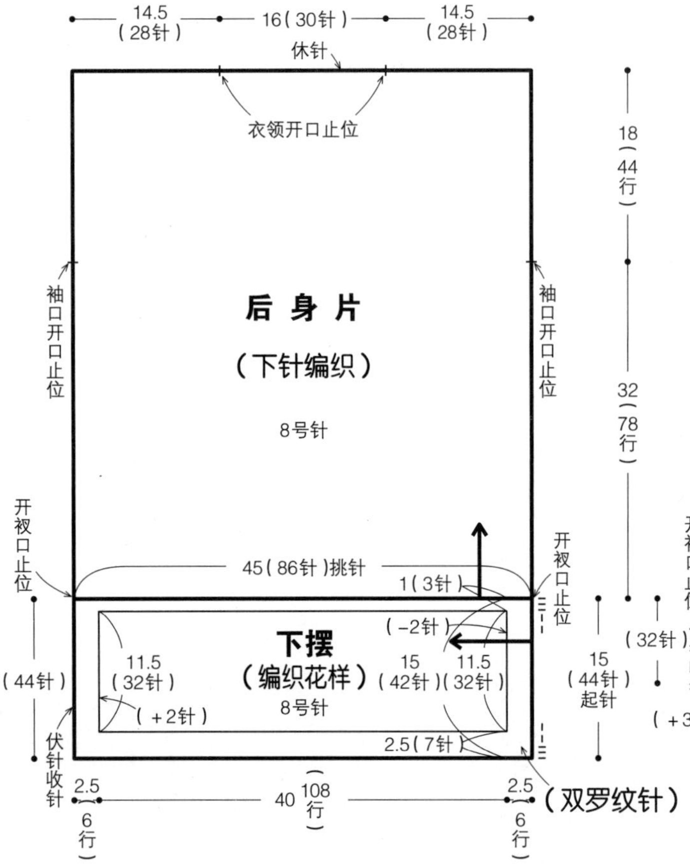

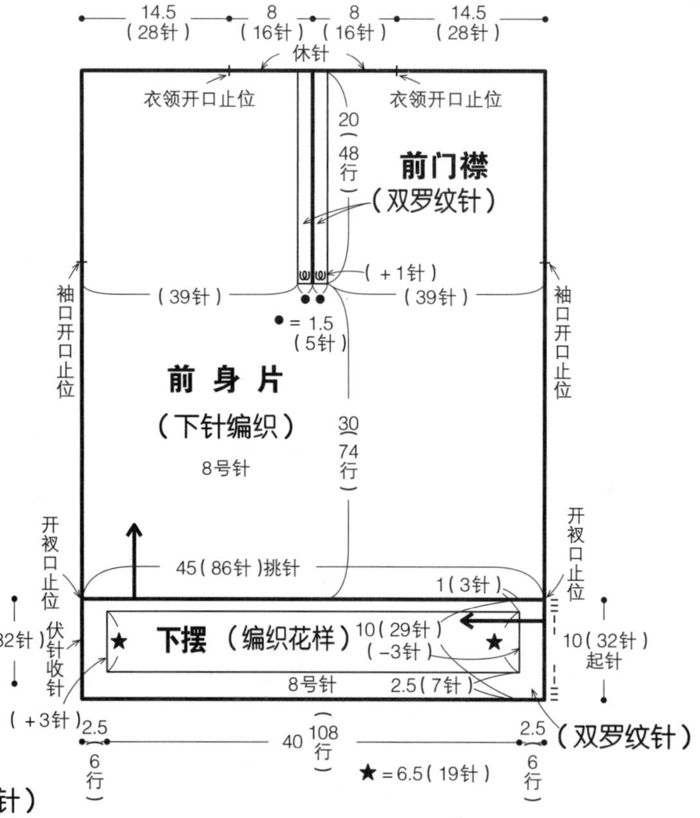

前门襟的编织方法图

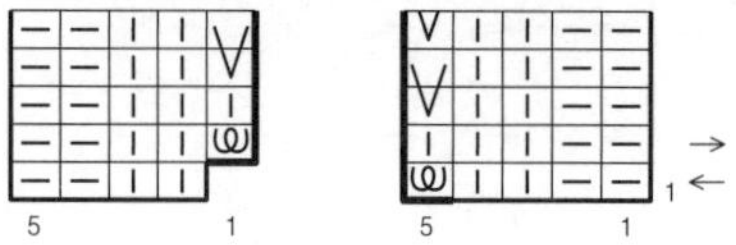

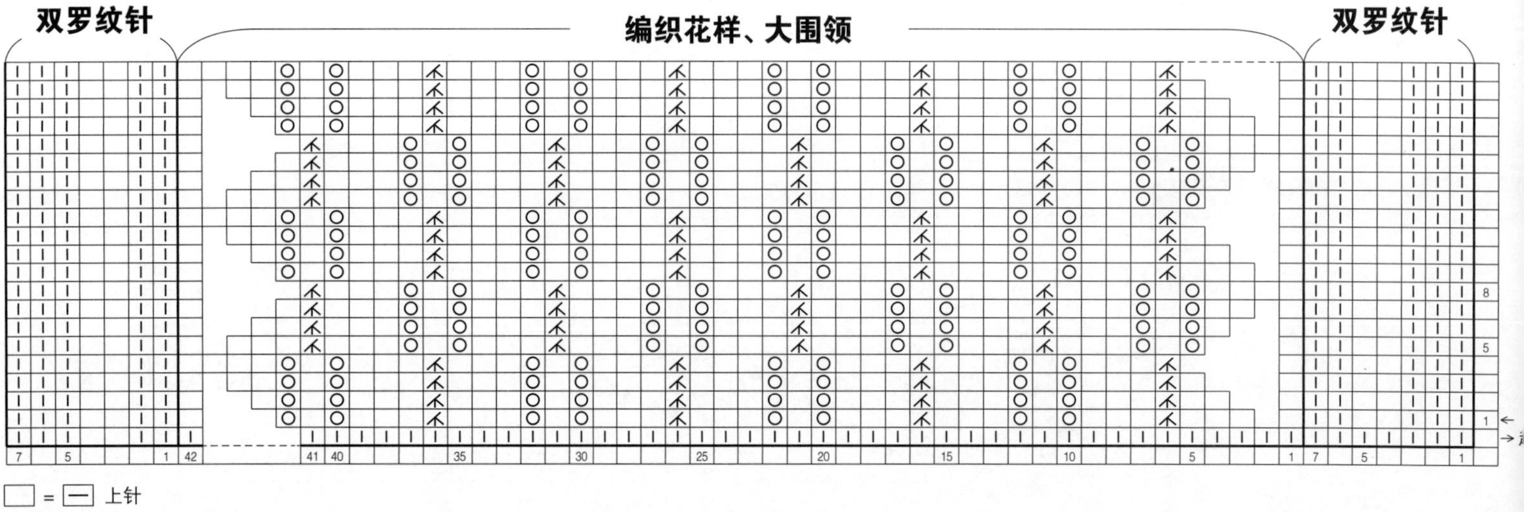

组合 肩部盖针钉缝，胁部挑针接缝。衣领编织双罗纹针，做双罗纹针收针。左袖口和大围领的编织终点重合，大围领一边均匀减针一边挑针，环形编织双罗纹针，做下针织下针、上针织上针的伏针收针。

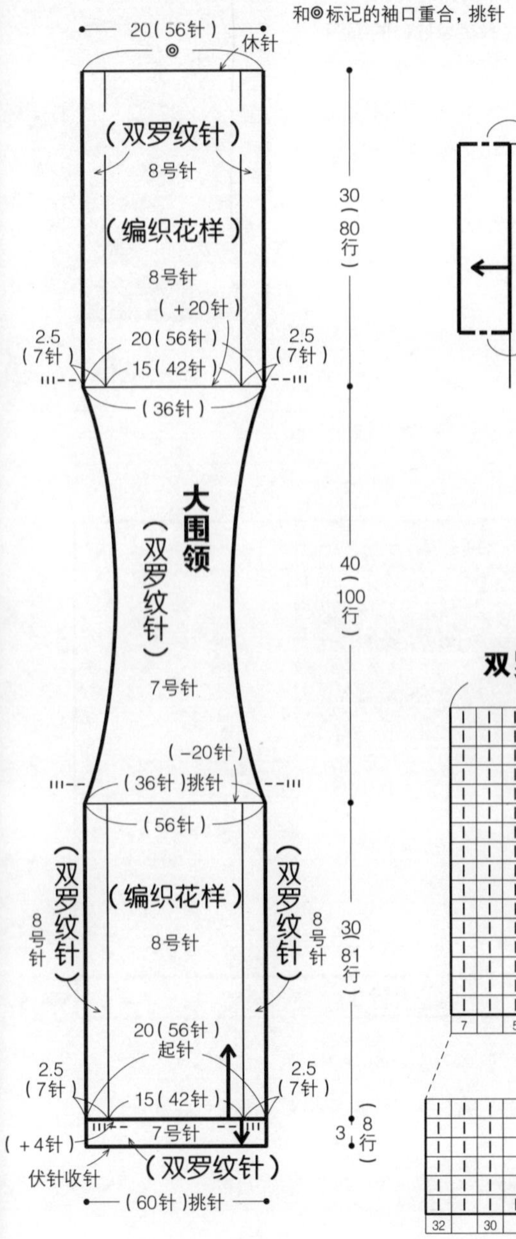

衣领、袖口（双罗纹针）

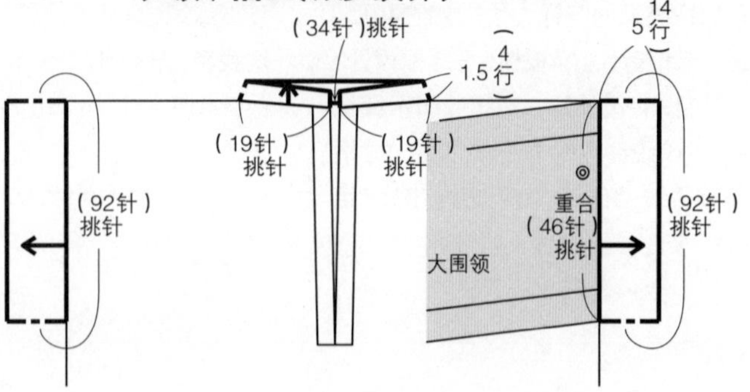

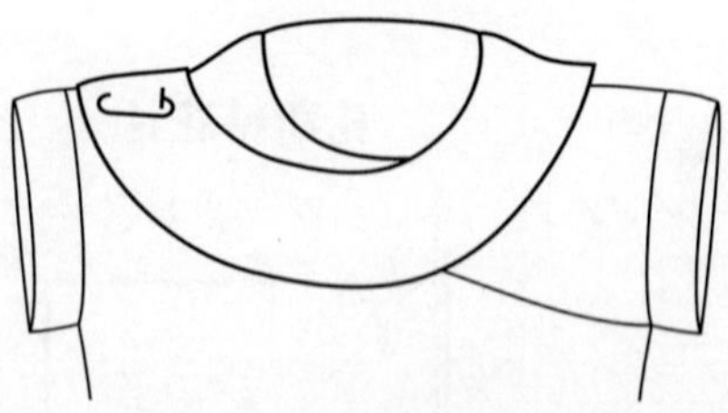
大围领的成品图

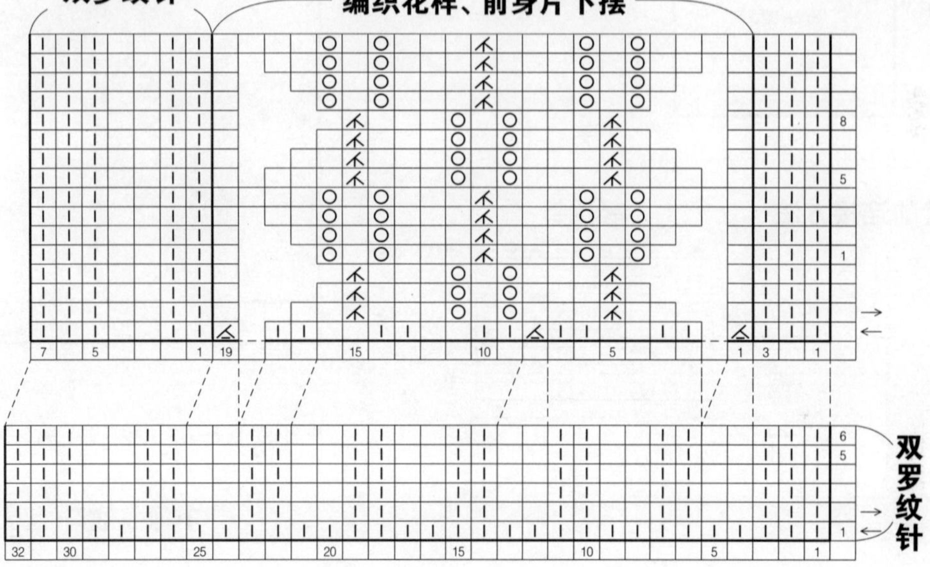

□ = ⊟ 上针

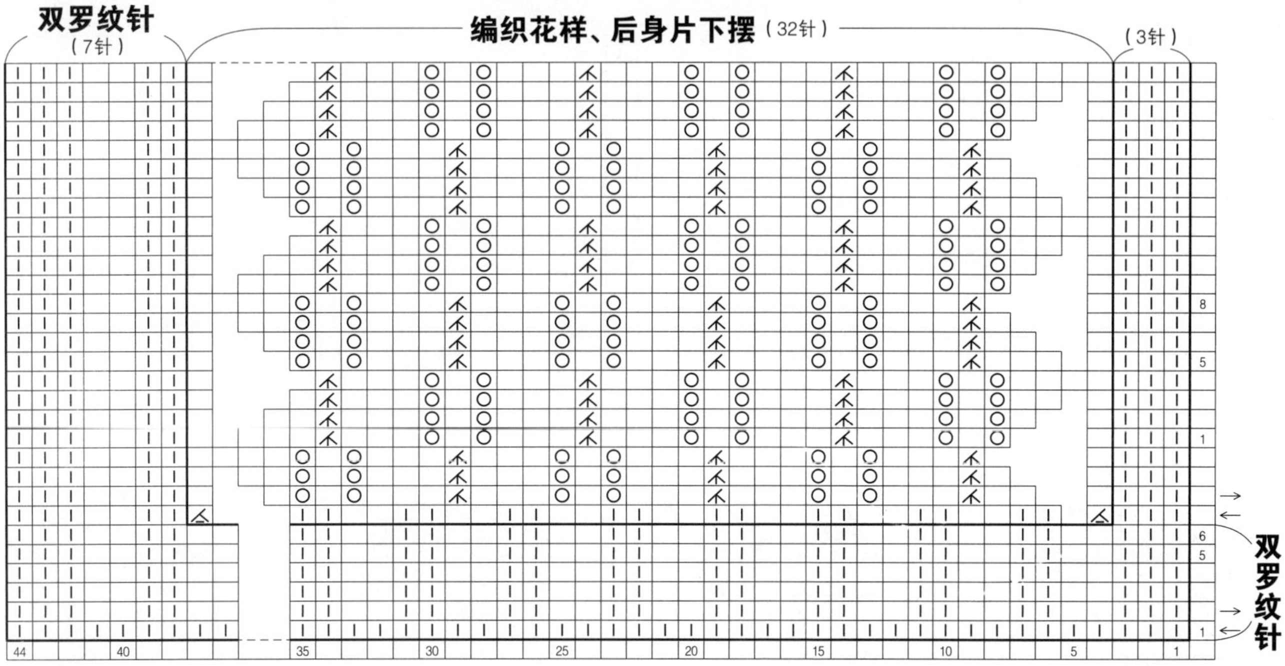

□ = ⊟ 上针

●材料 内藤商事 Poems Wool 绿色、粉色、蓝色、灰色多色段染(172)380g/8团

●工具 棒针12号、10号，钩针7/0号

●成品尺寸 胸围132cm，衣长48cm，连肩袖长36cm

●编织密度 花片边长22cm的正方形

●编织要点 花片 孔斯特编织。用孔斯特编织的起针方法(参照149页)编织8针起针，用4根棒针，每根棒针2个针目。一边加针一边按照图示编织27行。编织终点每个花样(38针)分别移至另线后休针。编织12枚花片。**组合** 相邻花片正面相对做引拔钉缝。衣领开口部分以及下摆与袖口的编织终点编织1圈引拔针。衣领、袖口和下摆挑针，环形编织起伏针。编织终点伏针收针。

33

57页的作品

孔斯特花片 12枚

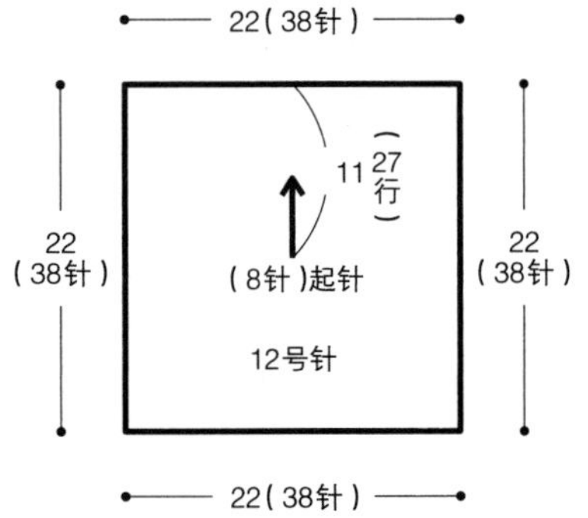

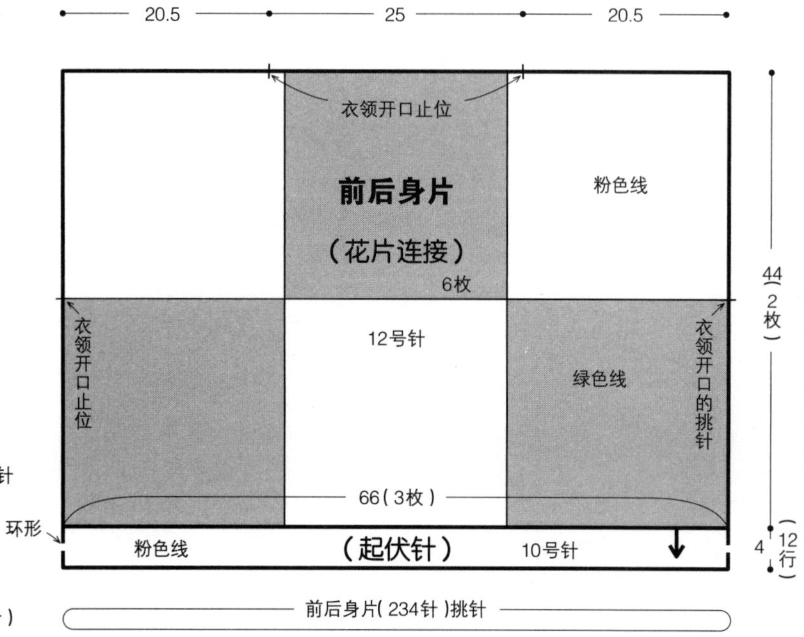

※1团毛线各编织2枚花片，编织完成的花片交叉布局粉色线和绿色线

四边形花片的连接方法

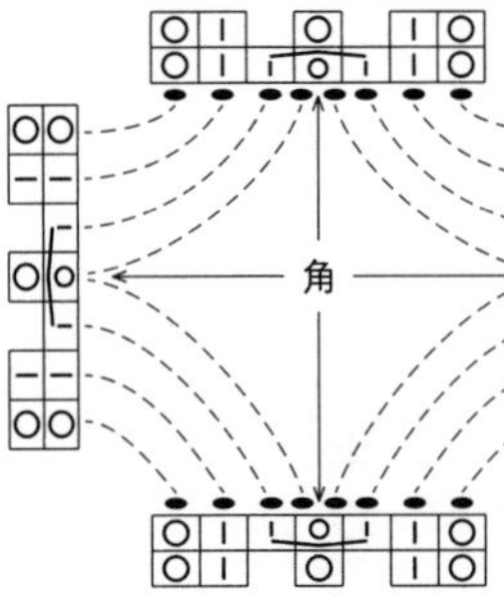

起伏针

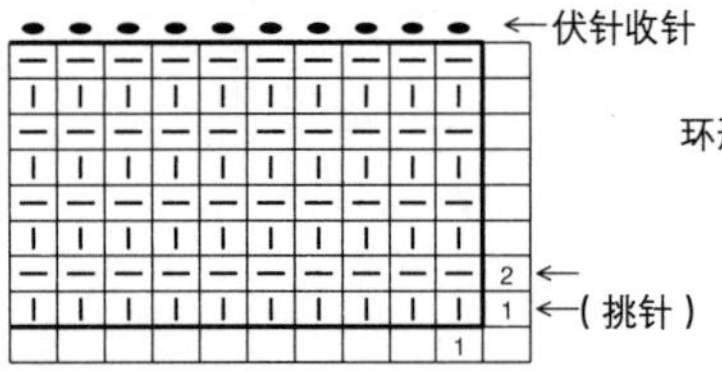

衣领、袖口(起伏针) 10号针

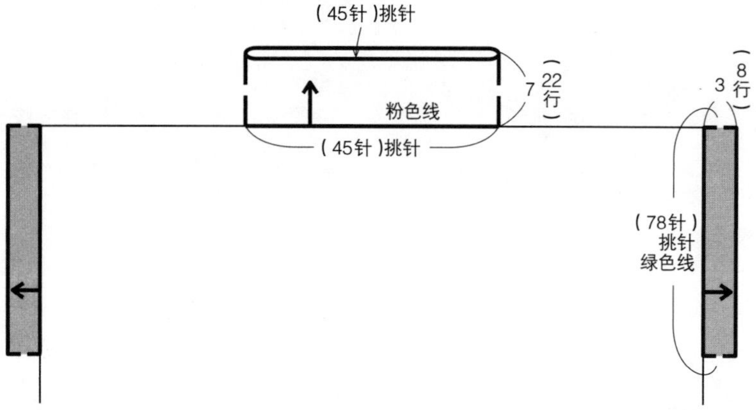

衣领开口的挑针

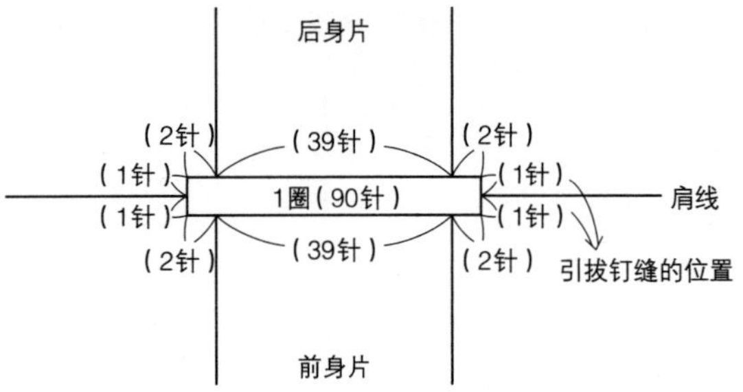

引拔钉缝

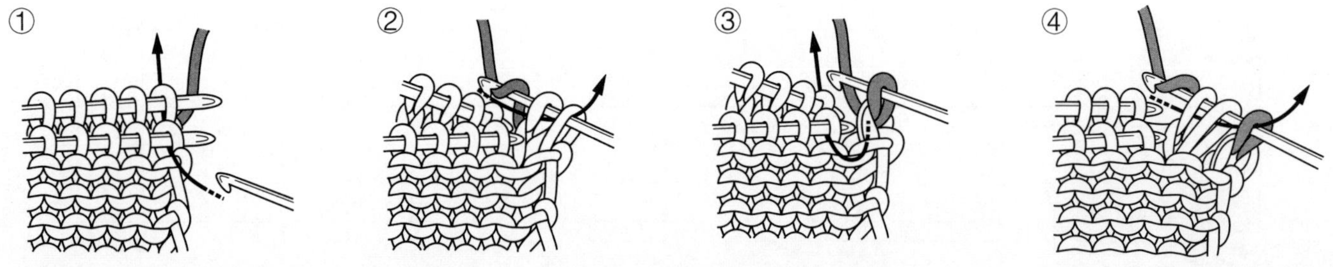

孔斯特花片的编织方法图

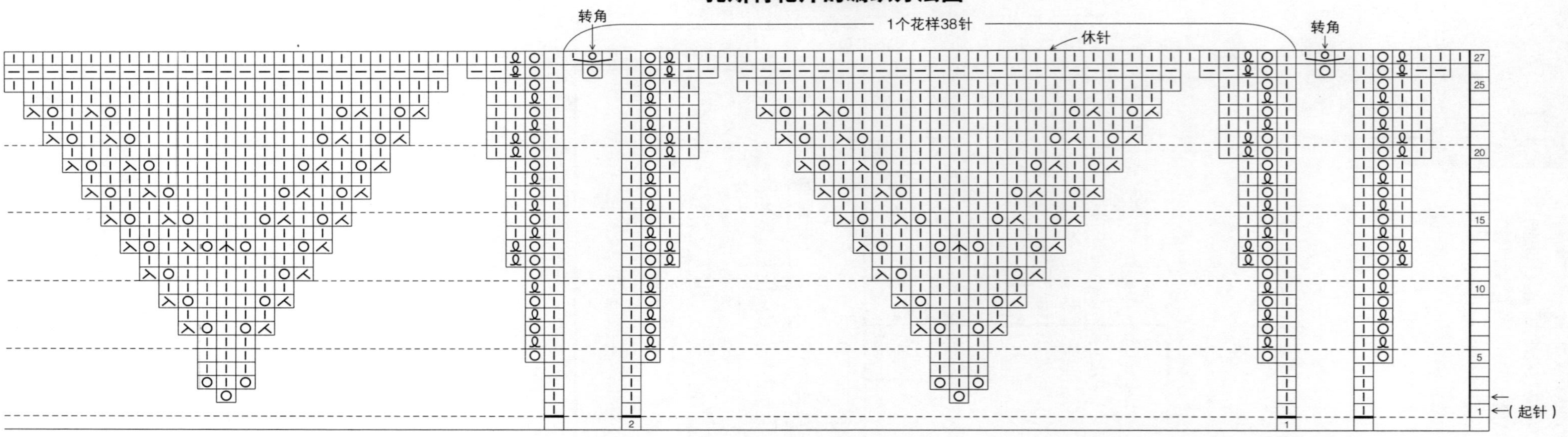

※环形编织4个花样(8针)

孔斯特编织的起针方法

中心的环形编织2~3行之后拉紧

①

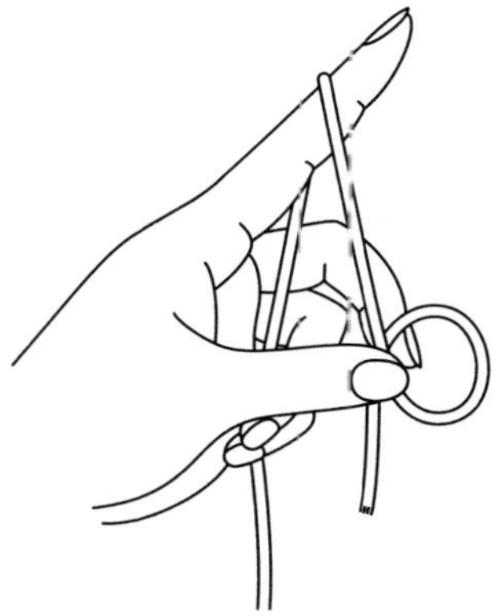

在距离线头5cm左右的地方做一个环，用中指和拇指拿着。

②

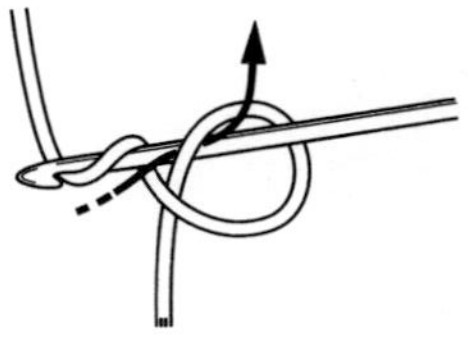

将钩针插入环中，挂线拉出。

③

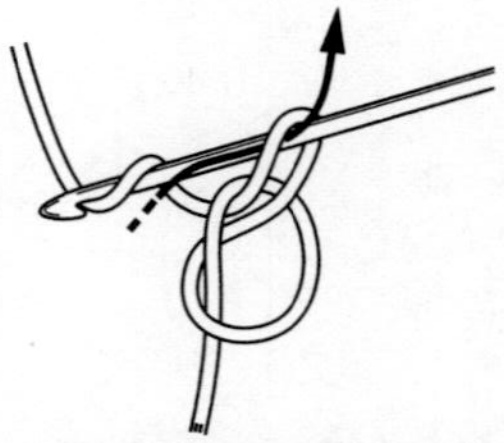

再一次挂线拉出。第1针完成了。

④

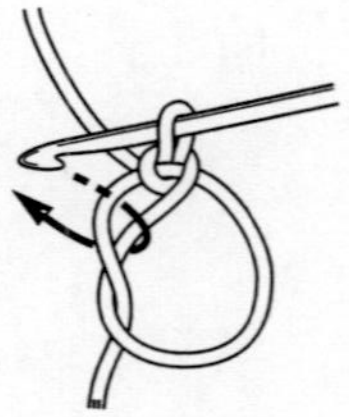

钩针插入环中，挂线拉出。

⑤

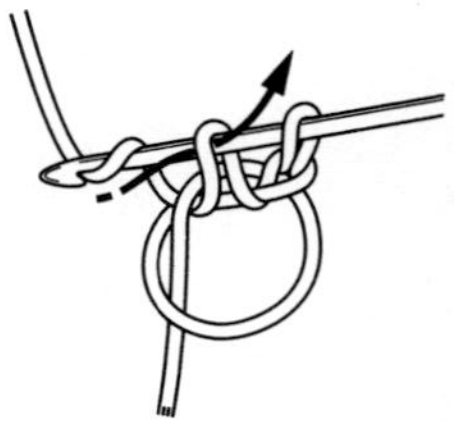

再一次挂线拉出。第2针完成了。

⑥

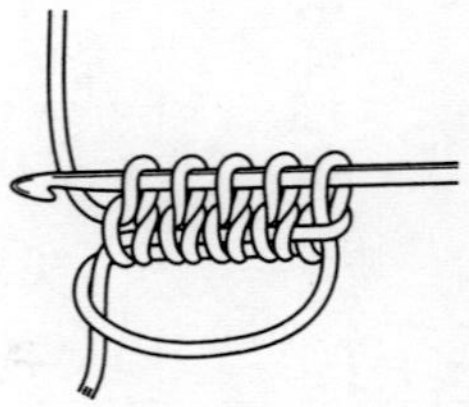

重复相同要领，钩织所需针目数量。

⑦

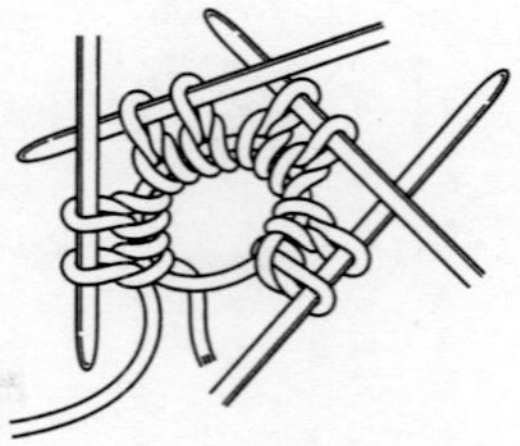

将起针针目三等分或者四等分，移至棒针。

 1针放3针的加针

①

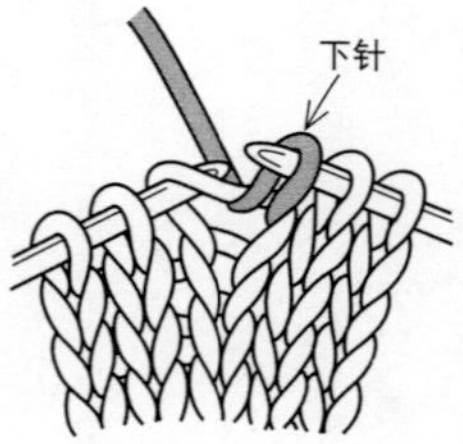

②

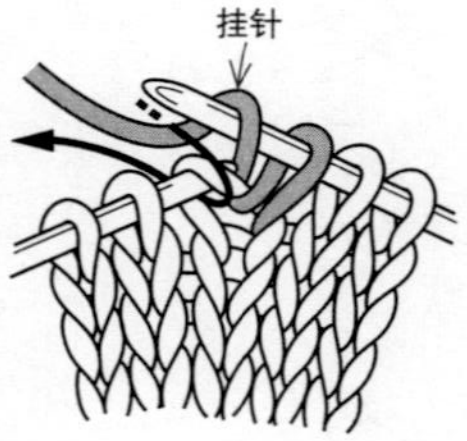

③

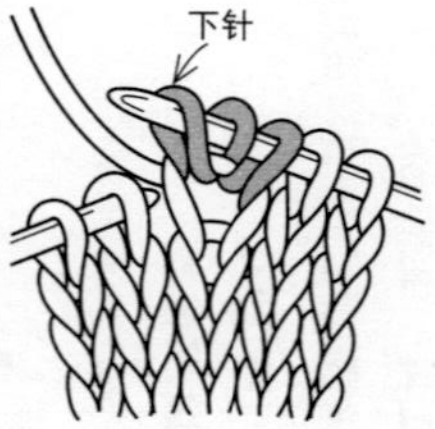

●**材料** 内藤商事 Siena 茶色系、紫色系、绿色系段染（5）490g/10团，长约10.5cm的别针1个

●**工具** 棒针8mm

●**成品尺寸** 胸围不限，衣长65cm，连肩袖长63cm

●**编织密度** 10cm×10cm面积内：下针编织9.5针，14行

●**编织要点** **前、后身片** 分三部分编织。前下摆处手指挂线起针，编织双罗纹针和下针编织。按照图示将前、后身片分为左右两个部分横向编织。连接衣袖的位置用毛线做个记号。左、右身片的编织终点正面相对做盖针钉缝。后身片从图示位置挑针，做下针编织。接着，下摆编织双罗纹针。编织终点做下针织下针、上针织上针的伏针收针。**袖** 从后身片和左、右前身片连接衣袖的位置挑针，袖下侧边1针内侧编织减针。接着，袖口编织双罗纹针，做下针织下针、上针织上针的伏针收针。**组合** 将胁部的相同标记处和8行下摆对齐做挑针接缝。

30

54 页的作品

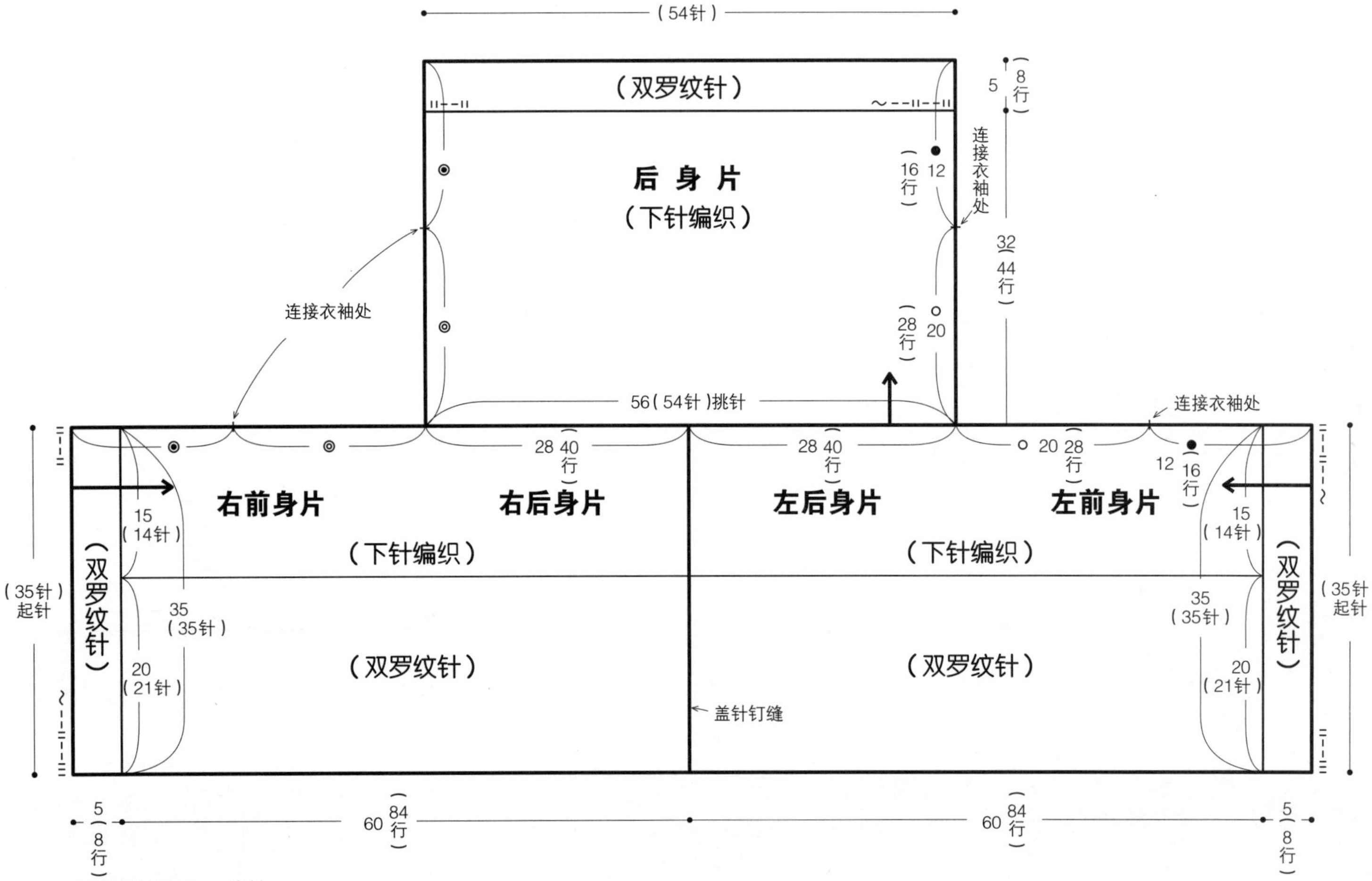

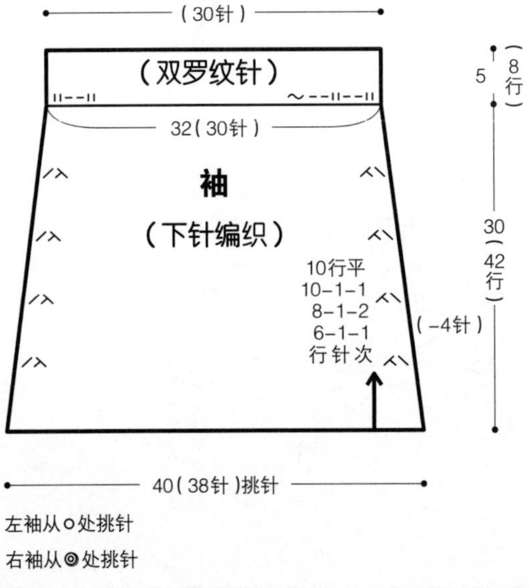

双罗纹针

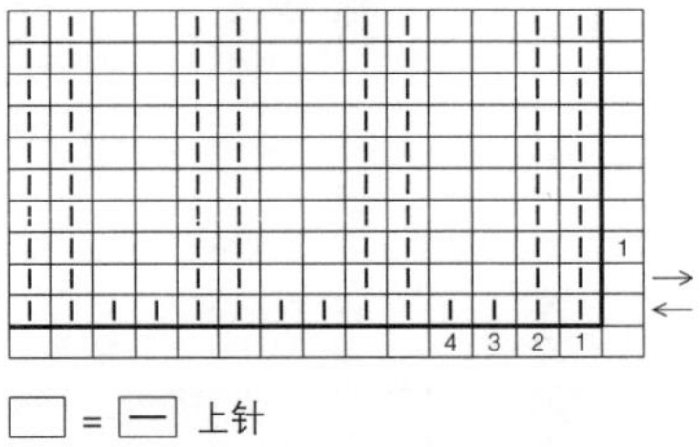

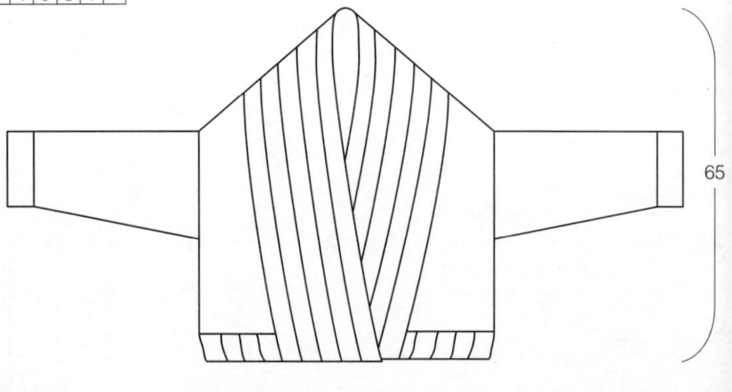

●**材料**　内藤商事 Spark 白色、灰色深浅混合的段染（10）580g/12团，直径2.2cm的纽扣5颗

●**工具**　棒针8号、6号，钩针7/0号、6/0号

●**成品尺寸**　胸围100cm，肩宽34cm，衣长55.5cm，袖长55cm

●**编织密度**　10cm×10cm面积内：编织花样A18针，24行；编织花样B21.5针，25行

●**编织要点**　**前、后身片**　手指挂线起针，编织起伏针和编织花样A、B。肋部、袖窿和领窝编织伏针和侧边1针立针减针，肩部针目休针。**袖**　袖下侧边1针内侧编织扭针加针。袖山最终针目伏针收针。**组合**　肩部盖针钉缝，肋部和袖下挑针接缝。前门襟编织单罗纹针，右前门襟开扣眼。编织终点做单罗纹针收针。衣领看着身片反面挑针，如图所示编织短针，衣领边缘编织1行边缘编织。前、后身片第83行使用钩针连上流苏。使用引拔钉缝将衣袖与身片缝合。

34

58页的作品

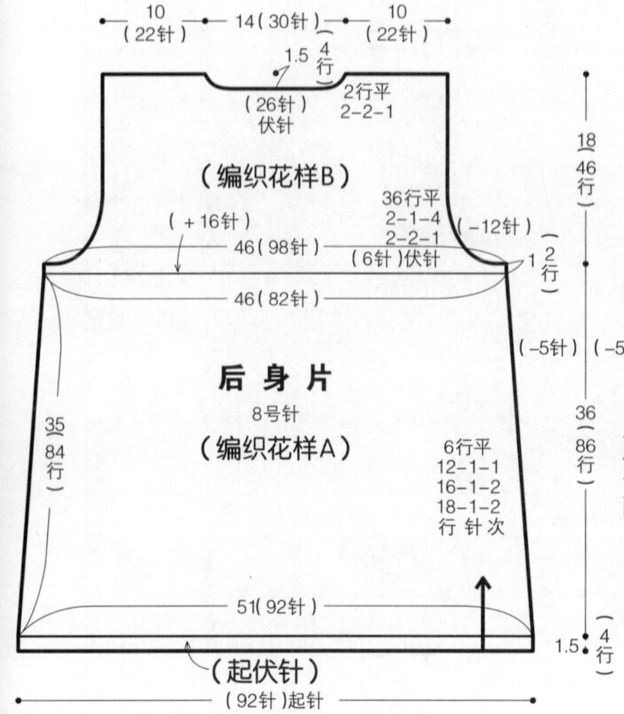

※若想与书中作品相同，需多准备2团毛线

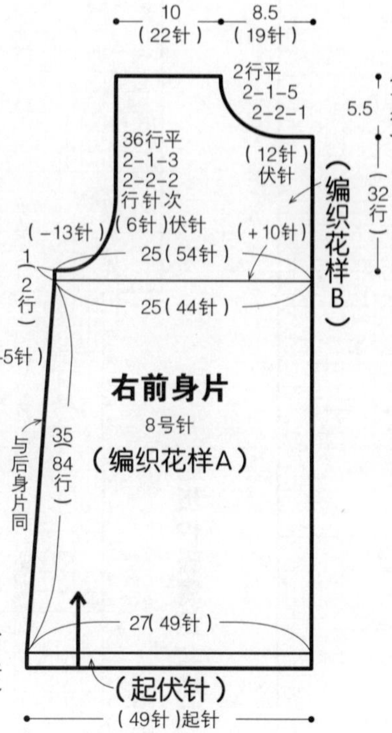

※左前身片和右前身片对称编织

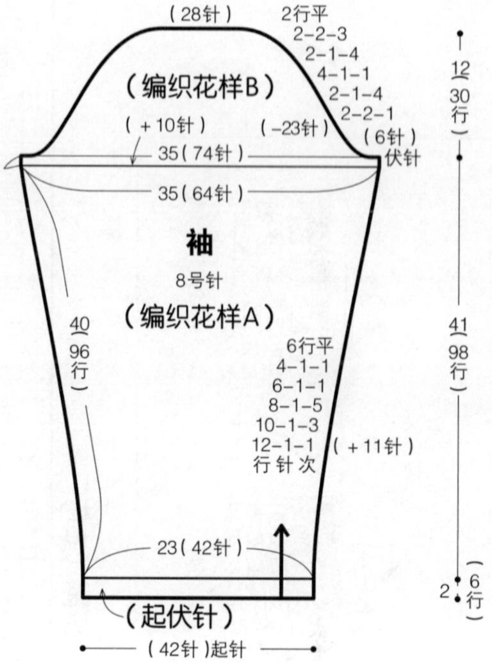

编织花样A

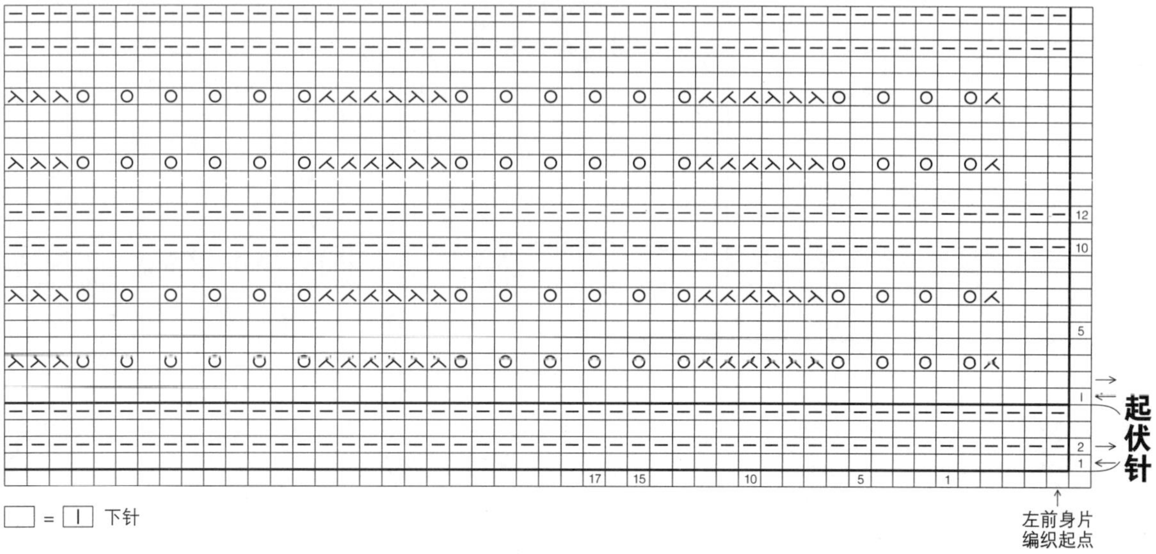

□ = | 下针

★接下一页

盖针钉缝

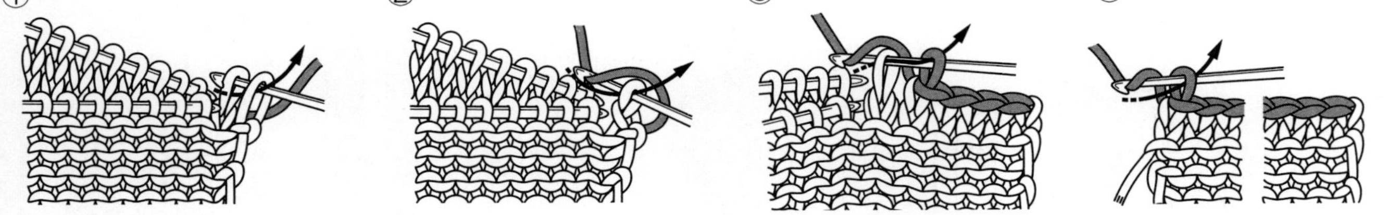

① 将织片正面相对，棒针末端1针各自移至钩针，将后面的针目从前面针目中拉出来。

② 挂线，引拔出1针。

③ 重复步骤①、②继续引拔。

④ 最后一针将线头引拔出来拉紧。

前门襟（单罗纹针）

6号针

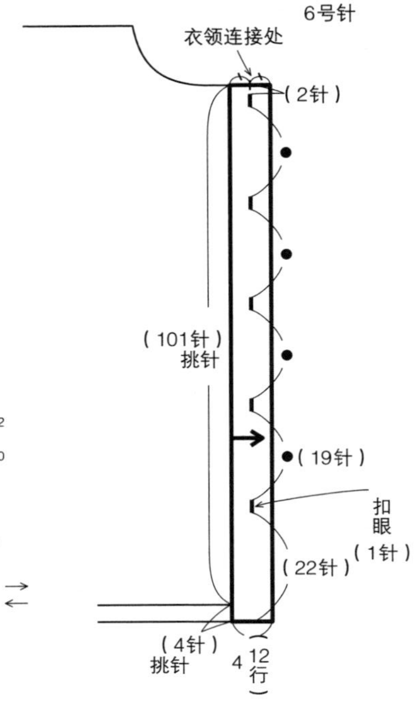

扣眼（右前门襟）

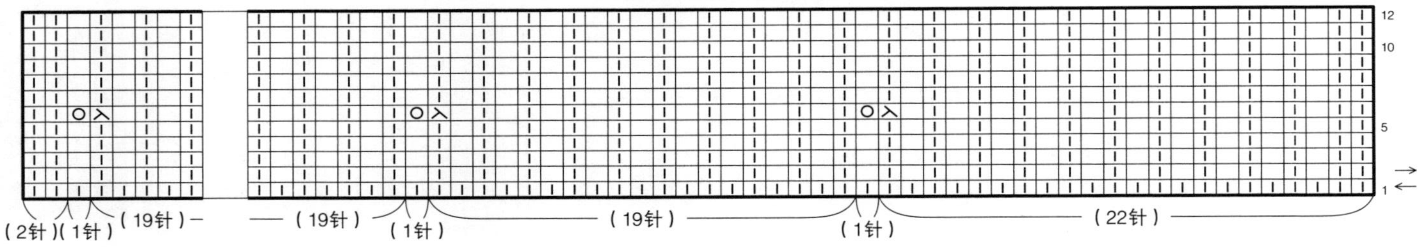

□ = ㅡ 上针

后身片的编织方法图

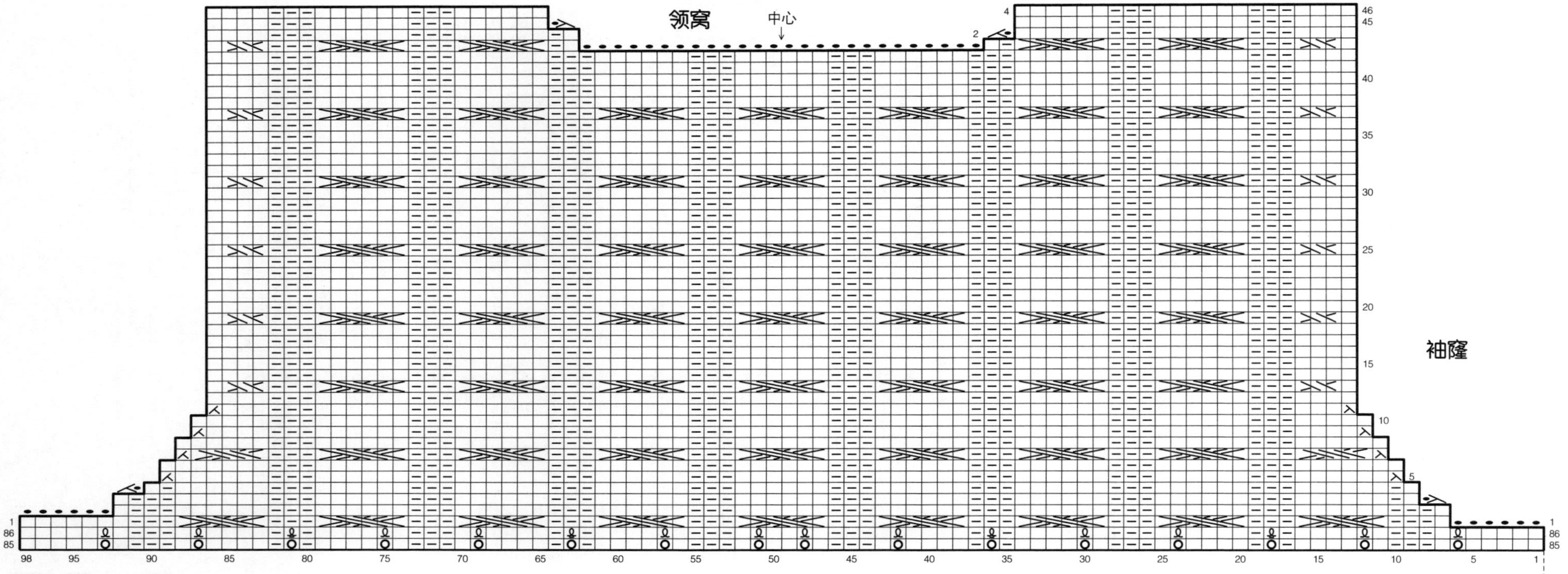

□ = | 下针 ○ = 挂针加针

编织花样B

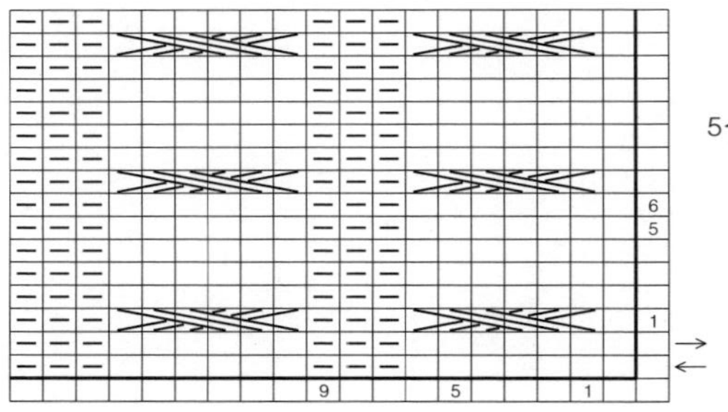

□ = ⎕ 下针

衣领（短针）

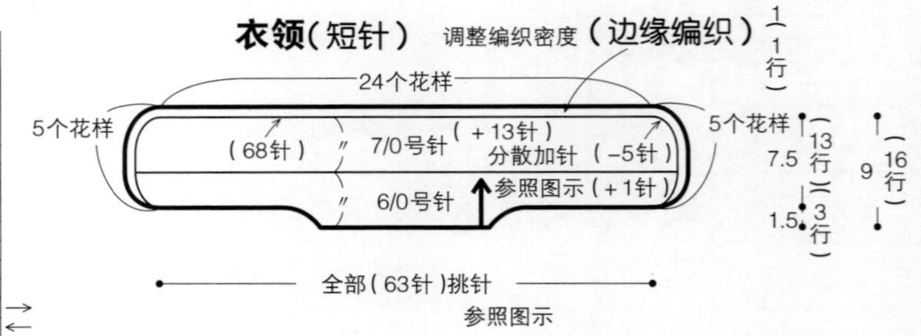

流苏

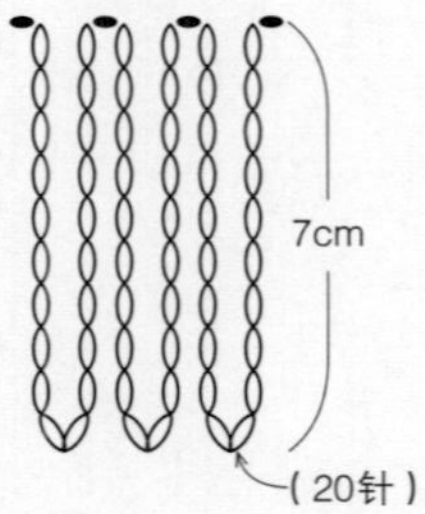

※身片第83行一边将20针锁针的线圈使用引拔针收针，一边连接到身片上

后身片 36个线圈
右前身片21个线圈
左前身片21个线圈

为了使多色段染的毛线色彩均匀，以一边引拔一边调整

边缘编织的挑针方法

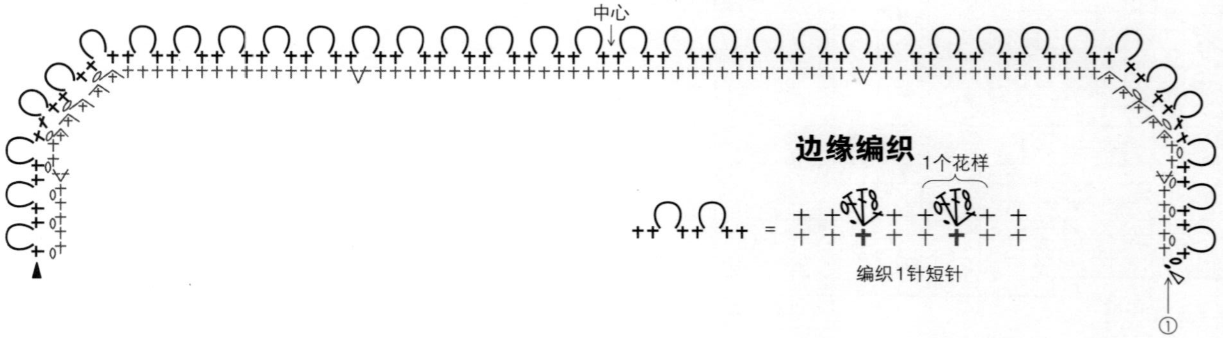

边缘编织

1个花样

编织1针短针

衣领的编织方法图

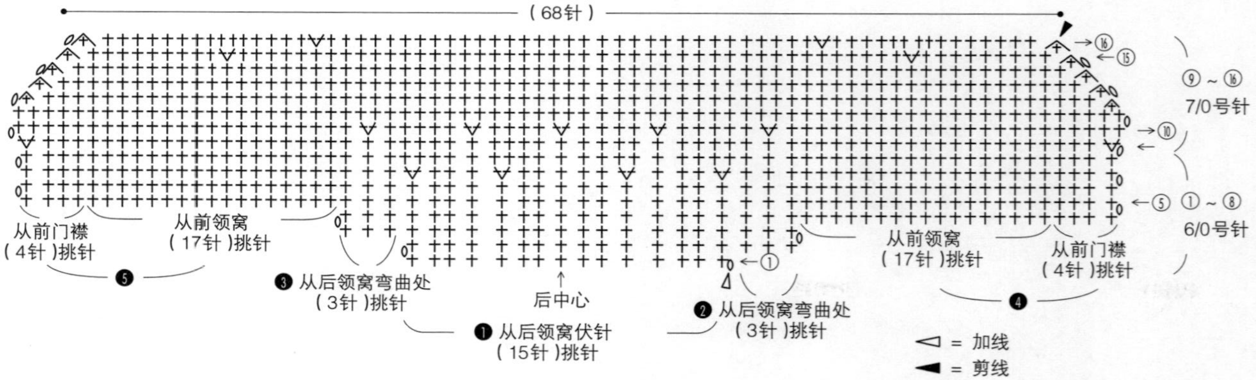

◁ = 加线
◀ = 剪线

※第1行看着身片反面挑针，按照❶～❺的顺序挑针

后胁部

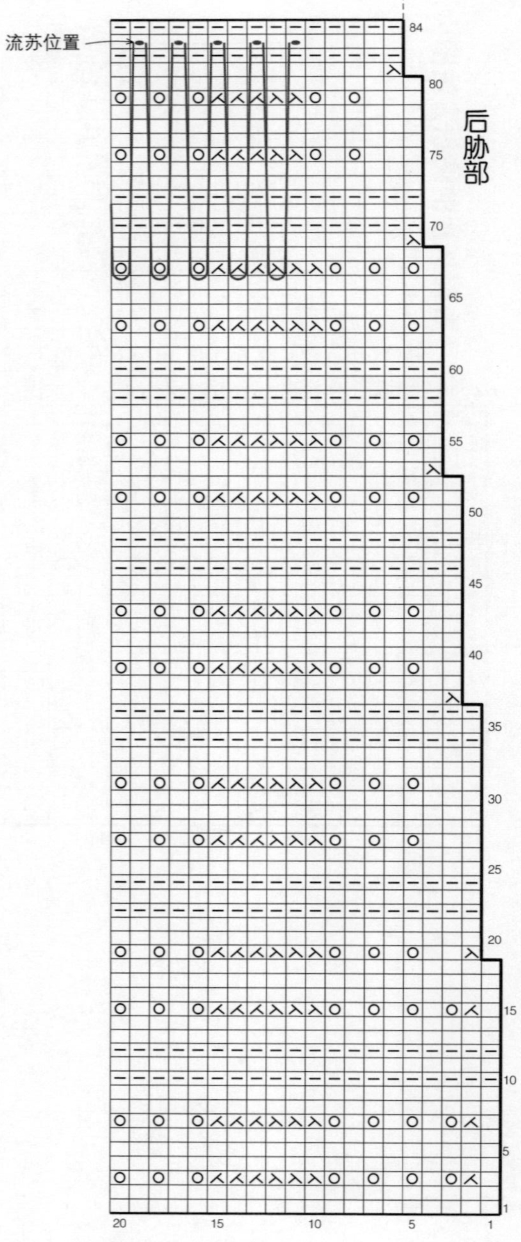

□ = ⎕ 下针

★接下一页

手指挂线单罗纹针起针（两端皆为1针下针）

※作品35　用于围巾
（156页）

①

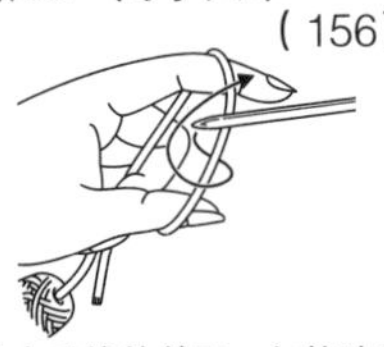

将棒针放在毛线的前面，如箭头所示回转一次完成下针。

②

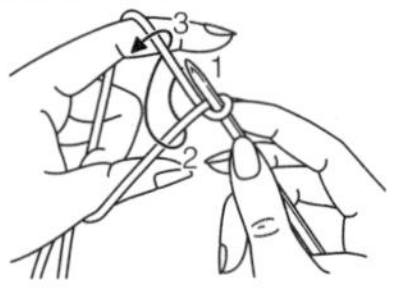

如箭头所示转动针头，做上针起针。

③

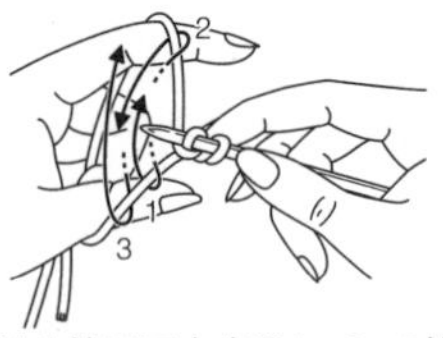

接着针头按照图中步骤1、2、3转动，做上针起针。重复步骤②、③。

④

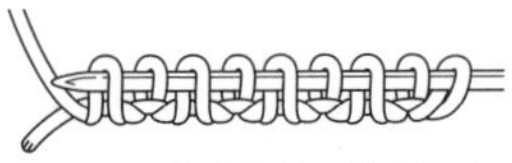

第1行的最后以步骤③（下针）结束。
第1行编至末端，全部针目数量为奇数。

第2行

⑤

将织片翻过来。第1针编织上针的浮针，接着交替编织“1针下针、1针上针的浮针”。

⑥

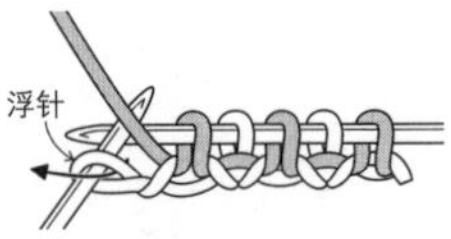

最后1针是上针的浮针。

⑦

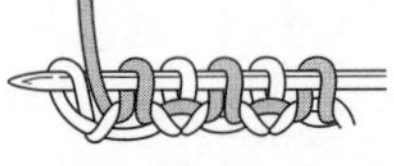

末端1针编织上针的浮针时的情形。

⑧

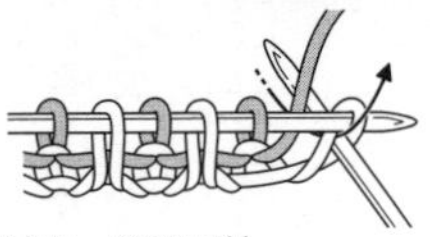

将织片翻过来，编织下针。

⑨

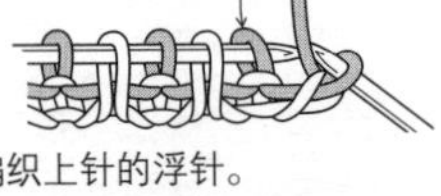

第2针编织上针的浮针。

⑩

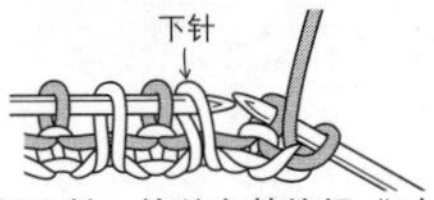

第3针编织下针，接着交替编织“1针上针的浮针、1针下针”。

第3行

⑪

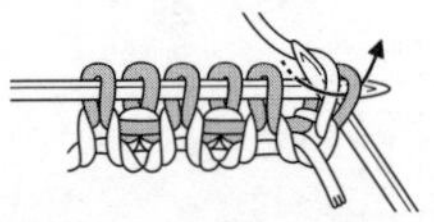

末端1针编织上针，接着交替编织“1针下针、1针上针”。

右前身片的编织方法图

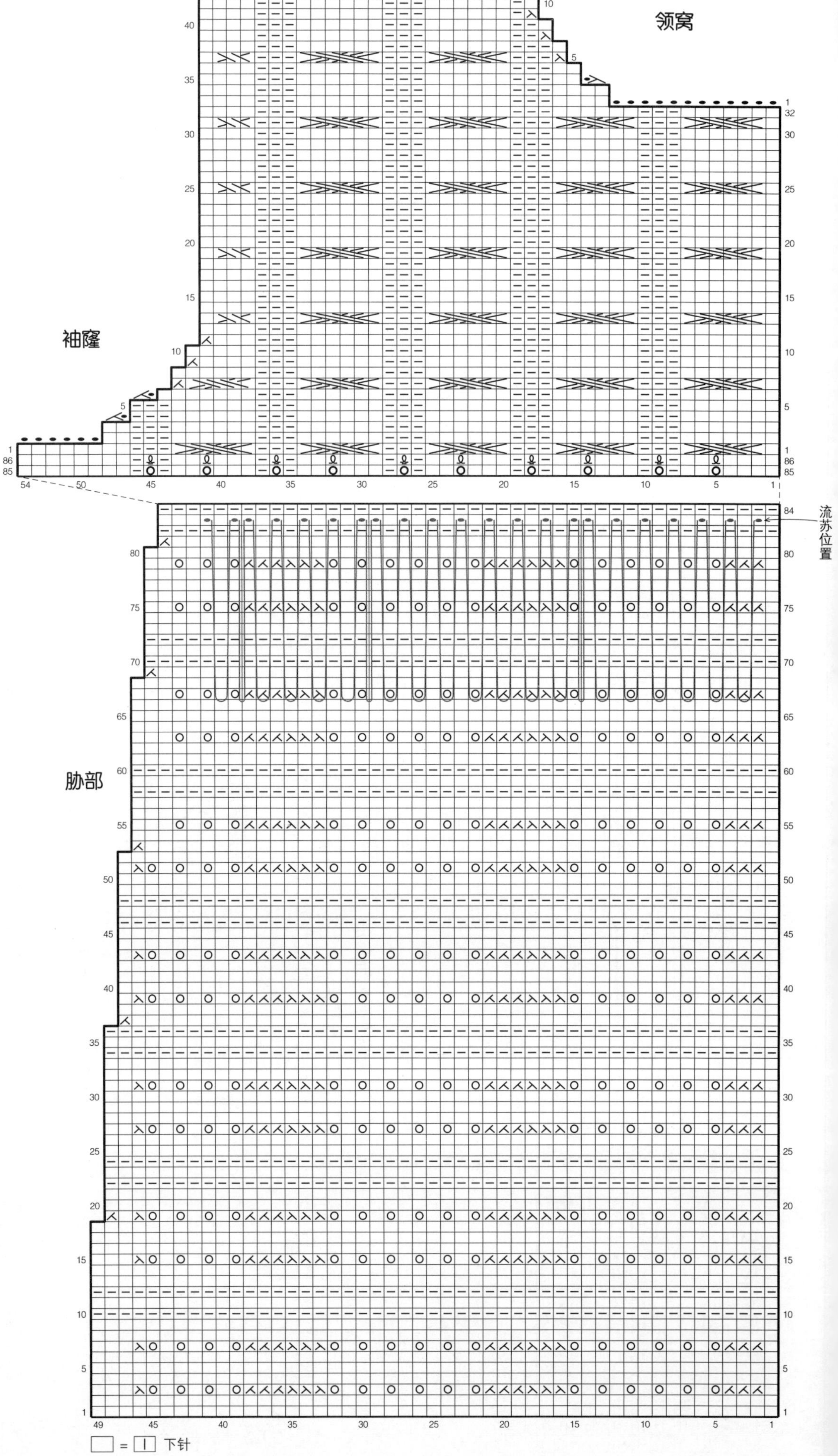

□ = | 下针

袖的编织方法图

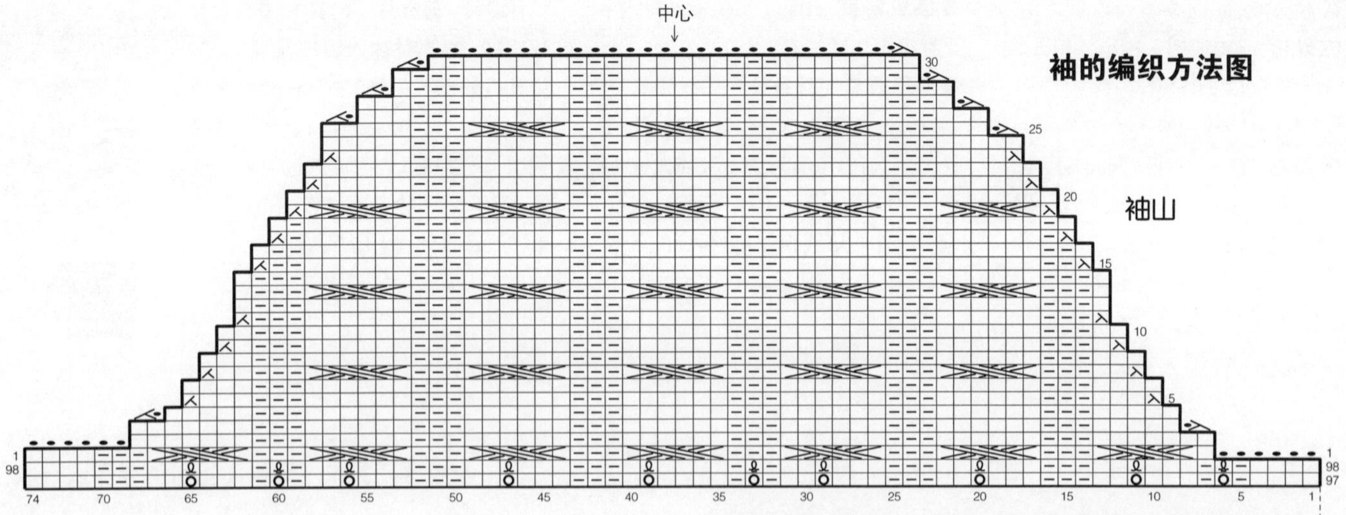

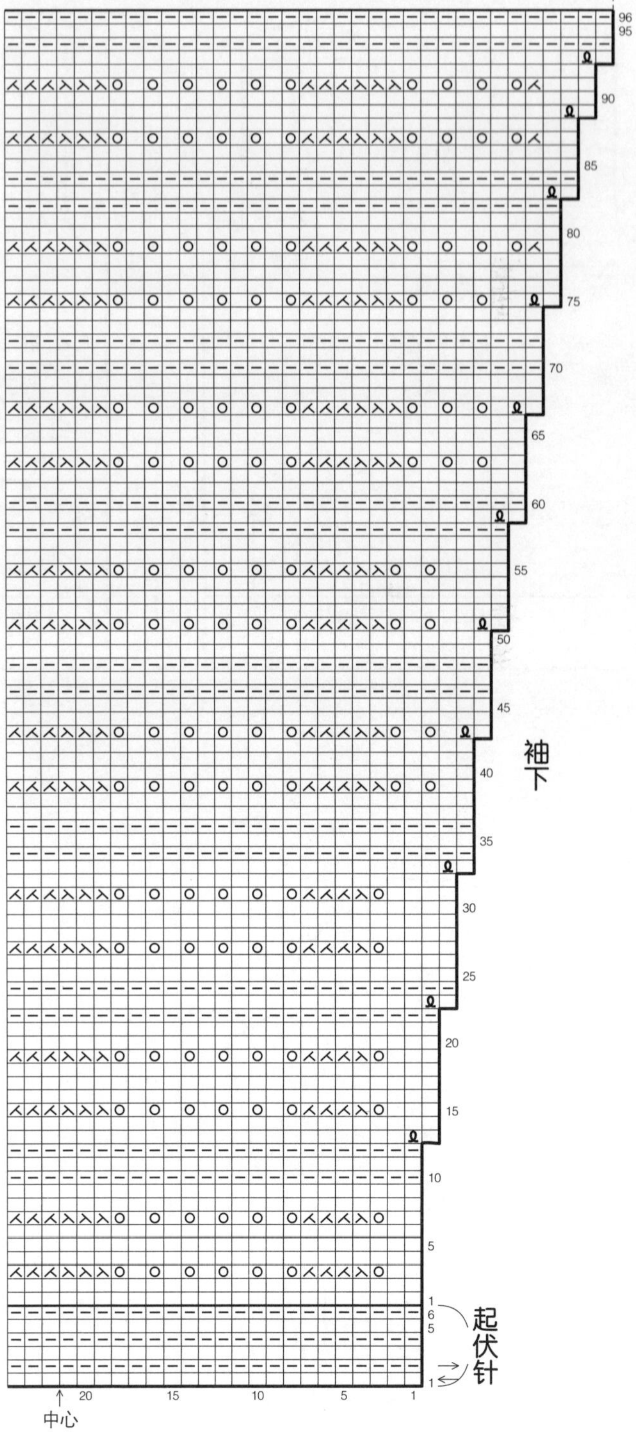

□ = ▯ 下针　Ω = 扭针加针

○ = 挂针加针

右上2针并1针

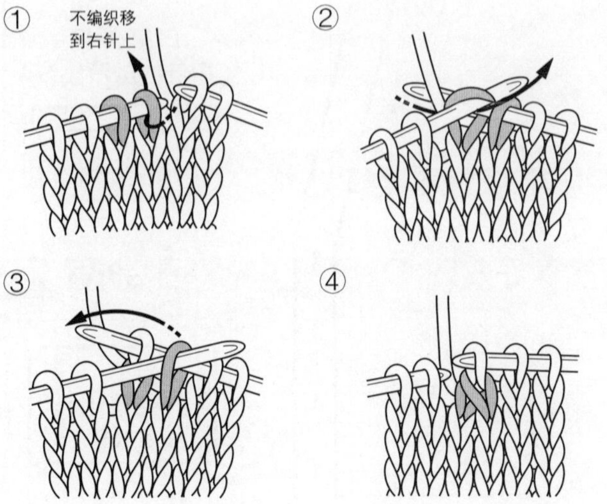

扭针加针

左侧　右侧

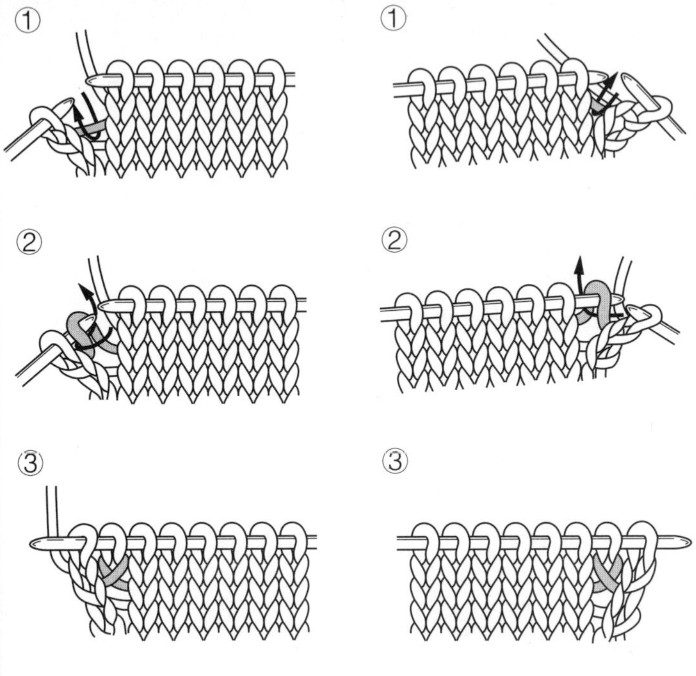

●**材料** 内藤商事 Gemini 原色（1）**开衫** 350g/7团 **围巾** 100g/2团，直径2cm的纽扣7颗

●**工具** 棒针9号、7号

●**成品尺寸** 胸围92.5cm，肩宽37cm，衣长63cm，袖长50cm **围巾** 宽13cm，长141cm

●**编织密度** 10cm×10cm面积内：下针编织18针，21行

●**编织要点** **后身片** 另线锁针起针，做下针编织。袖窿和领窝编织伏针和侧边1针立针减针，肩部做往返编织，休针。下摆解开锁针起针，挑针编织扭针的单罗纹针，做扭针的单罗纹针收针。**前身片** 起针方法和后身片相同，编织时加入编织花样A。口袋开口处编入另线。领窝减针处参照图示编织。口袋内面和口袋开口另线编织。下摆和口袋内面的针目重叠挑针，编织扭针的单罗纹针，做扭针的单罗纹针收针。（P157继续）

35

59页的作品

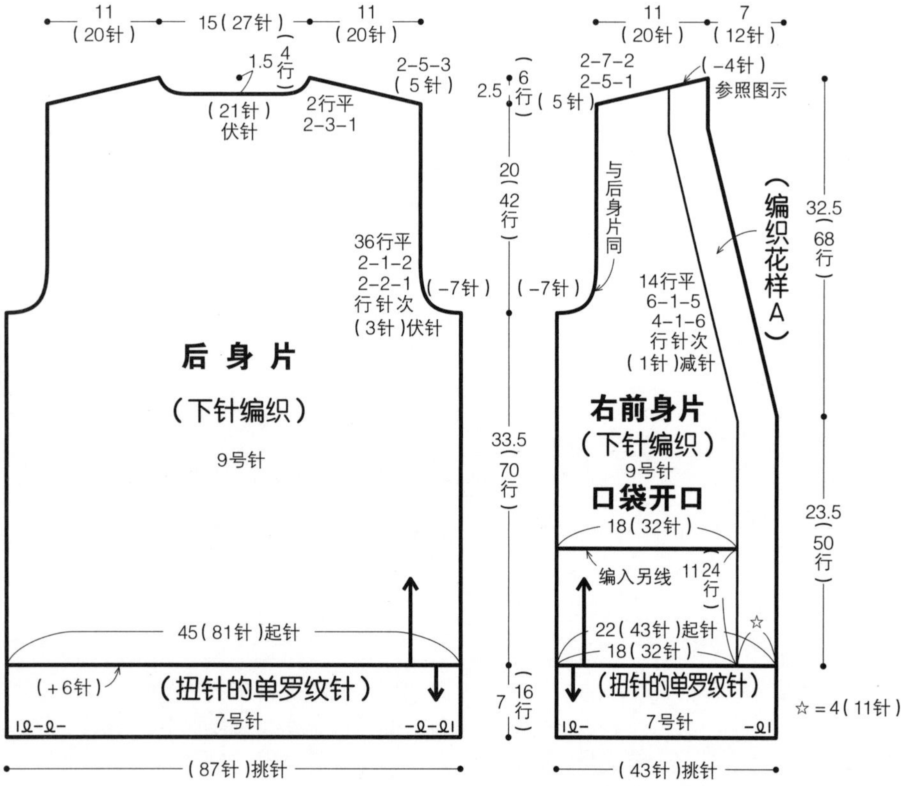

※左前身片和右前身片对称编织

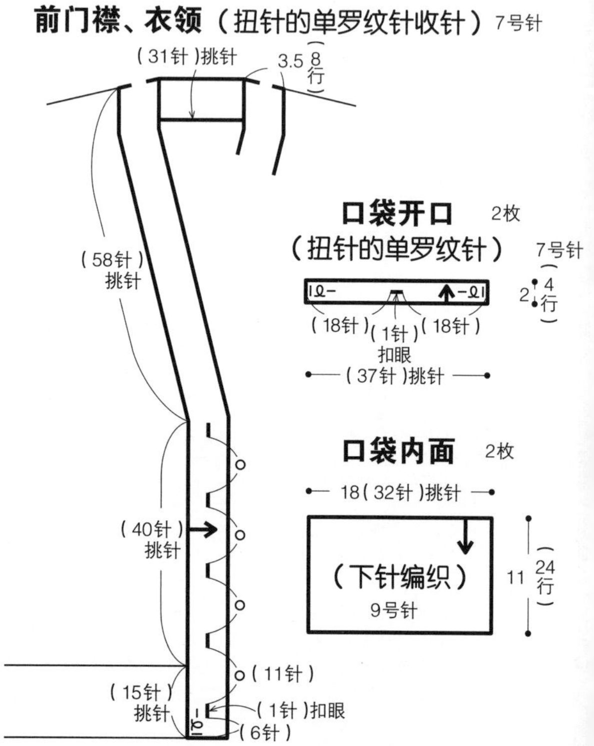

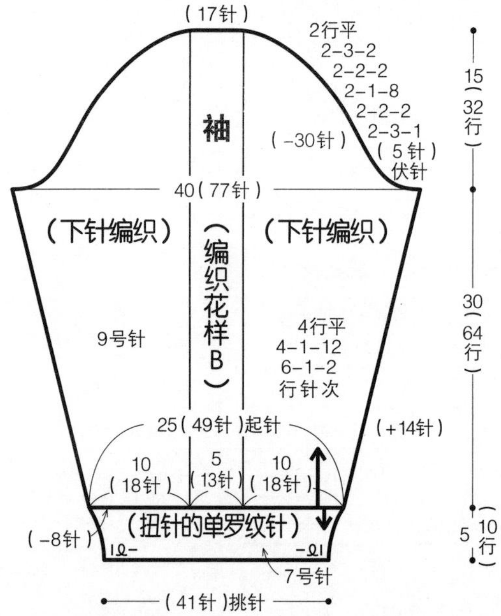

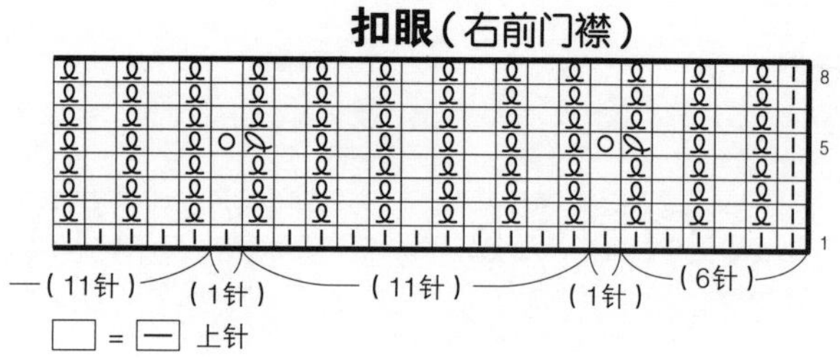

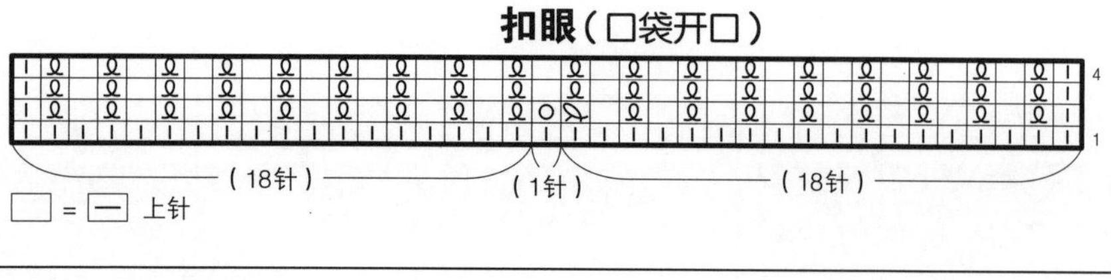

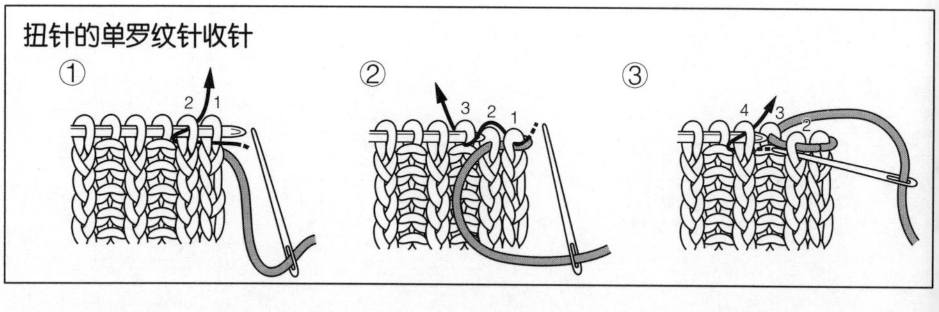

围巾的编织方法图

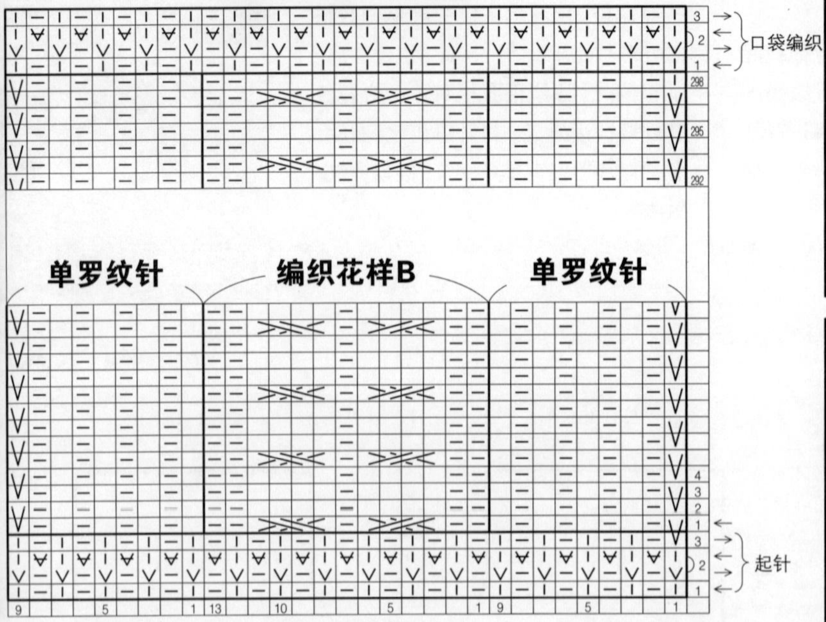

□ = | 下针

※手指挂线单罗纹针起针的方法参照第154页

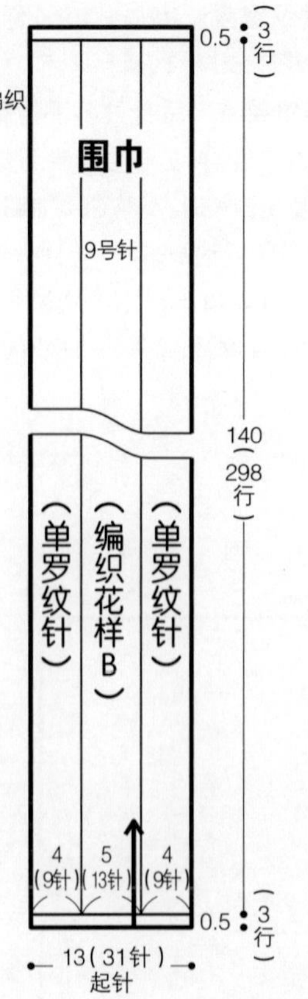

袖 中心加入编织花样B。袖下侧边1针内侧编织扭针加针，袖山最终针目伏针收针。**组合** 肩部盖针钉缝，胁部和袖下挑针接缝。前门襟和衣领继续挑针，编织扭针的单罗纹针。一边在右前门襟上开扣眼一边编织。使用引拔钉缝将衣袖与身片缝合。**围巾** 单罗纹针起针，中央加入编织花样B。编织终点做口袋编织，所有针目来回穿线3次收针。

编织终点的收针方法

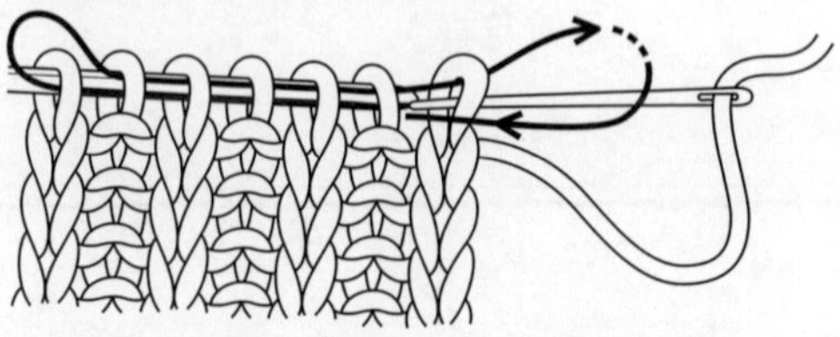

- 将编织线穿入手缝针，一边挑针一边来回穿线3次收针。
- 拉动毛线调整织片，使织片趋于规整，然后处理线头。

编织花样A、右前身片

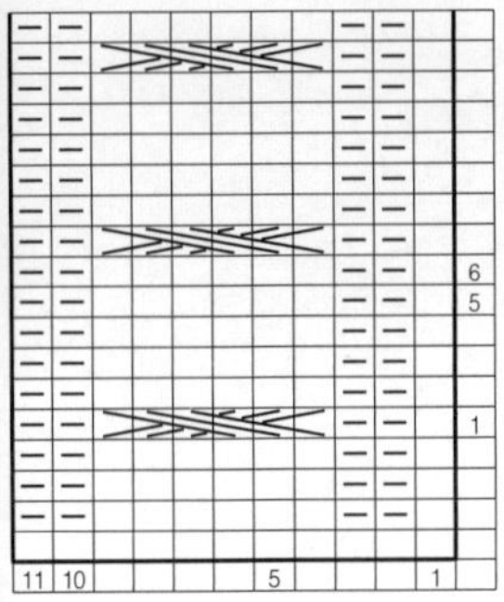

□ = | 下针

编织花样A、左前身片

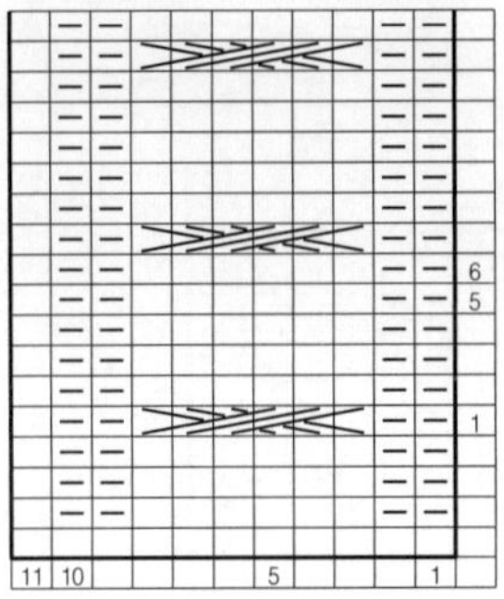

□ = | 下针

扭针的单罗纹针

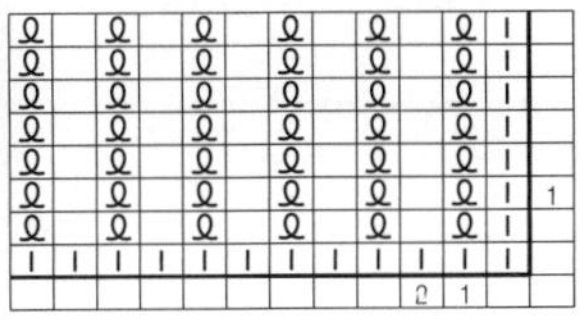

□ = — 上针

编织花样B

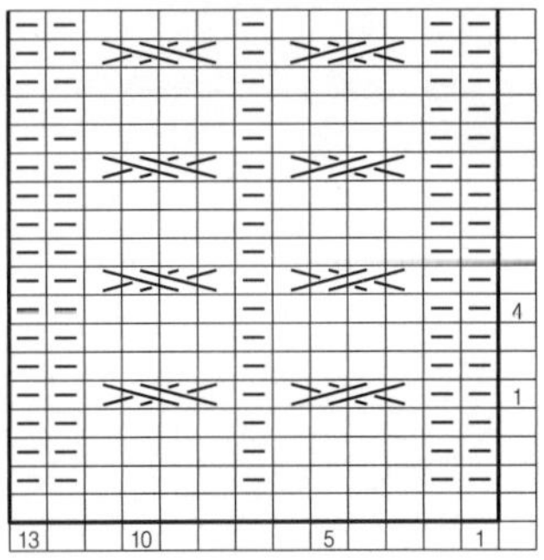

□ = | 下针

右前身片、领窝的减针和肩部的减针

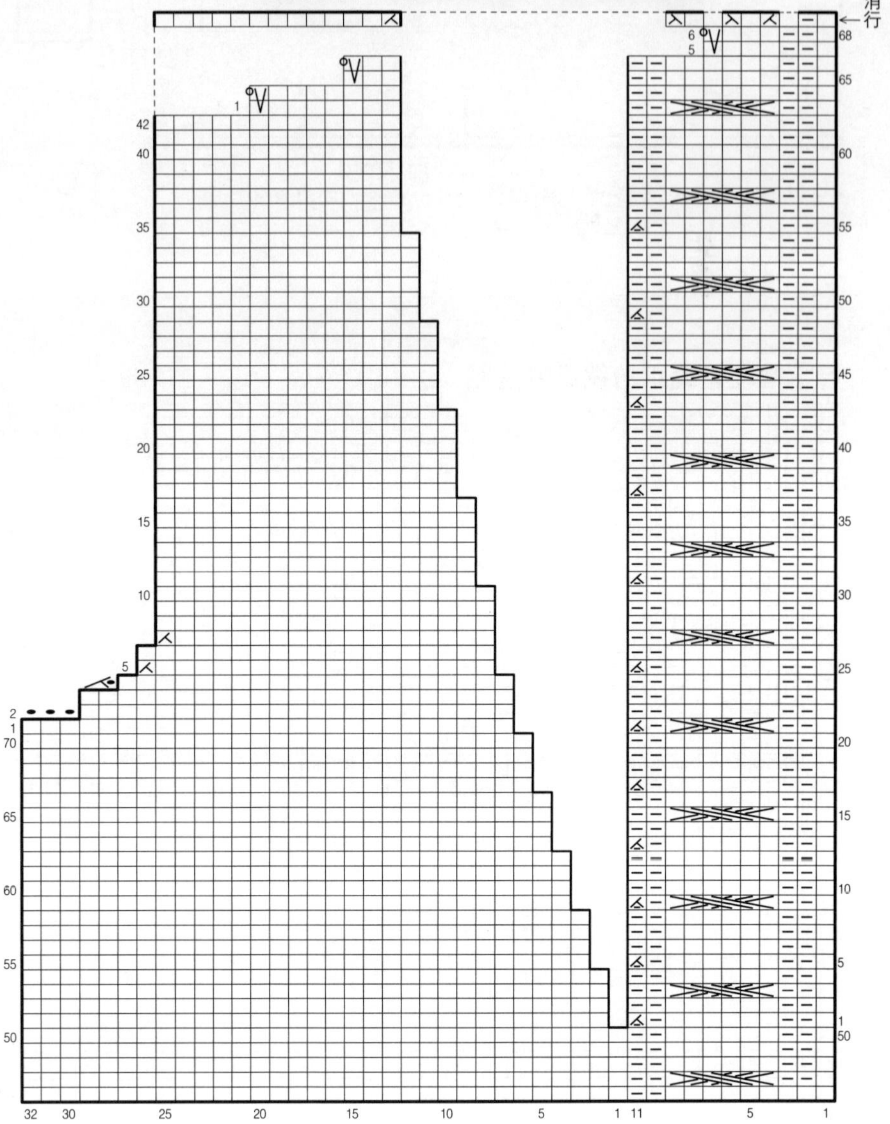

□ = | 下针

●**材料** 内藤商事 Eco Alpaca Wool 白色（100）240g/6团，白色和茶色混合（27）150g/4团，茶色（43）70g/2团

●**工具** 棒针7号、6号

●**成品尺寸** 胸围140cm，衣长56cm（后身片），衣长45cm（前身片），连肩袖长38cm

●**编织密度** 10cm×10cm面积内：条纹花样17.5针，28行

●**编织要点** **后身片** 手指挂线起针。条纹花样的配色线渡至端头编织，渡线较长时，每次都要加线编织。下摆做往返编织，胁部等针直编至肩部。袖口开口止位用毛线做个记号。肩部针目休针，衣领开口处伏针。**前身片** 起针方法和后身片相同，编织条纹花样。领窝编织伏针和侧边1针立针减针，肩部针目休针。**组合** 肩部将前、后身片正面相对盖针钉缝，胁部挑针接缝至袖口开口止位。衣领和袖口环形编织单罗纹针，做单罗纹针收针。

36

60页的作品

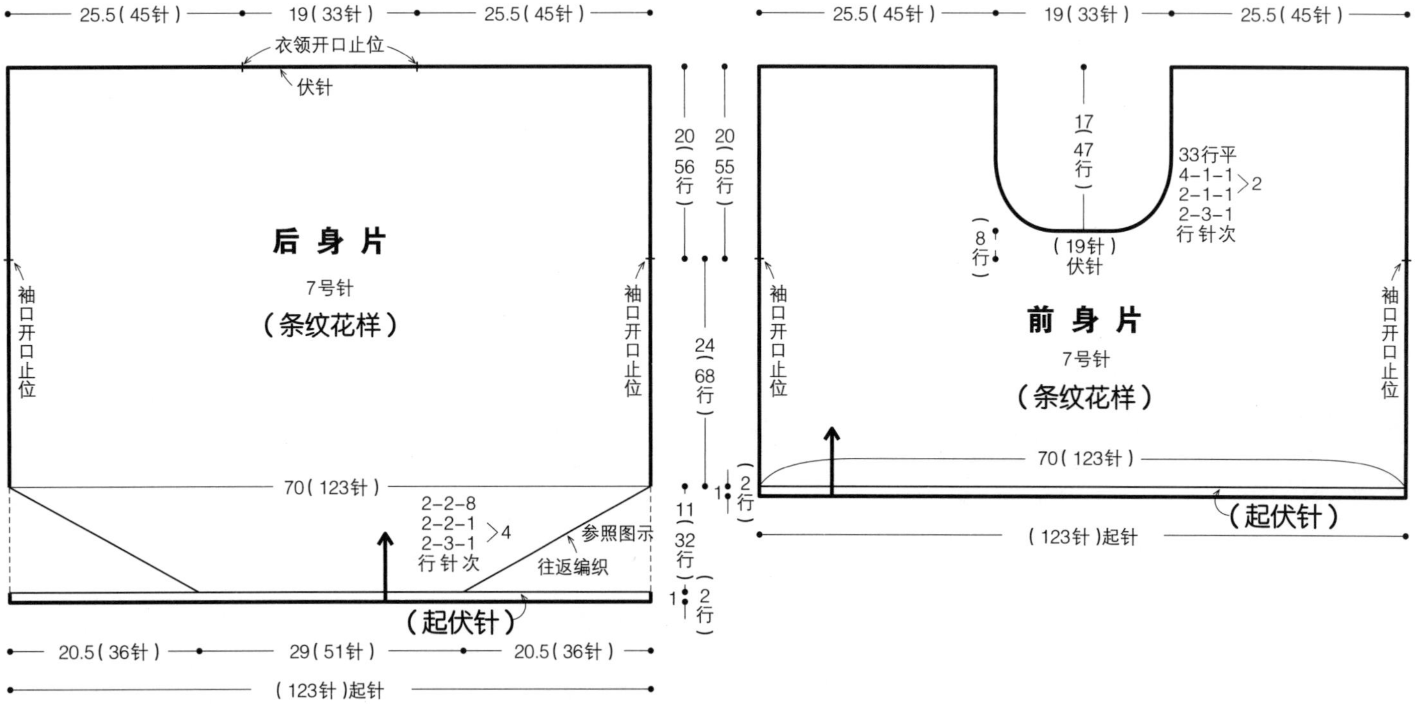

后下摆往返编织的编织方法图

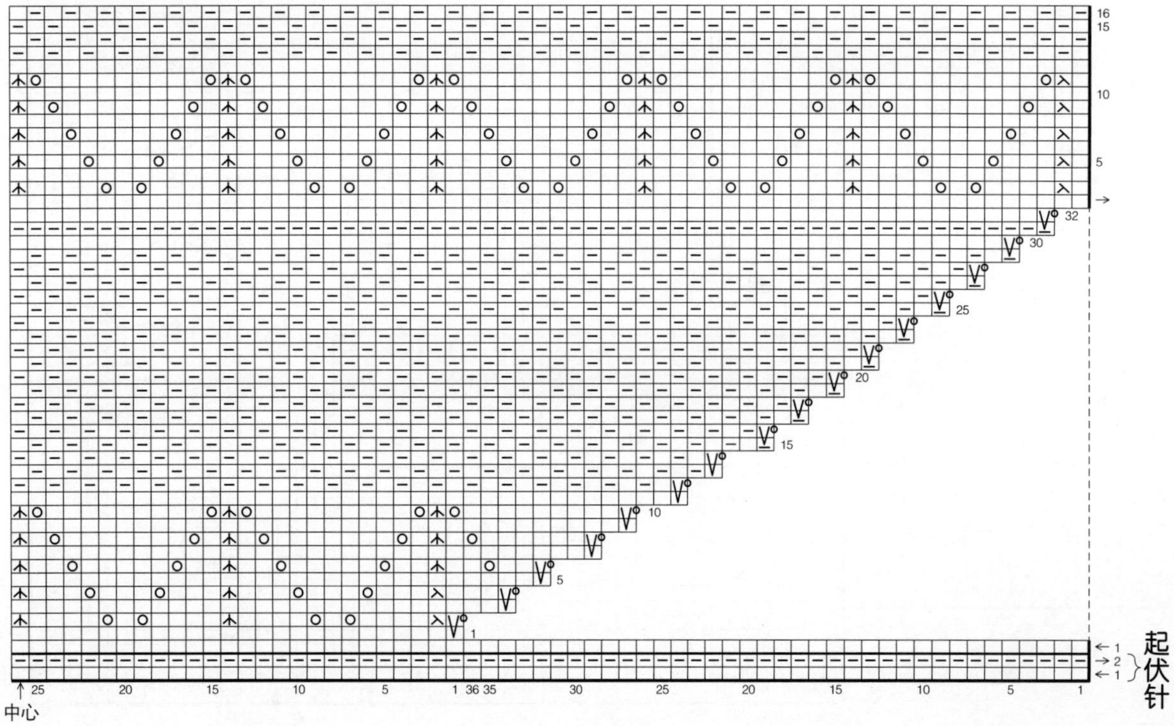

纵向渡线加入花样

※用于作品27（139页）

①

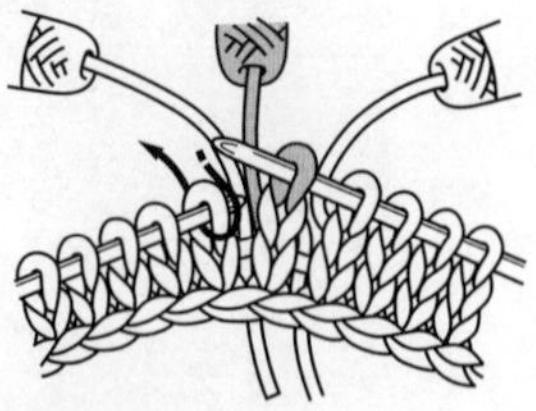

在交界处换下一种线。

看着反面编织

②

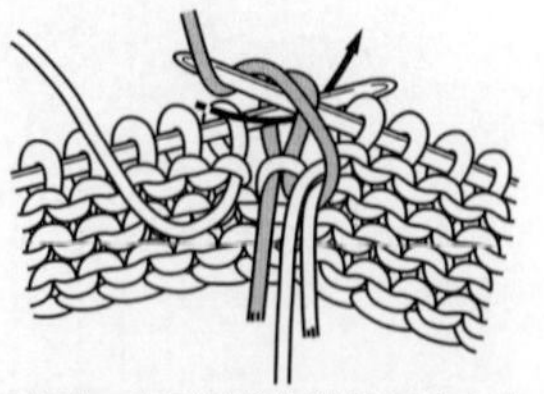

换线时，从刚刚编织的线下方向上渡线交叉。

③

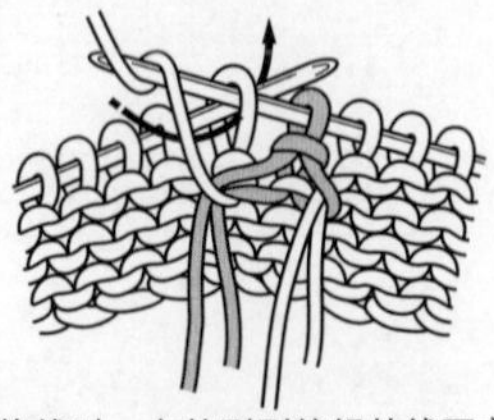

再换线时，亦从刚刚编织的线下方向上渡线交叉。

看着正面编织

④

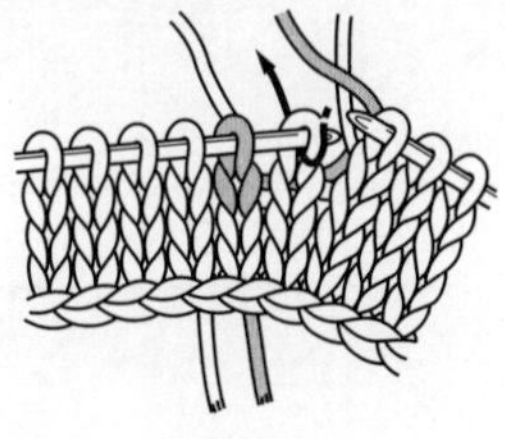

换线时，从刚刚编织的线下方向上渡线交叉。

⑤

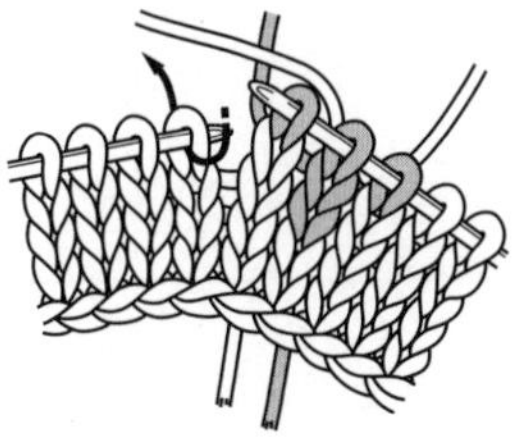

再换线时，亦从刚刚编织的线下方向上渡线交叉。

⑤

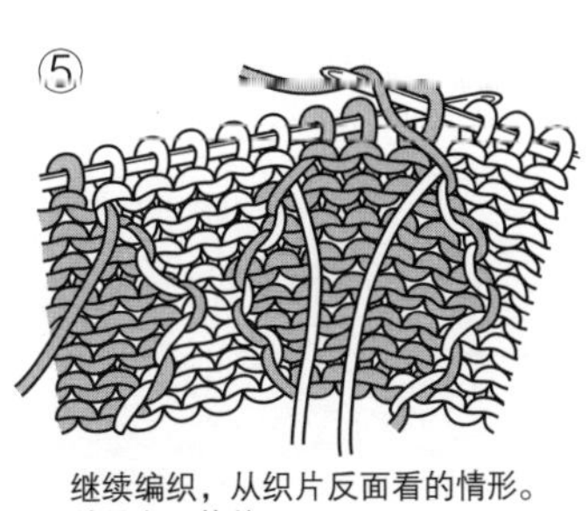

继续编织，从织片反面看的情形。总是交叉换线。

条纹花样

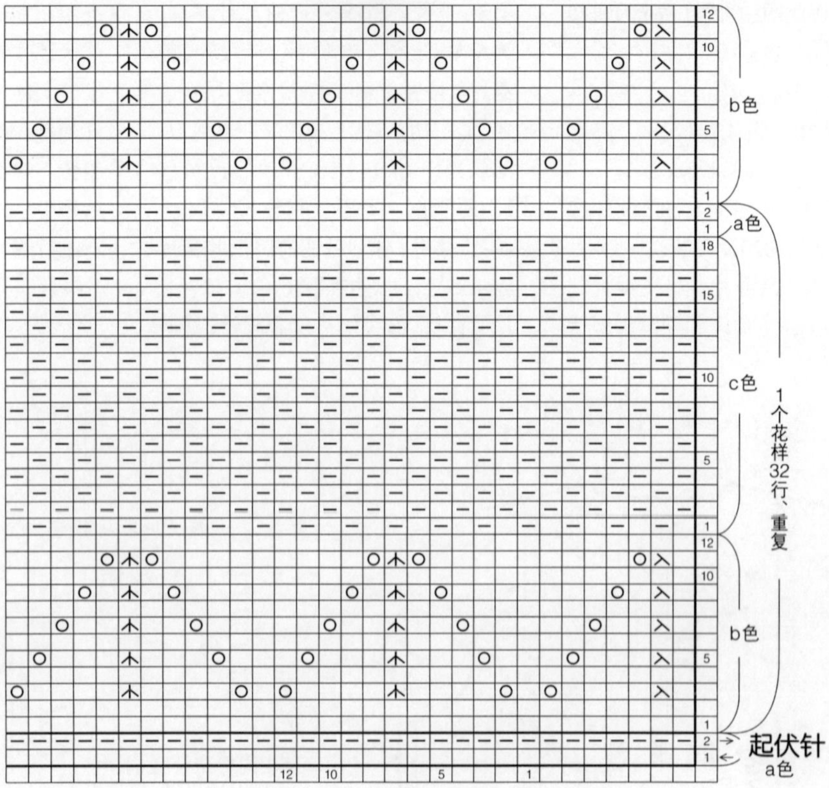

□ = ▯ 下针　　a色 = 茶色　b色 = 白色和茶色混合　c色= 白色

衣领、袖口（单罗纹针）

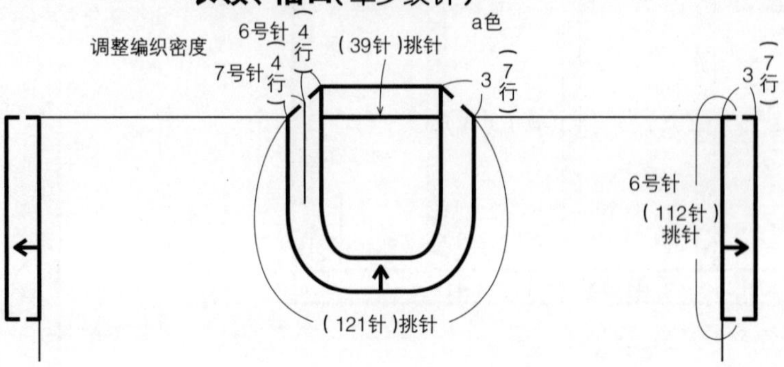

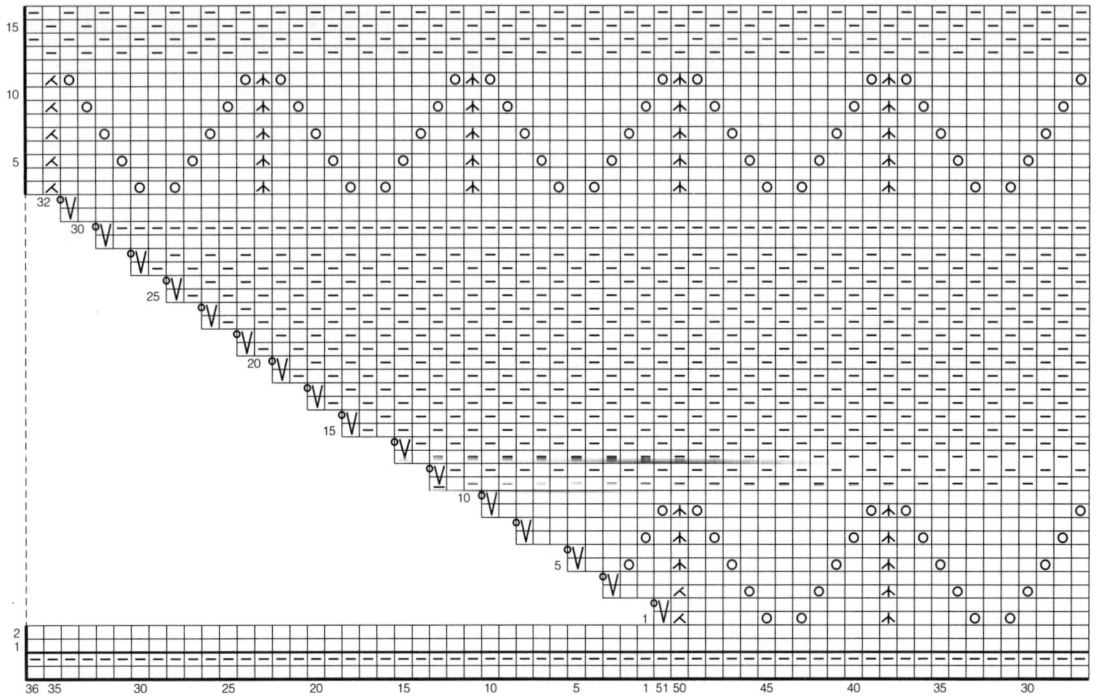

□ = ▯ 下针

●材料 内藤商事 Nazka 酒红色（1706）580g/12团，直径1.8cm的纽扣5颗

●工具 棒针6号、4号

●成品尺寸 胸围101.5cm，肩宽37cm，衣长65cm，袖长50cm

●编织密度 10cm×10cm面积内：桂花针A、B均为20针，27行

●编织要点 **后身片** 另线锁针起针，编织桂花针。袖窿和领窝编织伏针和侧边1针立起减针，肩部做往返编织，休针。下摆解开锁针起针，挑针编织单罗纹针，做单罗纹针收针。**前身片** 按照①和②的顺序编织。一边在①的右前门襟上开扣眼一边编织。编织22行，前门襟和身片的针目休针。胁部的◎标记处（口袋开口）编织48行，休针，休针后的前门襟和身片编织16行，同时按照图示编织口袋开口的针目。②编织挑针和起针，横向编织。肩部编织侧边1针立针减针，袖窿编织伏针和侧边1针立针减针。胁部伏针收针。对齐口袋开口的◎标记接缝。**袖** 袖下侧边1针内侧编织扭针加针，袖山最终针目做伏针收针。**组合** 肩部和胁部做针与行的钉缝，后领中心做下针钉缝，后领窝做针与行的钉缝。使用引拔钉缝将衣袖与身片缝合。右前门襟缝上纽扣。

37

61 页的作品

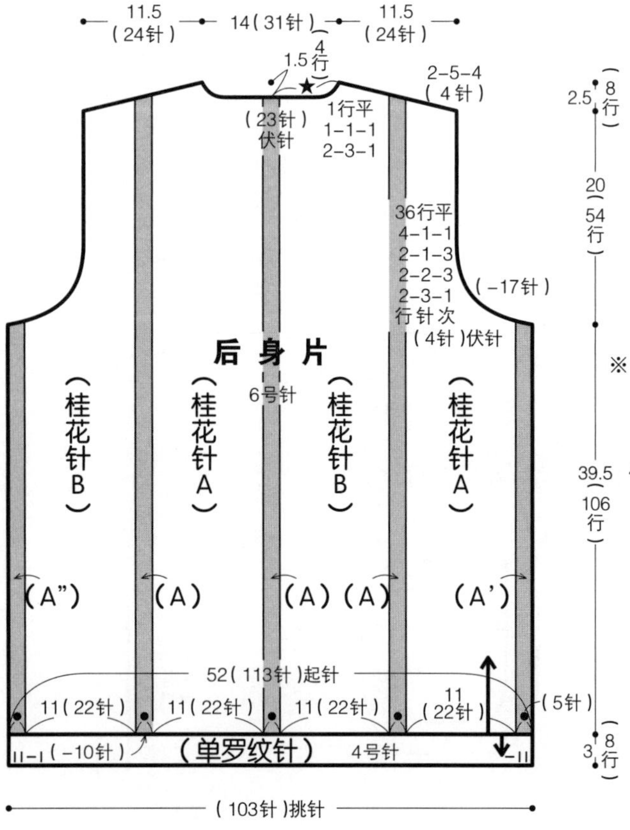

= 编织花样

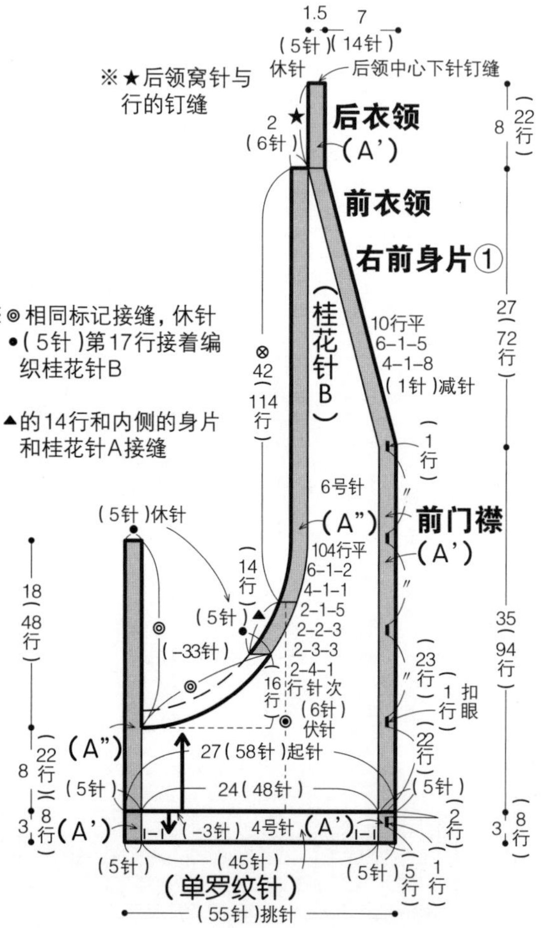

※左前身片和右前身片左右对称编织

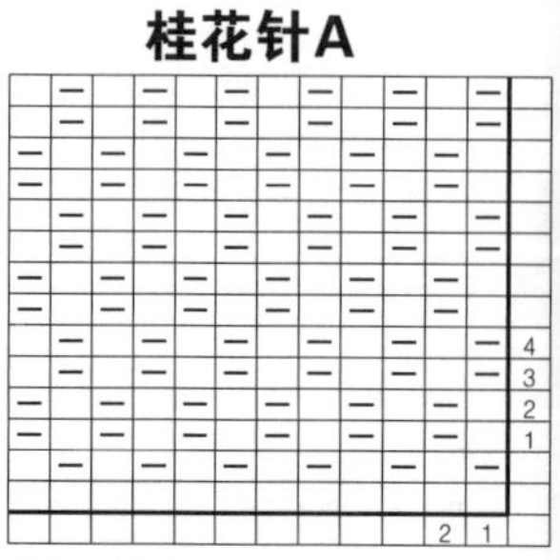

□ = ▯ 下针

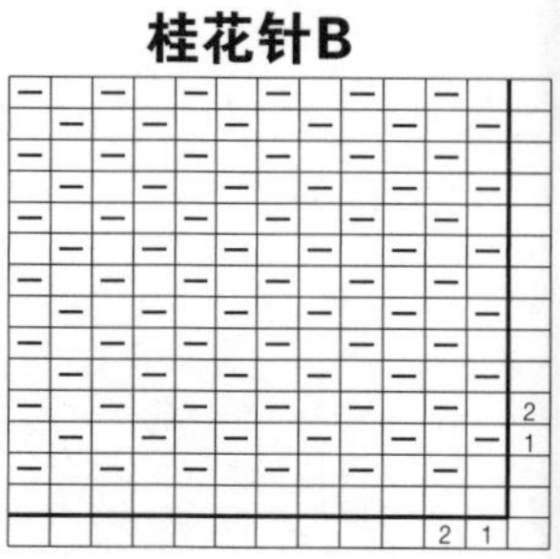

□ = ▯ 下针

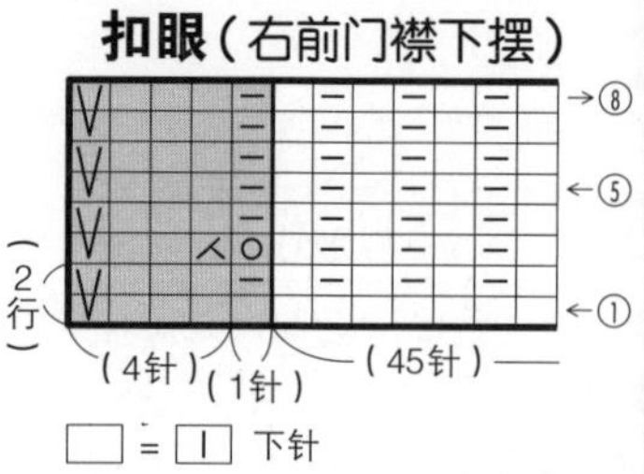

□ = ▯ 下针

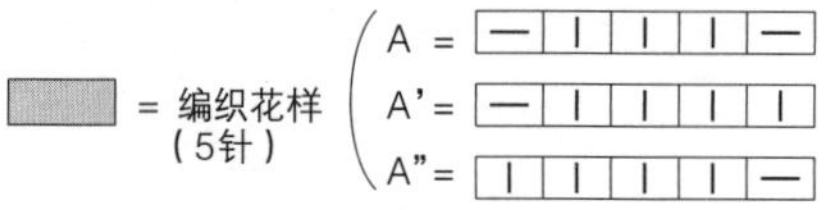

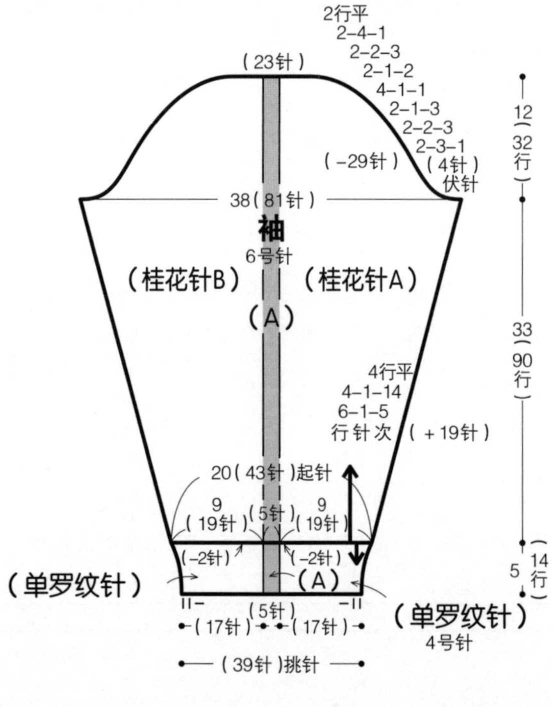

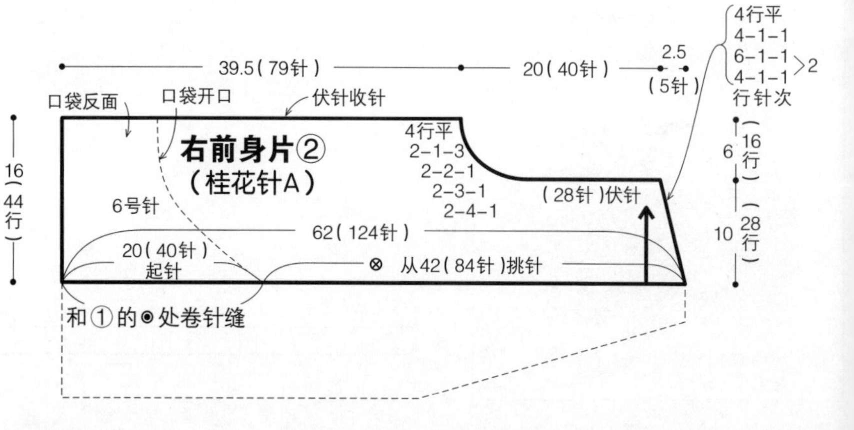

右前身片的编织方法图

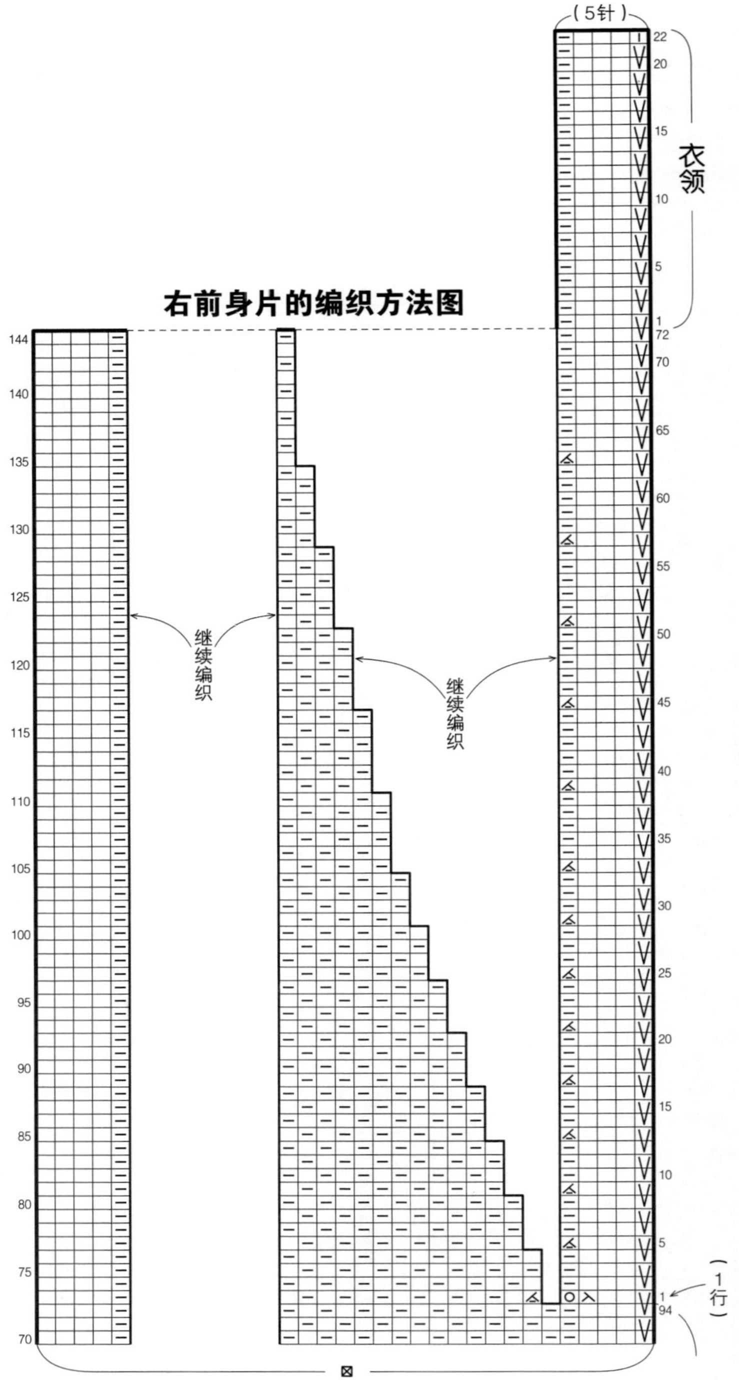

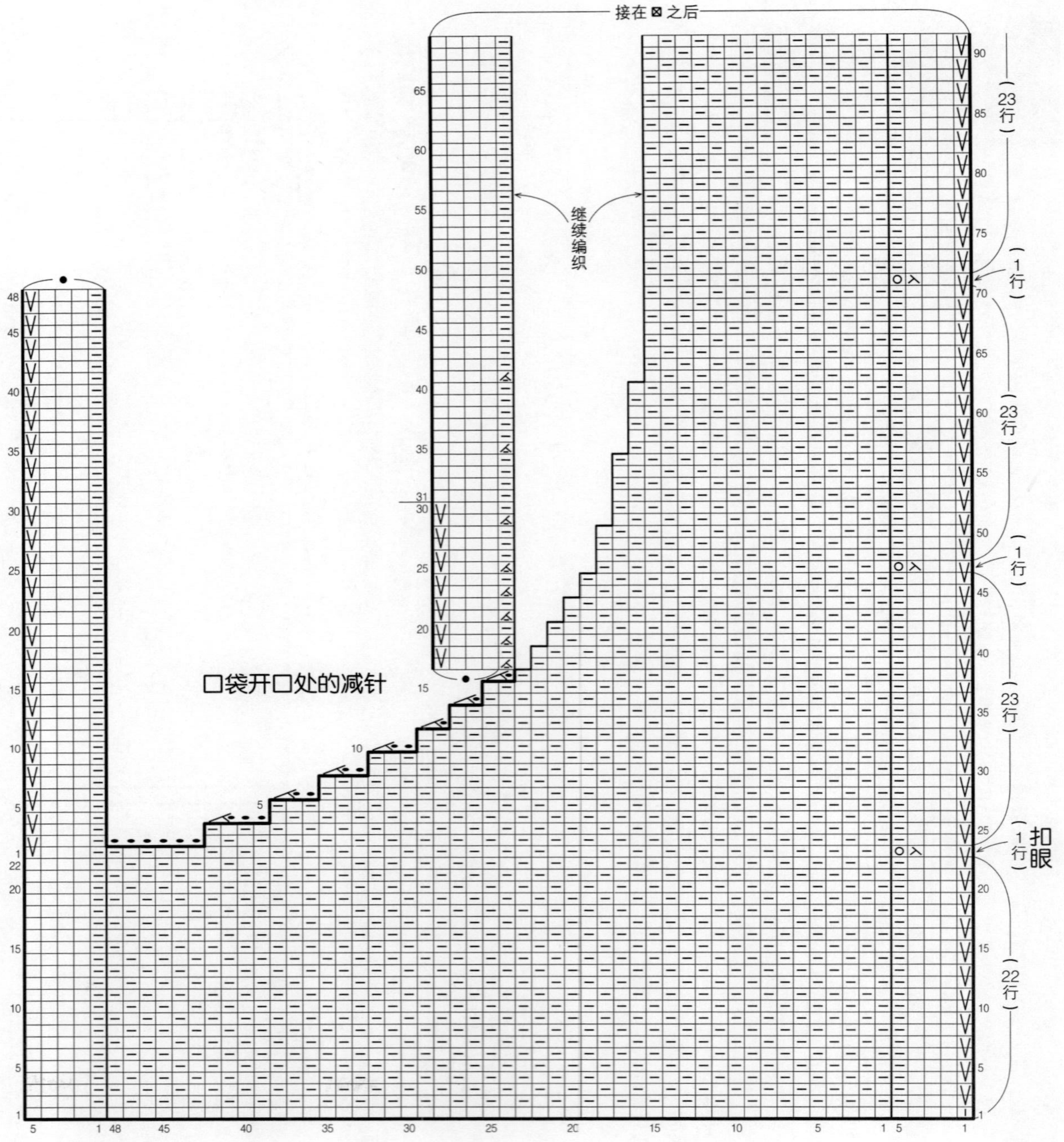

□ = | 下针

●材料 内藤商事 Frenzy Bulky Deluxe **毛衣** 蓝色（116）330g/9团，粉色（115）80g/2团，红色（117）、黄色（112）、薄荷绿色（114）、灰色（102）各15g/各1团 **帽子** 蓝色（116）45g/2团，粉色（115）20g/1团，黄色（112）、薄荷绿色（114）、灰色（102）各5g/各1团，红色（117）少量，直径2cm的纽扣8颗

●工具 棒针10号、9号

●成品尺寸 胸围100cm，衣长58.5cm，连肩袖长74cm。**帽子** 头围50cm，深22cm

●编织密度 10cm×10cm面积内：加入花样、下针编织均为16针，22行

●编织要点 **加入花样** 横向渡线编织加入。**前、后身片** 另线锁针起针，做下针编织。左前身片、右前身片和腋下针目休针，后身片编织6行（前后差），休针。下摆解开另线锁针，编织单罗纹针，做单罗纹针收针。**袖** 袖下加针参照图示编织扭针加针。编织终点的腋下针目、前后差、育克分别休针。袖口环形编织单罗纹针。**育克** 从前身片、后身片、衣袖挑针，一边加入花样一边做分散减针。接着，衣领编织单罗纹针，做单罗纹针收针。前门襟编织单罗纹针，右前门襟一边开扣眼，一边做单罗纹针收针。**组合** 腋下做下针钉缝，后身片和衣袖的前后差做针与行的钉缝。左前门襟缝上纽扣。**帽子** 另线锁针起针，环形加入花样。帽顶编织分散减针，最终针目穿线2周，收紧，止针。帽口解开另线锁针，挑针，环形编织单罗纹针，做单罗纹针收针。帽顶缝上绒球。

38

62页的作品

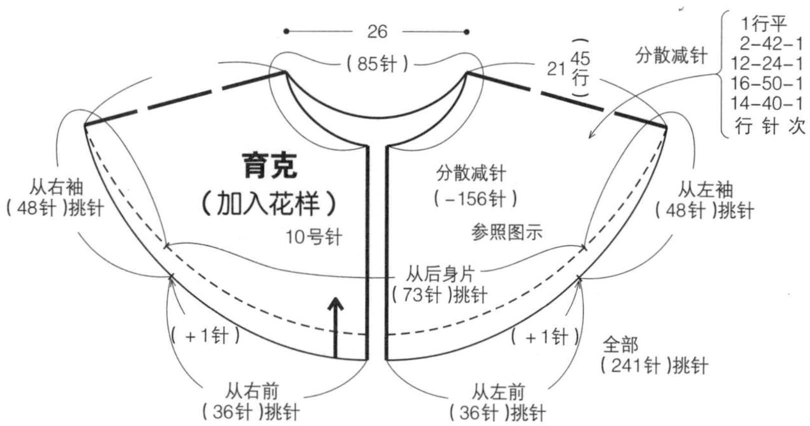

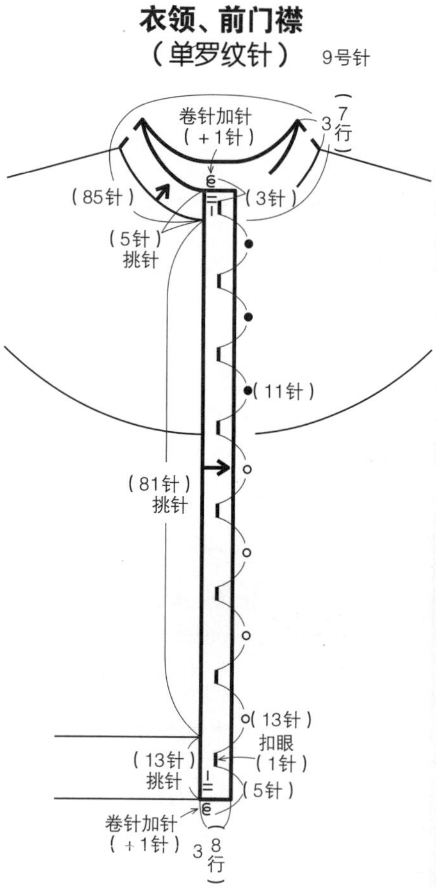

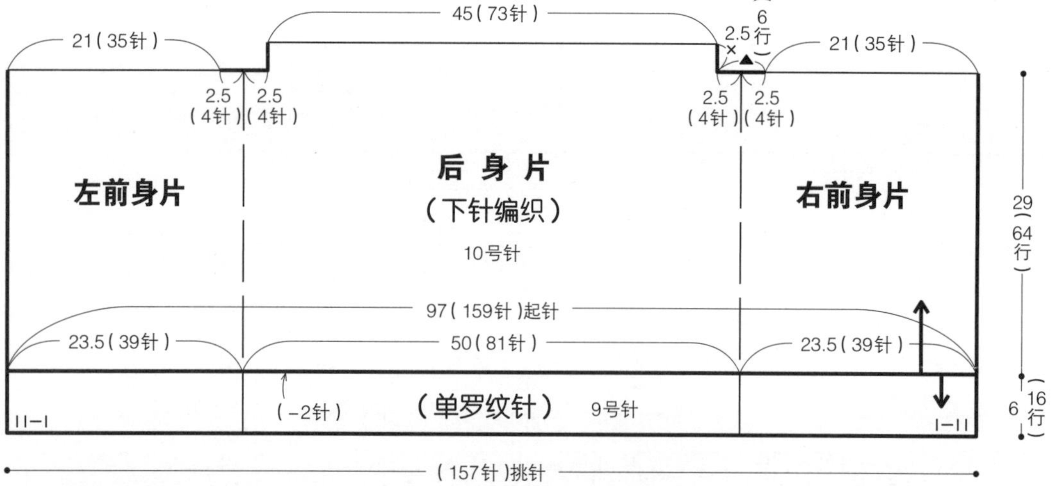

※▲标记做下针钉缝
×标记做针与行的钉缝

※除加入花样外全部用蓝色线编织

扣眼（右前门襟）

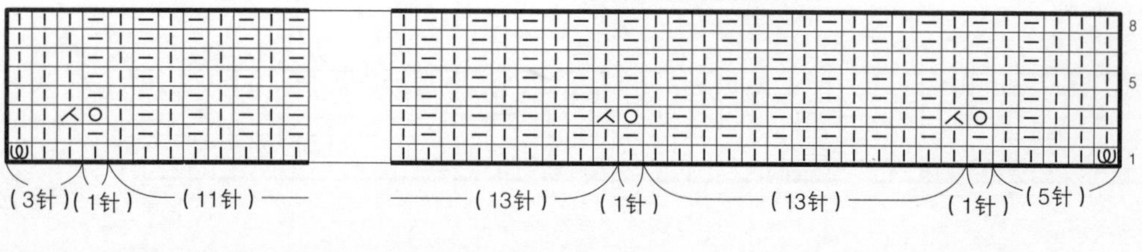

育克加入花样和分散减针的编织方法图

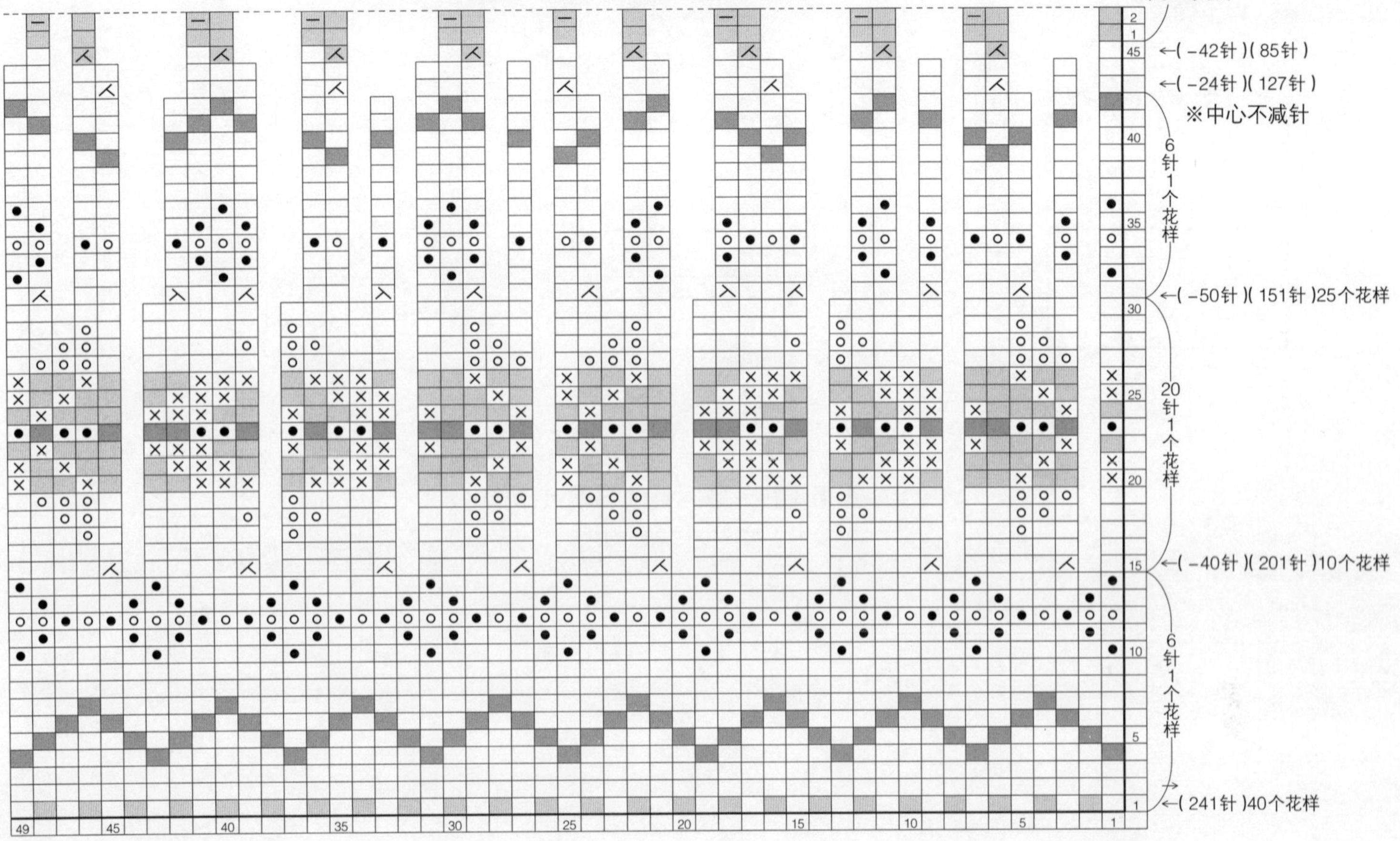

□ = ⏐ 下针　□ = 粉色　● = 黄色
■ = 红色　○ = 薄荷绿色
▒ = 蓝色　× = 灰色

横向渡线加入花样

①
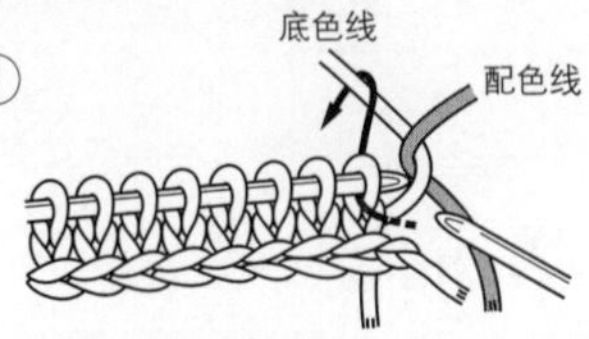

用底色线夹住配色线。

②
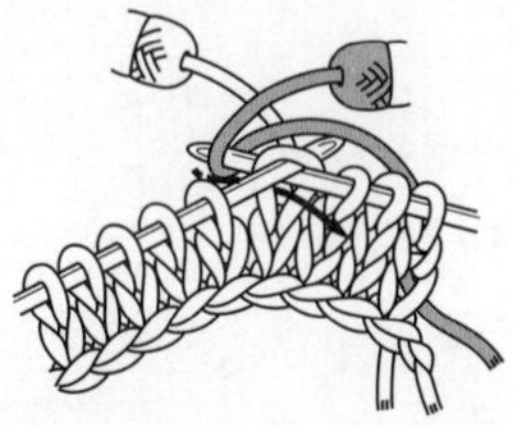

编织配色线时，从底色线上方渡线编织。

③
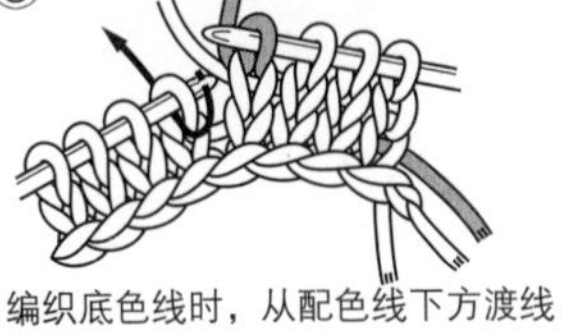

编织底色线时，从配色线下方渡线编织。

④
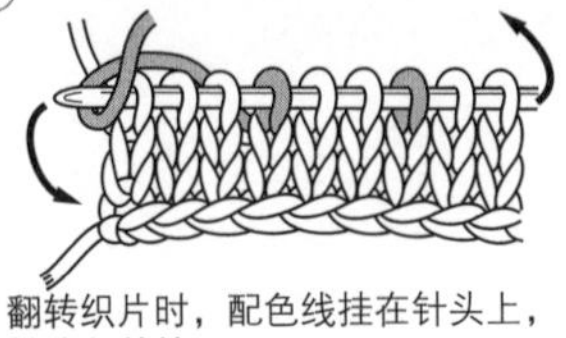

翻转织片时，配色线挂在针头上，针头向前转。

⑤
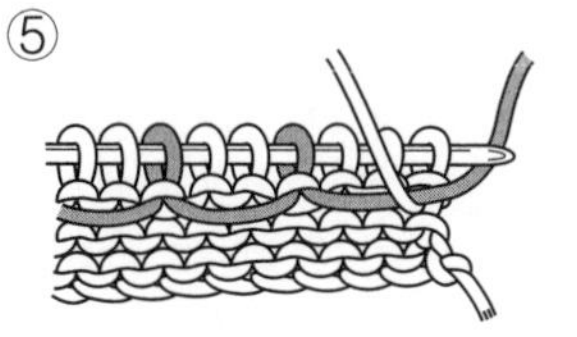

配色线渡至端头夹住底色线，编织底色线。

⑥
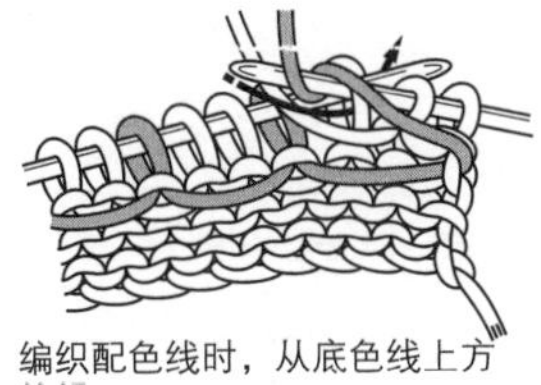

编织配色线时，从底色线上方编织。

⑦
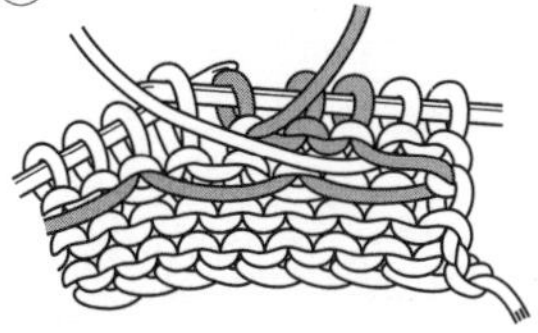

总是配色线在上，底色线在下。

⑧
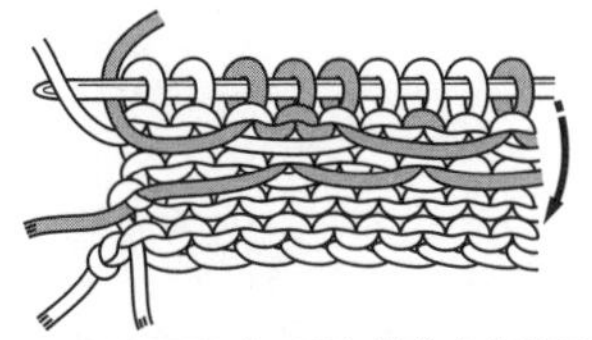

从反面翻回正面时，配色线放在棒针后面，针头向后转。

⑨
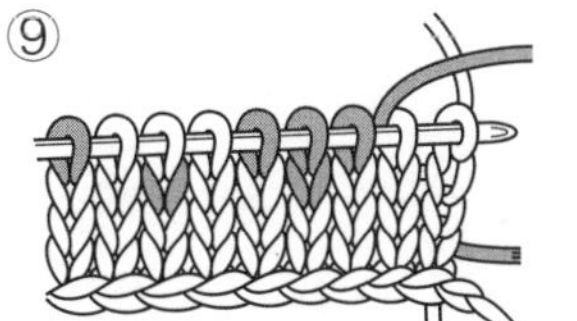

线团总在同样位置，配色线在上渡至端头。

袖下加针

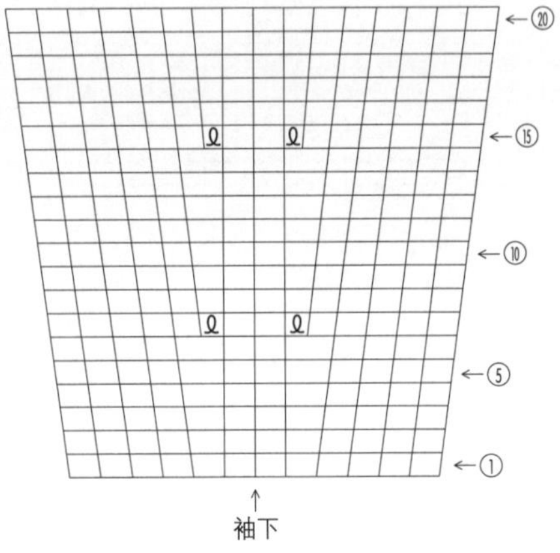

□ = ⏐ 下针
ℓ = 扭针加针

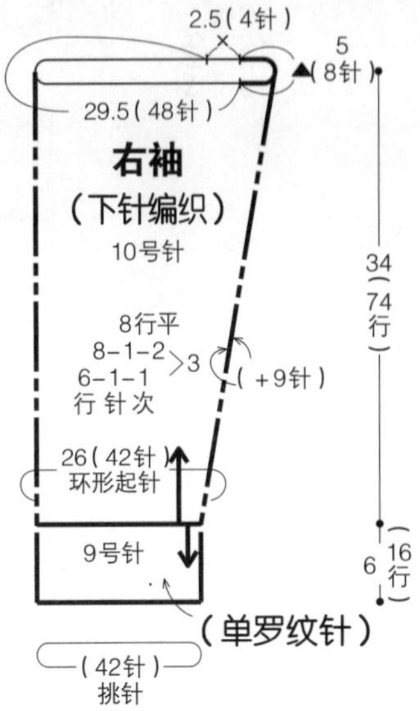

※左袖和右袖左右对称编织

★接下一页

帽 子

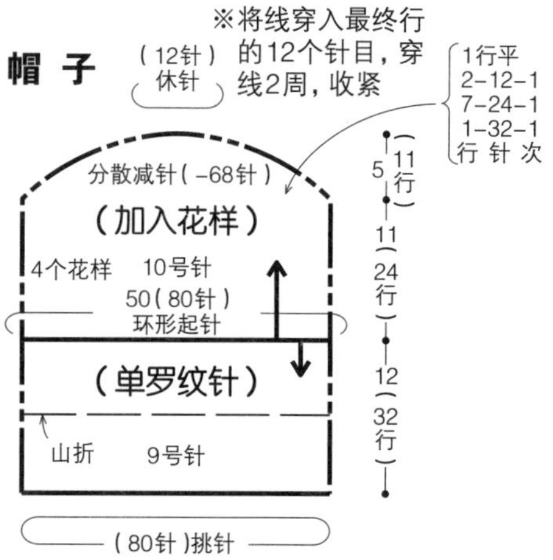

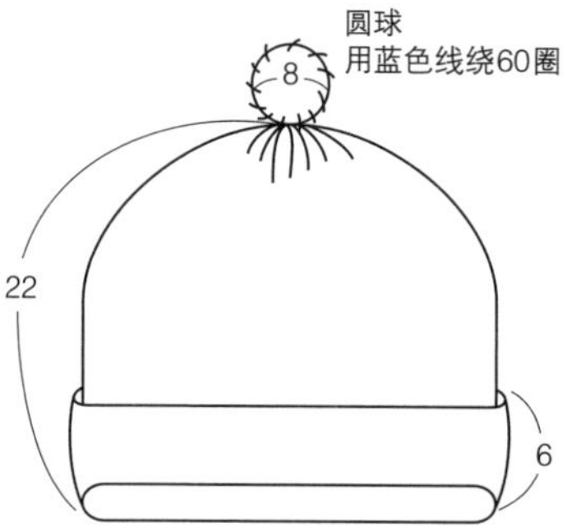

帽子加入花样和分散减针的编织方法图

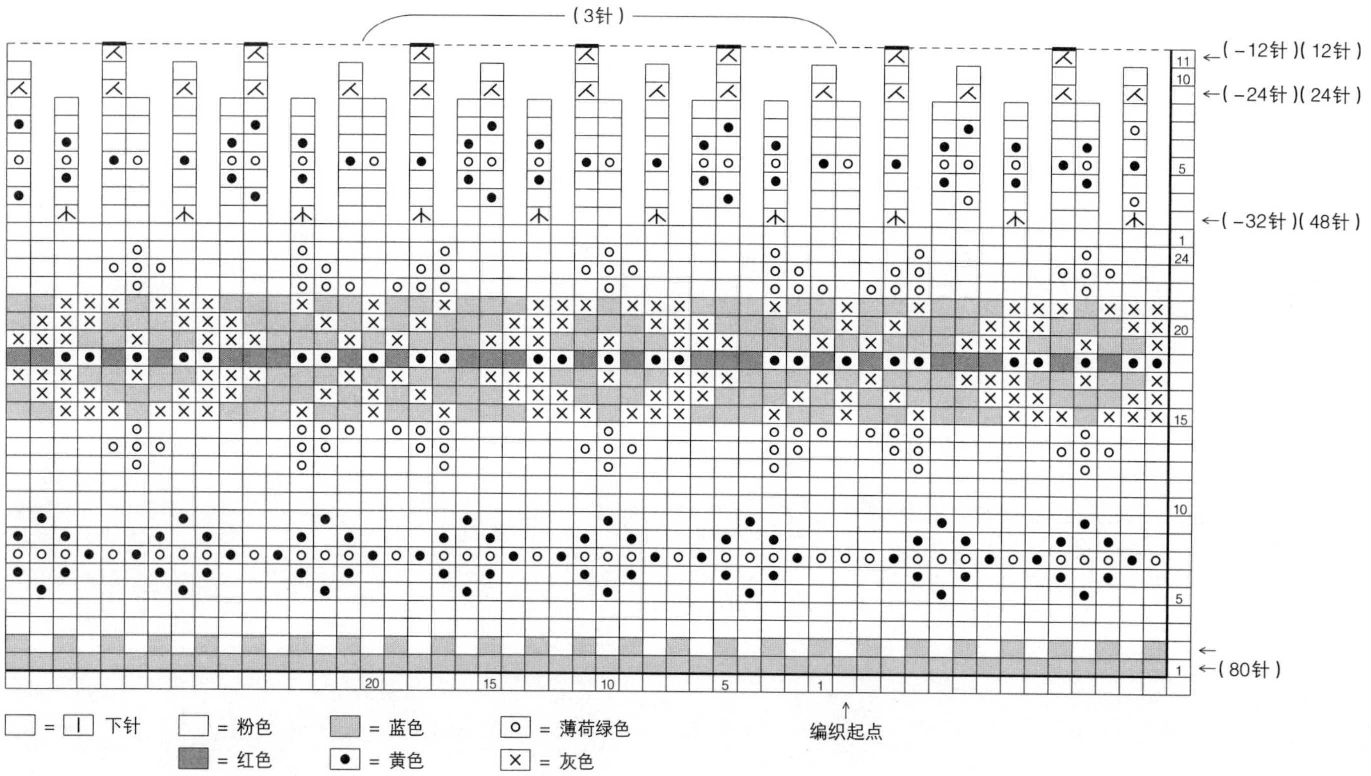

绒球的制作方法

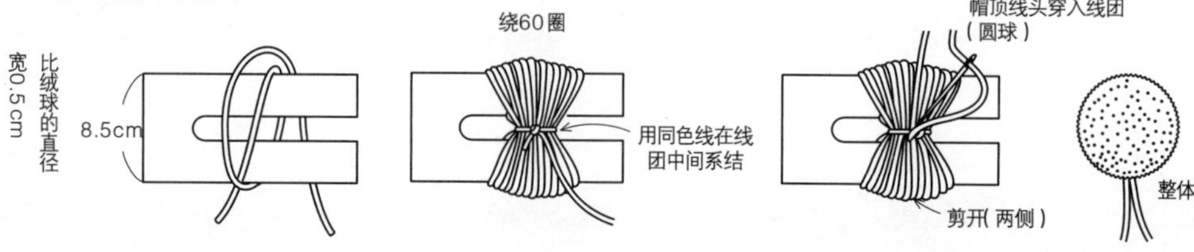

帽顶收针方法

线头留20cm左右，穿入编织终点的针目。

再一次穿入相同针目。

拉线收线，线头留在背面，藏在针目中。

● **材料** 内藤商事 Nazka 灰色（1494）610g/13团

●**工具** 棒针7号、5号、3号

●**成品尺寸** 胸围96cm，肩宽36m，衣长59.5cm，袖长52cm

● **编织密度** 10cm×10cm面积内：编织花样A 7cm（20针）、编织花样B 9cm（25针）、编织花样C 3.5cm（9针），编织花样A、B、C、D均为10cm，26行

●**编织要点** **前、后身片** 另线锁针单罗纹针起针，编织22行单罗纹针，接着编织花样。第1行参照图示编织扭针加针。袖窿、领窝编织伏针和侧边1针立针减针，肩部做往返编织，消行时，按照图示编织减针，休针。**袖** 起针方法和身片相同，参照图示编织袖下加针、袖山。最终行针目一边减针一边做伏针收针。**组合** 肩部正面相对盖针钉缝。胁部留出开衩位置，袖下从袖口做挑针接缝。衣领从前后领窝挑针，环形编织单罗纹针，做单罗纹针收针。使用引拔钉缝将衣袖和身片缝合。

39

63页的作品

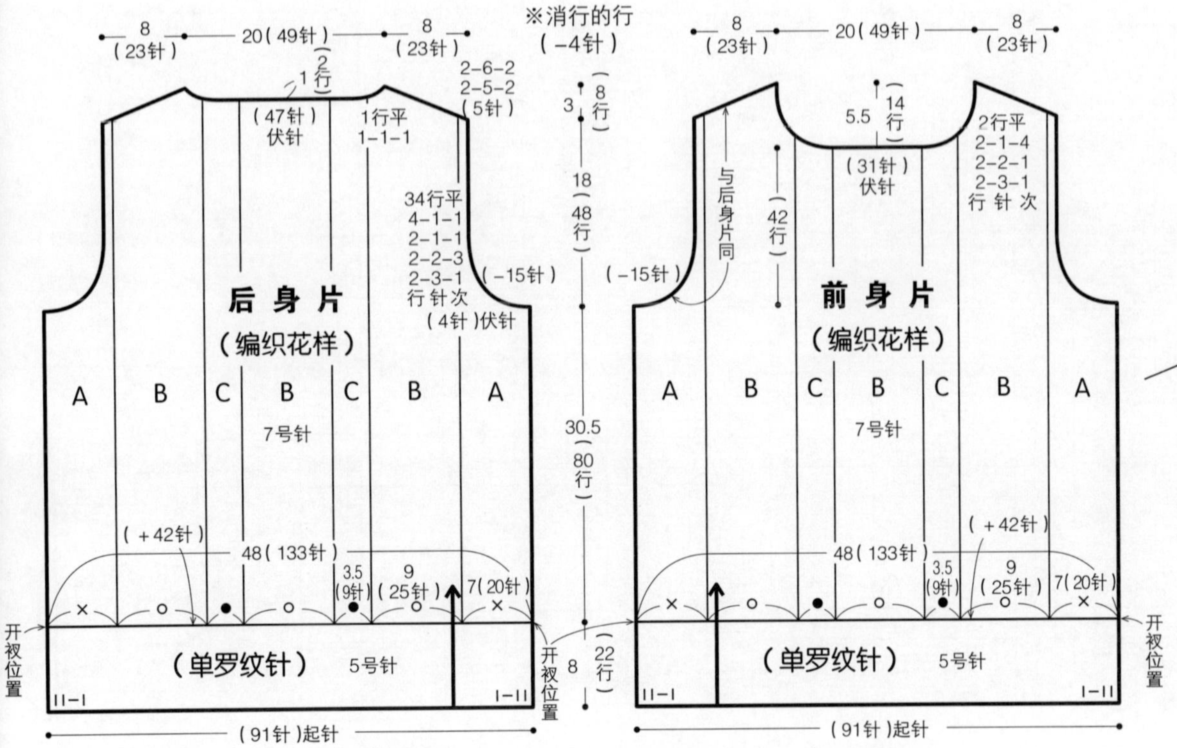

※另线锁针起针针目（46针）=必要针目

（91针+1针）÷2

※另线锁针起针针目（46针）

衣领（单罗纹针）

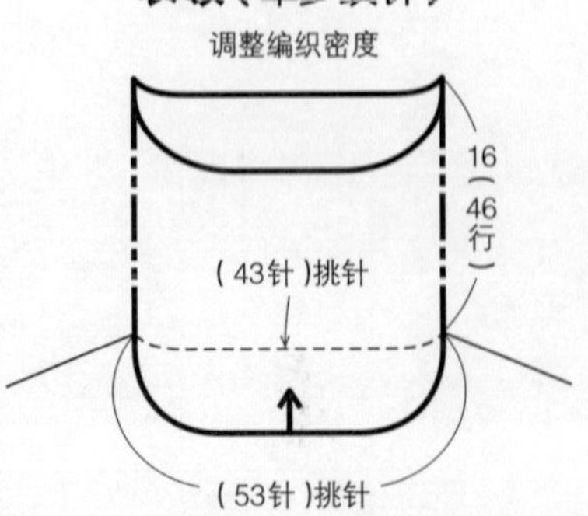

※1~4行 3号针

5~46行 5号针

两端均为2针下针时

第1行的起针针目（另线锁针）=[必要针目（奇数）+1针]÷2

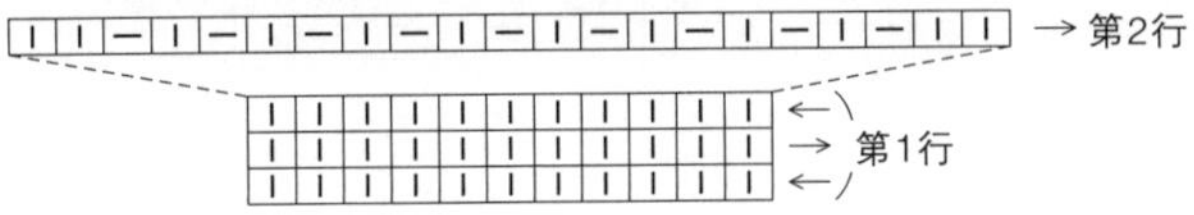

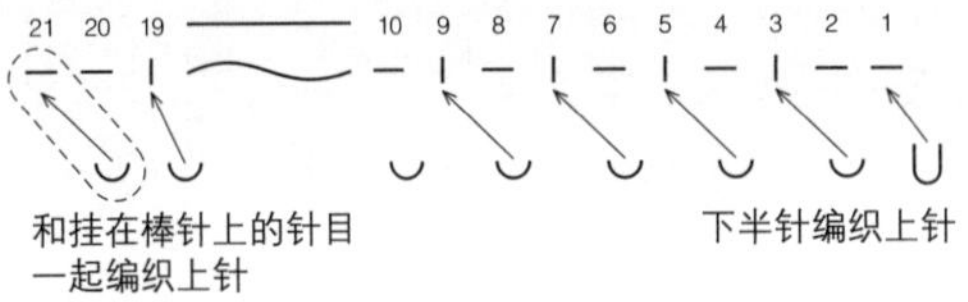

| = 下针　◡ = 上半针

— = 上针　U = 下半针

编织花样

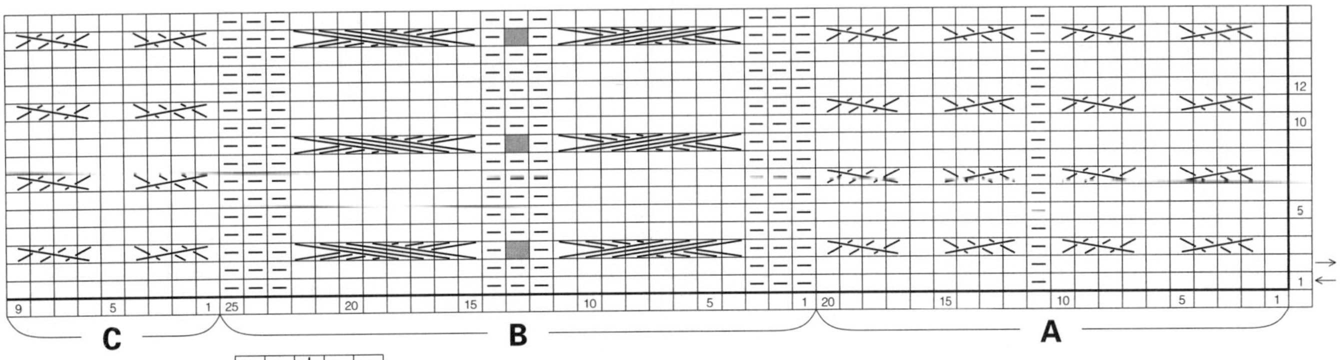

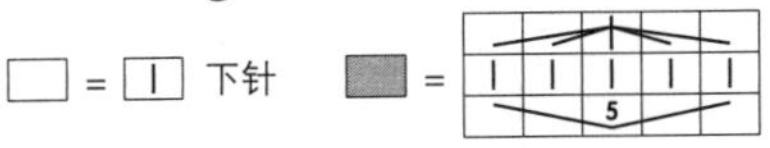

★接下一页

身片的编织方法图

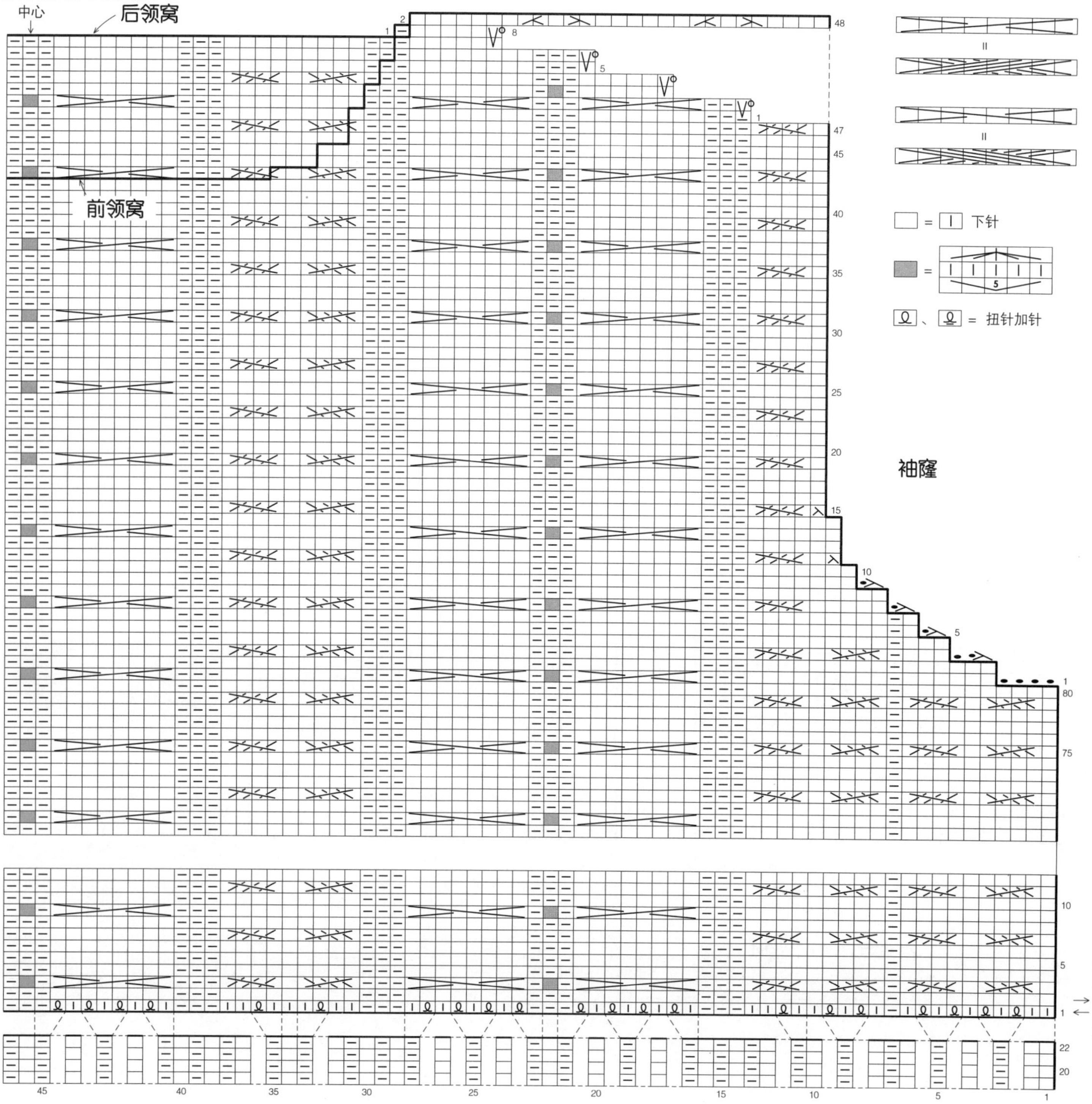

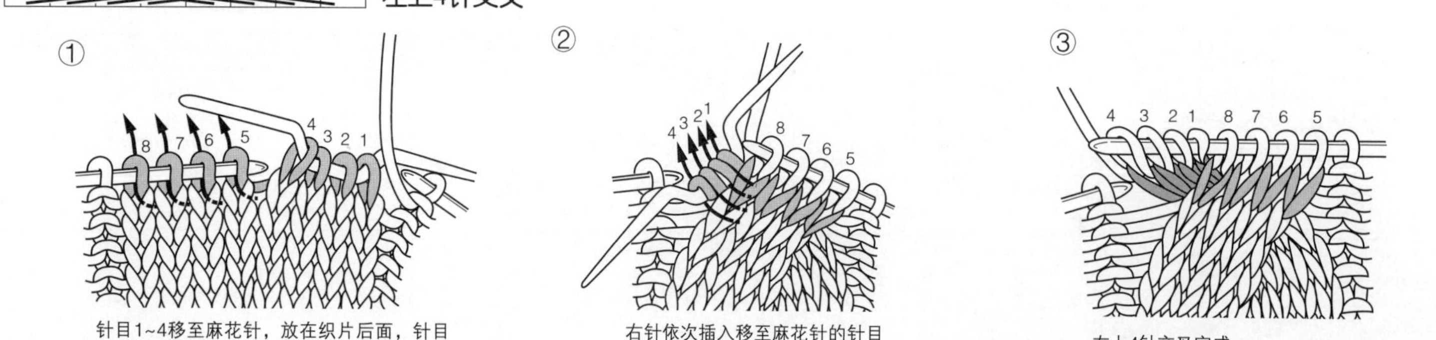

① 针目1~4移至麻花针，放在织片后面，针目5~8编织下针。

② 右针依次插入移至麻花针的针目1~4，编织下针。

③ 左上4针交叉完成。

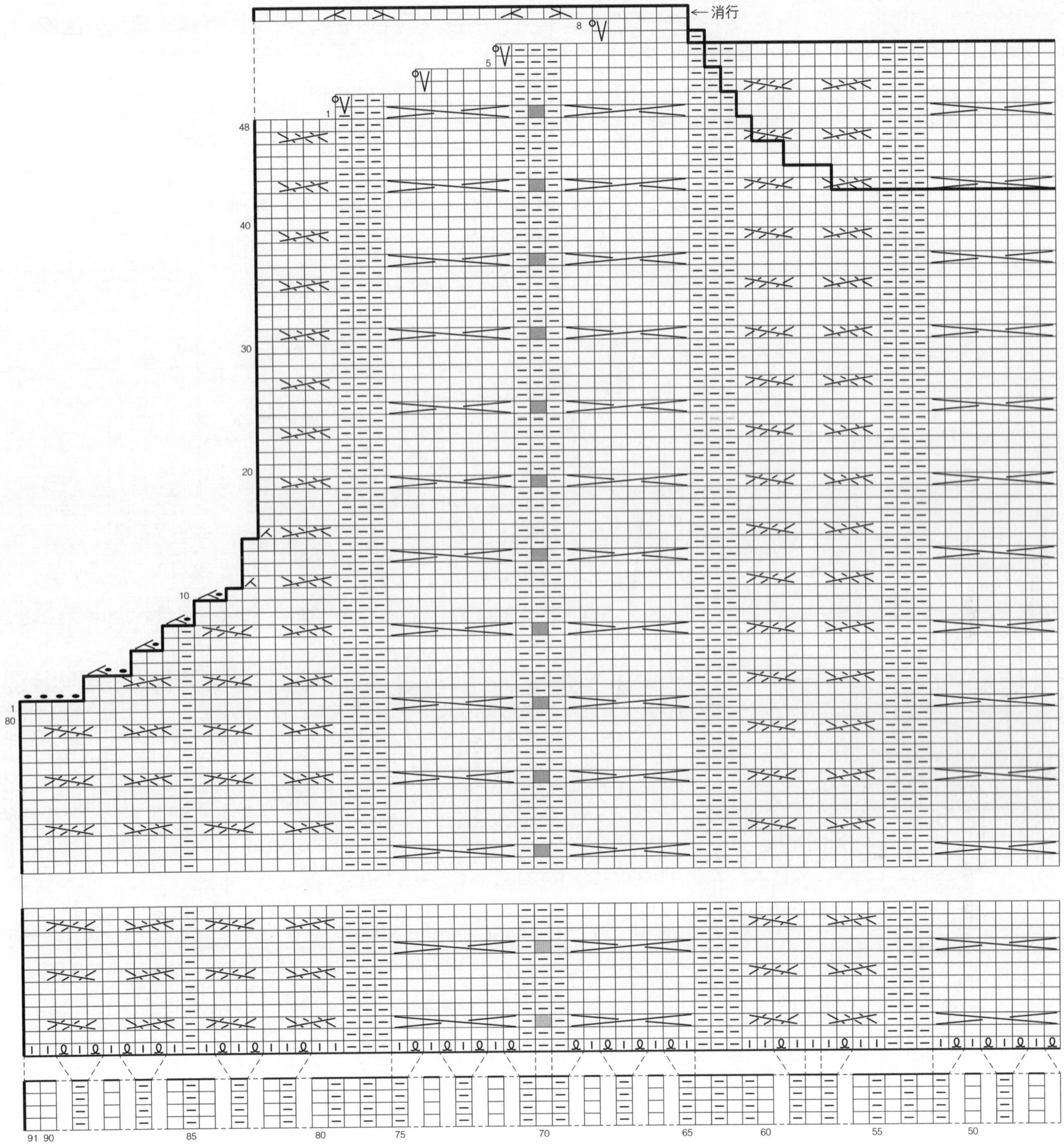

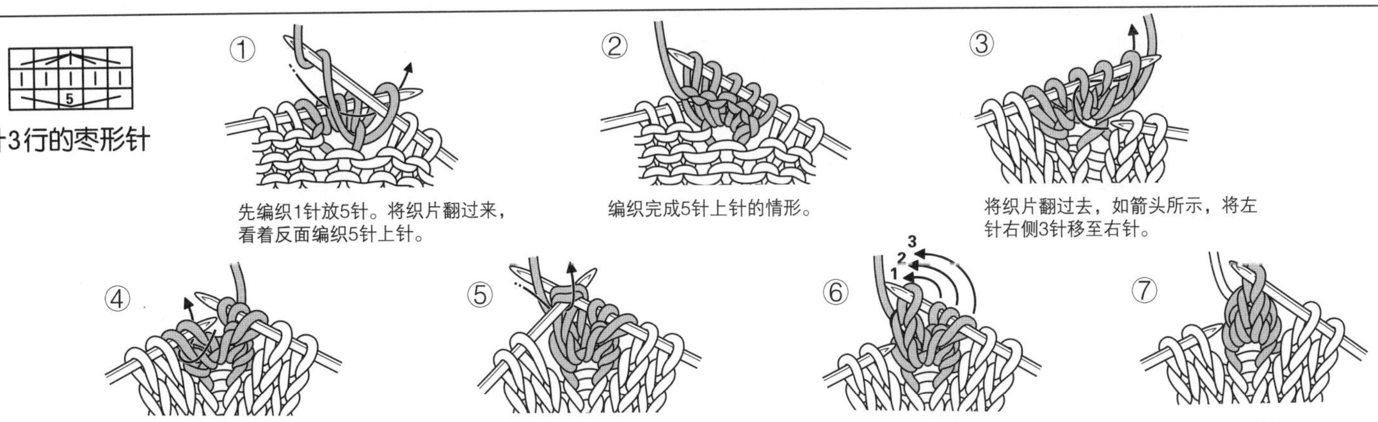

5针3行的枣形针

① 先编织1针放5针。将织片翻过来，看着反面编织5针上针。

② 编织完成5针上针的情形。

③ 将织片翻过去，如箭头所示，将左针右侧3针移至右针。

④ 右针插入第5针和第4针。

⑤ 编织下针。

⑥ 用步骤③中移至右针的3针盖住步骤⑤中编织的下针。

⑦ 5针3行的枣形针完成。

★接下一页

袖的编织方法图

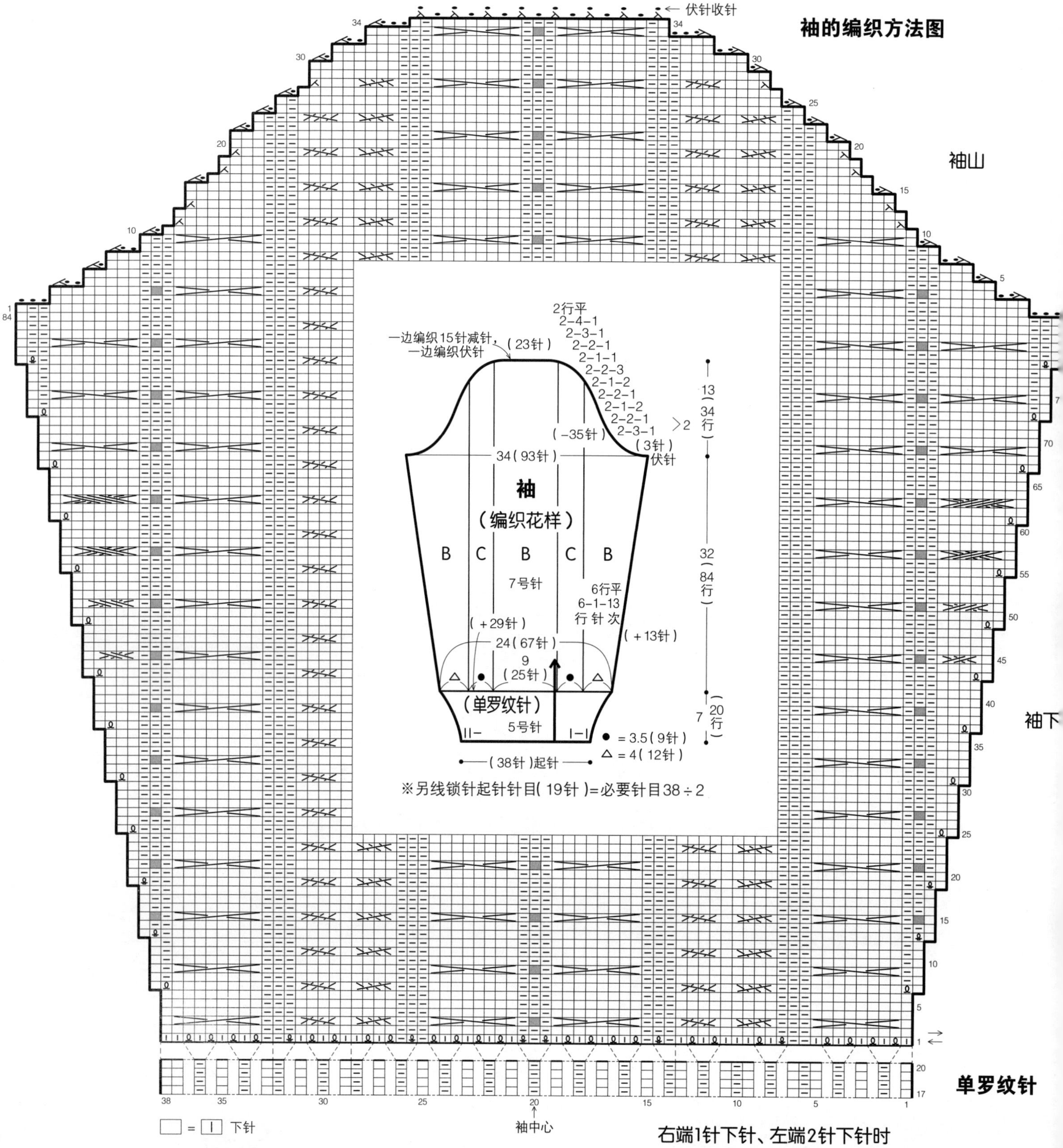

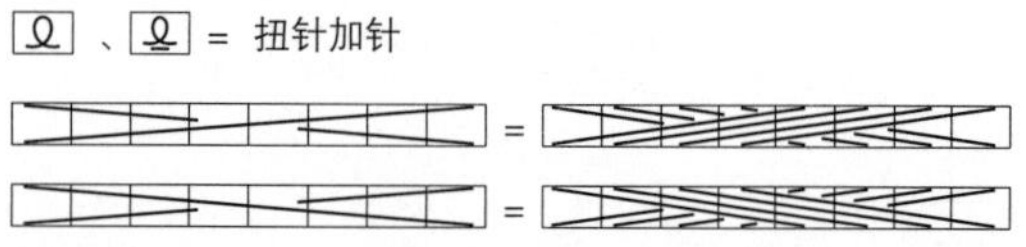

右端1针下针、左端2针下针时

第1行的起针针目（另线锁针）=必要针目（偶数）÷2

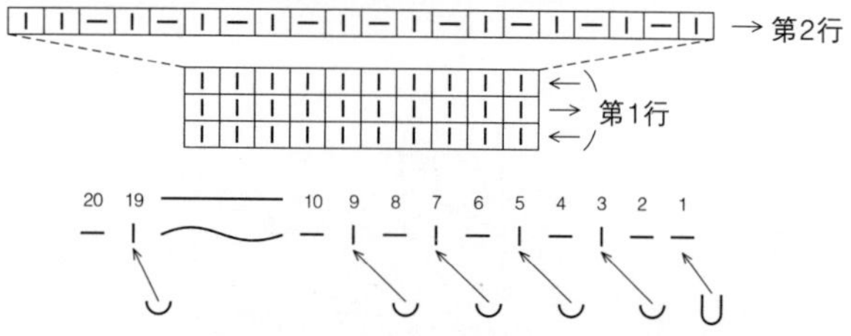

下半针编织上针

| = 下针　◡ = 上半针
— = 上针　U = 下半针

●**材料**　内藤商事 Inca Spun Roving 茶色（7264）420g/11团，米色（7262）40g/1团，橙色（7267）20g/1团，黄绿色（7271）5g/1团，直径2cm的纽扣5颗

●**工具**　棒针9号、8号、7号

●**成品尺寸**　胸围97cm，肩宽34m，衣长56cm，袖长54cm

●**编织密度**　10cm×10cm面积内：加入花样20.5针，22行；编织花样A 20.5针，23行

●**编织要点**　**加入花样**　参照第163页，横向渡线编织加入花样。**前、后身片**　另线锁针起针，编织加入花样和编织花样A。袖窿、领窝编织伏针和侧边1针立针减针，肩部针目休针。下摆解开锁针起针，挑针编织花样B，做下针织下针、上针织上针的伏针收针。**袖**　起针方法和身片相同，按照编织方法图编织加针、减针。**组合**　肩部盖针钉缝，胁部和袖下挑针接缝。前门襟编织花样B，一边在右前门襟上开扣眼一边编织，参照图示伏针收针。衣领从身片正面挑针，第2行为正面。编织花样B，如图所示做往返编织并调整编织密度，参照图示伏针收针。使用引拔钉缝将衣袖和身片缝合。左前门襟缝上纽扣。

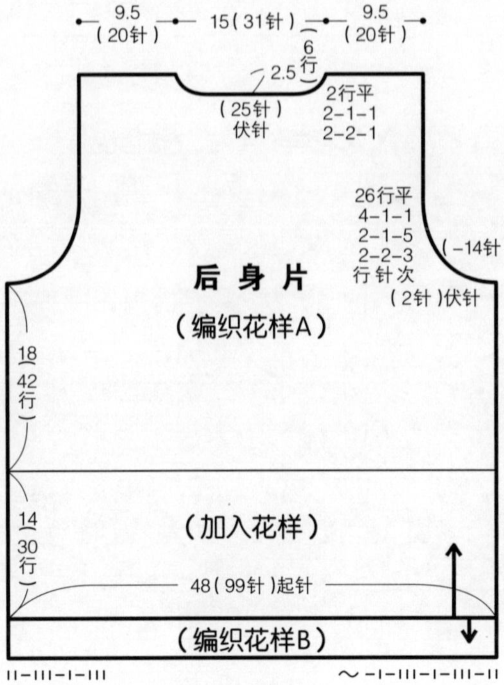

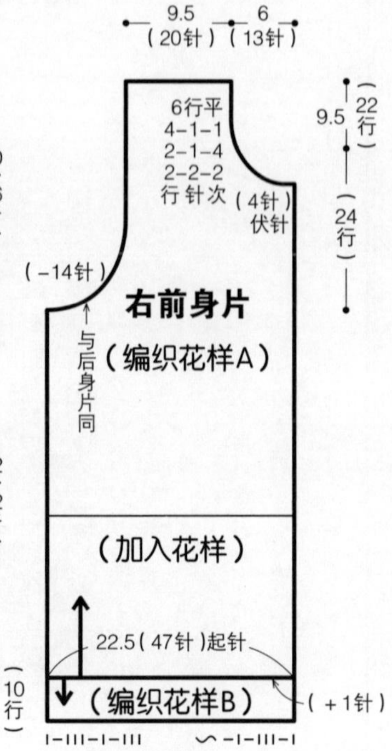

※衣领以外使用8号针编织
※加入花样以外使用茶色线编织
※左前身片和右前身片左右对称编织

前门襟（编织花样B）

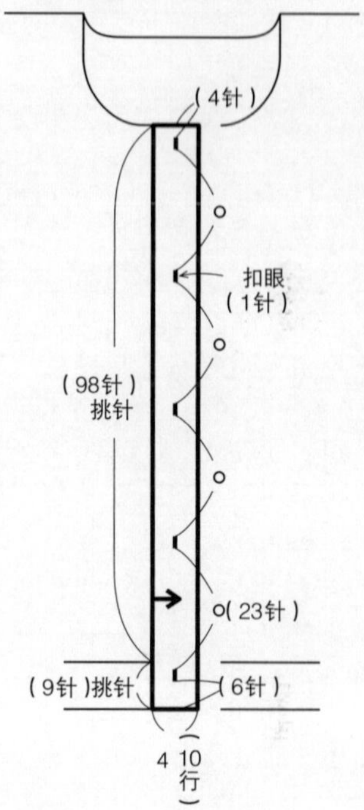

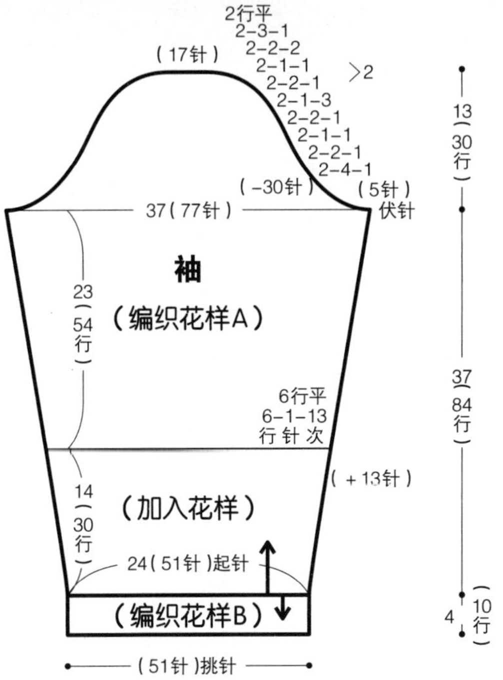

衣领（编织花样B）

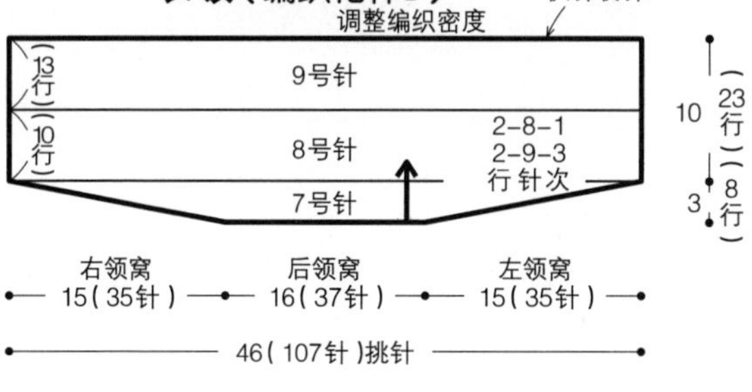

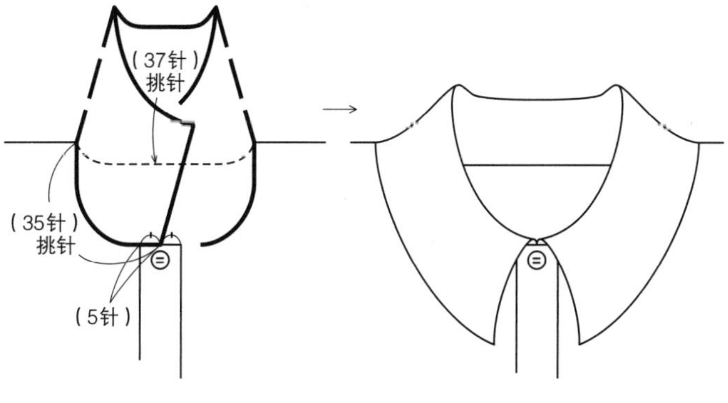

★接下一页

衣领（编织花样B）

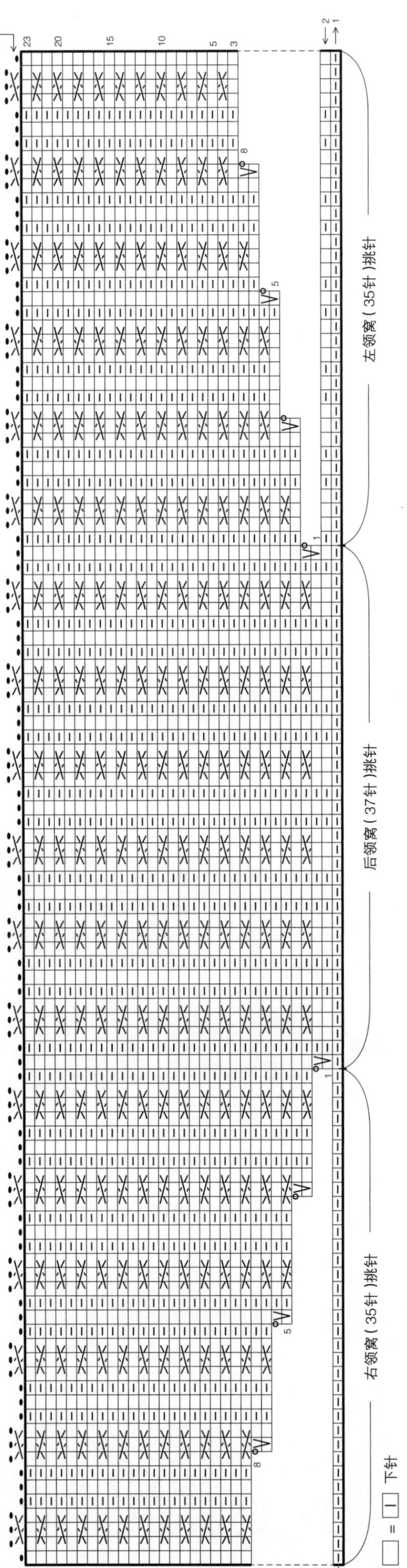

□ = 茶色
■ = 米色
▒ = 橙色
● = 黄绿色

加入花样（后身片）

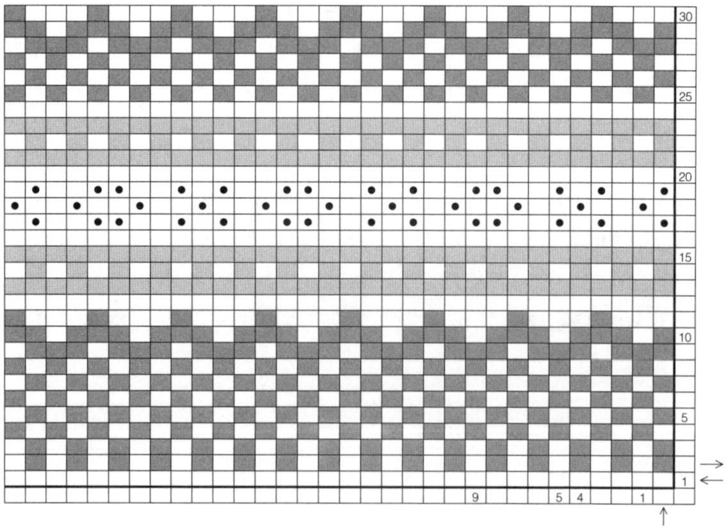

加入花样（左、右前身片）

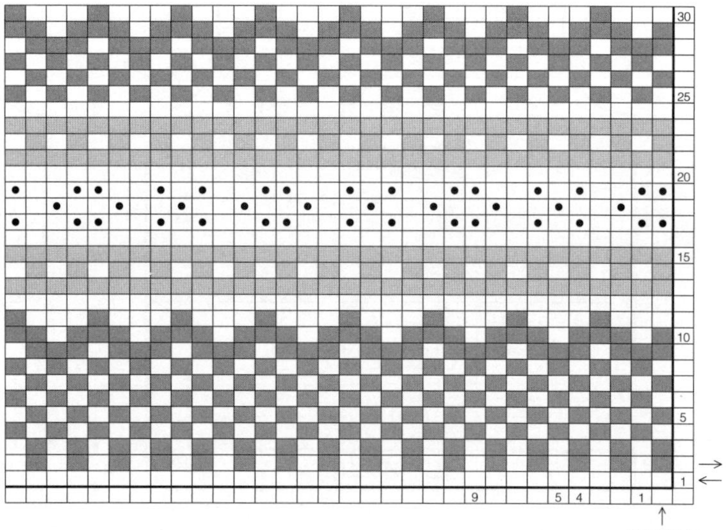

编织花样A

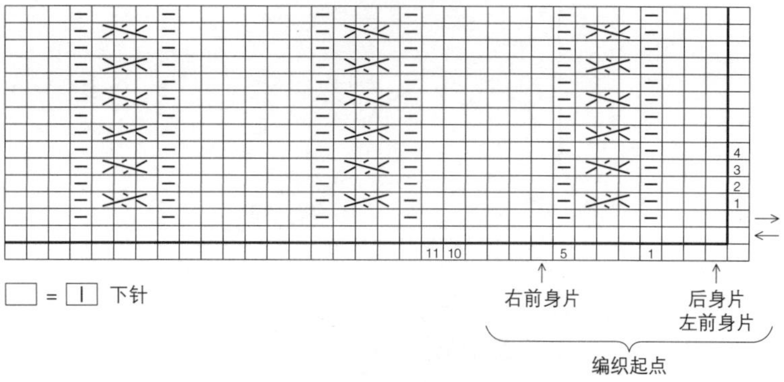

编织花样B

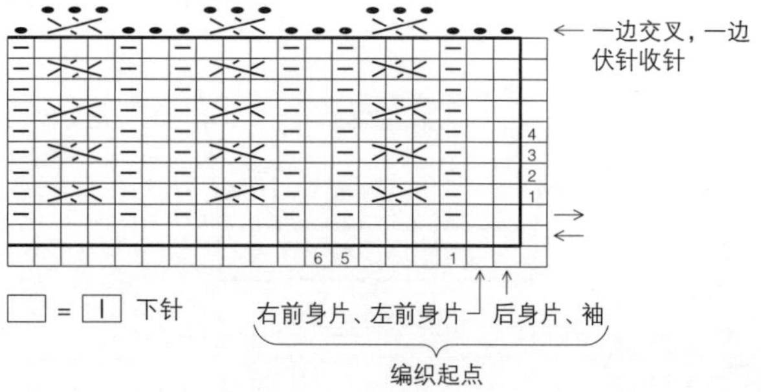

衣袖的编织方法图

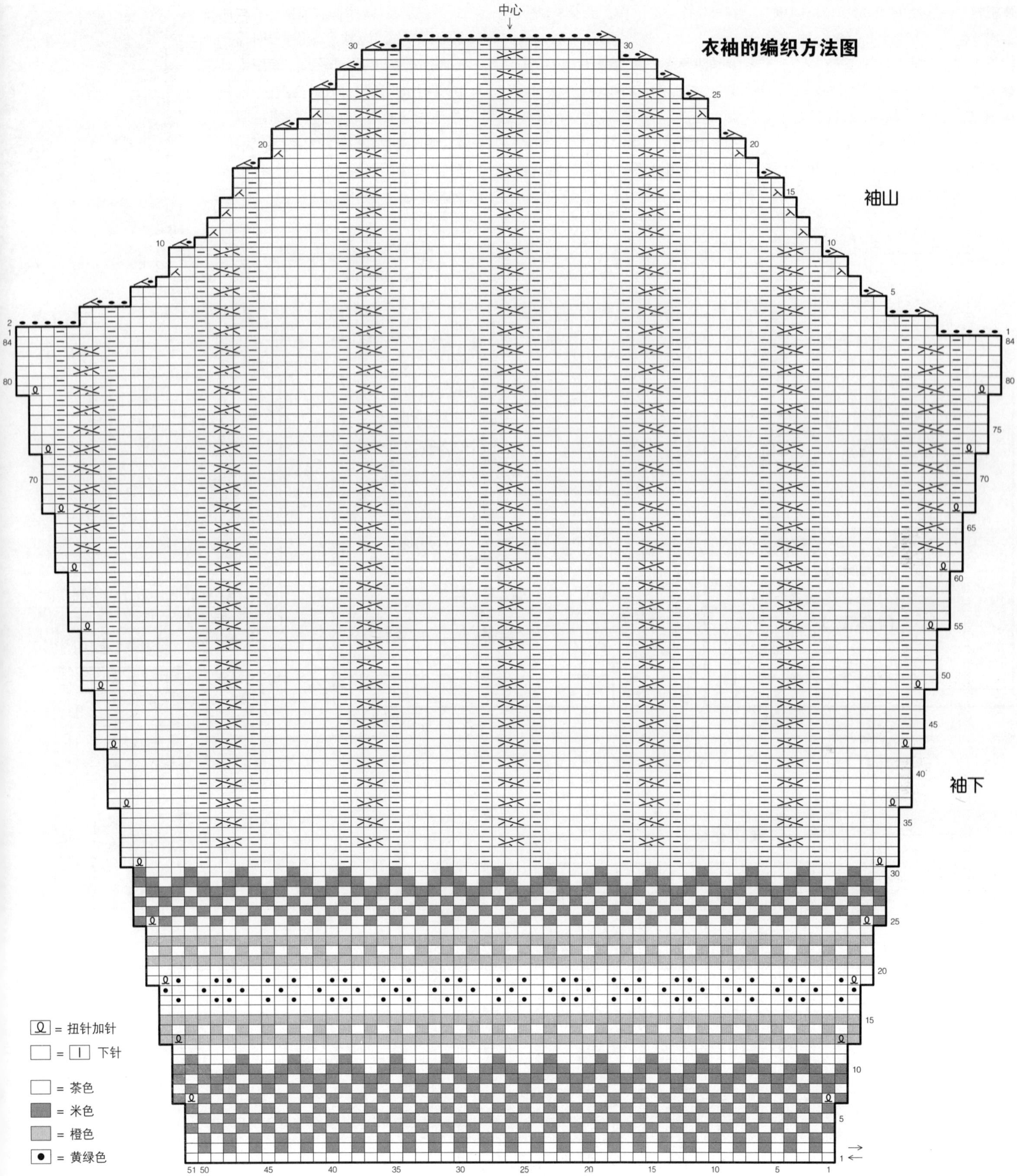

Ⓠ = 扭针加针

□ = 丨 下针

□ = 茶色

■ = 米色

▨ = 橙色

● = 黄绿色

扣眼（右前门襟）

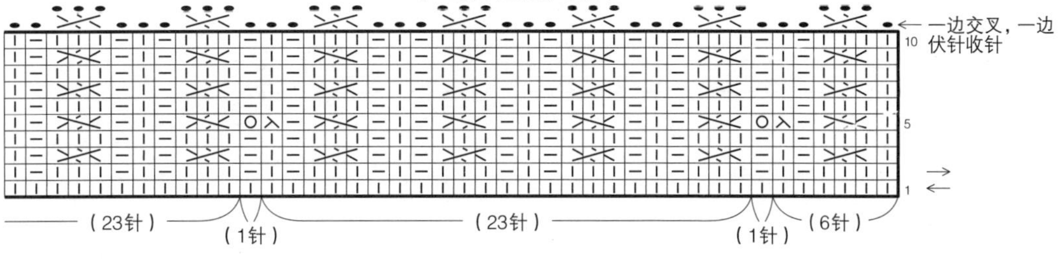

●**材料** 内藤商事 Baby Alpaca DK 薰衣草色（7336）490g/10团，直径1.8cm的纽扣4颗

●**工具** 棒针7号、6号，钩针5/0号

●**成品尺寸** 胸围100cm，衣长52.5cm，连肩袖长60cm

●**编织密度** 10cm×10cm面积内：桂花针18针，32行；编织花样A 24针，27行

●**编织要点** **前、后身片** 手指挂线起针，按照图示布局花样。从前身片开口位置分左右两部分编织，同时前门襟编织扭针的单罗纹针。一边在右前门襟上开扣眼一边编织。**袖** 肩部正面相对盖针钉缝，衣袖从和身片连接的地方挑针。袖下编织侧边1针立针减针，袖口编织起伏针。编织终点的针目从反面伏针收针。**组合** 衣领参照图示挑针，编织扭针的单罗纹针。编织终点做扭针的单罗纹针收针。胁部和袖下挑针接缝，左前门襟边缘处接缝，然后缝上纽扣。

41

65页的作品

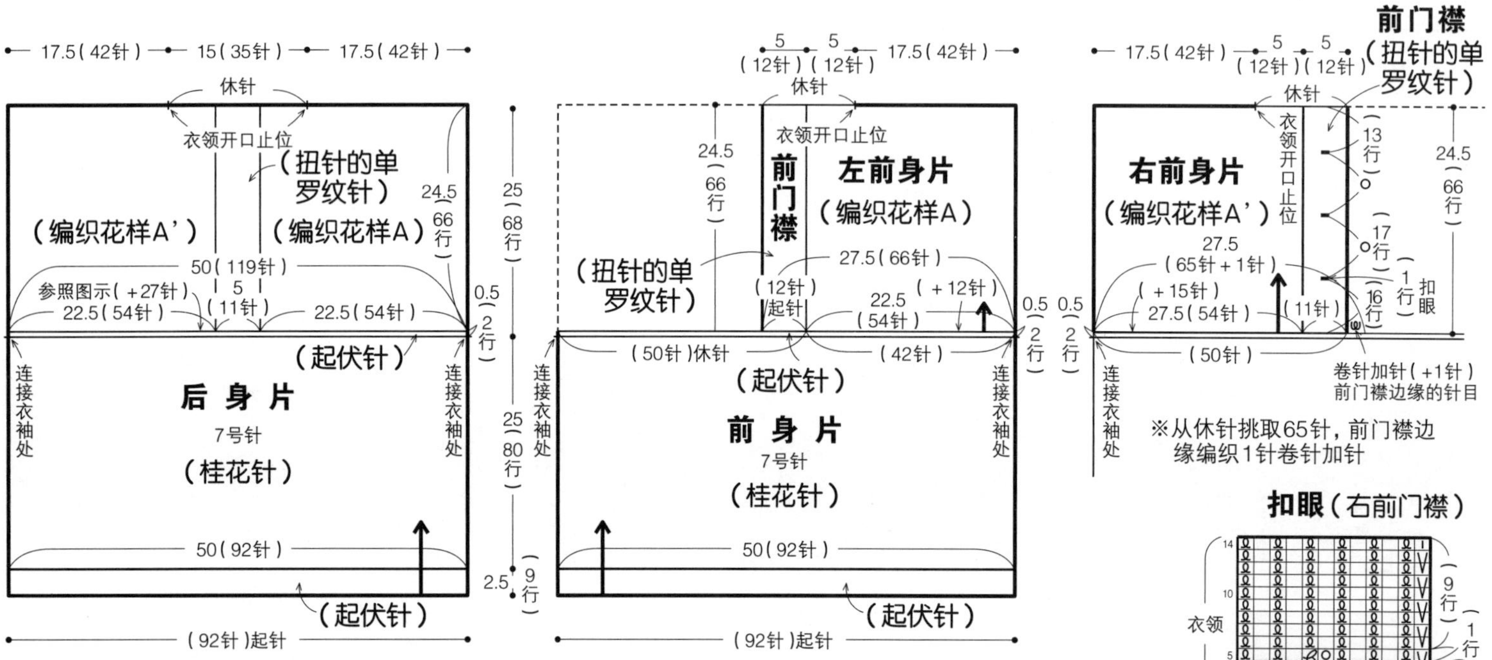

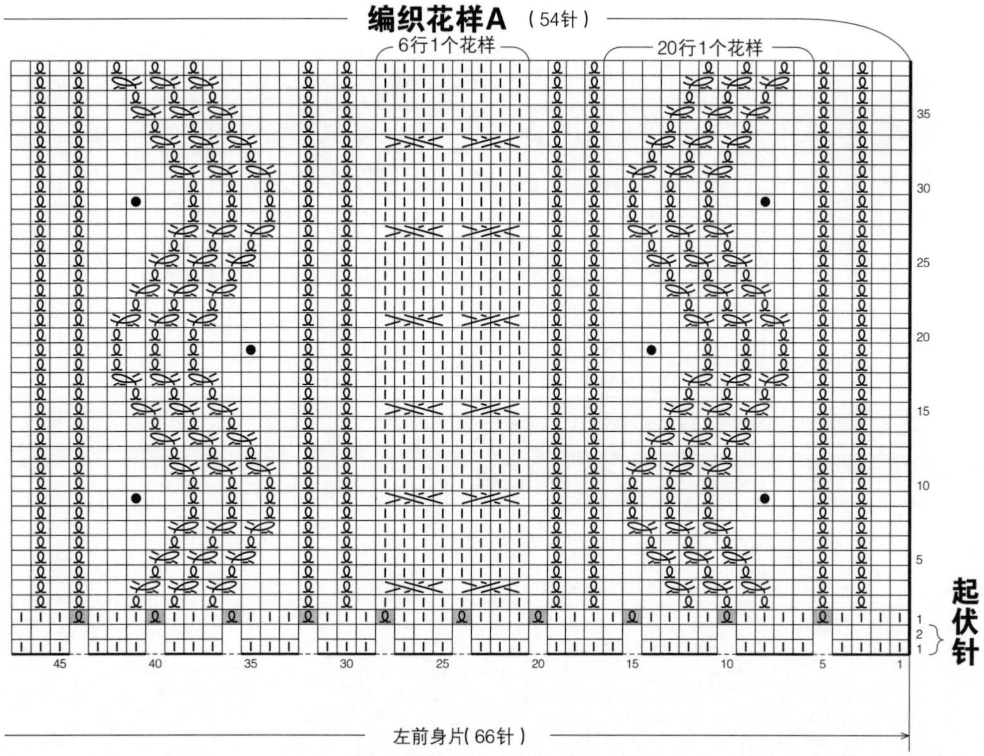

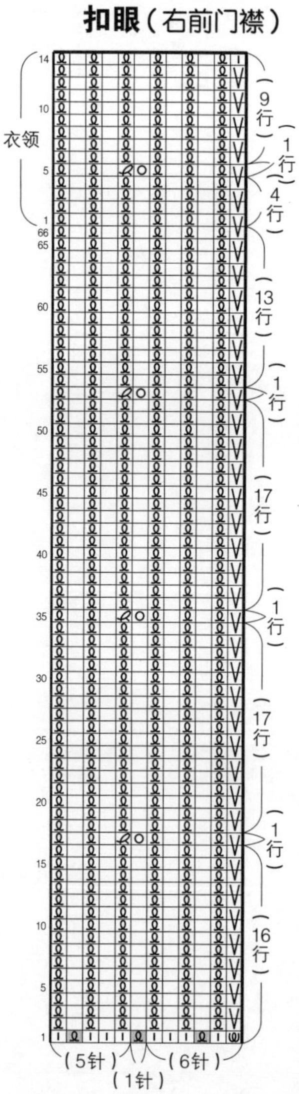

□ = ㅡ 上针

Q = 扭针加针

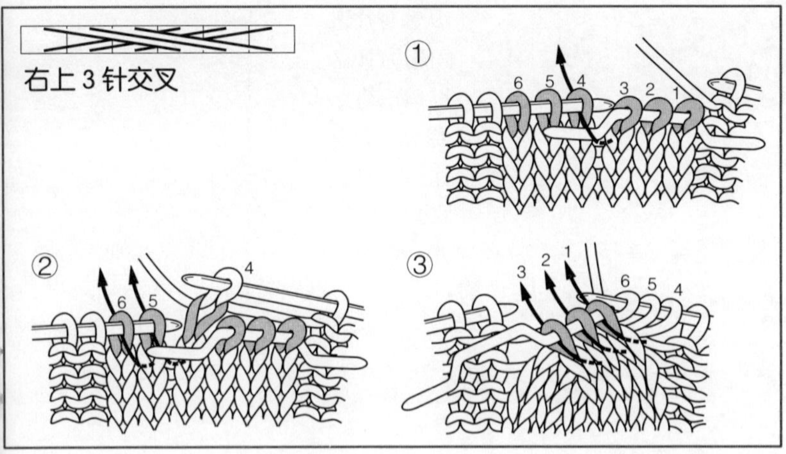

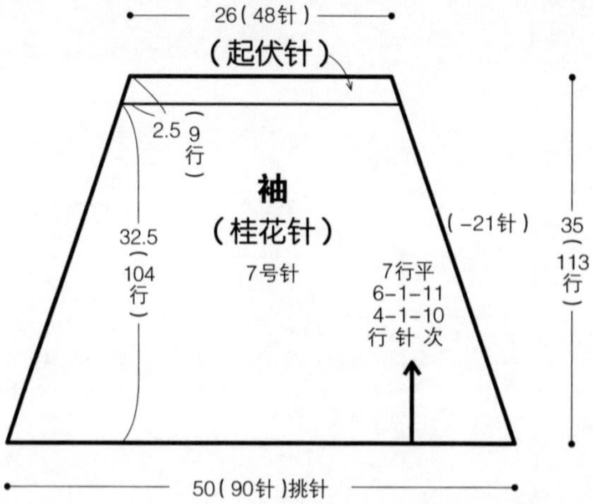

衣领（扭针的单罗纹针）

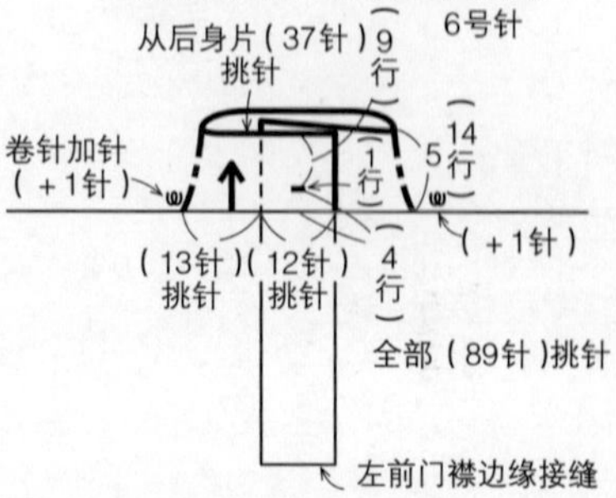

起伏针（下摆）

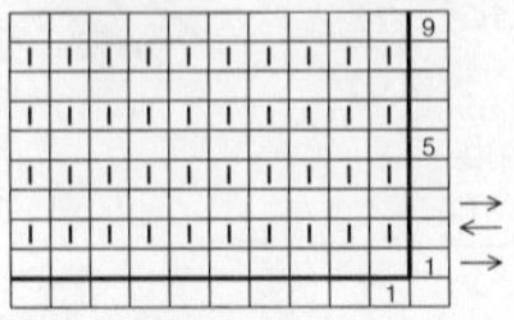

□ = ⊟ 上针

起伏针（袖口）

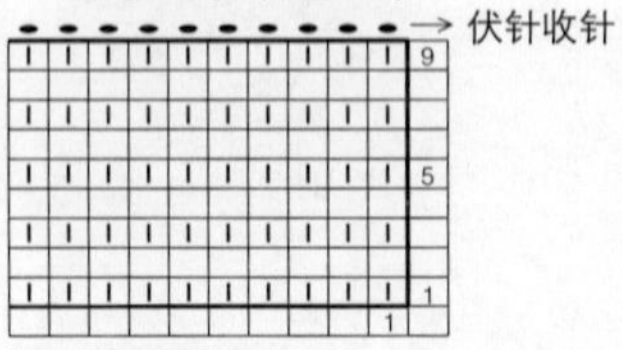

□ = ⊟ 上针

桂花针

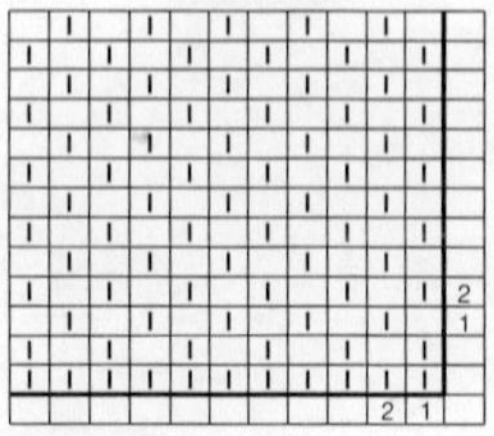

□ = ⊟ 上针

衣领的挑针方法

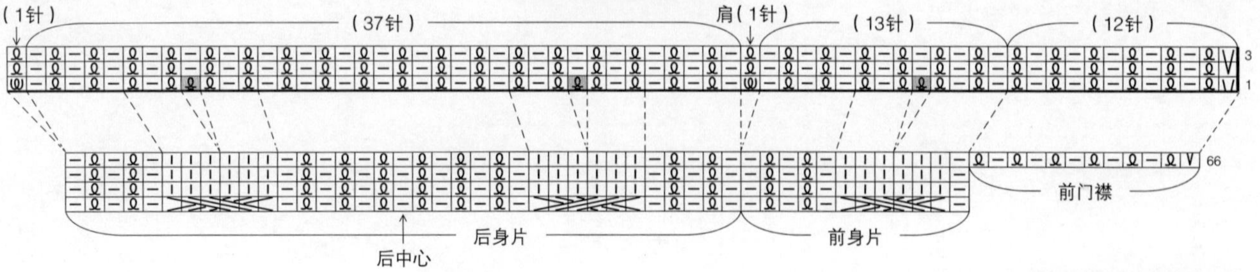

编织花样A'（54针）

扭针的单罗纹针

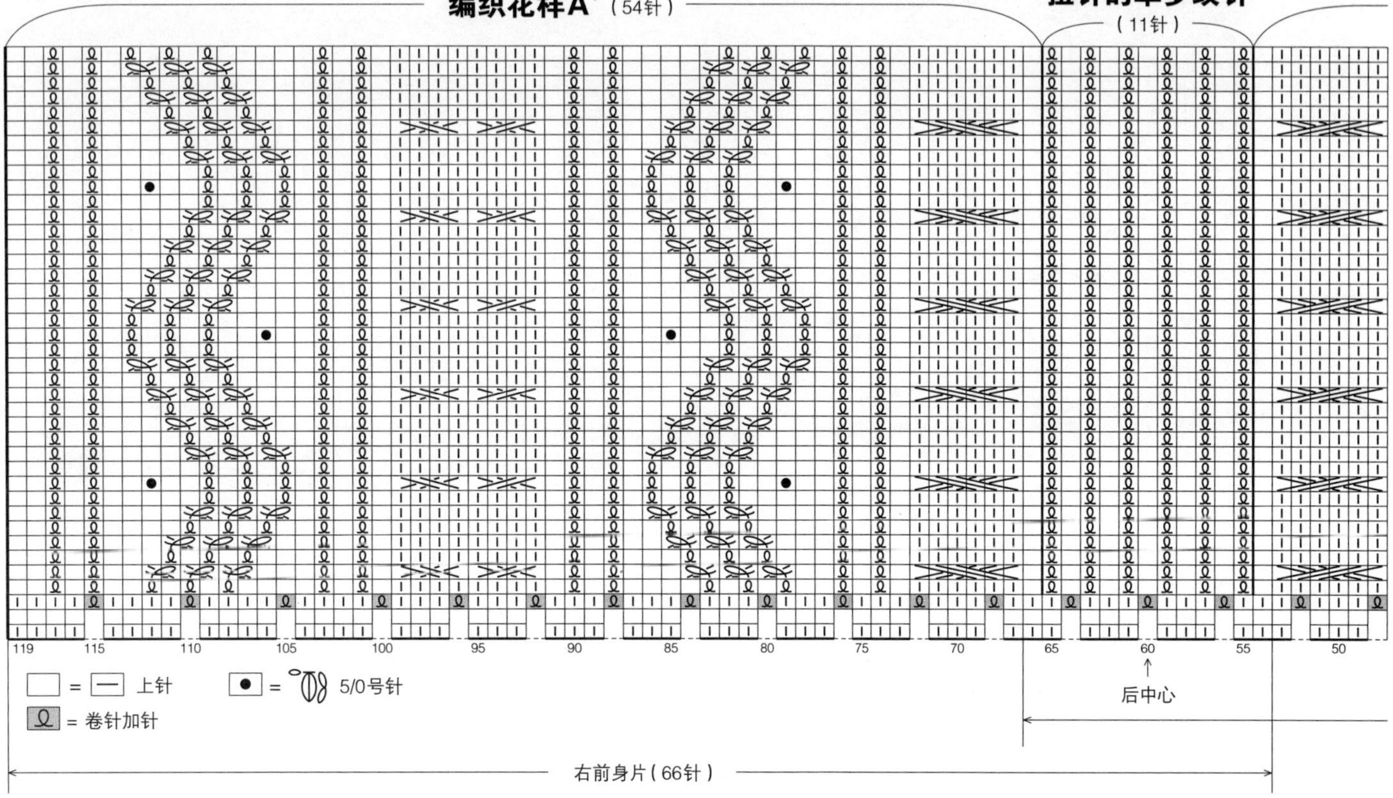

□ = ⊟ 上针　● = 5/0号针

卷针加针

Technique Guide
基本编织技法

引拔拼接

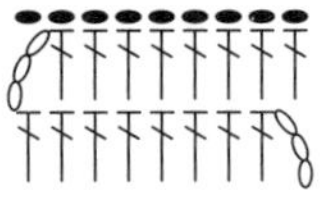

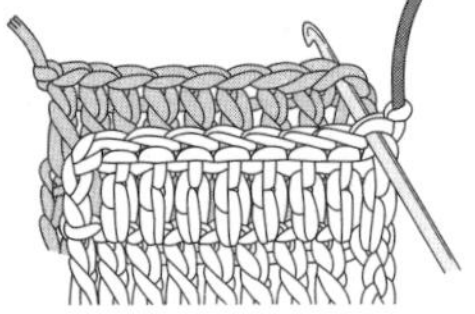

❶将 2 片织片正面相对，将钩针分别插入 2 片织片最终行针目顶部的 2 根线中。

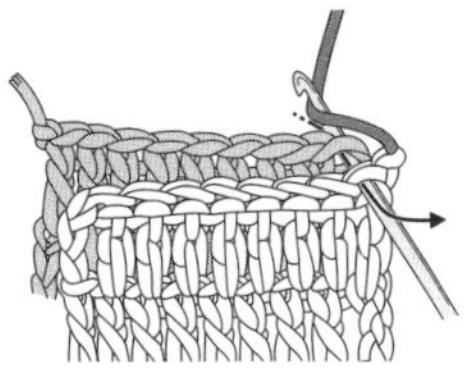

❷钩住编织终点的线，从 2 片织片中拉出。

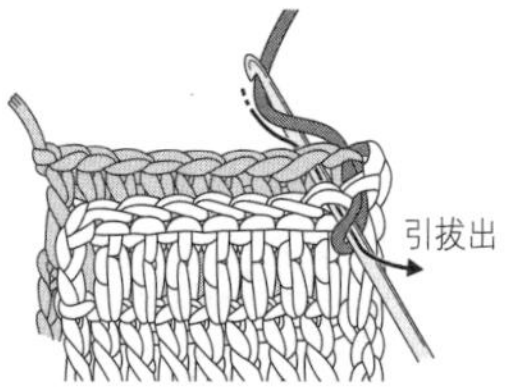

❸下 1 针也和步骤❶一样在 2 片织片上入针，挂线，引拔出。

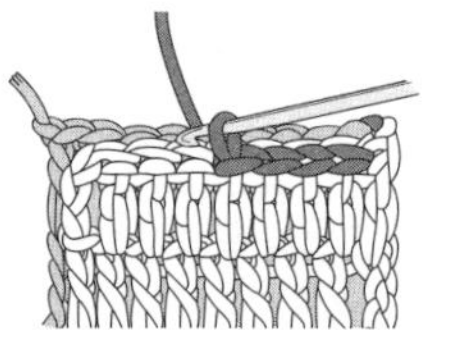

❹重复“在 2 片织片上插入钩针，挂线，引拔出”。

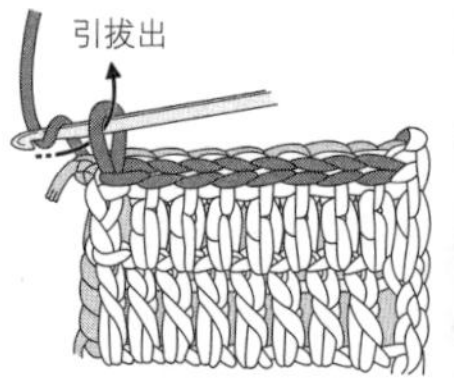

❺最后挂线，引拔出。

卷针缝拼接

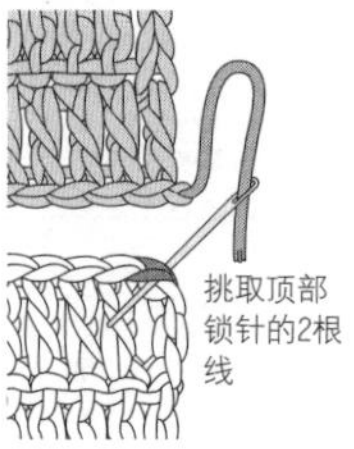

❶将两片织片正面相对，挑取前面的最终行的锁针顶部的 2 根线，拉出线。

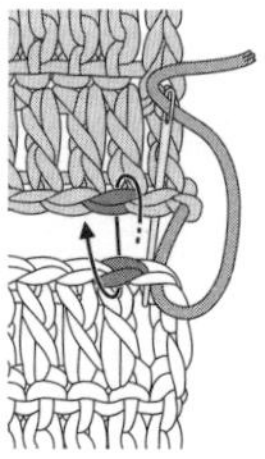

❷保持从同一方向（从后向前）插入缝针，1 针 1 针地拼接。

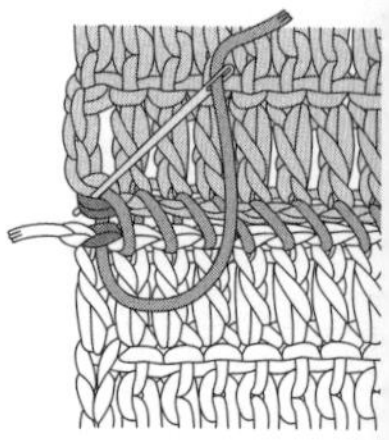

❸拼接终点，在同一位置穿 2 次缝针。接合时拉线方法要保持一致。

引拔钉缝

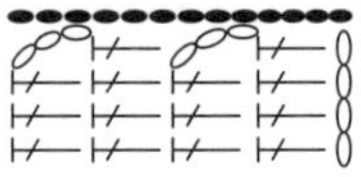

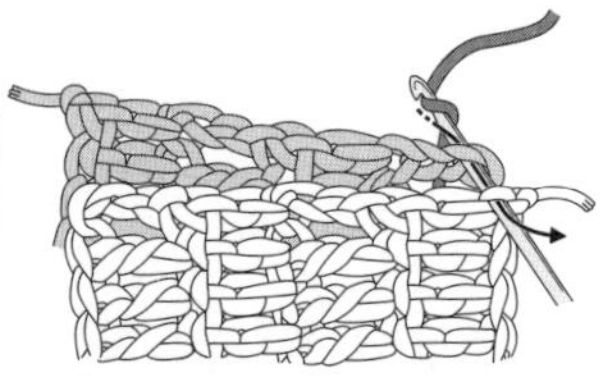

❶将 2 片织片正面相对合起，最初将钩针一起插入 2 片织片的相同的起针锁针中，挂线，从 2 片织片中拉出。

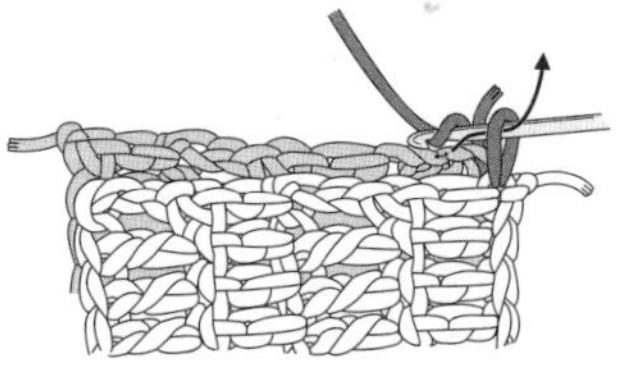

❷钩织 1 针锁针。

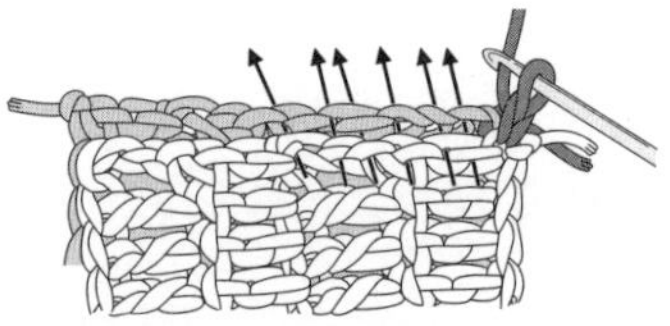

❸箭头的方向是入针的地方。

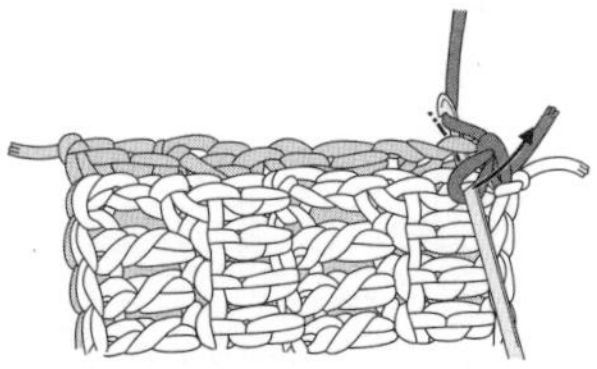

❹解开边缘的针目，插入钩针，用引拔针牢牢地固定。

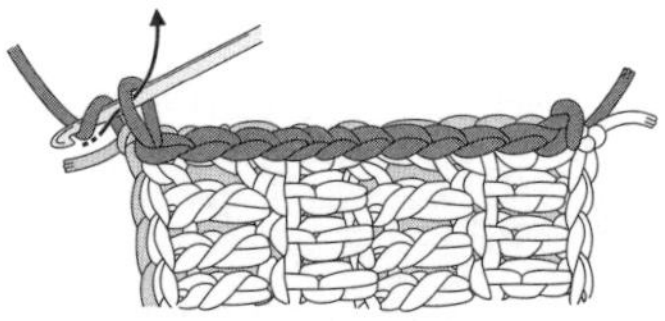

❺不紧不松地用引拔针接合织片的针目。最后挂线，引拔出。

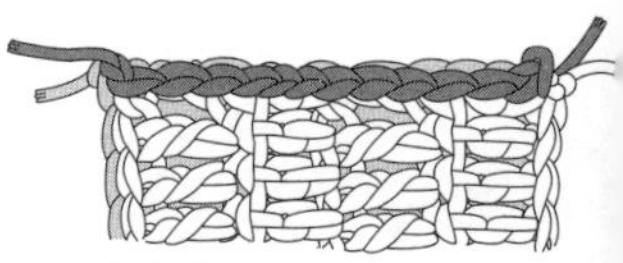

❻完成。

锁针引拔钉缝

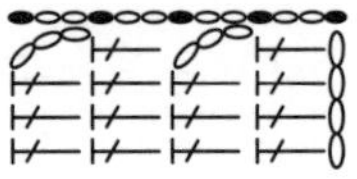

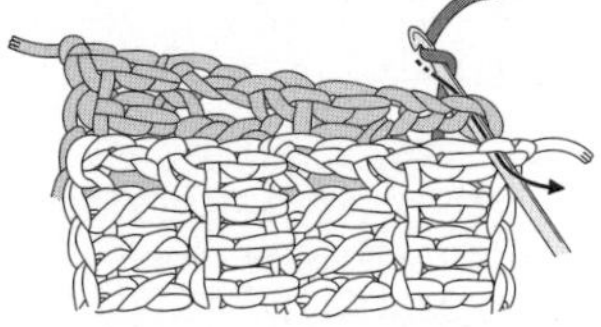

❶将 2 片织片正面相对合起，将钩针插入 2 片织片相同的起针锁针中，挂线，从 2 片织片中拉出。

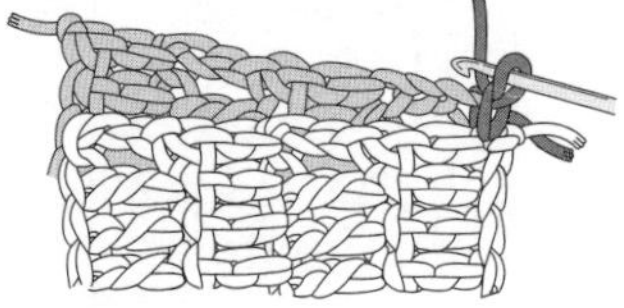

❷钩织 1 针锁针。

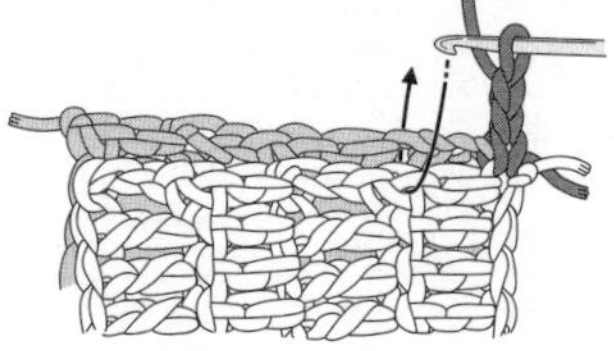

❸根据到下 1 针顶部的长度钩织相应针数的锁针。

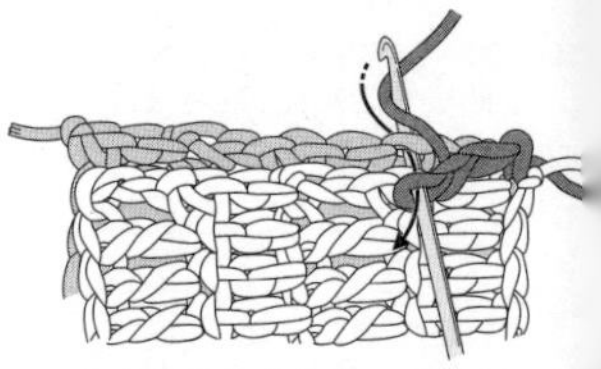

❹在相同的边缘针目顶部插入钩针，用引拔针牢牢地固定。

❺重复“根据到下 1 针顶部的长度钩织相应针数的锁针，用引拔针牢牢地固定”。

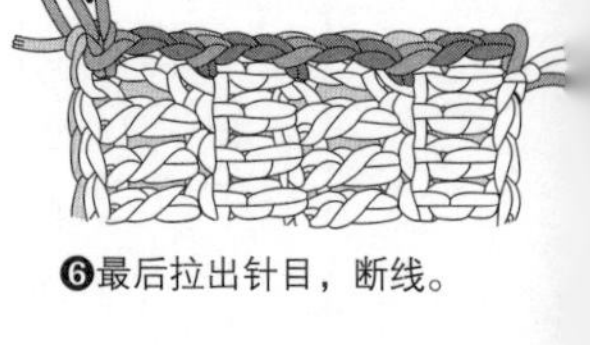

❻最后拉出针目，断线。

锁针短针钉缝

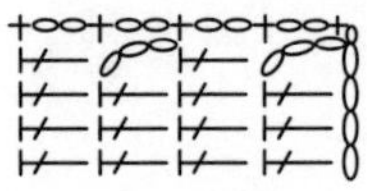

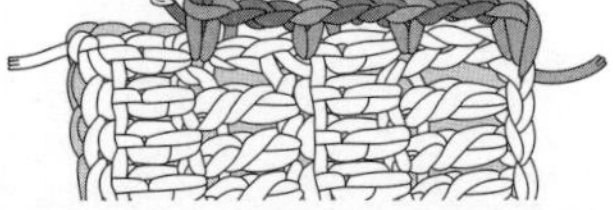

织法和锁针引拔钉缝相同，把引拔针换成短针。

引拔缝合

行与行的缝合

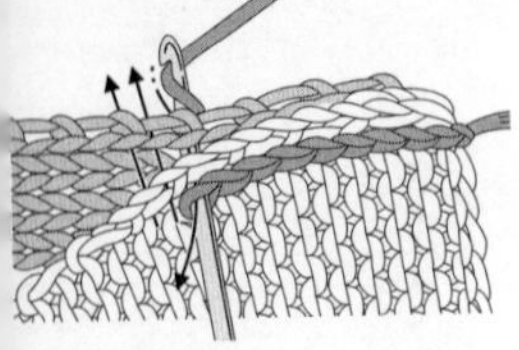

将织片正面相对合起，使用钩
，织引拔针缝合。

曲线部位的缝合

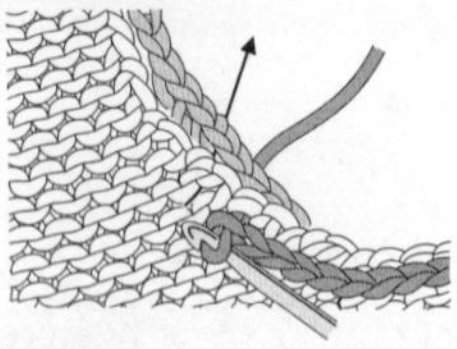

将织片正面相对合起，用钩针织引拔针缝合。在袖窿等重要部分用珠针固定可以更好地完成。

挑缀缝合

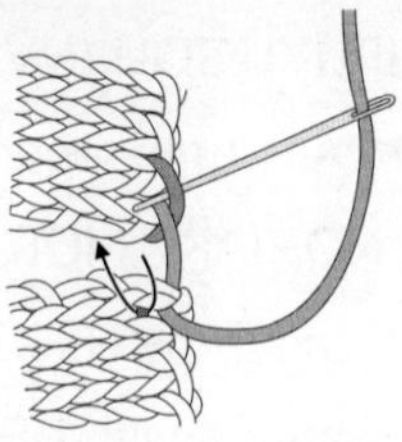

❶前面和后面都挑取起针线，拉线。

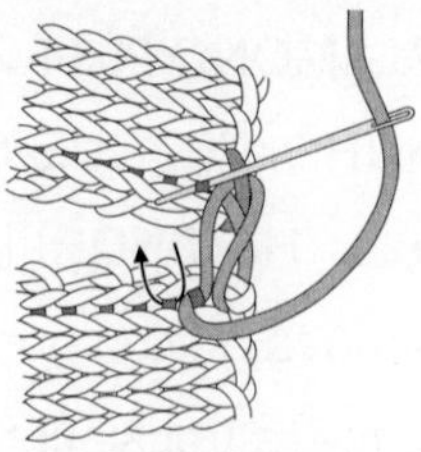

❷ 一行一行地交替挑起一针内侧的渡线，拉线。

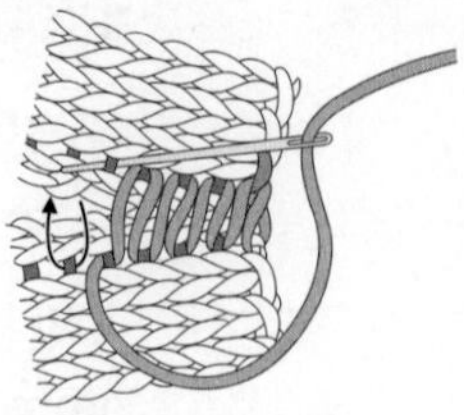

❸挑渡线时不要过分用力。

半回针缝合

的缝合

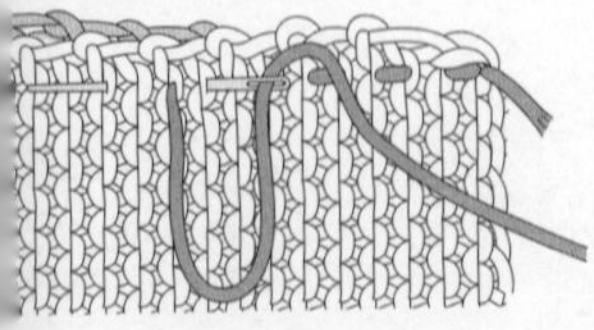

织片正面相对，用毛线缝针
边回针一边缝合。

曲线的缝合

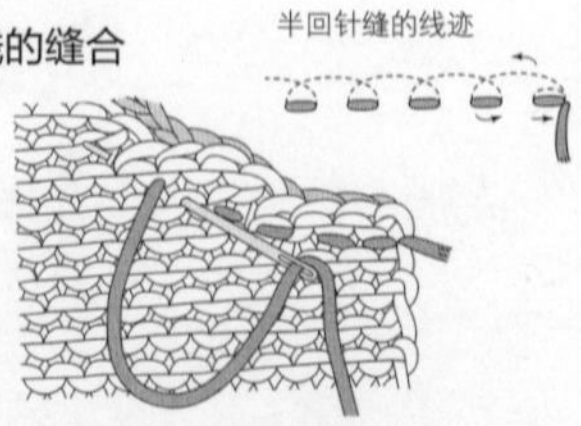

将织片正面相对，用毛线缝针一边回针一边缝合。用珠针等固定袖窿等重要部分，可以更好地完成。

针与行的拼接

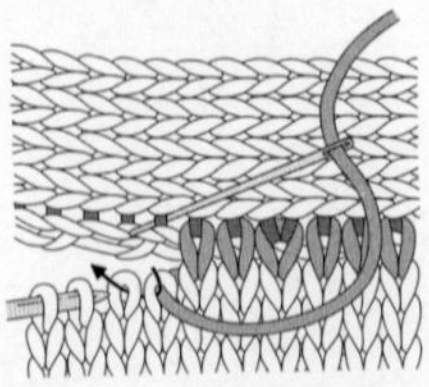

❶挑取 1 针内侧的渡线，按箭头所示将缝针插入 2 针中，拉线。

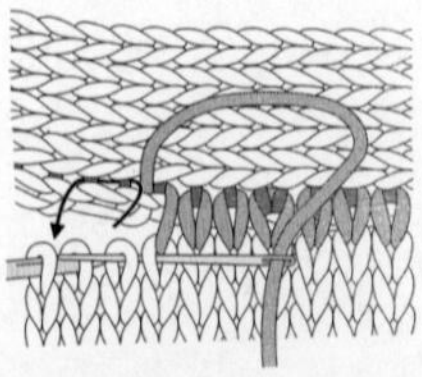

❷交替穿过行（也有穿过 2 行渡线的部分）、针目拉线。

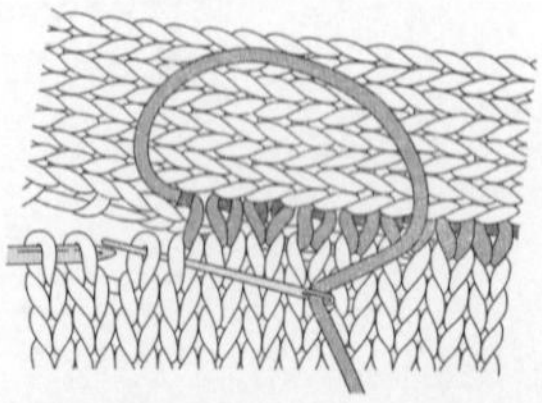

❸一边调整行数，一边在针和行上交替插入缝针。

性拼接

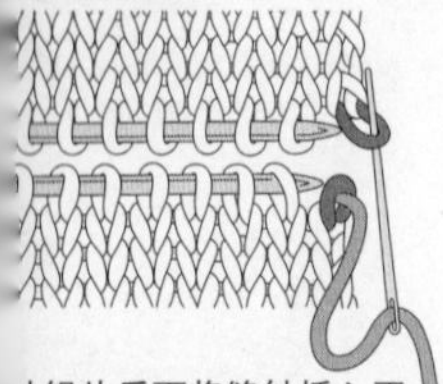

从织片反面将缝针插入正
边缘的针目中，拉线。后
从边缘的针目后面插入
，从前面出针，拉线。

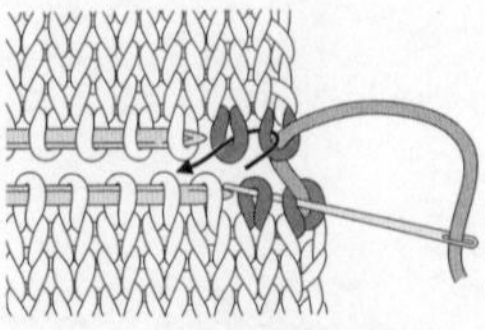

❷从正面将缝针插入前面的 2 针中，拉线。按箭头所示将缝针插入后面的 2 针中。

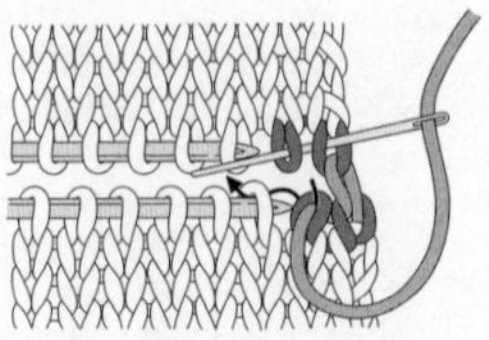

❸拉线，按箭头所示将缝针插入前面的 2 针中。

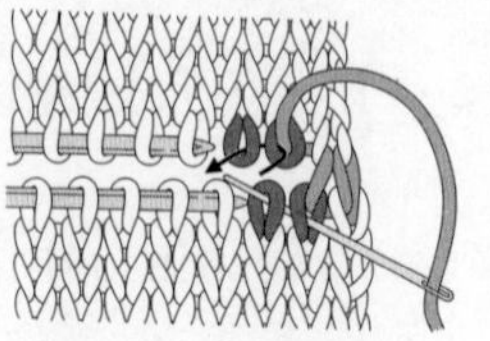

❹拉线，接下来按箭头所示将缝针插入后面的 2 针中，拉线。重复步骤❸、❹。

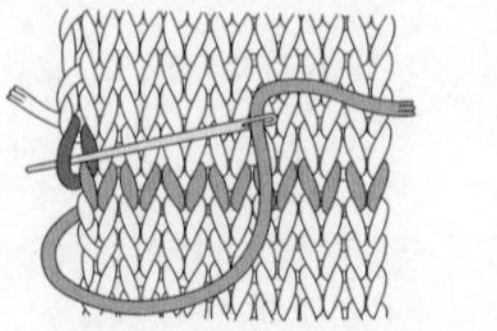

❺最后从前面将缝针插入后面的针目中，拉线。

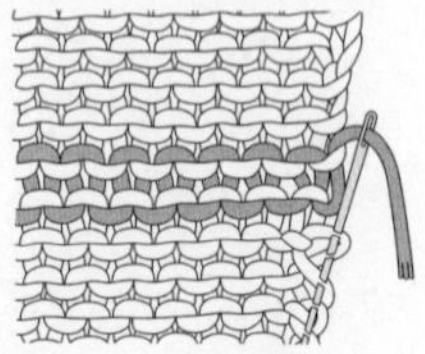

❻将线穿入边缘的针目中。

拔针拼接

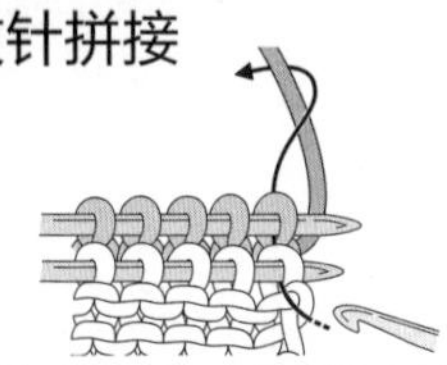

织片正面相对，将钩针插入边缘的针
，用钩针挂线。

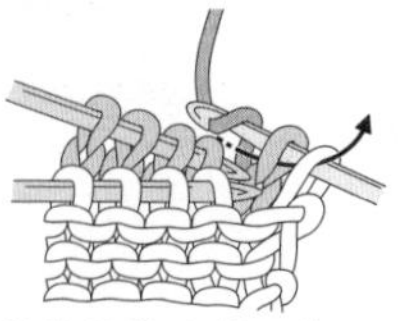

❷将钩针上的 2 针一起钩出。

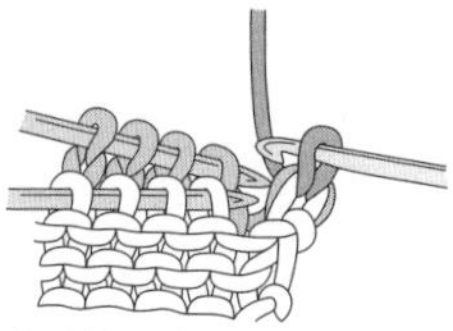

❸ 2 针一起钩出的情形。

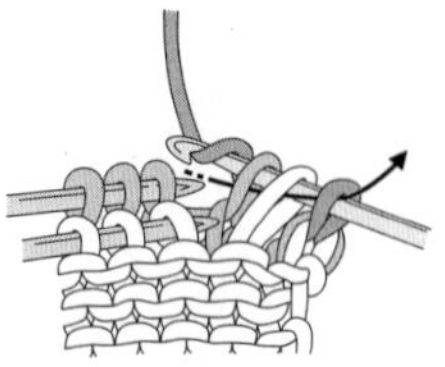

❹下一针也是将钩针插入 2 针中，挂线，从 2 针中一起钩出。

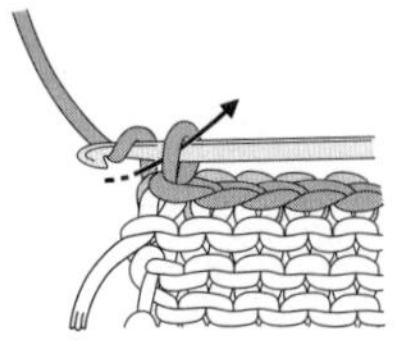

❺重复步骤❹，最后钩出 1 针。

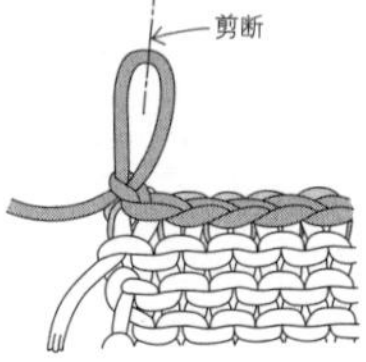

❻钩出线，剪断。

缝拼接

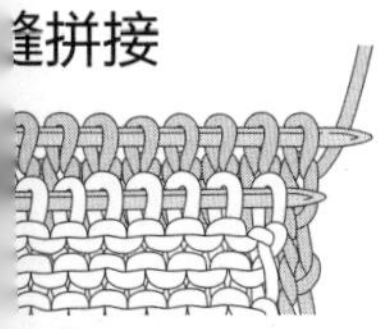

2 片织片正面相对，用
拿着织片。

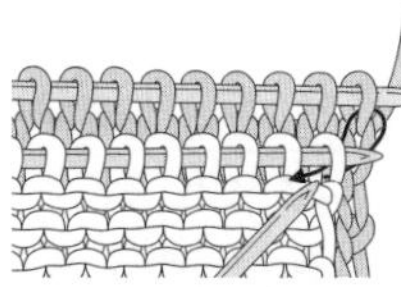

❷用另一根棒针，将后面的针目从前面的针目中拉出。

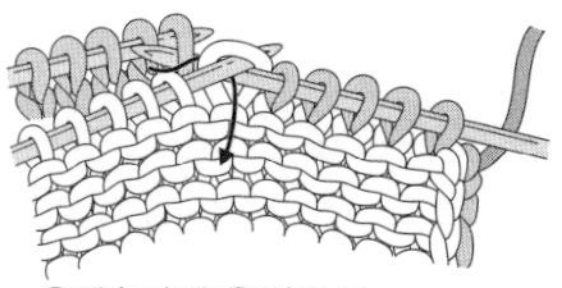

❸重复步骤❷到最后。

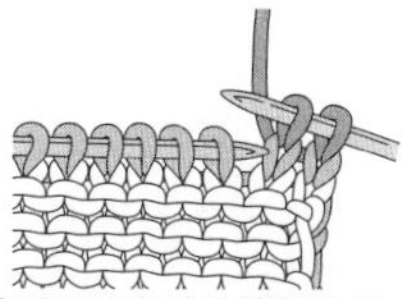

❹用剩下的线头编织边缘 2 针下针。

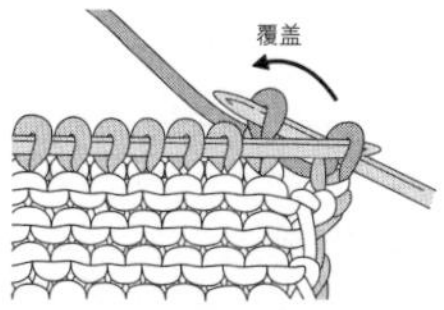

❺用左针，将边缘的第 1 针重叠在第 2 针上。

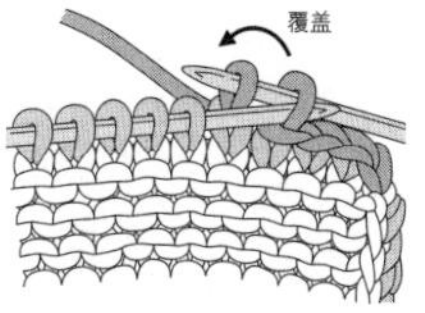

❻重复“编织针目”。

Photographers: HIRONORI HANDA. NORIAKI MORIYA
Original Japanese edition published in Japan by NIHON VOGUE CO., LTD.,
Simplified Chinese translation rights arranged with BEIJING BAOKU INTERNATIONAL CULTURAL DEVELOPMENT Co., Ltd.

图书在版编目(CIP)数据

世界编织. 5，秋冬色彩变奏曲 / 日本宝库社编著；风雨花译. —郑州:河南科学技术出版社，2015.1
ISBN 978-7-5349-7484-7

Ⅰ. ①世… Ⅱ. ①日… ②风… Ⅲ. ①毛衣-编织-图集 Ⅳ. ①TS941.763-64

中国版本图书馆CIP数据核字(2014)第264820号

出版发行：河南科学技术出版社
地址：郑州市经五路66号 邮编：450002
电话：(0371)65737028 65788613
网址：www.hnstp.cn
策划编辑：刘 欣
责任编辑：刘 欣
责任校对：张小玲
封面设计：张 伟
责任印制：张艳芳
印 刷：北京盛通印刷股份有限公司
经 销：全国新华书店
幅面尺寸：235 mm×297 mm 印张：11 字数：300千字
版 次：2015年1月第1版 2015年1月第1次印刷
定 价：49.00元

如发现印、装质量问题，影响阅读，请与出版社联系并调换。